环境经济预测系列研究报告

Environmental and Economical Forecasting Report

2011—2020 年
非常规性控制污染物排放清单分析与预测研究报告

蒋洪强　王金南　张　伟　吴文俊　卢亚灵　著

中国环境科学出版社·北京

图书在版编目（CIP）数据

2011—2020年非常规性控制污染物排放清单分析与预测研究报告：环境经济预测系列研究报告/蒋洪强等著．—北京：中国环境科学出版社，2011.7

ISBN 978-7-5111-0595-0

Ⅰ．①2… Ⅱ．①蒋… Ⅲ．①环境经济—经济分析—研究报告—中国—2011—2020 ②环境经济—经济预测—研究报告—中国—2011—2020 Ⅳ．X196

中国版本图书馆CIP数据核字（2011）第103421号

责任编辑 葛 莉
责任校对 尹 芳
封面设计 玄石至上

出版发行 中国环境科学出版社
（100062 北京东城区广渠门内大街16号）
网 址：http://www.cesp.com.cn
联系电话：010-67112765（总编室）
发行热线：010-67125803，010-67113405（传真）
印 刷 北京中科印刷有限公司
经 销 各地新华书店
版 次 2011年7月第1版
印 次 2011年7月第1次印刷
开 本 850×1168 1/16
印 张 20.75
字 数 490千字
定 价 62.00元

前　言

《2011—2020 年非常规性控制污染物排放清单分析与预测研究报告》(以下简称《报告》)是环境保护部环境规划院环境规划与政策模拟重点实验室（原环境预测研究中心）继 2008 年《2008—2020 中国环境经济形势分析与预测报告》和 2009 年《2009—2020 年中国节能减排重点行业环境经济形势分析与预测报告》出版以来，又研究推出的第三份环境经济形势分析与预测报告。

《报告》在当前我国加紧开展编制国家“十二五”环境保护规划、大气污染联防联控规划、重点流域水污染防治规划、重金属污染综合防治规划之时，在加大污染减排、改善环境质量、防范环境风险，着力解决关系民生的突出环境问题大背景下，特别选择了与环境质量改善和人民群众健康关系密切、研究基础又较为薄弱的几种非常规性控制污染物——重金属、挥发性有机污染物（VOCs）、颗粒物（PM_{10}、$PM_{2.5}$）、电子垃圾、污泥、脱硫石膏等进行排放清单分析与趋势预测研究，旨在为国家“十二五”环境保护规划和污染防治专项规划以及相关政策研究提供基础支持。

《报告》在统计核算和评估分析近几年来我国重金属、挥发性有机污染物、颗粒物、电子垃圾、污泥、脱硫石膏等 6 种非常规性控制污染物排放现状的基础上，运用环境经济预测模型系统，对 2011—2020 年期间（重点是“十二五”期间）这 6 种非常规性控制污染物的产生量、排放量进行了预测，并对各行业的产生及排放趋势、各地区的产生及排放趋势等进行了预测分析，提出了加强这几类非常规污染物控制的政策建议。

在《报告》的研究撰写过程中，自始至终得到了环境保护部规划财务司、环境规划院领导的关怀和悉心指导，规划财务司专门安排了项目予以支持。环境保护部规划财务司贾金虎处长，环境规划院王金南副院长、吴舜泽副院长、曹东主任、严刚博士，原国家环保总局过孝民研究员等领导和专家对《报告》的完善提出了许多好的意见和建议。中国环境科学出版社对《报告》的编辑出版付出了大量心血。在此，对关心和支持《报告》研究和出版的各位领导、专家和研究人员表示衷心感谢。由于时间仓促，《报告》中难免有许多不足之处，敬请批评指正。

课题组

2011 年 3 月

目 录

执行概要

概括 2011—2020 年非常规性控制污染物排放清单分析与预测研究报告内容，主要取得了以下成果。

一、废水重金属

（一）现阶段我国废水重金属排放量较大，污染控制形势较为严峻

特点一：工业废水重金属污染物产生和排放量大

根据第一次全国污染源普查结果，2007 年我国汞、铅、镉、砷、总铬 5 种废水重金属污染物产生总量为 2.54 万 t，其中，工业废水重金属污染物产生量为 2.44 万 t，占总产生量的 96%。5 种废水重金属污染物排放总量为 2 127 t[①]，其中，工业废水重金属污染物排放量为 2 065 t（企业排放口[②]），占总排放量的 97%；城市大生活污水重金属污染物排放量为 62 t[③]，占总排放量的 3%。从工业废水重金属各元素排放所占比例看，总铬、铅、砷、镉、汞 5 种重金属的排放量分别为 1 643.4 t、197.9 t、185.0 t、36.8 t、1.4 t，分别占总排放量的 79.6%、9.6%、9.0%、1.8%、0.1%，废水重金属污染物主要以铬和铅为主，其次是砷，而汞和镉重金属污染物排放量所占比例较小。

特点二：废水重金属污染物产排量行业分布不均

2007 年，我国工业行业中汞、铅、镉、砷、总铬 5 种废水重金属污染物产生量为 24 422 t，排放量为 2 065 t（企业排放口）。其中，有色金属矿采选业，皮革、毛皮、羽毛（绒）及其制品业，化学原料及化学制品制造业，有色金属冶炼及压延加工业，金属制品业，电气机械及器材制造业，通信设备、计算机及其他电子设备制造业等七大行业的汞、铅、镉、砷、总铬 5 种废水重金属污染物产生量为 23 139 t，排放量为 1 982 t，产排量分别占工业行业总产排量的 94.75%和 96.00%。

从各工业行业废水重金属排放看，金属制品业重金属排放量最大，为 1 073 t，占行业总排放量的 50%以上；其次是皮革、毛皮、羽毛（绒）及其制品业和有色金属冶炼及压延加工业，重金属排放量分别为 503 t 和 182 t，约占废水重金属总排放量的 24%和 9%；而化学原料和化学制品制造业等其他行业的废水重金属排放量相对较少，均不超过总排

① 需要特别说明的是，这里的排放量包括工业废水重金属排放量和城市大生活污水重金属排放量之和。
② 这里的工业废水重金属排放量是指统计的未经城镇集中式污水处理设施处理的各工业企业排放口的重金属排放量。
③ 这里的城市大生活污水重金属排放量是指统计的经过城镇集中式污水处理设施处理后的重金属排放量。

放量的 6%。这七大行业是废水重金属污染治理的重点行业，而金属制品业，皮革、毛皮、羽毛（绒）及其制品业和有色金属冶炼及压延加工业则是废水重金属行业防控的重中之重。

特点三：废水重金属污染物产排量地区分布不均

2007 年，工业废水重金属产生量位居全国前十位的省份分别是浙江、甘肃、广东、江西、云南、福建、湖南、湖北、江苏和河南，10 个省份产生总量约占工业行业总产生量的 48.6%。废水重金属排放量位居全国前十位的省区分别是广东、浙江、福建、湖南、广西、江苏、云南、江西、河南和河北，约占总排放量的 65.0%，尤其广东、浙江、福建和湖南四省 2007 年工业废水重金属排放量均超过了 150 t，广东、浙江、福建这三个省份 2007 年的工业增加值之和占全国工业增加值的 26.10%，而工业废水重金属排放量占其总量的 59.61%。总体来说，我国工业废水重金属污染物排放主要集中在经济发达、工业化程度较高的省区。

（二）“十二五”时期废水重金属产排量增速较快，重点行业污染问题依旧突出

趋势一：未来废水重金属污染物产生量将维持较快增长态势，随着国家进一步加大污染防控力度，重金属污染物排放量将放缓或下降

随着经济社会的快速发展，预计未来十年我国废水重金属污染物产生量将呈现持续增加的态势，而随着《重金属污染综合防治“十二五”规划》的实施和国家进一步加大重金属污染防治力度，排放量的增速将放缓或下降。预测表明，到 2015 年，我国工业废水 5 种主要重金属污染物产生总量将达到 5.28 万 t，较 2007 年净增加 2.84 万 t；两种控制情景下[①]的排放量分别为 3 516 t 和 1 817 t，较 2007 年分别净增加 1 452 t 和净减少 247 t，“十二五”期间年均增长率分别为 6.2%、−9.0%。到 2020 年，工业废水重金属污染物产生总量将进一步增加到 8.02 万 t，较 2007 年净增加 5.78 万 t；两种控制情景下的排放量分别为 4 555 t 和 1 671 t，较 2007 年分别净增加 2 491 t 和净减少 393 t，年均增长率分别为 5.1%、−1.7%。

趋势二：未来工业废水重金属产排量的行业分布变化不大，重点污染行业问题依旧突出

预测表明，有色金属矿采选业、皮革制品业、化学原料及化学制品制造业、有色金属冶炼及压延加工业、金属制品业、电气机械及器材制造业和通信设备及其他电子设备制造业等七大重点行业 5 种主要重金属污染物产生量仍将持续增加，到 2015 年，七大行业废水重金属污染物产生总量将为 4.97 万 t，较 2007 年净增加 2.66 万 t，但其占工业废水重金属污染物产生总量的比例较 2007 年略有降低，由 94.8%降至 93.5%；到 2020 年，七大行业废水重金属污染物产生总量将达到 7.50 万 t，较 2007 年净增加 5.19 万 t，年均增长率达到 9.4%。预测表明，到 2015 年，这七大重点工业行业在两种控制情景下（在现

① 一种情景方案是在现有重金属污染控制水平稳步提高下，即按现有的各行业废水重金属污染物治理率进行趋势外推，稳步提高各行业去除水平，得出未来各年的重金属污染物去除率；另一种情景方案是切实加大重金属污染控制力度，即假设技术水平提升、行业结构调整、管理措施严格，特别是要实现国家对重金属污染物的控制目标情景下，设置未来各年的重金属污染去除率。以下同。

在重金属污染控制水平稳步提高下和切实加大重金属污染控制力度情景下）的排放量分别为 3 379 t 和 1 746 t，“十二五”期间年均增长率分别为 6.2%、-9.0%。到 2020 年，七大行业在两种控制情景下的排放量分别为 4 555 t 和 1 606 t，“十三五”期间年均增长率分别为 5.1%、-1.7%。如果切实加大污染防治力度，排放量的增速将放缓或下降。

趋势三：未来工业废水重金属产排量的区域分布仍不均衡，区域集中度仍较高

全国工业废水重金属污染物产生量地域差异较大，未来仍主要集中于浙江、广东、甘肃、江西、福建、云南以及湖南等地区。预测表明，2015 年和 2020 年这七省份工业废水重金属总产生量分别为 3.32 万 t 和 5.08 万 t，约占全国工业废水重金属产生总量的 63%。其中浙江、广东最多，2015 年分别为 7 211 t 和 5 944 t，这两个省份位于我国经济发达、产业密集、工业化进程快的长三角、珠三角经济带内，由于电镀、金属制品和皮革制造行业的迅猛发展，对废水重金属污染起到重要影响；江西、云南和湖南紧排其后，分别为 4213 t、3713 t 和 2944 t，这三省份均是我国有色金属采选和冶炼大省。从废水重金属排放区域分布情况来看，与产生量排名状况基本一致，2015 年及 2020 年重金属排放量主要集中于广东、浙江、福建和湖南四省。其中，广东与浙江两省 2015 年和 2020 年的排放量约占全国排放总量的 50%左右，这两个省份 2015 年在两种控制情景下的总排量分别为 1 826 t 和 943 t，2020 年在两种控制情景下的总排量分别为 2 423 t 和 864 t。

（三）加强废水重金属污染防治的政策建议

建议一：建立和完善工业废水重金属污染防治技术体系，加强清洁生产的审核和管理

加强有色金属矿采选业、皮革制品业、化学原料及化学制品制造业、有色金属冶炼及压延加工业、金属制品业、电气机械及器材制造业和通信设备及其他电子设备制造业等重金属污染防治技术（包括末端治理、清洁生产技术工艺）的研发、示范和推广，大力推广安全高效、能耗物耗低、环保达标、资源综合利用效果好的先进生产工艺。依法实施强制性清洁生产审核，完善重金属相关行业清洁生产技术标准，编写涉重金属污染行业《清洁生产审核指南》、《清洁生产技术政策》和《清洁生产实施方案》，实施清洁生产审核，在筛选、评估涉重行业清洁生产技术的基础上，完善涉重金属污染行业关键共性技术和行业特征技术，建立清洁生产技术清单，优先支持先进清洁生产技术示范。强化对涉重行业企业清洁生产审核的评估与验收工作，建立 5 类重金属清洁生产审核三级管理模式，加强涉重污染防治行业的清洁生产审核能力建设。

建议二：严格行业环境准入，加大重点行业重金属污染防控力度

从企业规模、工艺和装备、能源消耗、资源综合利用、环境保护、安全生产与职业危害、监督管理等各方面，深入完善我国涉重金属重点行业的准入条件。对于重有色金属矿采选业，严格产业规模，新建铅锌矿山规模不得低于单体矿 3 万 t/a，服务年限 15 年以上，中型矿山单体矿规模大于 30 万 t/a，浮选法选矿工艺处理矿量 1 000 t/d 以上。对于重有色金属冶炼业，严格控制新增产能，设置安全防护距离，积极推广先进生产技术。对于化学原料及化学制品制造业，要加快制定电石法聚氯乙烯行业生产准入条件和低汞触媒产品标准，推广使用低汞触媒清洁生产技术，加强生产过程控制与治理。对于铅蓄电池制造业，尽快研究制定铅蓄电池行业准入条件、废旧铅蓄电池行业准入条件、废旧铅蓄电池回收管理办法和电池行业重金属污染综合防治方案，提高新建铅蓄电池项目规模和现有企业技改规模，实现铅蓄电池从生产到回收再生的封闭循环。对于皮革及其制品业，加快制定皮革鞣制加工行业准入条件，提高准入门槛。

建议三：优化空间布局，加强重点区域废水重金属污染防治

各地应认真贯彻落实《重金属污染综合防治“十二五”规划》，切实加强重点防控区重金属污染物总量控制，进一步加大重金属污染防治工作力度，并积极制定相关技术政策、法规标准和规范制度，加强对重点地区的重金属污染物总量、排放强度等的控制。对于各省区而言，建议优先关注本省区重点行业的特征污染物，实施同类整合，园区化、区域式集中治污。如金属制品业和皮革行业发达的省区需要优先关注重金属铬污染问题；化学制品制造业发达的省区需要优先关注重金属汞和砷污染问题；而有色金属冶炼业发达的省区需要优先关注重金属汞和镉污染问题。对于全国重点防控地区，如长三角、珠三角经济带以及有色金属采选冶炼业较为发达的湖南、广西、云南、甘肃等地，建议加大废水重金属污染防治力度，减少重金属矿山开采和其他含重金属原材料的使用，用无重金属产品工艺取代含重金属产品和工艺，实施源头治理以减少排放。对经济发达的重点地区，建议结合行业污染特点，开展集中式治污，加大资金投入，研究开发重金属污染防治新技术并示范推广。

二、大气重金属

（一）现阶段我国大气重金属排放量高，控制难度较大

特点一：大气重金属污染物排放总量巨大

核算结果表明，2004—2008 年五年间我国大气主要重金属污染物（汞、铅、镉、砷）排放量共约 9.00 万 t，在各元素中，以重金属铅排放为主，约 7.62 万 t，占总排放量的 84.6%；汞、砷、镉排放量分别为 0.27 万 t、0.54 万 t 和 0.77 万 t，占总量的 15.4%左右。其中，2004 年各排放源的 4 种大气重金属污染物排放总量为 1.42 万 t，到 2008 年排放总量增加到 2.12 万 t，较 2004 年增加 49%左右，年均增长率为 10.5%。大气重金属污染物排放量很大，与其在大气中的存在形态有着密切的关系。在燃烧过程中，重金属经历复杂的物理和化学变化，最后大部分进入烟气中，小部分残留在底灰和熔渣中。排入空气中的重金属污染物大约有 75%～80%是以气态形式存在的，20%～25%以颗粒态形式存在。烟气中以颗粒形式存在的重金属可被电除尘器脱除，但以颗粒形式存在的重金属占排放总量的比例较低，且这部分重金属大多存在于亚微米颗粒中，一般电除尘器对这部分米径范围的颗粒脱除效率很低，最高也仅达 30%，所以导致电除尘器的除重金属能力偏低；湿式除尘器和机械式除尘器的除尘效率则更低。

特点二：大气重金属污染物排放来源较为集中

核算结果表明，2004—2008 年我国大气重金属各排放源中，燃煤、有色金属冶炼业、机动车尾气、水泥工业、垃圾焚烧排放量分别为 6.57 万 t、2.15 万 t、0.23 万 t、0.03 万 t、0.02 万 t，分别占排放总量的 72.98%、23.90%、2.51%、0.33%、0.28%，燃煤和有色金属冶炼业是大气重金属污染的第一、第二大排放源，两大排放源的大气重金属排放量之和已超过排放总量的 95%。排在第三位的是机动车，共排放 0.23 万 t，占排放总量的 2.51%；垃圾焚烧和水泥工业排放量均在 300 t 以下，所占比例不超过 1%。需要引起注意的是，燃煤大气重金属排放量主要集中在燃煤电厂，其占排放总量的 40.4%，超过了燃煤重金属排放量的一半以上；有色金属冶炼重金属排放集中在铅冶炼行业，占排放总量的 20%，占有色金属冶炼业重金属排放量的 80%以上。

特点三：大气重金属排污源特征污染物明显

燃煤排放的主要特征污染物是汞、铅、镉及砷，核算结果表明，2004—2008 年 5 年间，汞、铅、镉及砷排放总量分别为 1 113 t、55 292 t、1 888 t 和 7 408 t，分别占大气重金属排放总量的 1.24%、61.4%、2.1%和 8.2%，尽管现有的除尘设备安装率已经很高，但除尘效率还有待进一步提高。有色金属冶炼业的主要特征污染物是铅和汞，近年来由于监管能力体系的缺失，铅中毒事件频发，大气铅污染不容忽视，2004—2008 年有色冶炼铅和汞排放量分别为 18 504 t 和 1 909 t，占总量的 20.55%和 2.12%。机动车主要以铅排放为主，在 2000 年开始全国范围内使用无铅汽油后，其排放量仍然偏高，可以看出，无铅汽油国家标准的执行力度有待加强，无铅汽油质量标准仍需改进。

特点四：大气重金属污染物排放地区分布不均

全国范围内，大气重金属污染物排放的地区分布相对较为集中，2004—2008 年间大气重金属污染排放集中省区是河南省、山东省、山西省、湖南省、河北省和江苏省，主要位于我国的西北、中部及东南地区。这六个省份的排放量均超过 5 000 t，其排放量之和占排放总量的 44.6%。其中，河南省大气重金属排放量最多，达 1.05 万 t，以燃煤和有色金属冶炼为主；山西、河北、山东和江苏省主要以燃煤排放为主；湖南省主要以有色金属冶炼为主；另外，江苏省由垃圾焚烧所导致的重金属污染物排放也居全国前列。从各重点省份的大气重金属污染物排放量来看，山西省主要以铅和砷为主，2004—2008 年排放量分别占全国总排放量的 5.9%和 0.8%；湖南省主要以汞和镉为主，2004—2008 年排放量分别占全国总量的 0.34%和 0.22%；河南省主要以汞、铅和镉排放为主，2004—2008 年其排放量分别占全国排放总量的 0.4%、10.3%和 0.3%；山东省主要以铅和砷排放为主，2004—2008 年排放量分别占全国排放总量的 6.4%和 0.8%。

（二）“十二五”大气重金属污染形势依然严峻，重点行业和省区污染问题依旧突出

趋势一：未来大气重金属污染物排放总量将继续上升

预测表明，2011—2020 年全国大气重金属污染物排放量仍然较大，增速较快，年均

增长率约 4%。到 2015 年，全国大气汞、铅、镉、砷等 4 种重金属污染物排放量为 2.84 万 t，较 2010 年增加 17%左右。“十二五”期间共将排放 13.2 万 t，年均增长率为 4%。到 2020 年， 4 种大气重金属污染物排放量将进一步增加，达到 3.36 万 t，较 2015 年增加 18%左右，“十三五”期间，共将排放 15.7 万 t，年均增长率为 3%。未来十年，我国大气重金属污染物依然以铅、汞排放为主，约占总排放量的 90%。

趋势二：未来重点排放源仍以燃煤和有色金属冶炼行业为主

预测表明，2011—2020 年，全国各排放源中仍以燃煤大气重金属排放量最多，十年间总计达 17.2 万 t，占排放总量的 59%左右；有色金属冶炼业依旧是第二大排放源，十年间共计排放 9.4 万 t，占排放总量的 32.5%，而这其中又以铅冶炼行业排放最多，达 8 万 t。这两大排放源的重金属排放量之和已超过排放总量的 90%。机动车尾气重金属排放也不容忽视，2011—2020 年间共排放约 2.11 万 t，占排放总量的 7.31%。垃圾焚烧和水泥工业等行业的大气重金属排放量均在 2 000 t 以下，所占比例不超过 1%。

趋势三：未来大气重金属排放量区域集中度仍较高

预测表明，2011—2020 年，大气重金属排放量位居全国前七位的省份依次是河南省、湖南省、山东省、安徽省、河北省、江苏省和山西省，其排放量均超过 1.50 万 t，排放量之和占排放总量的 51%左右。其中，河南省依然最多，达 1.77 万 t；湖南省可能由于有色金属采选和冶炼业发展迅速，其排放量将上升至全国第二位，而山西省可能受能源资源（煤碳）总量限制，在“十二五”及“十三五”期间大气重金属污染物排放量增速相应放缓。除上述七省份外，云南省、内蒙古自治区和广东省排放量也较大，共计 1.20 万 t，占全国排放总量的 14%左右。

（三）加强大气重金属污染防治的政策建议

建议一：加强大气重金属污染物的监测、统计与核算

目前我国大气重金属污染物排放总量和分布状况不明，迫切需要开展对大气重金属污染物的排放统计与核算研究，首先，需要大力开展重金属污染物在线监控能力建设，完善大气重金属污染源在线监测网，各源需要及时安装重金属在线监测设备。其次，在此基础上，进一步完善大气重金属污染物统计与监测方法，完善监测指标，建立大气重金属污染物监测标准体系，从而为大气重金属污染物统计、核算提供基础。最后，要完善大气重金属污染物排放量相关统计及核算方法，如重金属污染物排放清单核算方法、污染源解析、地区及各行业污染物排放系数等等。

建议二：建立和完善大气重金属污染防治技术支撑体系

开展重点行业大气重金属污染物污染控制技术研究，特别是针对燃煤锅炉、有色金属冶炼和垃圾焚烧等排放源，大力开展污染控制技术和清洁生产技术研发、示范和推广。其一，应继续摸清燃煤重金属排放底数，重点针对燃煤电厂，着力开展污染控制技术的试点示范研究，开发新技术，制定新标准，抓住重金属污染防治规划的契机，将燃煤电厂重金属污染控制纳入规划，从而落实资金和项目安排。其二，提高有色金属冶炼行业的设备和技术水平，废除无硫回收等陈旧工艺，采用先进的重金属去除工艺，结合开展试点研究，加大烟气脱除重金属力度。同时，增设冶炼烟气的重金属排放标准，严格环境准入。其三，结合开展垃圾前处理工作，加强垃圾焚烧发电重金属污染排放控制，合理设计焚烧方案，改进净化工艺，并严格执行焚烧污染控制标准。其四，编写涉及大气重金属污染重点防控行业的《清洁生产审核指南》、《清洁生产技术政策》和《清洁生产实施方案》，依法实施清洁生产强制审核，强化大气重金属污染企业的清洁生产审核的评估与验收工作；建立完善清洁生产技术清单，优先支持先进清洁生产技术示范。

建议三：优化地区布局，加强重点省区重金属污染防治

针对全国大气重金属污染物排放量地区分布不均衡问题，应分别对待、因地制宜，各省（市）应优先关注本省（市）的重点污染行业和主要特征污染物，要以实施《"十二五"区域大气污染联防联控规划》和《重金属污染综合防治"十二五"规划》为契机，加大重点区域的大气重金属污染防治力度。如有色金属采选和冶炼业发达的湖南省需要优先关注重金属铅、汞和镉污染问题，严格行业准入，加大产业结构调整，淘汰落后生产工艺，提高大气污染防治技术水平；而煤炭采选业发达的山西省则需要优先关注重金属汞、铅和砷污染问题，尽可能通过煤炭洗选等提高燃烧前和燃烧后重金属的脱除效率。对于新疆、甘肃、青海、贵州等生活消费燃煤排放比例较大的地区来说，应限制高重金属含量煤的使用，改善民用燃煤炉灶，减少大气重金属的排放。

三、挥发性有机污染物（VOCs）

（一）现阶段我国 VOCs 排放总量大、增速快，地区分布不均

特点一：VOCs 排放总量逐年增长

通过对 2001—2008 年的生活、工业和废物处置几个来源的 VOCs 排放量核算，目前我国 VOCs 排放总量较大，且呈逐年增长的趋势。从 2003 年的 1 524 万 t 持续增长到 2008 年 2 014 万 t，年均增长率为 5.73%。其中，生活源排放的 VOCs 占大多数，2003 年为 65%左右，以后逐年降低，到 2008 年只占 51%，与此同时，来自工业源的 VOCs 比例逐年升高，从 35%左右上升到约 49%。如此大的总量排放，对人的健康和生活影响较为严重，应得到足够重视。

特点二：VOCs 排放源分布不均

我国生活源 VOCs 排放总量维持在较高水平，但是变化不大，排放总量从 2002 年的 1 172 万 t 减少到 2003 年的 992 万 t，以后几年稍有所上升。其中机动车尾气排放和生物质燃烧是生活 VOCs 的主要来源，2002 年排放量占生活源总量的比例分别为 38.8%和 52.1%，2008 年机动车尾气排放 VOCs 的比例上升，为 55.1%，生物质燃烧的比例有较大降低，为 28.5%。厨房油烟、建筑涂料使用等排放的 VOCs 量占生活源的比例一直上升，分别由 2002 年的 7.2%和 1.8%上升为 2008 年的 8.7%和 7.6%。工业源 VOCs 排放量呈逐

年快速增长趋势，排放总量从 2001 年的 444 万 t 持续增长到 2008 年的 979 万 t，年均增长率为 10.4%。其中，工业生产过程 VOCs 排放量较大，年均增长率为 10.6%，2008 年占工业排放的比重为 56.0%；工业涂料油漆使用 VOCs 排放量增长迅速，并在 2006 年已成为工业中的第二大排放来源，其年均增长率达到 14.1%，2008 年占工业排放的比重增长到 24.0%；能源生产加工储运排放的 VOCs 也较多，2001 年、2008 年排放量分别占工业排放总量的 25.7%和 19.4%，比重有所降低。垃圾处置排放源的 VOCs 虽也呈逐年上升趋势，但总排放量较小，占总排放量比例基本保持在 0.1%左右。

特点三：VOCs 排放重点行业较为集中

能源加工储运中的原油加工，工业过程中的纺织、造纸印刷、化学原药制造、化学原料及化学品制造、皮革等均是 VOCs 排放的重点行业，2008 年排放量分别为 152 万 t、177 万 t、88 万 t、85 万 t、78 万 t、60 万 t，约占 VOCs 总排放量的 31.8%。此外，机动车尾气排放、生物质燃烧、涂料使用（生活和工业）等行业和污染源 2008 年的排放量为 570 万 t、295 万 t、314 万 t，占总排放量的 58.5%，需要对这些行业加以重点关注和控制。

特点四：VOCs 排放地区分布差距较大

现阶段我国 VOCs 排放呈由东部沿海逐渐向内陆及西部地区递减的空间分布特征。VOCs 排放量较大的省份主要集中于经济发展水平较高的东部及东南沿海地区，其中广东、山东、江苏三省份排放量最多，2008 年分别为 233.82、205.79、202.64 万 t。中部及西部地区均较少，其中西藏、青海、宁夏等省份较少，均少于 10 万 t。从单位面积排放量（排放强度）情况来看，其分布规律基本呈由东南沿海向东北、西北、西南递减的趋势。排放强度较大的上海、天津、北京 2008 年分别达到 81t/km^2、27 t/km^2、22 t/km^2；西藏、青海、新疆三个地区单位面积排放量最少，分别为 0.01 t/km^2、0.06 t/km^2、0.14 t/km^2。

（二）“十二五”VOCs 排放量将继续增长，重点行业和重点排放源问题依然突出

趋势一：未来 VOCs 排放总量将继续增长

如果在现有控制水平稳步提高①的条件下，到 2011 年我国 VOCs 排放总量将达到 2 179 万 t，到 2015 年将达到 2 645 万 t，2020 年为 3 219 万 t，比 2008 年增长了 1 000 多万 t；2011—2020 年的年均增长率为 4.43%。如果加大控制力度②，到 2011 年 VOCs 排放总量为 2 031 万 t，2015 年为 2 192 万 t，到 2020 年排放总量为 2 215 万 t，排放量比前一种方案明显下降；2011—2020 年的年均增长率为 0.96%，增长速率也比前一种方案有很大下降。由此可见，在未来 10 年，尤其是“十二五”期间加大对 VOCs 防控力度，对 VOCs 总量减排具有较为明显的效果。

趋势二：未来 VOCs 排放来源仍以工业源为主

在加大控制的情景下，生活源排放总量将继续增长，工业源排放量也持续增长，垃圾处置排放比重依然较小。生活源排放量增长速度较快，从 2011 年的 995 万 t 持续增长

① 在现有的控制水平下，根据现有 VOCs 排放因子变化趋势进行拟合得出预测年份排放因子。
② 考虑到技术进步、行业结构调整因素或国家加大控制的政策因素，如实施排放总量削减目标等情景。

到 2015 年、2020 年的 1 076 万 t 和 1 153 万 t，2011—2020 年年均增长率为 1.65%。2011 年生活源占总排放量的比重为 49%，2020 年略有增长，为 52.1%。工业源 VOCs 排放仍将继续增加，但是增长速度比现有控制水平下更加缓慢。工业源在“十二五”期间一直增长，2011 年排放总量估计会达到 1 035 万 t，2015 年为 1 113 万 t，2020 年比 2015 年有所减少，为 1 057 万 t，比现有条件下的预测分别少了 12%、28%和 46%。其中，工业过程和工业涂料使用将是工业源中的主要排放源，2015 年分别占工业源的 64%和 19%，2020 年为 65.4%和 20.4%。而垃圾处置 VOCs 排放总量相对较少，所占比例不足 1%。

趋势三：未来 VOCs 排放行业分布较为集中

在加大控制的情景下，预计到 2015 年，纺织、原油加工、化学原药制造、化学品及化学原料制造、皮革行业都是重点污染行业，2015 年的排放量分别为 236 万 t、215 万 t、136 万 t、114 万 t、93 万 t，其总和占总排放量的比例为 36.2%；到 2020 年，这几个行业的排放量分别为 214 万 t、216 万 t、164 万 t、119 万 t、80 万 t，其总和占总排放量的比例为 35.8%。为此，未来须加强对纺织、原油加工、化学原料及化学品制造、化学原药制造、皮革、印刷等行业的重点监控和排放控制。

趋势四：未来 VOCs 排放地区分布较为不均

预测结果表明，未来 5～10 年，排放总量大的地区依然分布在东部沿海地区，向内陆呈逐渐减少的趋势。在加大控制的条件下，历年排放总量比较大的几个省份依然是广东省、江苏省和山东省，其中广东 2015 年、2020 年的排放量分别为 257 万 t、263 万 t，排放量最小的三个省份为西藏、青海、宁夏。从单位面积 VOCs 排放量来看，无论是在现有排放条件下还是在加大力度控制的条件下，上海市单位面积排放的量远远大于其他地区，其次是天津市和北京市。而西藏、青海、新疆单位面积排放量最少，西藏地区历年处于 1～3 t/km^2。

（三）加强 VOCs 污染防治的政策建议

建议一：加快 VOCs 污染物防治相关立法，实现 VOCs 排放总量控制

鉴于 VOCs 成分复杂，对人体健康危害较大，且我国 VOCs 排放总量大等原因，应该尽快制定出台 VOCs 相关污染物防治法律法规及技术标准，在明确 VOCs 来源、范围的情况下，明确各主要来源中所涉及的责任主体的减排责任和防治任务，在未来相关环境规划中，增加 VOCs 防控相关内容，分阶段实现 VOCs 排放总量的削减目标。

建议二：完善 VOCs 环境监测体系，在环境规划中启动 VOCs 排放控制

目前我国对大气污染物的监测主要集中在硫氧化物、氮氧化物和烟尘、粉尘，缺乏对 VOCs 的监测手段，为了更好地掌握各地和各污染源 VOCs 的排放总量和质量，建议把 VOCs 纳入现有的环境质量监测体系中，同时在环境规划中启动 VOCs 污染防治专项规划，制定重点行业和地区的 VOCs 排放总量、质量标准，落实控制责任。

建议三：加快制定、完善重点排放行业的 VOCs 排放限值标准

从总体来看，我国现阶段缺乏较为全面的 VOCs 排放限制标准，在重点排放行业大都缺乏相关标准，仅在个别行业或个别地区的相关标准中略有涉及，如《大气污染物综合排放标准》中只有非甲烷总烃和某种属于 VOCs 的污染物的排放标准；内墙涂料虽出台了 VOCs 的限值标准，但较欧美国家偏高，存在不合理性；上海市《半导体行业污染物排放标准》、广东省《包装印刷行业挥发性有机物排放标准》等行业标准中对 VOCs 排放限值零星有些涉及。为此，应参考发达国家做法，尽快制定适应我国重点行业的 VOCs 排放限值标准并即时进行更新。

建议四：鼓励企业进行 VOCs 废气治理及相关防治技术创新

充分利用补贴、税收优惠等多种经济手段，鼓励、引导、支持重点污染行业的企业进行 VOCs 废气治理，对于治理情况好的企业给予相关政策和税收优惠；对于违反相关规定排放 VOCs 并造成环境危害或风险的企业给予相关处罚。同时应加快 VOCs 排放污染源解析和削减技术政策研究，对于 VOCs 防控相关的技术创新给予政策优惠和税收奖励。

建议五：加快农村地区燃气设施建设，减少生物质能 VOCs 排放量

由于薪柴和秸秆燃烧 VOCs 排放量相对较大，而我国广大农村很多地区仍在消费薪柴和秸秆，建议有关部门加快农村地区的燃气设施改造和建设，对农民用气给予一定优惠，鼓励越来越多的农民使用清洁能源，从而从源头减少生物质能 VOCs 排放量。

建议六：执行严格的机动车尾气排放标准，减少机动车 VOCs 排放量

机动车尾气是我国 VOCs 排放的主要来源之一，应加大对机动车尾气 VOCs 排放治理力度，制定更加严格的机动车尾气排放标准，促进机动车尾气 VOCs 减排技术的创新。加大电动汽车、混合动力汽车等清洁能源机动车的技术研发和创新，从根源上减少机动车尾气 VOCs 的排放。

四、颗粒物（PM_{10}、$PM_{2.5}$）

（一）现阶段我国 PM_{10}、$PM_{2.5}$ 排放总量大，污染控制不容乐观

特点一：PM_{10}、$PM_{2.5}$ 排放总量较大

核算表明，我国 PM_{10} 排放总量较大，且呈逐年增长的趋势，但是增长速度逐渐变缓。2002 年排放总量为 2 225 万 t，持续增长到 2008 年 3 054 万 t，年均增长率为 5.42%。同时 $PM_{2.5}$ 排放总量也较大，增长速度比较快，2002 年为 1 181 万 t，2005 年增长为 1 393 万 t，2008 年稍有降低，为 1 336 万 t。

特点二：PM_{10}、$PM_{2.5}$ 排放源较为集中

核算表明，交通扬尘、建筑扬尘和燃煤尘是 PM_{10} 排放量最大的三个来源。燃煤尘排放量呈先增后减态势，从 2002 年的 901 万 t，增长到 2005 年的 1 052 万 t，而后下降到 2008 年的 802 万 t；其占比重也呈下降趋势，从 2002 的 40.5%下降为 2008 年的 26.3%。道路扬尘 PM_{10} 排放量则呈持续增长的态势，从 2002 年的 521 万 t 持续增长到 2008 年的 1 154 万 t，年均增长率超过 14%；其所占比重也由 2002 年的 23.4%增长到 2008 年的 37.8%左右。建

筑扬尘排放也呈现较快的增长，2002 年为 358 万 t，到 2008 年增长到 780 万 t，所占比例由 16%增长到 26%，年均增长率为 14.2%。工业过程排放总量相对不大，2008 年下降到 260 万 t，年均减少 8.28%。相比较而言，机动车尾气尘非常小，历年不超过 40 万 t。

从 $PM_{2.5}$ 来源看，2002—2008 年燃煤尘为最主要的来源，2002 年为 613 万 t，占几种来源总量的一半以上，且呈逐年增长态势，到 2005 年为 716 万 t，占几种来源的比例为 51%。以 2005 年为拐点，此后逐年减少，到 2008 年减少为 546 万 t，所占比例为 41%。交通扬尘 $PM_{2.5}$ 排放量比较大，且呈持续增长趋势，从 2002 年的 142 万 t 持续增长到 2008 年的 315 万 t，年均增长 14.2%。建筑扬尘排放也呈较快增长，2002 年为 118 万 t，2008 年为 262 万 t，年均增长 14.3%。工业过程排放在 2002 年仅次于燃煤排放，但处于不断下降态势，2008 年下降为 177 万 t，年均减少 7.6%。机动车尾气尘相对较少，但随着机动车保有量的增加而增长，排放量逐年增长，到 2008 年已达到 36 万 t。

由此可见，当前，我国 PM_{10}、$PM_{2.5}$ 总量控制应以交通扬尘、建筑扬尘和燃煤尘为主。

特点三：PM_{10}、$PM_{2.5}$ 排放地区分布不均

核算表明，2008 年我国 PM_{10} 排放量较大的地区主要分布在华北和东部经济发达的地区，向西北、西南内陆逐渐减少。排放量最大的省份为山东省，达到 300 多万 t，其次是广东省和河北省，分别为 280 万 t 和 215 万 t，这 3 个省份的排放量都在 200 万 t 以上。而排放量超过 100 万 t 的省份以中东部省区（市）为主，依次为江苏、河南、浙江、北京、辽宁、四川、广西等。甘肃、贵州、海南、宁夏、青海、西藏较少，不足 40 万 t，西藏最少，不足 5 万 t。从 $PM_{2.5}$ 来看，其分布规律与 PM_{10} 相类似，排放量最大的省份依然为山东省，达到 139 万 t；其次是广东省和河北省，分别为 123 万 t 和 94 万 t。而江苏、河南、浙江、北京几个省（市）排放总量也相对较高，在 55 万 t 以上。海南、宁夏、青海、西藏排放总量最低，在 10 万 t 以下，其中西藏最少，仅为 1.5 万 t。

（二）“十二五”我国 PM_{10} 和 $PM_{2.5}$ 排放量将继续增长，道路扬尘排放问题依然突出

趋势一：未来 PM_{10}、$PM_{2.5}$ 排放总量仍较高

根据 PM_{10} 现有排放趋势外推，预测表明，PM_{10} 排放总量一直呈上升趋势，2011 年为 3 751 万 t，2013 年为 4 187 万 t，2015 年为 4 701 万 t，2020 年则达到 6 328 万 t，十年间上升了 2 600 万 t 左右；同时 $PM_{2.5}$ 排放总量也一直呈上升趋势，2011 年为 1 558 万 t，2013 年为 1 657 万 t，2015 年为 1 775 万 t，2020 年则达到 2 138 万 t，但上升幅度比 PM_{10} 要小很多。如果在加大控制力度情景方案下，PM_{10} 排放总量增长速度在“十二五”期间有所趋缓，“十三五”期间逐步下降。到 2015 年、2020 年排放量分别为 3 631 万 t 和 2 826 万 t，“十二五”期间年均增长率为 1.8%，2015—2020 年的增长率为-4.9%左右。从 $PM_{2.5}$ 排放来看，$PM_{2.5}$ 排放总量呈下降状态，2011 年为 1 411 万 t，2013 年为 1 426 万 t，2015 年下降到 1 420 万 t，2020 年下降到 1 102 万 t。与现有趋势预测相比，2015 年 $PM_{2.5}$ 排放总量削减 11.2%，2020 年削减 35.9%。

趋势二：未来交通道路扬尘、建筑扬尘和燃煤尘仍然是 PM_{10}、$PM_{2.5}$ 的主要来源

从 PM_{10} 来看，未来交通道路扬尘 PM_{10} 排放所占比重最大，从 2011 年的 44.5%逐渐增长到 2015 年、2020 年的 53.1%和 52.0%。建筑扬尘排放比例为第二，2011 年为 25.0%，2013 年为 23.5%，2015 年为 22.1%，2020 年为 25.0%。燃煤仍为第三大排放源，但所占比重呈下降趋势，从 2011 年的 19.9%逐渐下降为 2015 年、2020 年的 16.3%和 16.2%。工业过程排放比例下降也较快，2015 年、2020 年分别为 7.5%和 4.8%。机动车尾气排放比例较小，历年不足 3%。从 $PM_{2.5}$ 来看，$PM_{2.5}$ 燃煤尘和交通道路扬尘的比例依然最大。燃煤尘的比例一直呈下降状态，2011 年为 33.2%，2020 年降为 30.4%；交通道路扬尘处于增长趋势，2011 年、2013 年、2015 年、2020 年分别为 29.1%、32.9%、37.0%和 36.4%，在 2020 年交通道路扬尘将超过燃煤尘，成为 $PM_{2.5}$ 的第一大源。建筑扬尘排放比例比燃煤尘和交通道路扬尘稍小，但历年所占比例仍在 20%左右。机动车尾气排放历年仍只占 3%左右。

趋势三：未来 PM_{10}、$PM_{2.5}$ 排放仍集中分布于华北和东部沿海地区

预测表明，未来 PM_{10}、$PM_{2.5}$ 排放总量的最大地区仍集中于华北和东部沿海地区，西北、西南地区排放总量较小。从 PM_{10} 来看，排放量最大的省份为山东省、广东省、江苏省，2015 年排放总量分别为 406 万 t、364 万 t、269 万 t；2020 年分别为 323 万 t、281 万 t、209 万 t。排放量最少的是西藏、青海和宁夏，2015 年、2020 年排放量合计仅为 38.02 万 t 和 29.04 万 t。从 $PM_{2.5}$ 来看，其分布规律与 PM_{10} 相类似，排放量最大的省份依然为山东省、广东省和江苏省，2015 年排放总量分别为 154 万 t、141 万 t、104 万 t，2020 年排放总量分别为 122 万 t、110 万 t、81 万 t，而排放量最少的三个省份同为西藏、青海、宁夏，2015 年、2020 年排放量合计仅为 15.79 万 t 和 11.66 万 t。

（三）加强颗粒物污染防治的政策建议

建议一：完善现有空气质量标准，强化 $PM_{2.5}$ 浓度限制和标准化控制

目前我国空气质量标准中只有 PM_{10} 的浓度限制，而缺乏危害性更大的 $PM_{2.5}$ 的浓度限制标准。同时，PM_{10} 的限值标准与欧美等发达国家相比也略偏高。因此，建议在参照发达国家标准的基础上，进一步完善 PM_{10} 的浓度限制标准，使其与现阶段及未来我国经济、环境发展目标相适应。同时建议增加 $PM_{2.5}$ 空气质量控制标准，不断强化 $PM_{2.5}$ 浓度限制，从而在技术标准上为实现 PM_{10}、$PM_{2.5}$ 排放总量削减目标提供支持和依据。

建议二：建立覆盖全国的 PM_{10} 和 $PM_{2.5}$ 监测体系，启动其总量削减专项规划

目前，我国各地区 PM_{10} 和 $PM_{2.5}$ 监测体系并不完善，仅有部分地区具有 $PM_{2.5}$ 的监测能力，因此，建议建立覆盖全国范围的 PM_{10}、$PM_{2.5}$ 的监测网络体系，不断提升两类污染物的监测水平和监测质量，基本实现两类 PM 污染物动态监测和动态模拟。同时，加强两类污染物控制力度，在环境规划中增加 PM_{10}、$PM_{2.5}$ 相关规划内容，制定削减目标和重点行业排放限制，尽快实现 PM_{10} 和 $PM_{2.5}$ 排放总量的减少。

建议三：加强对重点地区 PM_{10} 和 $PM_{2.5}$ 控制力度，实现区域联防联控

建议对 PM 排放量较大的重点区域加大控制力度，在“十二五”、“十三五”及大气联防联控等大气污染防治规划中，对排放量较大的东、中部地区，尤其是长三角、珠三角、京津冀、成渝等城市群地区实现区域 PM_{10}、$PM_{2.5}$ 的总量控制，同时以广东、山东、江苏、浙江等东部沿海省份及上海、北京等特大城市为重点控制区域，从监测能力建设、体制机制创新等方面给予政策倾斜和资金投入，积极探索大气 PM_{10}、$PM_{2.5}$ 区域联防联控协作机制。

建议四：继续加强燃煤和工业过程的排放控制

对 PM_{10}、$PM_{2.5}$ 的治理应从其根源上入手，在四大排放源中，燃煤排放总量虽然呈下降趋势，但是总量仍然很大，同时工业过程排放量所占比重也相对较大，因此应加大对燃煤和工业过程 PM_{10} 和 $PM_{2.5}$ 的排放治理力度。对于重污染的电力、矿物制品、金属冶炼、煤炭加工等行业进行重点治理。对于除尘设备，尽量采用除尘效率较高的静电除尘和布袋除尘。

建议五：切实加大对道路扬尘的污染控制

鉴于交通道路扬尘 PM_{10} 和 $PM_{2.5}$ 在总量中的比例呈越来越严重的趋势，应加大对其控制力度。加大国省干线公路养护管理，加强县乡公路综合整治，加强道路施工作业扬尘控制，包括：保持道路清洁，及时除去道路上的积尘；对交通主干道进行洒水、喷洒抑尘剂等，减少扬尘；在一些主干道建立绿化带并进行维护；对于一些交通流量大的非铺装道路进行铺装或者硬化；对携带尘土多的机动车及时进行除尘；对于一些环境敏感并且积尘多或者作业施工路段进行限速，等等。

建议六：加大对建筑扬尘的排放控制

切实提高认识，把建筑扬尘控制作为城市大气管理的一项重要工作；加大对建筑等扬尘污染危害和防治措施的宣传；严格执行《城市扬尘污染防治技术规范》，各地建立防治城市扬尘污染的标准，并建立有效的监管机制，严格执行。对于施工单位来说，应该科学合理组织施工：在施工现场增设围栏；施工内部裸露部分进行覆盖或者洒水、喷洒抑尘剂；对于施工控制进行植被绿化；对于堆料进行封闭或者半封闭处理；施工道路进行硬化，施工设备进行清洗，等等。

五、电子垃圾

（一）近年来我国电子垃圾产生量快速增长，未处置量已高达数百万吨

特点一：从电子垃圾产生数量来看

2006—2009 年我国家用电器、电脑和数码产品等三大类电子垃圾产生数量都呈快速增长态势，各年分别是 1.68 亿台、2 亿台、2.58 亿台和 3.17 亿台，年均增长率达 23.5%。其中，电脑及打印设备从 2006 年 940 万台增长到 2009 年的 2 086 万台，年均增长率为 30.4%，是增长最快的电子垃圾。数码产品从 2006 年的 1.13 亿台增长到 2009 年的 2.34 亿台，年均增长率为 27.6%。在数码产品中，手持视听设备增长速度最快，从 2006 年的

37 万台增长到 2009 年的 1 752 万台，年均增长率为 261.1%，增加了 46 倍；手机增长总量最多，从 1.04 亿台增长到 2.34 亿台，4 年间增长了 1.3 亿台。

特点二：从电子垃圾产生重量来看

三大类电子垃圾产生重量也同样呈快速增长趋势。2006—2009 年产生总重量分别是 209 万 t、234 万 t、265 万 t 和 295 万 t，年均增长率为 12.2%。其中家用电器从 2006 年的 183 万 t 增长到 2009 年的 247 万 t，年均增长率为 10.6%。电脑及打印设备从 2006 年的 23.6 万 t 增长到 2009 年的 42.7 万 t，年均增长率为 21.9%。数码产品从 2006 年的 2.3 万 t 增长到 2009 年的 4.8 万 t，年均增长率为 27.6%。在数码产品中，手持设备同样是增长速度最快的电子垃圾。

特点三：从电子垃圾产生地区分布来看

我国电子垃圾产生量大多集中于东部沿海发达地区，如广东、山东、江苏、浙江等区域，而西部欠发达区域产生量相对较少，这充分体现了电子垃圾产生的区域分布不均衡性。从产生数量分布来看，2006 年产生总数量超过 1 500 万台的省份只有广东省，到 2009 年，总数量超过 1 500 万台的省份已经有 6 个省份，依次是广东、山东、江苏、浙江、河南和四川。从产生重量分布来看，2006 年产生重量超过 23 万 t 的省份只有广东，到 2009 年，总重量超过 23 万 t 的省份已经有 4 个，广东依然最多，达到 33.46 万 t，其次是江苏、山东、浙江，分别为 28.51 万 t、24.85 万 t 和 24.1 万 t。

特点四：从电子垃圾处置利用情况来看

2009 年我国电子垃圾集中收集率约为 55%，集中收集量为 162 万 t；无害化处置率为 65%，无害化处置量为 105 万 t，仅为总产生量的 36%；资源化利用率为 49%，资源化利用量为 52 万 t，仅为总产生量的 18%左右。而电子垃圾堆放量却高达 190 万 t，占总产生重量的 64%，如果加上之前的未处置的电子垃圾，我国目前有可能有数百万吨电子垃圾没有得到无害化处置。其中，电子垃圾堆放量超过 10 万 t 的省（市）约有 7 个，依次是广东、山东、江苏、浙江、上海、河南和四川，集中在中东部沿海地区，经济和人口大省，同样也是电子垃圾产生量最多的省份。大量电子垃圾资源化利用率较低，未得到有效处理处置，造成的巨大环境隐患令人堪忧。

（二）“十二五”我国电子垃圾产生总量将继续增长，区域分布极不均衡

趋势一：2015 年电子垃圾产生总数量高达 4.8 亿台，数码产品占 61%

预测结果显示，到 2015 年我国三大类电子垃圾产生量将达到 4.8 亿台，到 2020 年将达到 6.8 亿台，比 2009 年增加了近 1 倍多，年均增长率为 7.2%左右。从各类电子垃圾产生数量所占比例来看，家用电器所占比例将持续缓慢增长，从 2009 年的 20%增长到 2015 年的 26%；电脑及耗材所占比例呈先快速增长后不断下降的趋势，从 2009 年的 7%快速增长到 2013 年的 15%，而后又下降到 2015 年的 13%；数码产品所占比例呈不断下降的趋势，由 2009 年的 74%下降到 2015 年的 61%。

趋势二：2015 年电子垃圾产生总重量高达 613 万 t，家用电器占 82%

预测结果显示，到 2015 年我国三大类电子垃圾产生总重量将达到 613 万 t，到 2020 年达到 963 万 t，比 2009 年增加了 2 倍多，年均增长率为 11.4%。从各类电子垃圾所占比例来看，家用电器所占比例将呈现先下降后增长的趋势，从 2009 年的 83.9%下降到 2015 年的 81.6%，再增长到 2020 年的 84.8%；电脑及耗材所占比例呈先快速增长后不断下降的趋势，从 2009 年的 14.5%快速增长到 2011 年的 25.8%，而后又下降到 2015 年的 17.3%；数码产品所占比例呈不断下降的趋势，由 2009 年的 1.6%下降到 2015 年的 1.0%。

趋势三："十二五"电子垃圾区域分布极不均衡，东部地区占总产生量的一半以上

预测结果表明，"十二五"期间电子垃圾产生量区域分布极不均衡，经济社会较发达的广东、江苏、浙江、山东和上海等省（市）位列前 5 名，产生重量分别为 278 万 t、225 万 t、196 万 t、195 万 t 和 140 万 t；产生重量位列后 5 名的省（区）是西藏、青海、宁夏、海南、甘肃，分别为 1 万 t、5.6 万 t、8 万 t、10 万 t 和 21 万 t。从四大区域分布来看，东、中、西及东北 4 大区域"十二五"期间产生总重量为分别 1406 万 t、533 万 t、476 万 t、214 万 t，东部地区占总产生量的一半以上。电子垃圾产生量主要集中于东中部地区，这与该地区经济发展水平和人口数量有较为密切关系。西部和东北地区由于经济发展基础还较为薄弱、城镇化率较低、居民生活水平与东部还有较大的差距，因此电子垃圾产生总量也要远低于中东部地区。

趋势四：从处置利用情况来看，在采取严厉处置方案下电子垃圾堆放率将降为 7%

如果"十二五"期间采取更为严格的电子垃圾处理处置方案，到 2015 年我国电子垃圾集中收集量为 521 万 t，集中收集率将达到 85%；无害化处置量为 459 万 t，无害化处置率达到 88%；资源化利用量为 312 万 t，资源化利用率为 80%；而堆放量为 155 万 t，堆放率将从 2009 年 64%下降为 7%左右，堆放总量将呈持续下降的趋势。通过两方案对比可知，通过采取更为严厉的政策和管理约束条件下，我国"十二五"时期电子垃圾堆放率和堆放量都将呈持续下降的趋势，从而实现废弃电子垃圾的减量化、无害化以及资源化，达到减少环境污染，消除环境隐患的目的。

（三）加强电子垃圾污染防治的政策建议

建议一：不断完善电子垃圾污染防治的政策法规体系

建立和完善废旧电子电器的统计制度体系；编制实施电子垃圾污染防治专项规划；完善电子垃圾处理处置和环境影响的技术标准和规范；建立和完善电子垃圾处理处置和资源化利用的税收、价格、补贴、基金、质押金等环境经济政策。深入贯彻实施电子垃圾回收处理许可证制度。对处理技术水平和处理能力较强的企业发放"电子垃圾回收处理许可证"并加强监督。

建议二：建立政府、生产者、消费者责任分担制度，共同承担处理处置责任

进一步明确环保、发改、工信、商务等部门以及企业、家庭的责任。对生产者、销售者而言，须大力推行"生产者延伸责任制"下的企业跟踪回收模式，承担销售电子产品的回收利用责任。对政府而言，须建立更加合理的电子垃圾处理处置管理体系，并通过建立法律法规将这种责任落实到位。对消费者而言，切实提高意识，将电子垃圾分类存放并送到专用回收点，并且须缴纳电子垃圾处理税用于电子垃圾的收集和处置。

建议三：建立和完善电子垃圾回收管理体系，不断提高集中收集率

采取由点到面、由分散到集中、以旧换新等多种收集方式，鼓励诸如"电子垃圾回收超市"等专业化回收企业的建立。构建电子垃圾由废品回收企业→电子垃圾处理企业→生产厂商的电子垃圾处理链条，实现电子垃圾从收集到处理到再利用的"一条龙"流转模式。要因势利导，加大宣传，强化管理，提高公众电子垃圾回收意识，在回收费用、便利程度等方面进行优化，将个体回收者和废品回收站纳入正规电子垃圾回收管理体系当中。

建议四：加强技术研发和示范推广，推进电子垃圾资源化产业示范基地建设，促进电子垃圾环保产业发展

加强技术研发和示范，对切实可行的电子垃圾回收处理先进技术和示范工程，在资金、税收、市场和技术服务等方面给予优惠政策；对于制造商回收、再利用旧电子产品，以及先进处理技术研发等行为给予优惠政策。尝试在珠三角、长三角以及京津等电子垃圾产生量较为集中地区，建立电子垃圾资源化产业示范基地，将电子垃圾收集企业、处理企业和资源需求企业以及科研院所紧密联系在一起，实现示范基地内电子垃圾从回收到处理再到资源化利用"零距离"。

建议五：严厉打击电子垃圾走私，严格控制"洋"电子垃圾入境

从源头上减少电子垃圾的非法流入，充分利用 WTO 规则，对国外相关企业采取经济性惩罚手段，如实行非法进口电子垃圾企业黑名单制度等，并依照有关国际法进行索赔，依法整顿海关秩序。此外，整顿国内从回收到处理等各个环节的电子垃圾流通市场，打击非法流入我国的电子垃圾。

六、城镇污泥

（一）现阶段城镇污泥产生总量巨大，处置率较低

特点一：城镇污泥产生总量日益增大

据统计核算，我国 2006—2009 年 4 年间城镇污泥（湿）的产生量呈较快增长的趋势，2006 年产生量为 1 676 万 t，到 2007 年增长到 1 934 万 t，到 2008 年为 2 339 万 t，到 2009 年，增长到 2 742 万 t，年均增长率达到 17.8%。随着产生量的日益加大，使我国城镇污泥处置问题日益凸显。

特点二：城镇污泥主要集中于东南沿海地区

我国各省份城镇污泥产生量也相应呈增长趋势，2006 年城镇污泥产生总量超过 100 万 t 的省份共计 5 个，其中广东最多，达到 230 万 t，其次为上海和江苏，分别为 174 万 t 和 152 万 t。除上述 3 个省（市）外还有山东、北京也都超过 100 万 t。而产生量少于 10

万 t 的省份是青海和贵州，分别为 3.3 万 t 和 5.6 万 t。到 2009 年，城镇污泥产生总量超过 100 万 t 的省份已经有 9 个省份，广东省依然最多，达到 283 万 t，其次为江苏省和山东省，分别达到 253 万 t 和 221 万 t，产生数量少于 10 万 t 的省份仅剩青海省。各省份城镇污泥堆放量与产生量分布类似，集中于中东部地区经济较为发达和人口较多的省份。

特点三：城镇污泥无害化处置水平较低

现阶段我国城镇污泥无害化处置率较低，无害化处置多以堆放填埋为主，资源化利用较少。据统计核算，2009 年产生的 2 742 万 t 城镇污泥中，无害化处置量为 548 万 t，占总产生量比例仅为 20%左右。这其中，用于土地化利用（堆肥）的为 192 万 t，占总处置量的 35%；用于卫生填埋的为 274 万 t，大约占总处置量的 50%；而用于焚烧和回收利用量仅分别为 55 万 t 和 27 万 t，仅占总处置量的 10%和 5%左右。目前，大量城镇污泥被随意堆放或抛弃，甚至未经处理就与生活垃圾一起填埋，对生态环境，尤其是土壤构成严重威胁，同时也造成了资源上的巨大浪费。

（二）“十二五”城镇污泥产生量高速增长，须切实加大无害化处置力度

趋势一：未来十年我国城镇污泥产生总量仍将快速增长

随着大规模城镇污水处理厂的建设，城镇污水产生量和处理量将快速增长，城镇污泥产生总量也将快速增加。据预测，到 2015 年将达到 4 525 万 t，约为 2009 年的 1.6 倍；“十二五”期间增长较快，年均增长率高达 8.2%，而到“十三五”期间，城镇污泥产生量将逐渐减少，年均增长率大约维持在 3.8%。但由于在“十二五”末城镇污泥产生量基数已十分巨大，因此，即使“十三五”期间年均增长速度趋缓，到 2020 年城镇污泥产生量也将高达 5 450 万 t，使我国未来城镇污泥污染防治形势十分严峻。

趋势二：未来十年各省份城镇污泥产生量将保持不断增长趋势

据预测，广东、江苏、山东、上海和河南是“十二五”期间总产生量的前 5 个省（市），分别为 2 650 万 t、1 683 万 t、1 447 万 t 和 1 227 万 t、1 215 万 t，产生量之和达到全国总量的 42%。而青海、海南、宁夏、贵州、甘肃 5 个省份产生量最低，产生量之和不足全国总量的 3%。“十二五”期间，我国城镇生活污泥产生总量主要集中于东、中部地区，这与东、中部地区快速的经济和城镇发展及污水处理能力较强有较为密切关系。而西部和东北地区经济发展和城镇化速度虽然也呈现快速发展的趋势，但是因其经济发展基础、城镇人口、污水处理能力等方面与其他地区还有一定差距，因此污泥产生总量也较少。

趋势三：未来城镇污泥处置利用方式将呈现多样化

未来十年我国城镇污泥的无害化处置主要以填埋和堆放为主，但随着新技术开发应用和环保标准的提高，未来将污泥代替煤炭焚烧取暖发电以及回收利用等处置方式所占比例将不断提升。预测表明，如果 2015 年和 2020 年我国污泥无害化处置率能够提高到 50%和 75%，无害化处置量将呈现加速增长的趋势，从 2009 年的 548 万 t 增长到 2 262 万 t 和 4 087 万 t。而污泥堆放量则将呈现加速下降的趋势，“十二五”期间从 2011 年的 2 328 万 t

缓慢下降到 2015 年的 2 262 万 t，年均下降速度为-1.2%；“十三五”期间从 2015 年的 2 262 万 t 加速下降到 2020 年的 1 362 万 t，年均下降速度高达-11.1%。

趋势四：未来各区域城镇污泥堆放量分布差异化明显

在加大城镇污泥处置力度的情景方案下，预测表明，“十二五”期间东部地区仍是城镇污泥堆放量最多的区域，为 6 407 万 t，占堆放总量的 55%左右，主要集中于广东、江苏、山东等省（市）；中、西部地区总体较少，分别为 2 383 万 t、1 921 万 t，占堆放总量分别为 21%和 17%，主要集中于河南、湖北、湖南、四川、重庆等省（市）；东北地区最少，为 853 万 t，仅为堆放总量的 7%。未来我国城镇污泥堆放存在着各区域总量分布不均衡状况，这与未来各区域的城市化发展水平、污水处理厂建设规模、污水收集处理水平及区域人口规模具有较大关系。

（三）加强城镇污泥污染防治的政策建议

建议一：加大污泥处理和处置的管理力度，积极推进污泥处置设施的建设

在未来污水处理厂的规划和建设中，应坚持“泥水并重”的原则，切实加强污泥处置环节的管理。要做到规划先行，无论是新建污水处理厂，还是改造或扩建现有污水处理厂，务必将污泥处理和处置作为设计、运行中必须优先考虑的重要环节，实现城市污水处理厂污泥处理、处置设施与污水处理设施同步建设、同步投产、同步运行。同时，政府在调整污水处理费的过程中，将污泥处理和处置的合理成本包括进来，并适当开征污泥处理费。政府应加大投入，划拨一定的专项资金用于污泥无害化处理设施的建设，切实提高污泥无害化处置水平。

建议二：建立完善污泥资源综合利用法规体系，为污泥管理提供政策保障

一方面，应加快制订系统、科学的污泥排放标准，对现有涉及污泥处置和利用的标准进一步完善，加强指标可操作性，使得污泥排放有章可循。另一方面，应尽快制定和完善鼓励污泥资源化利用的相关法规，加快制定出台《城市污泥资源化利用的管理办法》，不断完善污泥资源综合利用产品的认定工作，对利用城市污泥的生产行业和产品进行减免税收或给予奖励，对从事环保科学技术研究和成果推广进行支持，对单位及个人给予环保的投资、再投资、捐赠予以退税或所得税税前扣除等政策，对使用掺用符合要求的城市污泥生产建材建筑企业要予以减免税费等。

建议三：加强污泥综合利用技术开发研究和示范，努力培育城市污泥资源再生产业

一方面，政府应通过技术引进和自主创新，建立国家级城市污泥资源化利用的循环经济示范基地，深入示范推广污泥农用、焚烧、化肥生产等资源化技术，在污泥脱水干化技术上实现进一步技术突破。另一方面，应尽快出台相关政策，努力培育城市污泥资源处理、处置和再生产业，形成产业规模，拉长城市污泥处置的产业链，也可由政府部门带头，广开融资渠道、组建一批按市场经济规律运转和管理的大型城市污泥处理处置中心，从根本上解决污泥在全社会的循环利用问题。

七、脱硫石膏

（一）现阶段脱硫石膏产生量巨大，综合利用任务十分繁重

特点一：从脱硫石膏产生总量来看，4 年间增加了 2 倍多，以火电行业产生为主

我国脱硫石膏产生量呈持续快速增长的趋势，从 2006 年的 1 154 万 t 快速增长到 2009 年的 3 571 万 t，年均增长率达到 46%，4 年间增加了 2 倍多，其中 2006—2007 年增长速度最快，增长率达到 71%，增长了近 0.7 倍。其中，火电行业脱硫石膏产生量从 2006 年的 1 119 万 t 持续快速增长到 2009 年的 3 489 万 t，年均增长率为 46%，4 年间增加了 2 倍。钢铁行业脱硫石膏产生量从 2006 年的 35 万 t 增长到 2009 年的 82 万 t，呈现先慢后快的波动增长趋势，年均增长率为 32%，4 年间增长了 1.3 倍。

特点二：从各省份分布情况来看，苏、粤、浙最多，区域分布不均衡

我国各省份脱硫石膏产生量也相应呈快速增长趋势，其中，2006 年产生量最多的是江苏、广东、浙江 3 个省份，分别为 202 万 t、117 万 t、107 万 t，均超过 100 万 t。而产生量少于 25 万 t 的省（区）有 17 个，其中西藏、新疆、宁夏最少，均少于 3 万 t。产生量最多与最少比例悬殊。到 2009 年，脱硫石膏产生总量超过 200 万 t 的省份已经有 8 个省份，江苏依然最多，达到 292 万 t，此外依次是河南和内蒙古，分别为 278 万 t 和 264 万 t。产生量超过 100 万 t 的省份共有 13 个，几乎全都位于中东部地区，而产生量少于 25 万 t 的省份仅剩下西藏、青海和海南 3 个省（区）。

特点三：从脱硫石膏处理处置及堆放现状来看，堆放量较大的省份基本也是产生量较大省份

脱硫石膏堆放量超过 200 万 t 的省份有江苏，为 205 万 t。而堆放量超过 100 万 t 的省份共有 10 个，包括河南、内蒙古、河北、山西、山东、浙江、广东、安徽和陕西，基本上是中东部地区的工业大省和耗电大省。堆放量少于 20 万 t 的是西藏、青海、海南、北京和新疆，除北京外基本都属于欠发达地区，而北京电力需求主要是“西电东送”由山西和内蒙古输送过来，因此北京火力发电量也较少，因而产生和堆放的脱硫石膏也非常少，仅为 16 万 t 左右。

（二）“十二五”期间脱硫石膏仍将增长，应切实加大综合利用力度

趋势一：“十二五”脱硫石膏年均增长率达 9.6%，火电行业仍是主角

预测表明，“十二五”期间我国脱硫石膏产生量仍将呈现快速增长趋势，从 2011 年的 3 783 万 t 快速增加到 2015 年的 5 455 万 t，“十二五”期间年均增长率高达 9.6%；到 2020 年将增长到 6 559 万 t，“十三五”期间增长速度有所趋缓，年均增长率下降为 3.8%。从两大行业来看，火电行业脱硫石膏产生量从 2011 年的 3 726 万 t 快速增加到 2015 年的 5 343 万 t，“十二五”期间年均增长率为 9.4%；到 2020 年增长到 6 394 万 t，“十三五”期间年均增

长率下降为 3.7%，增长速度虽低于钢铁行业，但总量十分巨大，是脱硫石膏主要的产生行业。钢铁行业脱硫石膏从 2011 年的 58 万 t 增长到 2015 年的 113 万 t，“十二五”期间年均增长率高达 18.3%；到 2020 年为 165 万 t，“十三五”期间增长速度也出现下降趋势，年均增长速度下降为 7.9%，但从总量来看所占比例依旧较少。

趋势二：未来各地区脱硫石膏产生量仍较不平衡，苏、豫、内蒙古 3 个省（区）产生量较大

未来 10 年内，各省份脱硫石膏产生量基本保持不断增长的趋势，“十二五”期间，脱硫石膏产生量超过 1 500 万 t 的省（区）有 7 个，前 3 位依次为江苏、河南、内蒙古，总产生量分别为 1 892 万 t、1 801 万 t、1 717 万 t。脱硫石膏产生量少于 150 万 t 的省区（市）仅有 4 个，分别是西藏、青海、海南和北京。西藏和青海作为西部省（区），人口稀少，经济发展也较为缓慢；海南作为我国最南端的省份，主要以休闲旅游业为主；北京作为现代化大都市，未来重点发展现代服务业，其脱硫石膏产生量较少。

趋势三：未来各区域脱硫石膏产生强度差距较大，能源结构和能源消费总量为主要影响因素

“十二五”期间，东、中、西、东北地区四大区域脱硫石膏的产生强度分别为每省份 960 万 t、1 059 万 t、514 万 t 和 398 万 t，其中中部地区最高，西部地区仅为中部地区的 1/2，东北地区最少，仅为中部地区的 1/3。由于东部地区经济发达，人口较多，能源结构以火电为主，能源消耗总量较大；中部地区人口密集，煤炭资源丰富，重工业发达，火力发电所占比重也较大；西部地区人口较少、经济发展基础较差，且清洁能源潜力巨大，未来能源结构呈多样化发展。东北地区虽是我国老工业基地，但是未来将逐渐转变产业结构，向高科技产业和现代服务业转变，从而导致电力需求减少。

趋势四：脱硫石膏综合利用量将快速增长，但堆放总量仍十分巨大

未来 10 年我国脱硫石膏的综合利用量将呈现增长的总体趋势，但由于产生量巨大，因此须加大力度提高综合利用率。通过设定高方案情景分析看出，如果我国在 2015 年和 2020 年将脱硫石膏综合利用率提高到 55%和 70%，则届时脱硫石膏综合利用量将分别达到 3 000 万 t 和 4 592 万 t，呈快速增长趋势。“十二五”、“十三五”期间年均增长率将分别达到 23%和 9%。同时脱硫石膏堆放量也将呈现先增后降的倒“U”形发展趋势，从 2011 年的 2 459 万 t 缓慢增长到 2013 年的 2 546 万 t，而后分别下降到 2015 年、2020 年的 2 455 万 t、1 968 万 t。无论是高方案还是低方案，未来脱硫石膏堆放量都十分巨大，每年还将有 2 000 多万 t 脱硫石膏无法得到利用，这不但不能增加企业收益，反而会加重企业负担，对环境造成污染。

趋势五：“十二五”各区域脱硫石膏堆放量分布不均，东部占总堆放量的 40%以上

加大脱硫石膏处置力度情景方案下（高方案），东部地区仍然是“十二五”期间脱硫石膏堆放量最多的区域，达 5 149 万 t，占我国“十二五”期间脱硫石膏堆放总量的 41%左右，集中分布于江苏、浙江和山东等省份；中、西部地区城镇脱硫石膏堆放量分别为 3 406 万 t 和 3 309 万 t，占全国比例为 27%和 26%，略低于东部地区，集中分布于河南、内蒙古、山西、河北等省（区）；东北地区脱硫石膏堆放量最少，为 640 万 t，仅占全国总量的 5%。上述脱硫石膏堆放量分布趋势表明，目前我国脱硫石膏堆放存在各区域总量分布不均衡状况，这与各区域的产业结构、能源结构、能源消耗总量、电力需求量、人口规模及经济发展水平具有较大关系。

（三）加强脱硫石膏综合利用的政策建议

建议一：切实加大各项政策措施力度，实现脱硫石膏总产量下降

一是努力改变我国燃煤火电行业和钢铁烧结工序的燃料和原料。针对燃煤火电行业，可以燃用低硫煤来减少燃煤发电过程中 SO_2 的产生量；针对钢铁行业可以采用含硫率较低的烧结矿来减少钢铁生产过程中 SO_2 的产生。二是加大电力和钢铁行业产业结构调整，切实关停小火电机组、小钢铁厂，减少电力和钢铁消耗量，实现 SO_2 产生量减少。三是大力发展风力发电、水力发电、太阳发电以及核电等清洁能源，不断降低燃煤火电机组占我国发电机组的比例以达到减少 SO_2 产生量，从而减少脱硫石膏的目的。四是积极研发适用于火电行业和钢铁行业烧结工序的新型清洁脱硫工艺，减少石灰石-石膏法脱硫工艺的使用比例，从而减少脱硫石膏的产生量。

建议二：不断提高脱硫石膏品质，达到脱硫石膏资源化利用标准

需要不断提高脱硫工艺的创新，提高脱硫石膏品质。虽然脱硫石膏物化性能与天然石膏基本一致，但由于我国脱硫技术起步较晚，脱硫工艺操作水平参差不齐，导致生产的脱硫石膏质量与欧洲标准要求相差较远，其品质还差于天然石膏，从而给下游应用带来诸多质量问题。因此，需要从根源上入手，制定较为严格、合理的工艺标准，进一步加强对脱硫工程建设和运行的监管，提高脱硫设备质量和脱硫设备的运行效率，从而保证脱硫石膏的质量达到资源化利用标准，为下游企业提供合格的原材料。

建议三：积极拓展脱硫石膏综合利用途径，加强脱硫石膏综合利用技术创新能力

创新建立脱硫石膏综合利用示范工程，拓展脱硫石膏综合利用技术途径，加强在建材、土壤改良、水泥生产等大宗利用及高附加值技术创新，重点研发拥有自主知识产权的新技术，提升石膏产业整体技术水平。同时，建立环保专项资金对脱硫石膏综合利用及其配套工程给予支持，近期重点扶持大宗量利用脱硫石膏生产水泥调凝剂和建筑石膏的示范项目，以点带面，促进脱硫石膏综合利用产业快速健康发展。

建议四：加大对脱硫石膏利用的政策支持力度，建立完善脱硫石膏技术管理体系

需要加大对脱硫石膏利用的政策支持力度，进一步完善和落实税收、价格等资源综合利用优惠政策。首先，因地制宜，针对区域现状，确定可行的资源化政策引导方案。其次，在增值税、所得税、贴息贷款等税收方面对利用脱硫石膏作生产原料的水泥、建材等相关企业给予一定税收优惠。再次，较大幅度提高天然石膏资源税，加大开采成本，运用经济杠杆促使企业加强脱硫石膏综合利用，提高脱硫石膏市场竞争力。最后，建立脱硫石膏综合利用的行业技术标准管理体系和循环利用产业规范，对脱硫石膏资源化利用实现科学化管理，实现脱硫石膏循环利用市场的稳定和发展。

附表　非常规污染物排放现状清单及预测结果（汇总）

指标	年份	现状值	2011 年	2013 年	2015 年	2020 年
废水重金属/t	产生量	23 139	35 281	43 385	52 777	80 204
	排放量（情景 1）	2 064	2 767	3 070	3 516	4 555
	排放量（情景 2）	2 064	2 643	2 230	1 817	1 671
大气重金属/t	排放量	19 560	24 290	26 391	28 430	33 558
VOCs/万 t	排放量（情景 1）	2 014	2 179	2 407	2 645	3 219
	排放量（情景 2）	2 014	2 031	2 113	2 192	2 215
PM_{10}/万 t	排放量（情景 1）	3 054	3 751	4 187	4 701	6 328
	排放量（情景 2）	3 054	3 380	3 526	3 631	2 826
$PM_{2.5}$/万 t	排放量（情景 1）	1 181	1 558	1 657	1 775	2 138
	排放量（情景 2）	1 181	1 411	1 427	1 420	1 102
电子垃圾/万 t	产生量	295	394	484	613	963
	堆放量（情景 1）	189	233	257	291	308
	堆放量（情景 2）	189	196	182	155	66
城镇生活污泥/万 t	产生量	2 742	3 326	3 873	4 525	5 450
	堆放量（情景 1）	2 194	2 428	2 557	2 715	2 180
	堆放量（情景 2）	2 194	2 328	2 324	2 262	1 362
脱硫石膏/万 t	产生量	3 571	3 783	4 628	5 455	6 559
	堆放量（情景 1）	2 500	2 573	2 777	3 000	2 624
	堆放量（情景 2）	2 500	2 459	2 546	2 455	1 968

注：① 废水重金属，含汞，铬，镉，铅，砷 5 种元素，现状值为 2007 年。

② 大气重金属，含汞，铬，镉，铅四种元素，现状值为 2009 年，假设产生量与排放量相等。

③ VOCs、PM_{10}、$PM_{2.5}$ 的现状值为 2008 年。

④ 电子垃圾，城镇生活污泥，脱硫石膏的现状值为 2009 年。

⑤ 情景 1 是低情景方案，指在现有的污染物去除水平稳步提高下，即根据近几年来的污染物去除率进行趋势拟合，得出的未来污染物去除水平。

⑥ 情景 2 是高情景方案，指在加大污染物控制力度下，即假定未来在技术进步、产业结构调整和有关政策作用下（如达到污染物总量控制目标、提高污染物排放标准等）的污染物去除水平。

第 1 章　废水重金属污染物排放清单分析与趋势预测

1.1 研究背景

我国是一个重金属开发历史悠久的国家，重金属资源已成为国民经济发展的基础，一方面重金属资源的开发为我国经济社会的快速发展作出了巨大的贡献；另一方面随着我国工业化进程的加快，长期积累的重金属污染问题在近年来开始逐渐显露，部分流域和区域重金属重大污染事件频发，对自然生态和人类生存造成严重威胁，甚至构成社会不稳定因素，极大地影响了人民的正常生活生产，造成重大经济损失和健康损害[1]。由于污染事故善后处理难度较高，赔偿金额远超过企业承受能力，造成赔偿事宜难以解决，人民的合法权益得不到有力的保障，同时也造成政府公信度下降。

汞、镉、铅等对于生物体是非必需的甚至有毒的重金属元素，由于它们在环境中含量很低，在生命起源和生物演化早期阶段未被选择利用，生物体对它们的适应能力很弱，所以当它们污染环境进入人体后，对人体的危害就更大，尤其应引起人们的重视[2]。历史上，重金属污染曾给人类带来诸如“痛痛病”、“水俣病”等灾难，近年来，我国由于重金属污染危害人体健康的事件屡有发生，表 1-1 收集了我国部分重金属污染事件[1, 3]。

表 1-1　我国重金属污染事件

时间	省市（县）	重金属	原因	危害
1970 年	陕西龙岭村	Pb、As 等	土壤重金属超标，农作物污染	会诱发食道癌
2000 年	江西景德镇市	Fe、Mn 等	乐安河河水 20 余种有害污染物严重超标	沿岸 8 个乡镇的数十万亩良田荒芜，并出现了 10 多个“癌症村”
2005 年	广东北江市	Cd	广东韶关冶炼厂在 12 月 5—14 日在设备检修期间超标排放	北江下游三个城市的饮用水受到威胁，受影响的群众达几十万之多
2006 年	甘肃徽县	Pb	重金属冶炼公司排放污染	发现 368 人血铅超标（100 μg/L），住院人数共 179 人，其中儿童 171 人
2006 年	湖南岳阳县	As	化工厂废水池发生泄漏	As 超标 10 倍，8 万居民饮水不安全
2009 年	湖南浩塘乡	Pb	三家金属回收公司非法生产	254 名群众血铅异常
2009 年	陕西凤翔县	Pb	东岭集团陕西冶炼有限公司	615 名儿童血铅超标

由于我国重金属污染防治起步较晚，虽然国家日益重视，部分地区陆续开展大量工作，但仍然在基础数据、技术和管理等方面存在很多问题，亟待解决。尽管目前对废水重金属污染物的统计核算、控制技术和政策措施开展了一系列工作，但我国废水重金属污染严峻形势和产排污状况不明的现状仍未得到有效解决，针对废水重金属污染物的总量控制面临较大不确定性，废水重金属污染的现状基础调查、污染源解析、排放清单分析与未来趋势预测等还远远滞后于污染防治的迫切需求。因此，对废水重金属污染物进行环境污染形势分析及预测，建立相关预测模型和分析方法，从而为重金属污染防治规划决策、重点地区重点行业划分等提供支持，并提出未来水环境重金属污染物控制的关键问题和有关政策建议就显得十分必要。

1.2 思路方法

1.2.1 研究范围

1）对象范围

按照不同元素进行分类预测，包括汞、铅、镉、砷、铬等 5 种重金属元素的产生量和排放量预测。按照不同行业进行分类预测，主要包括有色金属矿采选业，皮革、毛皮、羽毛（绒）及其制品业，化学原料及化学制品制造业，有色金属冶炼及压延加工业，金属制品业，电气机械及器材制造业和通信设备，计算机及其他电子设备制造业等七大行业废水重金属产生量和排放量预测，并依据这七大行业所占比例推算至全国范围工业行业重金属产生和排放总量。

2）时间范围

本研究对废水重金属产排放量的预测包括 2011—2015 年、2016—2020 年两个阶段。其中主要为 2011 年、2013 年、2015 年、2020 年四个预测目标年份，以 2007 年为基准年份。

3）区域范围

主要包括我国大陆 31 个省、直辖市以及自治区，不包括港、澳、台地区。

1.2.2 技术路线

以 2007 年全国第一次污染源普查数据为基础，并辅以必要的文献研究和数据分析，以工业行业为主，对全国各省（自治区、直辖市）重金属污染物的排放现状进行分析，对重点防控行业重金属产排污特征进行分析，通过建立重金属污染预测模型方法，预测未来废水重金属产排量。图 1-1 为废水重金属污染物产生量和排放量预测技术路线图。

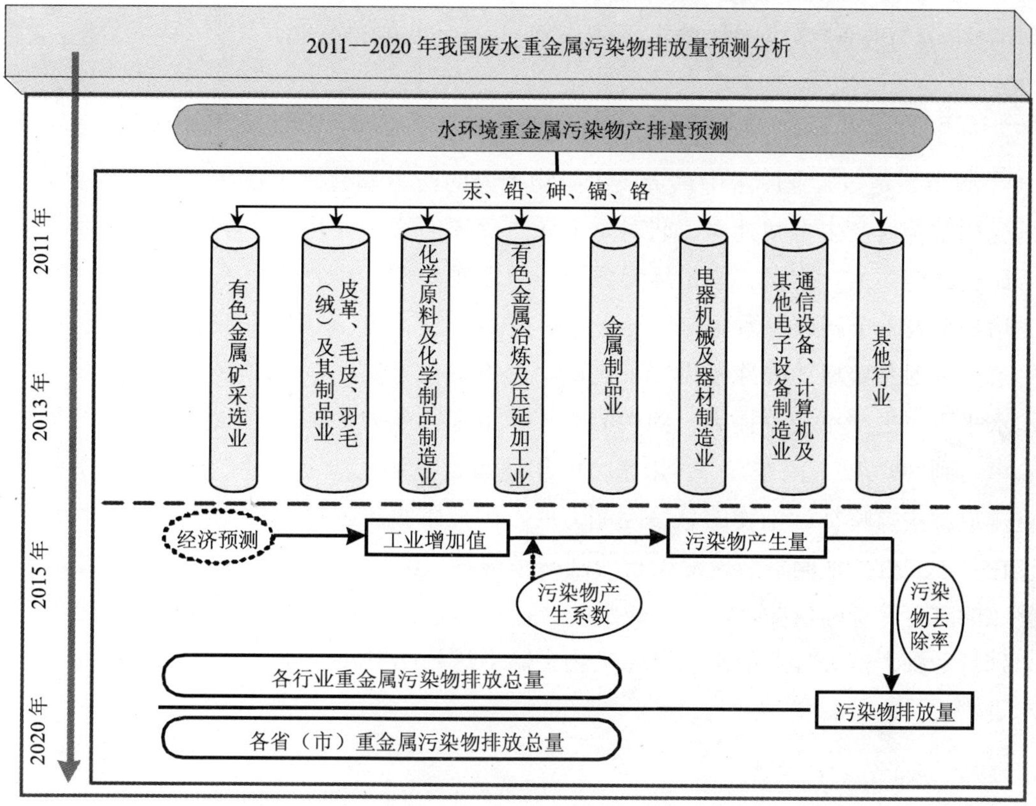

图 1-1　2011—2020 年我国废水重金属污染物产排量预测技术路线图

具体预测技术路线和步骤：

如图 1-1 所示，①首先获得重金属污染物产生系数。以经济预测为基础，根据环境统计年报及全国污染源普查数据，计算出各行业重金属污染物产生系数。②目标年份工业重金属污染物产生量预测。工业增加值与工业行业重金属污染物产生系数相乘即得到工业重金属污染物产生量。③重金属污染物排放量预测。根据不同情景方案下污染物去除率，计算得到工业行业重金污染物排放量，排放量=产生量×（1－去除率）。

对于工业废水重金属污染物排放量的预测，根据控制目标不同，分为两种情景方案，一是 2011—2020 年间重金属处理水平在现有基础上稳步提升，2011 年、2013 年、2015 年、2020 年重金属污染物排放量的情景方案；二是在达到理想的控制目标情景，重金属污染物处理水平、废水重复利用水平获得明显提升下，于 2011 年、2013 年、2015 年、2020 年重金属污染物排放量的情景方案。两种情景方案最为关键的是预测出重金属污染物去除率。

1.2.3 预测方法

$$S_{\mathrm{T}} = \sum_{i=1}^{7} S_i(t) = \sum_{i=1}^{7}\sum_{j=1}^{5} G_{ij}(t) \times P_{ij}(t) \times (1 - q_{ij}(t)) \tag{1-1}$$

式中，S 为七大工业行业废水重金属排放量；G 为工业行业增加值；P 为重金属污染物产生系数；q 为重金属污染物去除率；t 为年份；i 为七大工业行业，j 为 5 种重金属元素。

1.2.4 相关系数

表 1-2 是与工业废水中重金属污染物相关的产生系数。工业废水重金属染物排放量受到重金属产生量和处理工艺对重金属去除率的影响，由于污染物的产生系数是一个比较稳定的值，本报告假定历年各工业行业重金属污染物产生系数不变，从工业行业增加值及重金属产生系数的角度预测了 2011—2020 年我国工业废水重金属污染物产生量，并对重金属的去除率设置了高低两个方案：方案一，在现在重金属污染控制技术水平下，去除率稳步提高，到 2020 年除个别行业外大部分行业的重金属污染物去除率达到 90%以上；方案二，未来 10 年间国家将加大涉重行业结构调整，加强各涉重排放源主要特征污染物的总量控制力度，因此本报告参照国家的总量控制目标，假设在“十二五”期间重金属污染物的削减率维持 10%的水平，考虑到经济发展和技术整改的难度等实际情况，污染物的削减目标在“十三五”期间有所放缓，到 2020 年除个别行业外大部分行业的重金属污染物去除率达到 95%以上，以此预测出目标年份的污染物的排放量。

表 1-2　工业废水重金属产生系数　　单位：kg/亿元

行业	汞	铅	镉	砷	总铬
有色金属矿采选业	3.17	413.94	21.02	128.86	7.90
皮革、毛皮、羽毛（绒）及其制品业	—	—	—	0.03	1 117.90
化学原料及化学制品制造业	1.52	71.12	31.30	448.17	39.93
有色金属冶炼及压延加工业	1.33	735.87	538.48	935.19	9.76
金属制品业	5.00×10^{-5}	5.20	0.17	0.06	2 094.62
电气机械及器材制造业	0.02	10.39	0.02	2.60×10^{-3}	7.71
通信设备、计算机及其他电子设备制造业	3.2×10^{-3}	11.25	0.19	0.18	14.11

1.3 排放清单

1.3.1 水环境重金属污染来源分析

重金属污染物排放主要集中在有色金属矿（含伴生矿）采选业、有色金属冶炼及压延加工业、含铅蓄电池业、皮革及其制品业、化学原料及化学制品制造业和金属制品业等行业。水体重金属污染的主要来源是大量未经处理的城市垃圾、被污染的土壤、工业废水和生活污水以及大气沉降物等（见图 1-2）。

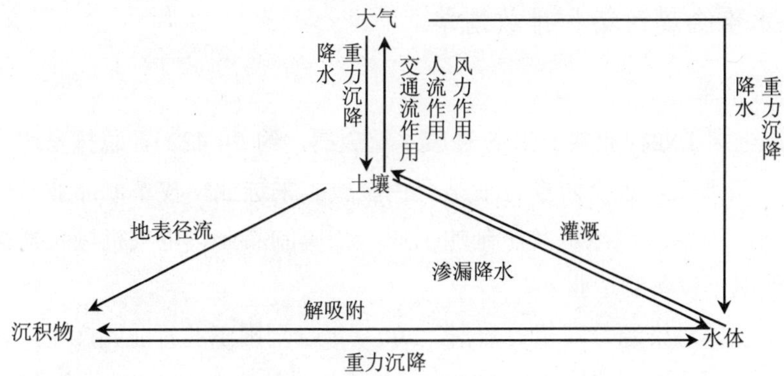

图 1-2　重金属在各环境因子中的迁移转化

1）重金属矿采选及使用过程造成周边环境污染严重

由于大多数矿区所处的地区生态环境较好，矿体和矿渣中的有害重金属，在洗矿等过程中产生的大量废水直接排入周边水体，造成污染；另外，通过淋溶进入地表水和地下水，造成水源的污染。更为严重的是一些小矿主就地选矿，一些小汞碾等沿河道建设，致使带有大量重金属的废渣、废水直接排入水体，严重污染河流。而有一些中小矿厂将矿渣和尾矿乱堆乱放，造成对土壤资源的破坏和污染。

2）污泥农用是新兴的处置方式，但由于污泥中重金属富集后毒性更强，在污泥处置和利用的时候更应引起重视

我国城市污水处理厂的进水中混有大量的工业废水，其中内含的重金属在水处理过程中以不同的形式由液相向固相转移，最后浓缩到污泥中。这些污泥所含有的重金属成为污泥再利用和资源化的最大制约因素。随着研究的深入，人们逐渐认识到，污泥中的重金属对环境危害取决于其存在形态的分布。重金属的不同形态表现出不同的生物毒性和环境行为。

污泥农用是污泥处理的主要发展趋势。污泥农用前，应对污泥中重金属总量及形态进行分析从而确定合理的处理方法，将污泥农用对土壤的污染减少到最小限度。污泥中的重金属主要以可交换态，碳酸盐结合态，铁-锰氧化物结合态，有机结合态和残渣态等 5 种形态存在，其中前三种为不稳定态，后两种为稳定态，污泥中锌、镍和铬主要以不稳定态存在，铜和铅主要以稳定态存在。通过风险评价，铜和铬属于较高生态风险，锌属于高生态风险，在污泥处置和利用的时候应引起重视。

3）重金属二次污染问题更为严重，迫切需要加大关注力度

更为严重的污染问题存在于自然过程（大气沉降、地表径流等）和人为作用（农田灌溉等）下，重金属污染物在不同环境介质中不断进行着迁移转化，从而造成严重的二次污染。对于这些问题的认识还不够深入细致，因而这类问题也就显得尤为引人注意，在未来的一段时间内迫切需要加大二次污染问题的科研投入和关注力度。

1.3.2 工业废水重金属污染物排放清单

1．总量排放清单

① 2007 年全国工业行业共产生 5 种废水重金属，约 24 422 t，总排量达 2 064 t。部分行业重金属污染严重，重点防控行业是有色金属矿采选业、皮革制品业、化学原料及化学制品制造业、有色金属冶炼及压延加工业、金属制品业、电气机械及器材制造业和通信设备及其他电子设备制造业。

根据第一次全国污染源普查相关数据，2007 年，全国工业行业共产生汞、铅、镉、砷、总铬 5 种废水重金属污染物 24 421.72 t，总排放量达到 2 064.54 t（企业排放口）。其中，有色金属矿采选业，皮革、毛皮、羽毛（绒）及其制品业，化学原料及化学制品制造业，有色金属冶炼及压延加工业，金属制品业，电气机械及器材制造业，通信设备、计算机及其他电子设备制造业七大行业共产生汞、铅、镉、砷、总铬 5 种废水重金属污染物 23 139.17 t，排放量达到 1 981.82 t，产排量分别占总产排量的 94.75%和 95.99%，这七大行业是重金属污染防控的重点行业。

表 1-3 及图 1-3 为 2007 年全国工业废水 5 种重金属污染物排放总量及行业分布，可以看出，各行业中金属制品业排放量最高，所占比例超过一半以上；其次是皮革、毛皮、羽毛（绒）及其制品业和有色金属冶炼及压延加工业，其排放量分别占总排放量的 24.35%和 8.84%，其他如化学原料和化学制品制造业等的贡献要小得多，均不超过总排放量的 6%。

② 重点防控行业中，金属制品业和皮革行业的重金属特征污染物为总铬，有色金属冶炼业的重金属特征污染物是镉和铅，化学原料及化学制品制造业重金属特征污染物是汞和砷。

表 1-3 全国工业行业 5 种废水重金属污染物产排量 单位：t/a

行业	总产生量	总排放量
全国总量	24 421	2 065
七大重点行业	23 139	1 982
有色金属矿采选业	560	92
皮革、毛皮、羽毛（绒）及其制品业	1 655	503
化学原料及化学制品制造业	4 346	116
有色金属冶炼及压延加工业	9 943	182
金属制品业	6 322	1 073
电气机械及器材制造业	110	5
通信设备、计算机及其他电子设备制造业	204	10
其他行业	1 282	83

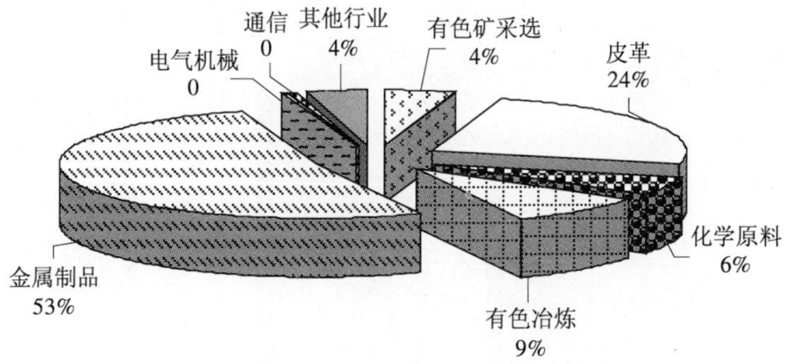

图 1-3　全国工业废水 5 种重金属排放的行业分布

由表 1-4、表 1-5、表 1-6、表 1-7 与表 1-8 可知，金属制品业和皮革行业主要排放重金属总铬，其总铬排放量分别占到了我国工业废水 5 种重金属污染物排放总量的 51.84%和 24.35%，可见金属制品业和皮革行业铬污染特别严重，现有工艺对于铬污染处理率不高等问题普遍存在；有色金属冶炼业主要排放重金属铅和镉，其排放量分别占 5 种重金属污染物排放总量的 4.74%和 1.37%；化学原料及化学制品制造业主要排放重金属汞和砷，其排放量分别占 5 种重金属污染物排放总量的 0.02%和 3.51%；有色金属矿采选业主要排放重金属汞和铅，其排放量分别占 5 种重金属污染物排放总量的 0.02%和 2.41%。

③ 个别地区重金属污染严重，重点防控区域是经济发达的珠三角、长三角经济带的广东、江苏、浙江以及有色金属采选和冶炼业较发达的湘、桂、滇、赣、贵等地。

据第一次全国污染源普查的结果，重金属产生量位居全国前十位的省份分别是浙江、甘肃、广东、江西、云南、福建、湖南、湖北、江苏和河南，占全国产生量的 48.57%；重金属排放量位居全国前十位的省（区）分别是广东、浙江、福建、湖南、广西、江苏、云南、江西、河南和河北，占全国排放量的 65.01%。

图 1-4 为 2007 年全国各省份工业废水 5 种重金属排放量所占比例。2007 年工业废水重金属排放量超过 150 t 的省份主要有广东、浙江、福建和湖南等省，其废水重金属排放量占到全国总排放量的 59.61%。总体来说，我国工业废水重金属污染物排放主要集中在经济发达、产业密集、工业化程度较高以及有色金属矿采选和冶炼业较发达的省区。

④ 重点防控省区中，湖南和云南两省有色金属冶炼业较为发达，重金属特征污染物主要是汞、铅、镉和砷，广东和浙江两省金属制口业、电镀行业密集，其重金属特征污染物主要是总铬。

由图 1-6、图 1-8、图 1-10、图 1-12、图 1-14 可知，湖南和云南两省主要排放汞、铅、镉和砷，湖南省汞、铅、镉、砷排放量分别占全国排放总量的 0.01%、2.72%、2.93%和 0.85%，云南省汞、铅、镉、砷排放量分布占全国排放总量的 0.002 2%、1.20%、0.18%和 0.96%；广东和浙江两省主要排放总铬，广东省总铬排放量占全国排放总量的 28.81%，浙江省总铬排放量占全国排放总量的 20.68%。

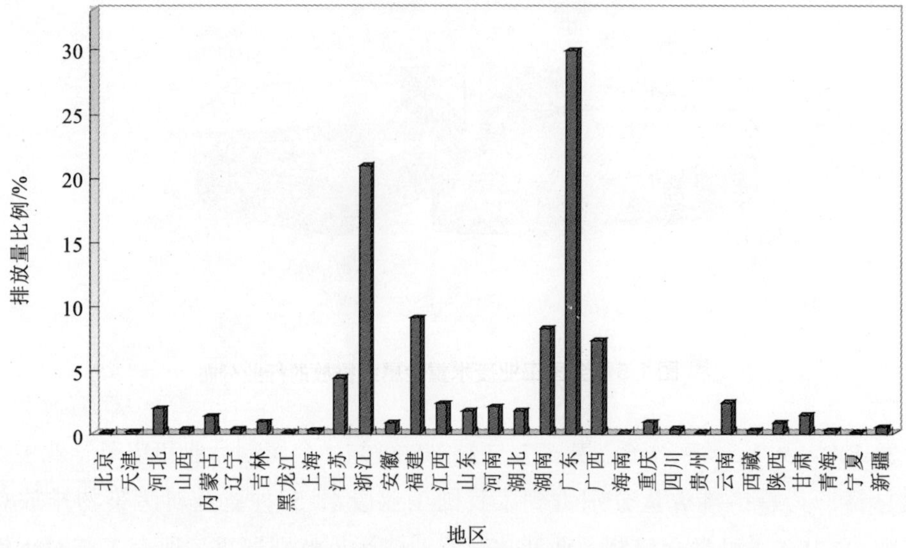

图 1-4 全国工业废水 5 种重金属排放的地区分布

2．汞排放清单

1）行业分布

2007 年，全国工业行业共产生废水重金属汞 20.78 t，总排放量达到 1.40 t，其中有色金属矿采选业，皮革、毛皮、羽毛（绒）及其制品业，化学原料及化学制品制造业，有色金属冶炼及压延加工业，金属制品业，电气机械及器材制造业，通信设备、计算机及其他电子设备制造业七大行业共产生重金属汞 20.31 t，排放汞 1.21 t，产排量分别占总产排量的 97.76%和 85.97%。

表 1-4 及图 1-5 为 2007 年全国工业行业产生和排放的废水重金属汞总量及比例，可以看出，各行业中化学原料及化学制品制造业废水汞排放量最高，其排放量占总排放量的 33.87%；其次是有色金属矿采选业和有色金属冶炼及压延加工业，这 3 个行业的排放量占总排放量的 82%左右，其余 4 大行业的占比要小得多，总共约占 4%。

表 1-4 全国工业行业废水重金属汞产排量 单位：t/a

行业	Hg 产生量	Hg 排放量
全国总量	20.78	1.40
七大重点行业	20.31	1.21
有色金属矿采选业	3.08	0.36
皮革、毛皮、羽毛（绒）及其制品业	—	—
化学原料及化学制品制造业	11.14	0.48
有色金属冶炼及压延加工业	5.96	0.31
金属制品业	0.00	0.00
电气机械及器材制造业	0.10	0.03
通信设备、计算机及其他电子设备制造业	0.03	0.02
其他行业	0.46	0.20

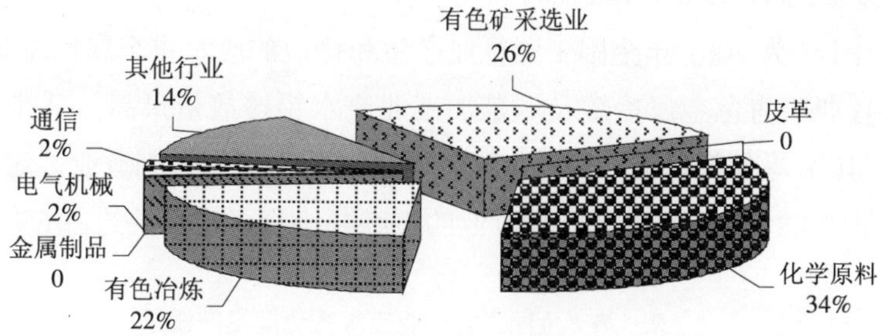

图 1-5　全国工业废水重金属汞排放的行业分布

2）地区分布

图 1-6 为 2007 年全国各省区排放的工业废水重金属汞排放量比例，可以看出，湖南和辽宁省的汞排放量最高，而其他地区的分布较为平均，这主要是因为汞的主要排放来源中除有色金属冶炼较集中外，其他来源较为分散的缘故，辽宁和湖南这两个地区的有色金属冶炼行业发达，其铅、锌和黄金产量分别占全国总产量的 19%、31%和 7%，其工业废水汞排放量占全国总排放量的 27.70%。

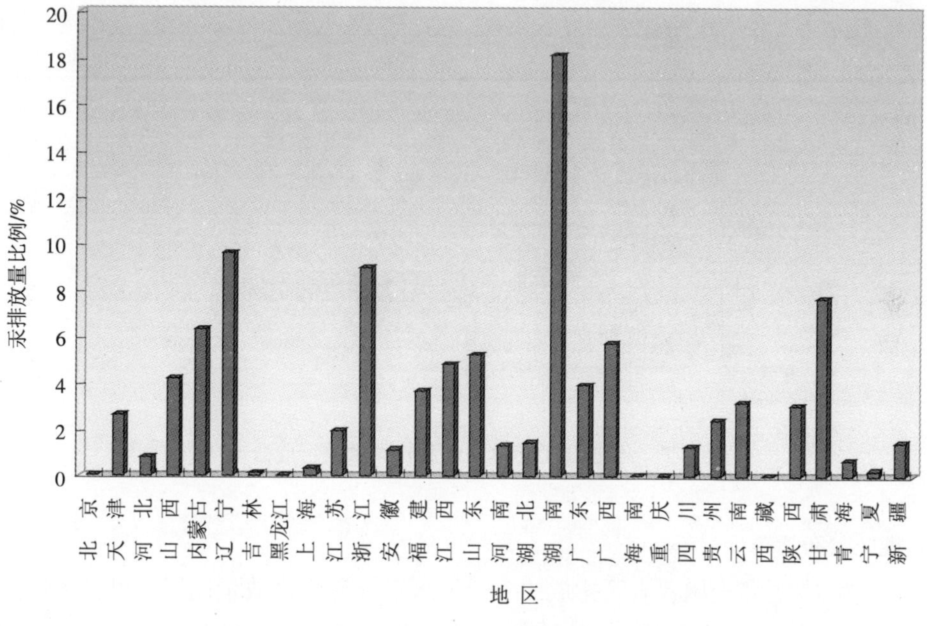

图 1-6　全国工业废水重金属汞排放的地区分布

3．铅排放清单

1）行业分布

2007 年，全国工业行业共产生废水重金属铅 4 496.07 t，总排放量达到 197.91 t，其中有色金属矿采选业，皮革、毛皮、羽毛（绒）及其制品业，化学原料及化学制品制造业，有色金属冶炼及压延加工业，金属制品业，电气机械及器材制造业，通信设备、计算机及其他电子设备制造业七大行业共产生重金属铅 4 387.56 t，排放铅 1 863.59 t，产排量分别占总产排量的 97.59%和 94.28%。

表 1-5 及图 1-7 为 2007 年全国工业行业产生和排放的废水重金属铅总量及所占比例，可以看出，各行业中有色金属冶炼及压延加工业废水铅排放量最高，其排放量占总排放量的 49.47%；其次是有色金属矿采选业和化学原料及化学制品制造业，这三个行业的排放量占总排放量的 88%左右，其余四大行业的贡献要小得多，总共约占 6%。

表 1-5　全国工业行业废水重金属铅产排量　　单位：t/a

行业	Pb 产生量	Pb 排放量
全国总量	4 496.07	197.91
七大重点行业	4387.56	186.59
有色金属矿采选业	402.89	49.80
皮革、毛皮、羽毛（绒）及其制品业	—	—
化学原料及化学制品制造业	522.01	27.11
有色金属冶炼及压延加工业	3 294.93	97.90
金属制品业	15.65	2.85
电气机械及器材制造业	62.91	3.78
通信设备、计算机及其他电子设备制造业	89.16	5.16
其他行业	108.51	11.32

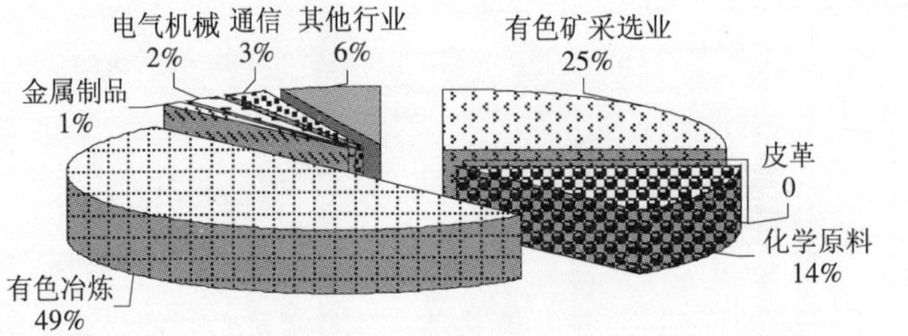

图 1-7　全国工业废水重金属铅排放的行业分布

2）地区分布

图 1-8 为 2007 年全国各省区排放的工业废水重金属铅排放量比例，可见，铅排放的地区分布极不平衡，不同省区间差异显著。2007 年，铅年排放量主要集中在有色金属采选和冶炼行业较为发达的湖南和云南两省，这些地区的铅、锌和黄金产量分别占全国总产量的 31%、41%和 10%，其工业废水铅排放量占总排放量的 42.24%；另外内蒙古、广东、广西和甘肃等省区的铅排放量也较高。

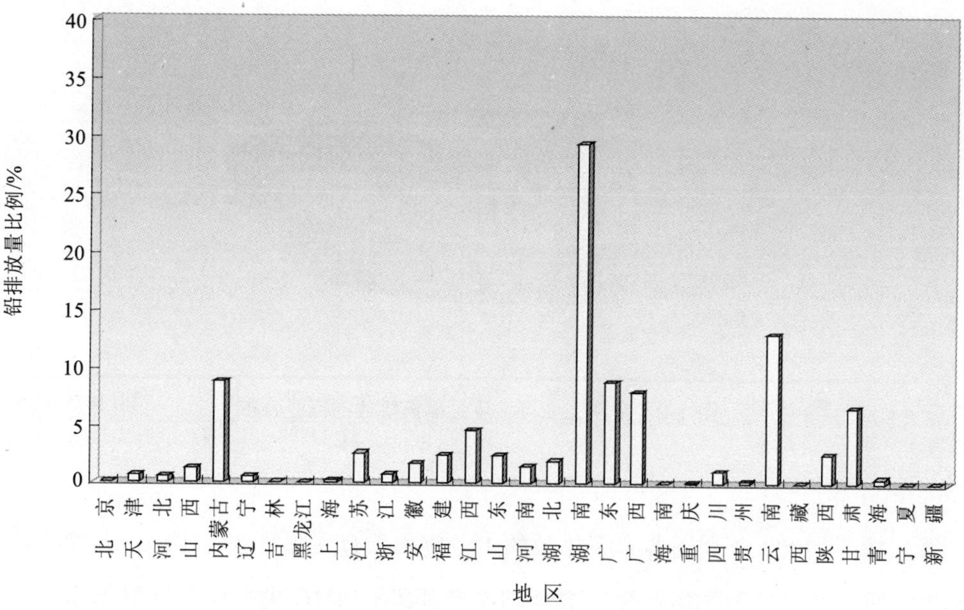

图 1-8　全国工业废水重金属铅排放的地区分布

4．镉排放清单

1）行业分布

2007 年，全国工业行业共产生废水重金属镉 2 671.07 t，总排放量为 36.85 t，我国工业废水重金属镉去除率高达 98.62%。各工业行业中有色金属矿采选业，皮革、毛皮、羽毛（绒）及其制品业，化学原料及化学制品制造业，有色金属冶炼及压延加工业，金属制品业，电气机械及器材制造业，通信设备、计算机及其他电子设备制造业七大行业共产生重金属镉 2 663.45 t，排放镉 35.64 t，产排量分别占总产排量的 99.71%和 96.71%。

表 1-6 及图 1-9 为 2007 年全国工业行业产生和排放的废水重金属镉总量及所占比例，可以看出，废水镉排放主要来自有色金属冶炼及压延加工业，其排放量占总排放量的 76.96%；其次是化学原料及化学制品制造业和有色金属矿采选业，其排放量分别占总排放量的 9.97%和 8.44%，其余四大行业的贡献要小得多，总共约占 1%。

表 1-6　全国工业行业废水重金属镉产排量　　单位：t/a

行业	Cd 产生量	Cd 排放量
全国总量	2 671.07	36.85
七大重点行业	2 663.45	35.64
有色金属矿采选业	20.46	3.11
皮革、毛皮、羽毛（绒）及其制品业	—	—
化学原料及化学制品制造业	229.75	3.67
有色金属冶炼及压延加工业	2 411.12	28.36
金属制品业	0.52	0.09
电气机械及器材制造业	0.13	0.03
通信设备、计算机及其他电子设备制造业	1.47	0.37
其他行业	7.62	1.21

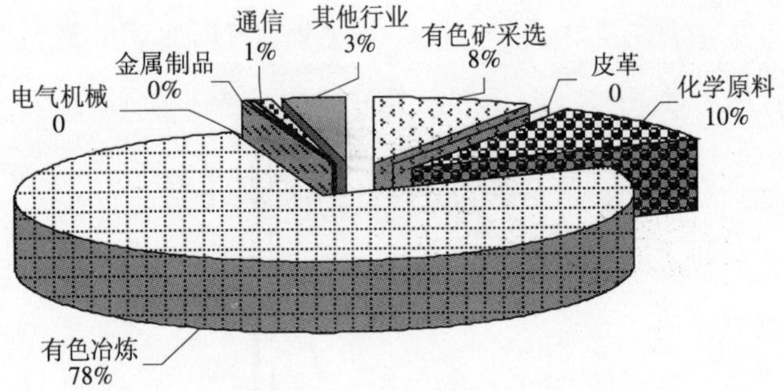

图 1-9　全国工业废水重金属镉排放的行业分布

2）地区分布

图 1-10 为 2007 年全国各省区排放的工业废水重金属镉排放量比例，从图中可见，镉排放的地区分布极不平衡，不同省区间差异显著。2007 年，镉年排放量主要集中在有色金属冶炼行业发达的湖南和云南两省，这些地区的铅、锌和黄金产量分别占全国总产量的 31%、41%和 10%，其工业废水镉排放量占总排放量的 57.61%；另外甘肃、内蒙古、江西等省（区）的镉排放量也较高，排放量较大的江西有着我国最大的铜工业生产基地——江铜集团。

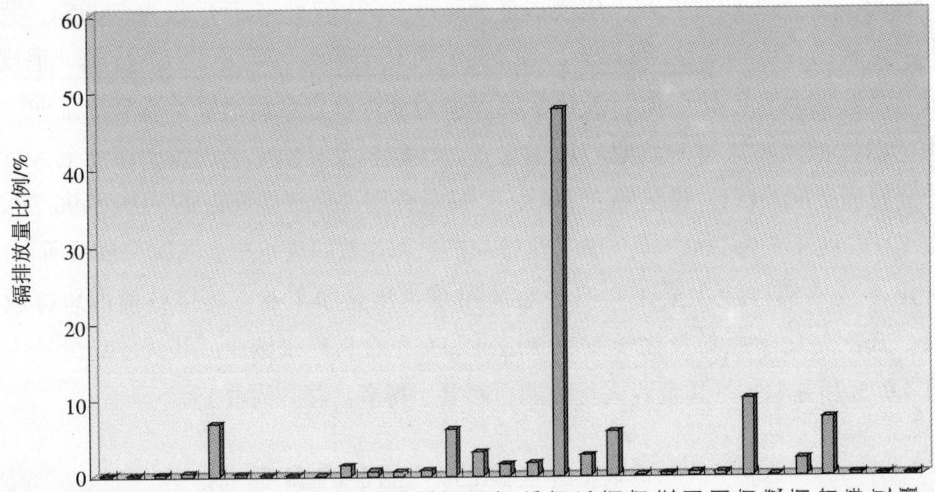

图 1-10　全国工业废水重金属镉排放的地区分布

5．砷排放清单

1）行业分布

2007 年，全国工业行业共产生废水重金属砷 7 730.57 t，总排放量为 184.96 t，我国工业废水重金属砷去除率高达 97.61%。各工业行业中有色金属矿采选业，皮革、毛皮、羽毛（绒）及其制品业，化学原料及化学制品制造业，有色金属冶炼及压延加工业，金属制品业，电气机械及器材制造业，通信设备、计算机及其他电子设备制造业七大行业共产生重金属砷 7 604.24 t，排放砷 165.47 t，产排量分别占总产排量的 98.37% 和 89.46%。

表 1-7 及图 1-11 为 2007 年全国工业行业产生和排放的废水重金属砷总量及所占比例，可以看出，废水砷排放基本来自三大行业，其中主要是化学原料及化学制品制造业，其排放量约占总排放量的 39.20%；其次是有色金属冶炼及压延加工业和有色金属矿采选业，其排放量分别占总排放量的 29.55%和 20.60%，其余四大行业基本没有排放。

表 1-7　全国工业行业废水重金属砷产排量　　单位：t/a

行业	As 产生量	As 排放量
全国总量	7 730.57	184.96
七大重点行业	7 604.24	165.47
有色金属矿采选业	125.42	38.10
皮革、毛皮、羽毛（绒）及其制品业	0.04	0.01
化学原料及化学制品制造业	3 289.75	72.50
有色金属冶炼及压延加工业	4 187.42	54.65
金属制品业	0.18	0.05
电气机械及器材制造业	0.02	0.02
通信设备、计算机及其他电子设备制造业	1.41	0.15
其他行业	126.33	19.49

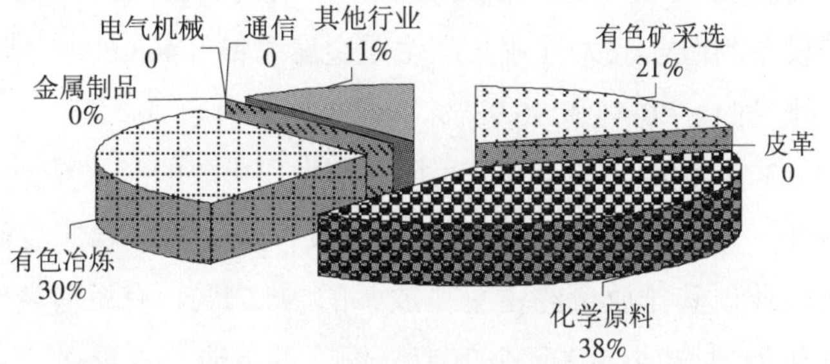

图 1-11　全国工业废水重金属砷排放的行业分布

2）地区分布

图 1-12 为 2007 年全国各省区排放的工业废水重金属砷排放量比例，从图中可见，砷排放的地区分布极不平衡，不同省区间差异显著。2007 年，砷年排放量主要集中在有色金属冶炼行业发达的湖南和云南两省，这些地区的铅、锌和黄金产量分别占全国总产量的 31%、41%和 10%，其工业废水砷排放量占总排放量的 43.33%。

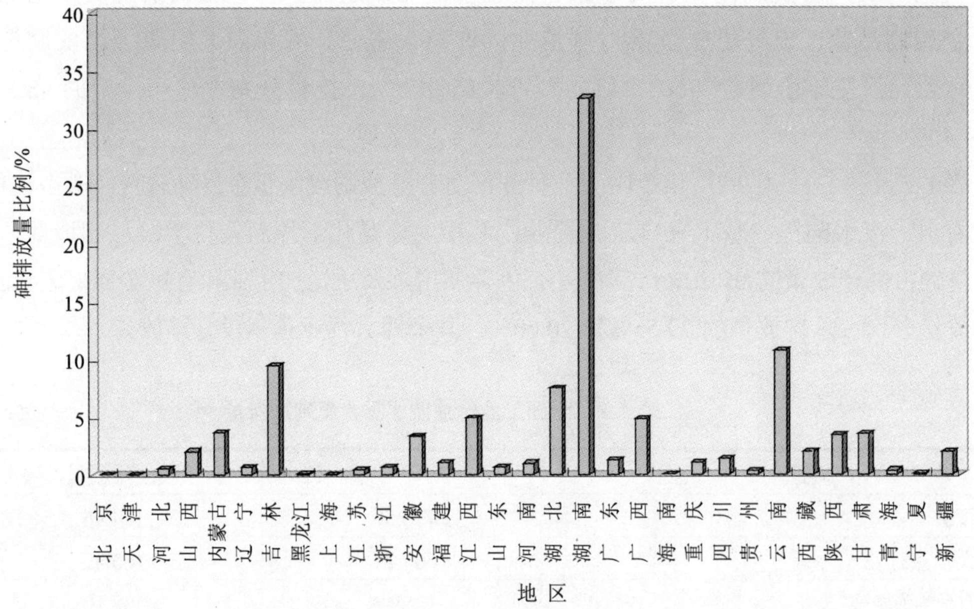

图 1-12　全国工业废水重金属砷排放的地区分布

6．铬排放清单

1）行业分布

2007 年，全国工业行业共产生废水重金属总铬 9 503.23 t，总排放量为 1 643.42 t，相比其他重金属元素而言，我国工业废水重金属总铬去除率最低，仅为 82.71%。各工业行业中有色金属矿采选业，皮革、毛皮、羽毛（绒）及其制品业，化学原料及化学制品制造业，有色金属冶炼及压延加工业，金属制品业，电气机械及器材制造业，通信设备、计算机及其他电子设备制造业七大行业共产生重金属总铬 8 463.60 t，排放总铬 1 592.91 t，产排量分别占总产排量的 89.06%和 96.93%。

表 1-8 及图 1-13 为 2007 年全国工业行业产生和排放的废水重金属铬总量及所占比例，从图中可以看出，废水总铬排放基本来自两大行业——金属制品业和皮革、毛皮、羽毛（绒）及其制品业，其排放量约占总排放量的 95.71%，有资料表明，在皮革产业链中，只有制革行业涉及重金属铬，且全部为三价铬，不涉及六价铬，主要在鞣制工段后产生；另外化学原料及化学制品制造业约有 0.72%的排放，其他行业基本没有排放。

2）地区分布

图 1-14 为 2007 年我国各省区排放的工业废水重金属铬排放量比例，由图中可见，总铬排放的地区分布极不平衡，不同省区间差异显著。2007 年，总铬年排放量超过 400 t 的省区主要是工业经济发达的广东、浙江两省，主要集中在经济发达的长三角、珠三角经济带内，这两个地区的工业 GDP 之和占全国工业总产值的 20%，其废水重金属排放量占到全国总排放量的 62%。总体来说，我国工业废水总铬排放主要集中在金属制品业、电镀、皮革等产业发达程度较高的省区。

表 1-8　全国工业行业废水重金属铬产排量　　单位：t/a

行业	Cr 产生量	Cr 排放量
全国总量	9 503.23	1 643.42
七大重点行业	8 463.60	1 592.91
有色金属矿采选业	7.69	1.20
皮革、毛皮、羽毛（绒）及其制品业	1 654.93	502.80
化学原料及化学制品制造业	293.09	11.82
有色金属冶炼及压延加工业	43.71	1.23
金属制品业	6 305.65	1 070.25
电气机械及器材制造业	46.70	1.19
通信设备、计算机及其他电子设备制造业	111.83	4.43
其他行业	1 039.63	50.50

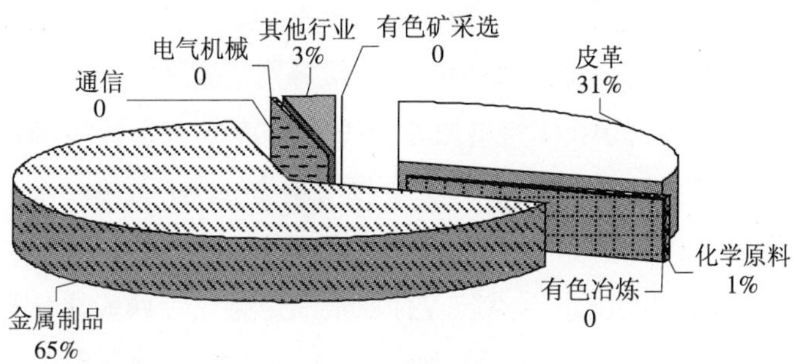

图 1-13　全国工业废水重金属铬排放的行业分布

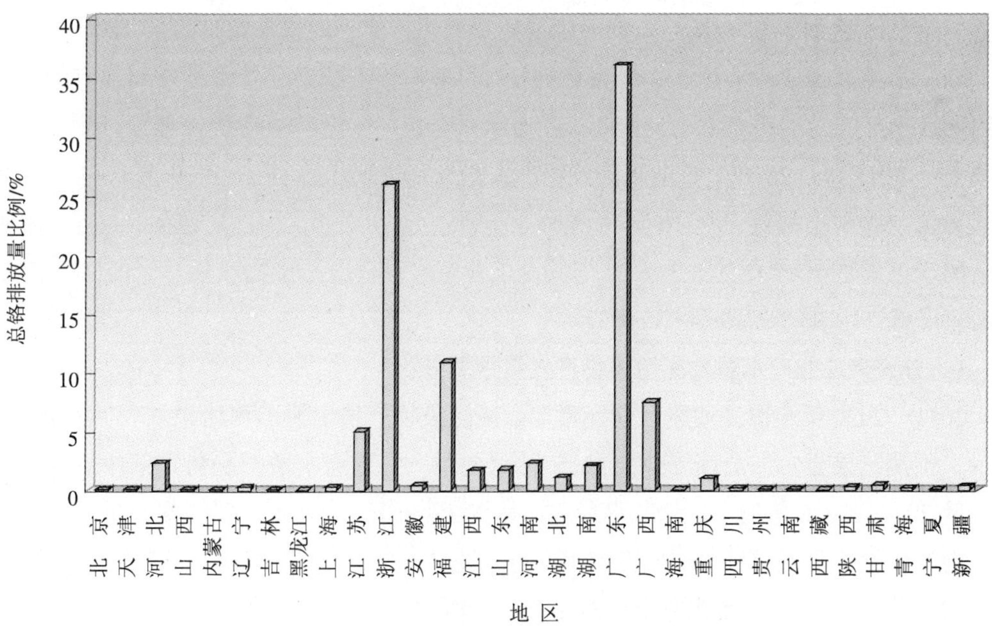

图 1-14　全国工业废水重金属铬排放的地区分布

1.4 预测结果

1.4.1 废水重金属污染物产生量预测分析

1）全国各行业废水重金属污染物产生量增速较快，平均增长率接近 10%。

根据各行业的工业增加值和重金属污染物产生系数，预测得到 2011—2020 年全国各行业的重金属污染物产生总量①和全国七大重点行业重金属污染物产生总量，全国重金属产生总量的预测结果如表 1-9 所示。由表中可知，全国各行业 5 种重金属污染物产生量持续增加，年平均增长率达到 9.55%。

2007 年各行业 5 种重金属污染物产生总量为 2.44 万 t，根据预测结果，若维持按照现有的生产规模和处理水平趋势，工业废水重金属产生量将呈现快速增加，到 2011 年、2013 年、2015 年、2020 年重金属污染物产生总量分别达到 3.53 万 t、4.34 万 t、5.28 万 t 和 8.02 万 t，2015 年相对于 2010 年将增加 66.88%，2020 年重金属污染物产生总量是 2007 年的 3.28 倍。“十二五”期间共产生 5 种重金属污染物 21.87 万 t；“十三五”期间，依旧维持迅速增长的趋势，2020 年相对于 2015 年将增加 51.97%。

2）重点行业问题依旧突出，重点防控行业依然是有色金属矿采选业、皮革制品业、化学原料及化学制品制造业、有色金属冶炼及压延加工业、金属制品业、电气机械及器材制造业和通信设备及其他电子设备制造业。

全国七大重点工业行业重金属产生量预测结果如表 1-10 及表 1-11 所示，由表中可以看出，七大行业 5 种重金属污染物产生量持续增加，年平均增长率达到 9.42%。2007 年七大行业 5 种重金属污染物产生量为 2.31 万 t，根据预测结果，若维持按照现有的生产规模和处理水平的发展趋势，七大行业工业废水重金属产生量将呈现快速增加，到 2011 年、2013 年、2015 年、2020 年重金属污染物产生量分别达到 3.33 万 t、4.09 万 t、4.97 万 t 和 7.50 万 t，2015 年相对于 2010 年将增加 66.09%，到 2020 年，七大重点工业行业重金属污染物产生量是 2007 年的 3.24 倍，但其占工业废水重金属污染物产生总量的比例较 2007 年略有降低，由 94.75%降至 93.50%。

1．分元素工业废水重金属污染物产生量预测分析

2011—2020 年全国工业废水分元素重金属污染物产生量的预测结果如表 1-9 和表 1-10 所示。预测结果显示，全国工业废水 5 种重金属产生量均呈增长趋势，其中重金属总铬产生量 2011—2020 年的平均增长率最高，达到 12.36%，其余汞、铅、镉、砷 4 种重金属污染物产生量的平均增长率均低于 10%，分别为 7.38%、6.91%、6.71%和 7.39%。

2011 年，全国工业废水重金属总铬产生量所占比例最高，达到 41.68%，其次是砷、铅、镉、汞，产生量所占比例分别为 29.94%、17.82%、10.48%、0.08%。2015 年和 2020 年，重金属总铬产生量所占比例均最高，其余依次是砷、铅、镉、汞。2015 年，5 种重

① 根据 2007 年全国七大重点行业重金属污染物产生量占总产生量的比例推算得到，以下同。

金属元素产生量所占比例依次为 45.62%、28.02%、16.56%、9.72%、0.08%，2020 年，5 种重金属元素产生量所占比例依次为 52.33%、25.03%、14.30%、8.27%和 0.07%。

根据预测结果，除总铬的产生量所占比例逐年升高外，年均增长 2.56%；其余重金属污染物总产生量所占比例均持续下降，汞、铅、镉、砷所占比例年均降低 1.98%、2.41%、2.60%和 1.97%。

表 1-9　2011—2020 年全国工业废水各重金属产生量　　单位：t

元素	2007 年	2011 年	2013 年	2015 年	2020 年
全国总量	2 4421.73	35 280.82	43 385.07	52 776.85	80 204.16
Hg	20.78	28.61	33.94	39.69	54.31
Pb	4 496.07	6 287.18	7 473.98	8 742.22	11 469.98
Cd	2 671.07	3 697.51	4 394.78	5 132.47	6 632.93
As	7 730.57	10 563.77	12 589.35	14 787.28	20 073.29
Cr	9 503.23	14 703.76	18 893.02	24 075.20	41 973.65

表 1-10　2011—2020 年全国七大重点工业行业废水重金属产生量　　单位：t

元素	2007 年	2011 年	2013 年	2015 年	2020 年
全国总量	23 139.17	33 336.71	40 918.81	49 674.91	74 987.35
Hg	20.31	27.97	33.18	38.80	53.09
Pb	4 387.56	6 135.44	7 293.60	8 531.23	11 193.16
Cd	2 663.45	3 686.97	4 382.25	5 117.83	6 614.02
As	7 604.24	10 391.14	12 383.62	14 545.63	19 745.26
Cr	8 463.60	13 095.20	16 826.17	21 441.42	37 381.82

2. 分行业 5 种重金属污染物产生量预测分析

表 1-11 为 2011—2020 年全国各工业行业重金属污染物产生量的预测结果。

表 1-11　2011—2020 年全国工业废水 5 种重金属污染物产生总量　　单位：t

行业	2007 年	2011 年	2013 年	2015 年	2020 年
全国总量	2 4421.73	35 280.82	43 385.07	52 776.85	80 204.16
七大重点行业	2 3139.17	33 336.71	40 918.81	49 674.91	74 987.35
有色金属矿采选业	559.54	838.85	953.92	1 053.70	1 221.53
皮革、毛皮、羽毛（绒）及其制品业	1 654.97	2 299.11	2 731.34	3 185.84	4 066.02
化学原料及化学制品制造业	4 345.75	5 797.34	6 951.01	8 258.49	12 134.43
有色金属冶炼及压延加工业	9 943.16	13 800.93	16 395.51	19 123.72	24 407.25
金属制品业	6 322.01	10 116.64	13 262.91	17 236.48	31 757.09
电气机械及器材制造业	109.85	185.53	243.22	321.66	566.88
通信设备、计算机及其他电子设备制造业	203.89	298.32	380.90	495.02	834.14
其他行业	1 282.55	1 944.11	2 466.26	3 101.93	5 216.81

根据预测结果所示，2011—2020 年全国各工业行业 5 种重金属产生量均呈增长趋势，其中金属制品业 5 种重金属污染物产生量平均增长率最高，达到 13.55%，另外 5 种重金属污染物产生量平均增长率超过 10%的行业还有电气机械及器材制造业和通信设备、计算机及其他电子设备制造业，分别达到 13.21%和 12.10%，平均增长率未超过 10%的行业依次是化学原料及化学制品制造业、有色金属冶炼及压延加工业、皮革、毛皮、羽毛（绒）及其制品业和有色金属矿采选业，分别为 8.55%、6.54%、6.54%与 4.26%。

2011 年，有色金属冶炼及压延加工业 5 种元素重金属污染物产生量约为 1.38 万 t，占当年总产生量的 39.67%，其次依次是金属制品业、化学原料及化学制品制造业、皮革、毛皮、羽毛（绒）及其制品业、有色金属矿采选业、通信设备、计算机及其他电子设备制造业和电气机械及器材制造业，产生量分别占当年总产生量的 28.67%、16.43%、6.52%、2.38%、0.85%和 0.53%。2015 年各行业格局与 2011 年相近，各行业 5 种元素重金属产生量占当年总产生量的比例依次为 36.24%、32.66%、15.65%、6.04%、2.00%、0.94%和 0.61%。而在 2020 年金属制品业 5 种元素重金属产生量为 31 757.09 t，所占比例最高，达到 39.60%，其余行业的格局与 2015 年相近，分别占 30.43%、15.13%、5.07%、1.52%、1.04%和 0.71%。

根据预测结果，金属制品业、电气机械及器材制造业以及通信设备、计算机及其他电子设备制造业 5 种重金属污染物产生量所占比例逐年上升，2011—2020 年年均增长 3.65%、3.34%和 2.33%，金属制品业 5 种重金属产生量所占比例增长速度最快，并于 2017 年首次超过有色金属冶炼及压延加工业；有色金属矿采选业，皮革、毛皮、羽毛（绒）及其制品业，有色金属冶炼及压延加工业，化学原料及化学制品制造业 5 种重金属污染物产生量所占比例呈持续下降趋势，年均降低 4.83%、2.75%、2.75%和 0.91%。

3. 分地区 5 种重金属污染物产生量预测分析

我国重金属产生量受涉重产业发展水平影响较大。根据计算结果，全国各省市重金属污染物产生量地域差异较大，但都呈逐年递增趋势，2011 年、2013 年、2015 年及 2020 年重金属产生量主要集中在浙江、广东、甘肃、江西、福建、云南以及湖南等地，2011 年、2013 年、2015 年和 2020 年这 7 个省份的总产生量分别达到 2.21 万 t、2.72 万 t、3.32 万 t 和 5.08 万 t，约占全国各工业行业重金属产生总量的 63%。重金属产生量排名前两位的省区分别位于长三角和珠三角经济带，而江西、云南和湖南均是我国冶炼大省，总体而言，我国重金属产生量受涉重产业，如有色金属采选业、冶炼业、金属制品业、皮革、化学原料制造业等产业经济发展水平影响较大。图 1-15 为“十二五”期间我国各省区工业废水重金属污染物产生量的预测结果。

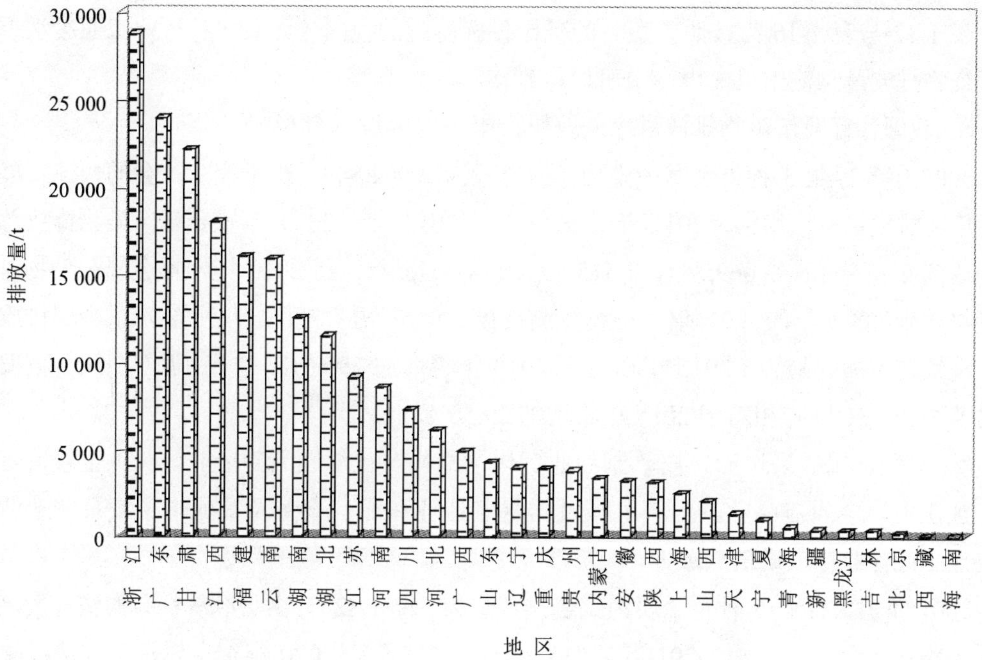

图 1-15　“十二五”各省区工业废水 5 种重金属污染物产生量

1.4.2 废水重金属污染物排放量预测分析

1）治理目标的确定

工业污染物排放量取决于污染物削减率，本报告对污染物的去除率设立了高、低两个方案：方案一，在目前的工艺水平下，污染物去除率稳步提升；方案二，以国家重金属污染防治规划的总量控制目标为参照，考虑到重金属污染问题日益凸显，常规污染问题相对弱化而重金属污染上升为主要矛盾，国家对于重金属污染问题的重视及相应污染控制技术的发展，假设到 2015 年主要污染物的排放量比 2007 年减少 10%以上；由于技术上的“瓶颈”（在工业废水重金属污染物削减水平已经较高的情况下），污染物的削减目标在“十三五”期间有所放缓，到 2020 年主要污染物的排放量较 2015 年的削减率水平设定为 8%左右，以此预测出目标年份的污染物的排放量。

2）工业废水重金属污染物排放量的预测结果

2007 年，全国工业废水重金属污染物排放总量为 2 064.54 t，排放量最大的重金属是总铬，达到 1 643.42 t；排放量最大的 3 个行业依次为金属制品业，皮革、毛皮、羽毛（绒）及其制品业和有色金属冶炼及压延加工业，其排放量分别为 1 073.23 t、502.81 t 以及 182.46 t，污染贡献率分别占到 51.98%、24.35%以及 8.84%，这 3 个行业是减排的重点行业，也是减排潜力较大的行业；排放量最大的 4 个省份分别是广东省、浙江省、福建省和湖南省，排放量均超过 150 t，污染贡献率分别占 29.78%、20.82%、9.01%和 8.18%，主要集中在经济发达的长三角、珠三角经济带内，是减排的重点地区，也是减排潜力较大的地区。

方案一：在目前处理水平稳步提升下，排放量将继续增加

表 1-12 与表 1-16 为按照方案一的减排目标得到的我国分元素和各行业工业废水重金属污染物排放量预测结果，由表中可以得到：

① 我国各行业污染物排放量增速较快，年平均增长率约 6%。

2007 年各行业 5 种重金属污染物排放总量为 2 064.54 t，由于经济社会的快速发展导致污染物排放量持续增加，2011 年、2013 年、2015 年、2020 年重金属污染物排放总量分别达到 2 767.44 t、3 069.74 t、3 515.56 t 和 4 554.69 t，到 2020 年，重金属污染物排放总量将达到 2007 年的 2.21 倍。根据预测结果，“十二五”期间，工业废水重金属排放量将呈现快速增加的趋势，2015 年相对于 2010 年将增加 39.66%；“十三五”期间，依旧维持迅速增长，2020 年相对于 2015 年将增加 29.56%。

② 有色金属矿采选业，皮革制品业、化学原料及化学制品制造业，有色金属冶炼及压延加工业，金属制品业，电气机械及器材制造业和通信设备及其他电子设备制造业七大重点工业行业排放量依然最大。

2007 年七大行业 5 种重金属污染物排放量为 1 981.82 t，由于经济社会的快速发展导致污染物排放量持续增加，2011 年、2013 年、2015 年、2020 年重金属污染物排放量分别达到 2 658.93 t、2 949.22 t、3 378.74 t 和 4 381.78 t，到 2020 年，七大重点工业行业重金属污染物排放量将达到 2007 年的 2.21 倍，其占工业废水重金属污染物排放总量的比例较 2007 年略有上升，由 95.99%升至 96.20%。根据预测结果，“十二五”期间，七大行业工业废水重金属排放量将呈现快速增加，2015 年相对于 2010 年将增加 39.66%；“十三五”期间，依旧维持迅速增长的趋势，2020 年相对于 2015 年将增加 29.59%。

方案二：在总量目标控制强度下，排放量将逐步下降

表 1-14 与表 1-17 为按照方案二的减排目标得到的我国分元素和各行业工业废水重金属污染物排放量预测结果，由表中可以得到：

① 由于国家出台重金属污染综合防治规划，日益加大重金属污染防治力度，全国各行业重金属污染物排放量将呈下降趋势，年平均降幅约 5%。

2007 年各行业 5 种重金属污染物排放总量为 2 064.54 t，到 2011 年、2013 年、2015 年、2020 年重金属污染物排放总量分别达到 2 643.15 t、2 229.97 t、1 816.80 t 和 1 671.45 t，到 2020 年，重金属污染物排放总量较 2007 年减少 19%。根据预测结果，“十二五”期间，工业废水重金属污染物排放量将持续降低，2015 年相对于 2010 年将降低 25.44%；“十三五”期间，依旧维持持续降低的趋势，2020 年相对于 2015 年将降低 8.00%左右。

② 有色金属矿采选业，皮革制品业，化学原料及化学制品制造业，有色金属冶炼及压延加工业，金属制品业，电气机械及器材制造业和通信设备及其他电子设备制造业七大重点工业行业排放量依然最大。

2007 年七大行业 5 种重金属污染物排放量为 1 981.82 t，由于加大重金属污染防治及处理工艺水平提高导致污染物排放量持续降低，2011 年、2013 年、2015 年、2020 年重金属污染物排放量分别达到 2 538.31 t、2 143.07 t、1 746.24 t 和 1 606.10 t。根据预测结果，“十

二五”期间，七大行业工业废水重金属排放量将持续降低，2015 年相对于 2010 年将降低 31.20%；“十三五”期间，依旧维持持续降低的趋势，2020 年相对于 2015 年将降低 8.03%。

1．分元素工业废水重金属污染物产生量预测分析

2007 年，全国工业行业共排放废水重金属汞 1.40 t、铅 197.91 t、镉 36.85 t、砷 184.96 t、铬 1 643.42 t，相比其他重金属元素而言，重金属汞生物毒性最强，另外我国工业废水重金属总铬去除率最低，仅为 82.71%，这两种重金属污染物是今后减排的重点。

根据对污染物去除率设定的高低两种方案，得到 2011—2020 年全国工业废水分元素重金属污染物排放量的预测结果。

1）方案一的预测结果

表 1-12 和表 1-13 为按照方案一的减排目标工业废水各重金属污染物排放量的预测结果，如果按照方案一设定的污染物削减水平，2011—2020 年全国工业废水 5 种重金属污染物排放量将持续升高，其中重金属总铬排放量的平均增长率最高，达到 6.12%，其余汞、铅、镉、砷 4 种重金属污染物产生量的平均增长率均低于 5%，分别为 3.70%、3.48%、2.30%和 3.99%。

2011 年，全国工业废水重金属总铬排放量所占比例最高，达到 81.42%，其次依次是铅、砷、镉、汞，排放量所占比例均低于 10%，分别为 8.75%、8.12%、1.65%和 0.06%。2015 年和 2020 年，重金属总铬排放量所占比例均最高，其余依次是铅、砷、镉、汞。2015 年，5 种重金属元素排放量所占比例依次为 82.25%、8.29%、7.90%、1.49%、0.06%。2020 年，5 种重金属元素排放量所占比例依次为 84.47%、7.23%、7.02%、1.23%和 0.05%。

根据预测结果，除总铬的排放量所占比例逐年升高外，年均增长 0.41%；其余重金属污染物总排放量所占比例均持续下降，汞、铅、镉、砷所占比例年均降低 1.89%、2.09%、3.21%和 1.61%。

表 1-12　在方案一下 2011—2020 年全国工业废水各重金属排放量　　单位：t

元素	2007 年	2011 年	2013 年	2015 年	2020 年
全国总量	2 064.54	2 767.44	3 069.74	3 515.56	4 554.69
Hg	1.40	1.66	1.79	2.01	2.30
Pb	197.91	242.08	268.72	291.57	329.41
Cd	36.85	45.66	48.23	52.55	56.03
As	184.96	224.72	251.44	277.81	319.57
Cr	1 643.42	2 253.31	2 499.55	2891.62	3847.38

表 1-13　在方案一下 2011—2020 年全国七大重点工业行业废水各重金属排放量　　单位：t

元素	2007 年	2011 年	2013 年	2015 年	2020 年
全国总量	1 981.82	2 658.93	2 949.22	3 378.74	4 381.78
Hg	1.21	1.43	1.54	1.73	1.98
Pb	186.59	228.24	253.35	274.90	310.57
Cd	35.64	44.15	46.65	50.82	54.19
As	165.47	201.04	224.94	248.54	285.90
Cd	1 592.91	2 184.07	2 422.74	2 802.75	3 729.14

2）方案二的预测结果

表 1-14 和表 1-15 为按照方案二的减排目标工业废水重金属污染物排放量的预测结果，如果按照方案二设定的污染物削减水平，全国工业废水 5 种重金属污染物排放量将持续减少，其中重金属汞排放量 2011—2020 年的平均降幅最高，达到 6.82%，其余铅、砷、镉、总铬 4 种重金属污染物产生量的平均降幅分别为 6.03%、5.50%、4.95%和 4.79%。

2011 年，全国工业废水重金属总铬排放量所占比例最高，达到 81.25%，其次依次是铅、砷、镉、汞，排放量所占比例均低于 10%，分别为 9.03%、7.99%、1.68%和 0.05%。2015 年和 2020 年，重金属总铬排放量所占比例均最高，其余依次是铅、砷、镉、汞。2015 年，5 种重金属元素排放量所占比例依次为 82.84%、8.25%、7.22%、1.64%、0.05%。2020 年，5 种重金属元素排放量所占比例依次为 82.54%、8.15%、7.58%、1.68%和 0.05%。

根据预测结果，各元素排放量所占比例保持稳定，变化极小。

表 1-14　在方案二下 2011—2020 年全国工业废水各重金属排放量　　单位：t

元素	2007 年	2011 年	2013 年	2015 年	2020 年
全国总量	2 064.54	2 643.19	2 229.97	1 816.80	1 671.45
Hg	1.40	1.61	1.25	0.94	0.85
Pb	197.91	243.03	191.88	152.83	138.82
Cd	36.85	44.20	36.46	29.64	27.98
As	184.96	226.60	175.31	140.87	136.12
Cr	1 643.42	2 127.72	1 825.07	1 492.52	1 367.68

表 1-15　在方案二下 2011—2020 年全国七大重点工业行业废水各重金属排放量　　单位：t

元素	2007 年	2011 年	2013 年	2015 年	2020 年
全国总量	1 981.82	2 538.31	2 143.07	1 746.24	1 606.10
Hg	1.21	1.38	1.07	0.81	0.73
Pb	186.59	229.13	180.91	144.10	130.88
Cd	35.64	42.74	35.27	28.66	27.06
As	165.47	202.72	156.84	126.02	121.78
Cd	1 592.91	2 062.34	1 768.98	1 446.65	1 325.65

2. 分行业 5 种重金属污染物排放量预测分析

2007 年，全国工业行业 5 种重金属污染物的排放总量为 2 064.54 t，排放量位于前 3 位的行业依次为金属制品业，皮革、毛皮、羽毛（绒）及其制品业和有色金属冶炼及压延加工业，分别为 1 073.23 t、502.81 t 以及 182.46 t，污染贡献率分别占到 51.98%、24.35%以及 8.84%，这 3 个行业是减排的重点行业，也是减排潜力较大的行业。

按照两种减排情景对 2011—2020 年全国各工业行业 5 种重金属污染物排放量进行预测，预测结果如下：

1）方案一的预测结果

表 1-16 为按照方案一的减排目标工业各行业重金属污染物排放量的预测结果，如果

按照方案一设定的污染物削减水平，工业行业重金属污染物的排放总量将持续增加。2011 年、2013 年、2015 年以及 2020 年重金属污染物的排放量将达到 2 767.44 t、3 069.74 t、3 515.56 t 以及 4 554.69 t，分别比 2007 年的排放量增加 34.05%、48.69%、70.28%以及 120.62%。可以看出，由于我国仍处于工业化发展阶段，受经济发展强劲势头的拉动，排污量仍然在不断提高，因此，在近期内，若要减少工业排污带来的环境压力，仍需要进一步加大末端治理的力度。

表 1-16　在方案一下 2011—2020 年全国工业废水 5 种重金属污染物排放总量　单位：t

行业	2007 年	2011 年	2013 年	2015 年	2020 年
全国总量	2 064.54	2 767.44	3 069.74	3 515.56	4 554.69
七大重点行业	1 981.82	2 658.93	2 949.22	3 378.74	4 381.78
有色金属矿采选业	92.57	117.54	128.93	134.36	140.05
皮革、毛皮、羽毛（绒）及其制品业	502.81	647.93	706.93	783.14	897.86
化学原料及化学制品制造业	115.57	134.56	155.38	177.09	224.27
有色金属冶炼及压延加工业	182.46	224.00	242.94	264.28	284.44
金属制品业	1 073.24	1 515.08	1 691.78	1 991.80	2 796.25
电气机械及器材制造业	5.05	6.97	8.51	10.60	15.18
通信设备、计算机及其他电子设备制造业	10.12	12.85	14.76	17.47	23.73
其他行业	82.72	108.51	120.51	136.82	172.91

2011 年有色金属矿采选业，皮革、毛皮、羽毛（绒）及其制品业，化学原料及化学制品制造业，有色金属冶炼及压延加工业，金属制品业，电气机械及器材制造业，通信设备、计算机及其他电子设备制造业 5 种元素重金属污染物总排放量分别为 117.54 t、647.93 t、134.56 t、224.00 t、1 515.08 t、6.97 t 和 12.85 t，到 2013 年将分别达到 128.93 t、706.93 t、155.38 t、242.94 t、1 691.78 t、8.51 t 和 14.76 t，到 2015 年将分别达到 134.36 t、783.14 t、177.09 t、264.28 t、1 991.80 t、10.60 t 和 17.47 t，到 2020 年将分别达到 140.05 t、897.86 t、224.27 t、284.44 t、2 796.25 t、15.18 t 和 23.73 t。按照此目标方案，“十二五”期间，七大行业 5 种元素重金属污染物总排放量将分别增加 14.31%、20.87%、31.61%、17.99%、31.47%、52.03%和 35.97%；“十三五”期间将增加 4.24%、14.65%、26.64%、7.63%、40.39%、43.22%和 35.80%。

2011 年七大行业 5 种元素重金属污染物排放量所占比例分别为 4.25%、23.41%、4.86%、8.09%、54.75%、0.25%和 0.46%；到 2013 年分别为 4.20%、23.03%、5.06%、7.91%、55.11%、0.28%和 0.48%；2015 年将分别为 3.82%、22.28%、5.04%、7.52%、56.66%、0.30%和 0.50%；2020 年将分别达到 3.07%、19.71%、4.92%、6.25%、61.39%、0.33%和 0.52%，这七大工业行业排放量约占全国排放总量的 96%。2011—2020 年金属制品行业 5 种元素重金属污染物排放量所占比例始终最高，为 54.75%～61.39%，电气机械及器材制造业所占比例始终最低，为 0.25%～0.33%；金属制品业，电气机械及器材制造业，通信设备、计算机及其他电子设备制造业 5 种元素重金属污染物排放量所占比例持续升高，其余行业除化学原料及化学制品制造业外则持续降低。

2）方案二的预测结果

表 1-17 为按照方案二的减排目标工业各行业重金属污染物排放量的预测结果，如果按照方案二设定的污染物削减水平，工业行业重金属污染物的排放总量将持续增加。到 2011 年、2013 年、2015 年以及 2020 年重金属污染物的排放量将达到 2 643.15 t、2 229.97 t、1 816.80 t 以及 1 671.45 t，分别比 2007 年的排放量增加了 28.03%、8.01%、−12.00%以及 −19.04%。“十二五”期间的减排量为 826.36 t，减排率为 31.26%，由于重金属污染问题日益凸显，常规污染问题弱化，国家对于重金属污染问题的重视及相应污染控制技术的发展，同时也存在科技进步水平难以在短期内凸显效应，“十三五”期间的减排速率相对“十二五”期间有所放缓，减排量为 145.34 万 t，减排率降为 8%。

表 1-17 在方案二下 2011—2020 年全国工业废水 5 种重金属污染物排放总量 单位：t

行业	2007 年	2011 年	2013 年	2015 年	2020 年
全国总量	2 064.54	2 643.15	2 229.97	1 816.80	1 671.45
七大重点行业	1 981.82	2 538.31	2 143.07	1 746.24	1 606.10
有色金属矿采选业	92.57	120.12	86.67	64.26	52.53
皮革、毛皮、羽毛（绒）及其制品业	502.81	629.54	515.15	401.20	336.72
化学原料及化学制品制造业	115.57	136.98	107.96	89.25	90.44
有色金属冶炼及压延加工业	182.46	220.12	179.61	145.82	136.97
金属制品业	1 073.24	1 411.85	1 237.78	1 032.81	976.91
电气机械及器材制造业	5.05	6.98	5.76	4.80	4.84
通信设备、计算机及其他电子设备制造业	10.12	12.72	10.13	8.11	7.69
其他行业	82.72	104.84	86.90	70.56	65.35

方案二考虑加大污染物治理力度，按照方案二提出的治理目标预测，2011 年有色金属矿采选业，皮革、毛皮、羽毛（绒）及其制品业，化学原料及化学制品制造业，有色金属冶炼及压延加工业，金属制品业，电气机械及器材制造业，通信设备、计算机及其他电子设备制造业 5 种元素重金属污染物总排放量分别为 120.12 t、629.54 t、136.98 t、220.12 t、1 411.85 t、6.98 t 和 12.72 t，到 2013 年将分别达到 86.67 t、515.15 t、107.96 t、179.61 t、1 237.78 t、5.76 t 和 10.13 t，到 2015 年将分别达到 64.26 t、401.20 t、89.25 t、145.82 t、1 032.81 t、4.80 t 和 8.11 t，到 2020 年将分别达到 52.53 t、336.72 t、90.44 t、136.97 t、976.91 t、4.84 t 和 7.69 t。按照此目标方案，“十二五”期间，有色金属矿采选业，皮革、毛皮、羽毛（绒）及其制品业，化学原料及化学制品制造业，有色金属冶炼及压延加工业，金属制品业，电气机械及器材制造业，通信设备、计算机及其他电子设备制造业 5 种元素重金属污染物总排放量将分别降低 46.50%、36.27%、34.85%、33.76%、26.85%、31.22%和 36.27%；“十三五”期间将分别降低 18.26%、16.07%、−1.34%、6.07%、5.41%、−0.83%和 5.15%。

2011 年有色金属矿采选业，皮革、毛皮、羽毛（绒）及其制品业，化学原料及化学制品制造业，有色金属冶炼及压延加工业，金属制品业，电气机械及器材制造业，通信设备、计算机及其他电子设备制造业 5 种元素重金属污染物总排放量所占比例分别为 4.54%、23.82%、5.18%、8.33%、53.42%、0.26%和 0.48%；到 2013 年分别为 3.89%、23.10%、4.84%、8.05%、55.51%、0.26%和 0.45%；2015 年分别为 3.54%、22.08%、4.91%、8.03%、56.85%、0.26%和 0.45%；2020 年将分别达到 3.14%、20.15%、5.41%、8.19%、58.45%、0.29%和 0.46%，这七大工业行业重金属污染物排放量约占全国排放总量的 96%左右。2011—2020 年金属制品行业 5 种元素重金属污染物排放量所占比例始终最高，为 53.42%～58.45%，电气机械及器材制造业所占比例始终最低，为 0.26%～0.29%；金属制品业，电气机械及器材制造业 5 种元素重金属污染物排放量所占比例持续升高，除化学原料行业和通信设备业所占比例较为稳定外，其余行业则持续降低。

3．分地区 5 种重金属污染物排放量预测分析

2007 年重金属排放量超过 150 t 的省区主要是工业经济发达和有色冶炼行业发达的广东、浙江、福建和湖南 4 省，另外广西、江苏排放量也较高。按照两种减排情景，对 2011—2020 年全国各省区工业废水 5 种重金属污染物排放量进行预测，预测结果如下：

1）方案一的预测结果

根据预测结果可知，全国各省区重金属污染物排放量地域差异较大，但都呈逐年递增趋势，2011 年、2013 年、2015 年及 2020 年重金属排放量主要集中于广东、浙江两省，2011 年、2013 年、2015 年和 2020 年这两个省份的总排放量分别达到 1 425.03 t、1 580.73 t、1 826.47 t 和 2 423.15 t，占全国总排放量的 50%以上。图 1-16 为按照方案一的减排目标 2015 年全国各省区工业废水重金属污染物排放量预测结果。

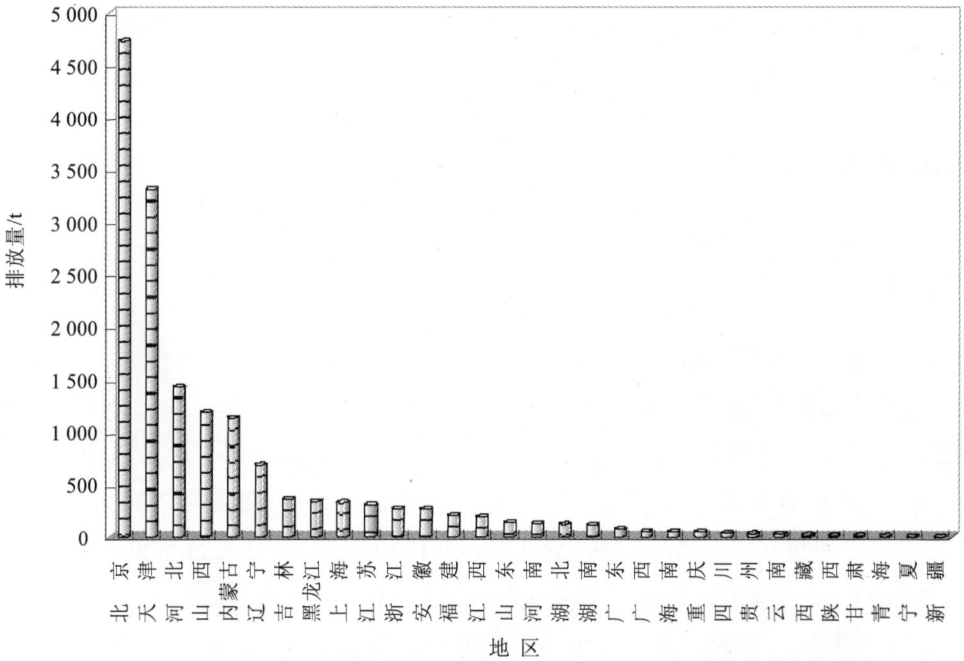

图 1-16　在方案一下 2011—2015 年全国各省区工业废水 5 种重金属排放量

2）方案二的预测结果

根据预测结果可知，全国各省区重金属污染物排放量地域差异较大，但都呈逐年递减趋势，2011 年、2013 年、2015 年及 2020 年重金属排放量主要集中于广东、浙江两省，2011 年、2013 年、2015 年和 2020 年这两个省份的总排放量分别达到 1 347.29 t、1 153.64 t、942.98 t 和 864.15 t，约占全国总排放量的 51%。图 1-17 为按照方案二的减排目标 2015 年全国各省区工业废水重金属污染物排放量预测结果。

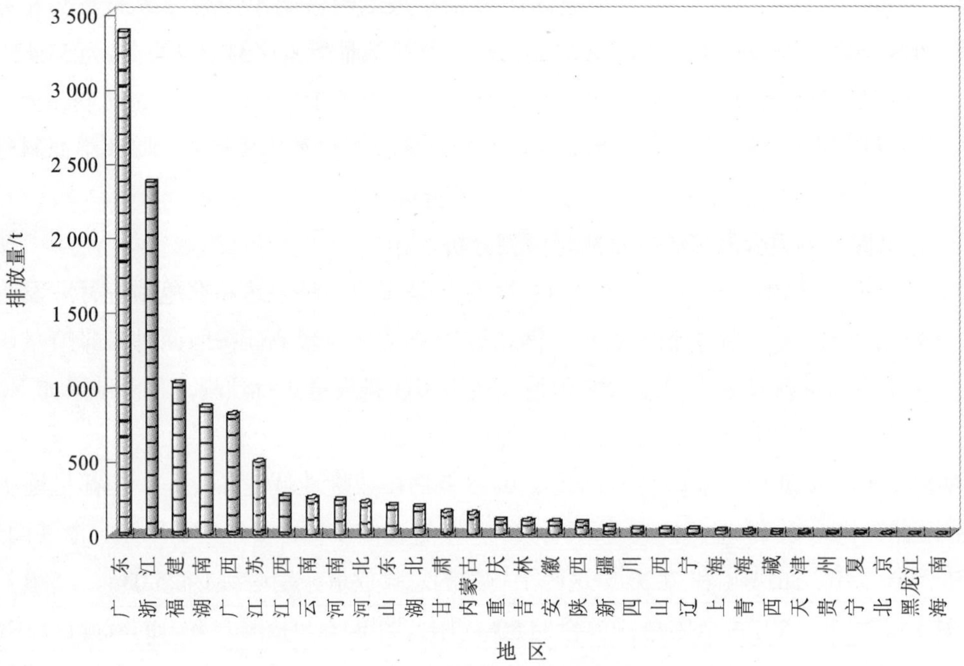

图 1-17　在方案二下 2011—2015 年全国各省区工业废水 5 种重金属排放量

1.5 结论建议

1.5.1 主要结论

1．废水重金属污染物排放清单分析结果

1）工业废水重金属污染物排放量大

根据第一次全国污染源普查结果，2007 年我国汞、铅、镉、砷、总铬 5 种废水重金属污染物产生总量为 2.54 万 t，其中，工业废水重金属污染物产生量为 2.44 万 t，占总产生量的 96%。5 种废水重金属污染物排放总量为 2 127 t，其中，工业废水重金属污染物排放量为 2 065 t（企业排放口），占总排放量的 97%；城市大生活污水重金属污染物排放量为 62 t，占总排放量的 3%。从工业废水重金属各元素排放所占比例看，总铬、铅、砷、镉、汞 5 种重金属的排放量分别为 1 643.4 t、197.9 t、185.0 t、36.8 t、1.4 t，分别占总排放量的 79.6%、9.6%、9.0%、1.8%、0.1%，废水重金属污染物主要以铬和铅为主，其次是砷，而汞和镉重金属污染物排放量所占比例较小。

2）工业废水重金属污染行业分布集中

2007 年，我国工业行业中汞、铅、镉、砷、总铬 5 种废水重金属污染物产生量为 24 422 t，排放量为 2 065 t（企业排放口）。其中，有色金属矿采选业，皮革、毛皮、羽毛（绒）及其制品业，化学原料及化学制品制造业，有色金属冶炼及压延加工业，金属制品业，电气机械及器材制造业，通信设备、计算机及其他电子设备制造业等七大行业的汞、铅、镉、砷、总铬 5 种废水重金属污染物产生量为 23 139 t，排放量为 1 982 t，产排量分别占工业行业总产排量的 94.75%和 96.00%。

从各工业行业废水重金属排放看，金属制品业重金属排放量最大，为 1 073 t，占行业总排放量的 50%以上；其次是皮革、毛皮、羽毛（绒）及其制品业和有色金属冶炼及压延加工业，重金属排放量分别为 503 t 和 182 t，约占废水重金属总排放量的 24%和 9%；而化学原料和化学制品制造业等其他行业的废水重金属排放量相对较少，均不超过总排放量的 6%。这七大行业是废水重金属污染治理的重点行业，而金属制品业，皮革、毛皮、羽毛（绒）及其制品业及有色金属冶炼压延加工业则是废水重金属行业防控的重中之重。

3）工业废水重金属污染区域分布不均衡

2007 年，工业废水重金属产生量位居全国前 10 位的省份分别是浙江、甘肃、广东、江西、云南、福建、湖南、湖北、江苏和河南，10 个省份产生总量约占工业行业总产生量的 48.6%。废水重金属排放量位居全国前 10 位的省区分别是广东、浙江、福建、湖南、广西、江苏、云南、江西、河南和河北，约占总排放量的 65.0%，尤其广东、浙江、福建和湖南四省 2007 年工业废水重金属排放量均超过了 150 t，广东、浙江、福建这三个省份 2007 年的工业增加值之和占全国工业增加值的 26.10%，而工业废水重金属排放量占其总量的 59.61%。总体来说，我国工业废水重金属污染物排放主要集中在经济发达、工业化程度较高的省区。

2. 废水重金属污染物产排量压力预测结果

1）未来废水重金属污染物产生量将维持较快增长态势，随着国家进一步加大污染防控力度，重金属污染物排放量将放缓或下降

随着经济社会的快速发展，预计未来 10 年我国废水重金属污染物产生量将呈现持续增加的态势，而随着《重金属污染综合防治“十二五”规划》的实施和国家进一步加大重金属污染防治力度，排放量的增速将放缓或下降。预测表明，到 2015 年，我国工业废水 5 种主要重金属污染物产生总量将达到 5.28 万 t，较 2007 年净增加 2.84 万 t；两种控制情景下的排放量分别为 3 516 t 和 1 817 t，较 2007 年分别净增加 1 452 t 和净减少 247 t，“十二五”期间年均增长率分别为 6.2%、−9.0%。到 2020 年，工业废水重金属污染物产生总量将进一步增加到 8.02 万 t，较 2007 年净增加 5.78 万 t；两种控制情景下的排放量分别为 4 555 t 和 1 671 t，较 2007 年分别净增加 2 491 t 和净减少 393 t，“十三五”期间年均增长率分别为 5.1%、−1.7%。

2）工业废水重金属产排量行业分布变化不大，重点污染行业问题依旧突出

预测表明，有色金属矿采选业，皮革制品业，化学原料及化学制品制造业，有色金属冶炼及压延加工业，金属制品业，电气机械及器材制造业，通信设备及其他电子设备制造业这七大重点行业 5 种主要重金属污染物产生量仍将持续增加，到 2015 年，七大行业废水重金属污染物产生总量将为 4.97 万 t，较 2007 年净增加 2.66 万 t，但其占工业废水重金属污染物产生总量的比例较 2007 年略有降低，由 94.8%降至 93.5%；到 2020 年，七大行业废水重金属污染物产生总量达到 7.50 万 t，较 2007 年净增加 5.19 万 t，年均增长率达到 9.4%。预测表明，到 2015 年，这七大重点工业行业在两种控制情景下（在现在重金属污染控制水平稳步提高下和切实加大重金属污染控制力度情景下）的排放量分别为 3 379 t 和 1 746 t，“十二五”期间年均增长率分别为 6.2%、−9.0%。到 2020 年，七大行业在两种控制情景下的排放量分别为 4 555 t 和 1 606 t，“十三五”期间年均增长率分别为 5.1%、−1.7%。如果切实加大污染防治力度，排放量的增速将放缓或下降。

3）工业废水重金属产排量区域分布不均衡，区域集中度仍较高

全国工业废水重金属污染物产生量地域差异较大，未来仍主要集中于浙江、广东、甘肃、江西、福建、云南以及湖南等地区。预测表明，2015 年和 2020 年这七省份工业废水重金属总产生量分别为 3.32 万 t 和 5.08 万 t，约占全国工业废水重金属产生总量的 63%。其中浙江、广东最多，2015 年分别为 7 211 t 和 5 944 t，这两个省份位于我国经济发达、产业密集、工业化进程快的长三角、珠三角经济带内，由于电镀、金属制品和皮革制造行业的迅猛发展，对废水重金属污染起到重要影响；江西、云南和湖南紧排其后，分别为 4 213 t、3 713 t 和 2 944 t，这 3 个省份均是我国有色金属采选和冶炼大省。从废水重金属排放区域分布情况来看，与产生量排名状况基本一致，2015 年及 2020 年重金属排放量主要集中于广东、浙江、福建和湖南四省。其中，广东与浙江两省 2015 年和 2020 年的排放量约占全国排放总量的 50%，这两个省份 2015 年在两种控制情景下的总排量分别为 1 826 t 和 943 t，2020 年在两种控制情景下的总排量分别为 2 423 t 和 864 t。

1.5.2 政策建议

针对以上论断，提出如下政策建议：

1）建立和完善工业废水重金属污染防治技术体系，加强清洁生产的审核和管理

加强有色金属矿采选业、皮革制品业、化学原料及化学制品制造业、有色金属冶炼及压延加工业、金属制品业、电气机械及器材制造业和通信设备及其他电子设备制造业等重金属污染防治技术（包括末端治理、清洁生产技术工艺）的研发、示范和推广，大力推广安全高效、能耗物耗低、环保达标、资源综合利用效果好的先进生产工艺。依法实施强制性清洁生产审核，完善重金属相关行业清洁生产技术标准，编写涉重金属污染行业《清洁生产审核指南》、《清洁生产技术政策》和《清洁生产实施方案》，实施清洁生产审核，在筛选、评估涉重行业清洁生产技术的基础上，完善涉重污染行业关键共性技术和行业特征技术，建立清洁生产技术清单，优先支持先进清洁生产技术示范。强化对

涉重行业企业清洁生产审核的评估与验收工作，建立 5 类重金属清洁生产审核三级管理模式，加强涉重污染防治行业的清洁生产审核能力建设。

2）严格行业环境准入，加大重点行业重金属污染防控力度

从企业规模、工艺和装备、能源消耗、资源综合利用、环境保护、安全生产与职业危害、监督管理等各方面，深入完善我国涉重金属重点行业的准入条件。对于重有色金属矿采选业，严格产业规模，新建铅锌矿山规模不得低于单体矿 3 万 t/a，服务年限 15 年以上，中型矿山单体矿规模大于 30 万 t/a，浮选法选矿工艺处理矿量 1 000 t/d 以上。对于重有色金属冶炼业，严格控制新增产能，设置安全防护距离，积极推广先进生产技术。对于化学原料及化学制品制造业，要加快制定电石法聚氯乙烯行业生产准入条件和低汞触媒产品标准，推广使用低汞触媒清洁生产技术，加强生产过程控制与治理。对于铅蓄电池制造业，尽快研究制定铅蓄电池行业准入条件、废旧铅蓄电池行业准入条件、废旧铅蓄电池回收管理办法和电池行业重金属污染综合防治方案，提高新建铅蓄电池项目规模和现有企业技改规模，实现铅蓄电池从生产到回收再生的封闭循环。对于皮革及其制品业，加快制定皮革鞣制加工行业准入条件，提高准入门槛。

3）优化空间布局，加强重点区域废水重金属污染防治

各地应认真贯彻落实《重金属污染综合防治“十二五”规划》，切实加强重点防控区重金属污染物总量控制，进一步加大重金属污染防治工作力度，并积极制定相关技术政策、法规标准和规范制度，加强对重点地区的重金属污染物总量、排放强度等的控制。对于各省市而言，建议优先关注本省市重点行业的特征污染物，实施同类整合，园区化、区域式集中治污。如金属制品业和皮革行业发达的省市需要优先关注重金属铬污染问题；化学制品制造业发达的省市需要优先关注重金属汞和砷污染问题；而有色金属冶炼业发达的省市需要优先关注重金属汞和镉污染问题。对全国重点防控地区，如长三角、珠三角经济带以及有色金属采选冶炼业较为发达的湖南、广西、云南、甘肃等地，建议加大废水重金属污染防治力度，减少重金属矿山开采和其他含重金属原材料的使用，用无重金属产品工艺取代含重金属产品和工艺，实施源头治理以减少排放。对经济发达的重点地区，建议结合行业污染特点，开展集中式治污，加大资金投入，研究开发重金属污染防治新技术并示范推广。

第 2 章　大气重金属污染物排放清单分析与趋势预测

2.1 研究背景

我国是一个发展中国家，正处于工业化和城市化加速发展的阶段，也正处于经济增长和环境保护矛盾十分突出的时期，环境形势十分严峻。现代工业的发展以及人们生活对各种能源、资源的需求量日益增长，同时人类的社会经济活动和生活对环境也造成很严重的污染和破坏。针对常规污染物质的防治措施及技术已经不能满足社会发展和经济增长的需求，一些非常规污染物质所带来的环境问题越来越突出，这其中，重金属作为一种持久性污染物已越来越多地被关注和重视。

我国重金属污染主要是在长期的矿山开采、加工以及工业化进程中累积形成的，尤其是乡镇、个体矿山的开发，由于其各方面的技术、设备简陋，环保意识缺乏等原因对环境的破坏和污染特别严重，甚至引发严重的环境污染事件，直接威胁到人类的生命安全。如在重金属矿石开采、冶炼、加工的过程中，会产生大量的扬尘、废气等污染物，这些污染物往往含有大量的有害物质，严重污染大气。目前我国形成了包括燃煤排放、有色金属冶炼排放、生活垃圾焚烧排放、水泥工业排放和机动车尾气排放在内的五大重点源[4-11]，有研究表明，燃煤是全球重金属循环中最为重要的人为大气污染物排放源。我国的一次性能源以煤炭为主，2000—2008 年我国煤炭消耗量约为 14.0 亿～32.5 亿 t，煤炭消费占我国能源消费总量的 70%以上，故燃煤大气重金属 Hg、Pb、Cd、As 排放是我国大气重金属污染的重要来源。大量的重金属污染物被释放到大气中，对人类健康造成直接或潜在的危害[4]。

由于我国重金属污染防治起步较晚，虽然局部地区陆续开展了一些工作[1，3，12，13]，但仍然在技术和管理方面存在很多问题，亟待解决，特别是大气重金属污染的现状基础调查与排放清单分析、排放压力预测等还远远滞后于污染防治的迫切需求。尽管目前对于大气重金属污染物的控制措施开展了一系列研究，但我国汞、铅、镉、砷等大气重金属污染的紧迫形势和产排污状况不明的现状仍得不到有效解决，针对此类污染物的总量控制面临较大不确定性。因此，对大气重金属污染物进行环境污染形势分析及预测，建立相关预测模型和分析方法，从而为大气重金属规划决策、重点地区重点行业划分等提供支持，并提出未来大气重金属污染物控制的关键问题和有关政策建议就显得十分必要。

2.2 思路方法

2.2.1 大气重金属污染排放来源解析

1. 燃煤排放

有研究表明，燃煤是全球重金属循环中最为重要的人为大气污染物排放源。据估计，燃煤大气汞排放占人为源大气汞排放总量的 50%以上[14]。亚洲人为活动向大气中排放的汞从 1990 年占全球排放量的 30%增至 1995 年的 56%，这与亚洲煤炭消费量的增加有密切关系[5]。我国是一个煤炭消费大国，我国的一次性能源以煤炭为主，2000—2008 年我国煤炭消耗量约为 14.0 亿～32.5 亿 t[15-21]，煤炭消费占我国能源消费总量的 70%以上，故燃煤大气重金属 Hg、Pb、Cd、As 排放是我国大气重金属污染的重要来源。大量的重金属污染物被释放到大气中，对人类健康造成直接或潜在的危害[4]。

1）我国煤中重金属含量及煤炭资源、消费分布

燃煤中向大气排放重金属总量受经济部门、燃料类型、燃烧方式和污染控制技术措施等因素影响而不同。其中各省原煤重金属含量同各省煤炭成煤植物和成煤环境等因素有密切的关系。不同植物中重金属含量差别很大，因此不同的成煤植物形成的煤中重金属含量会有较大差别，以原煤中汞为例，从地域上看我国东中部省份原煤中汞含量分布相对较为均匀，西部和南部省份变化较大，贵州省原煤中汞含量最高，有学者认为贵州部分地区成煤后期低温热液活动十分强烈[22]，多期次的热流体（水热流体和有机热流体）长期侵入煤层，将大量的汞带入煤层，在煤层中沉积，从而造成贵州省原煤汞含量远高于全国平均值。对于各省区原煤中重金属含量曾有过一些统计，《煤的微量元素地球化学》（任德贻等著）对不同成煤期各省区原煤中重金属含量作了详细统计[23]，美国地质调查局（USGS）测量了全国各省区生产原煤的含汞量，另外张军营、王起超、冯新斌等人[6-8，12，13，24-27]对全国各省区生产原煤的含汞量、燃煤汞控制技术和汞排放对环境造成的影响进行了系统研究，田贺忠、王明仕、雒昆利等人[28-33]对全国各省区生产原煤的含砷量、赋存状态、大气排放量及环境意义进行了系列研究。

除了各省区原煤中重金属含量不同外，我国煤炭资源的地理分布极不平衡，北多南少，西多东少，且与煤炭消费区分布不一致。煤炭资源主要集中在山西省、陕北—内蒙古西部地区、新疆北部和川、黔、滇交界地区。这 4 个地区的煤炭资源分别占全国煤炭资源总量的 9.6%、38%、31.4%和 5.3%，共计约占 85.3%。而沿海经济发达的 13 个省区总共只有 1 686 亿 t，仅占总资源的 3.4%；其余省区约占 11.6%。从各大行政区内部来看，煤炭资源分布同样也不均衡，如华东地区煤炭资源储量 87%集中在安徽、山东，而工业主要以上海为中心的长江三角洲地区；中南地区煤炭资源的 72%集中在河南，而工业主要在武汉和珠江三角洲地区；西南煤炭资源的 67%集中在贵州，而工业主要在四川；东北地区相对好一些，但也有 52%的煤炭资源集中在北部黑龙江，而工

业集中在辽宁。这种煤炭资源分布与消费区分布极不协调，形成了煤炭在产销地间的省间输送。有研究表明，我国煤炭调出省区主要有山西、宁夏、陕西、贵州、安徽、山东、河南、河北、黑龙江、内蒙古和新疆，其中山西是我国最大的煤炭基地，每年煤炭调出量位居全国之首。煤炭调入省主要是北京、天津、辽宁、华东和华南沿海省市，以及内地的吉林、湖北、湖南、四川、甘肃等省。煤炭流向基本是由北向南，由西向东。

2）我国各行业煤炭消费状况

（1）工业是我国最大的耗煤行业，工业部门使用的工业锅炉，一般压力 $P\leqslant 2.45$MPa，容量 $D\leqslant 65$ t/h 或 45.5MW。近年来，我国年生产工业锅炉基本保持在 3 万～4 万台，约合 8 万～10 万（蒸）t。我国在用工业锅炉总量（按蒸吨）中，华北及东北两区各占 25%，华东占 20%。全国各省中，在用工业锅炉以辽宁、黑龙江、山东、河北、吉林、山西、北京、江苏、浙江 9 个省（市）为最多，其中工业锅炉拥有量约占全国的 58.6%。

目前我国对工业锅炉污染的控制还停留在烟尘治理，工业锅炉配备的除尘装置，以旋风除尘器为主。在较好的运行管理条件下，除尘效率可达 88%～92%，但实际使用效率有所降低，往往为 75%～85%，一般使用寿命为 3～5 年，该类除尘器主要应用于不大于 4t/h 锅炉。容量较大的锅炉大多采用多管式除尘器或湿式除尘器，多管式除尘器的除尘效率可达 90%～95%，但实际效率约为 88%～93%。资料表明在用工业锅炉中约有 35% 的安装了湿式除尘器，安装机械式除尘器的工业锅炉约占 60%。

（2）电力：我国各工业行业中电力行业以煤炭为主要能源，2000—2008 年全国火电厂每年耗煤量约占全国煤炭消费总量的 40%～45%。目前，大部分火力发电厂生产工艺相近，燃烧设备采用煤粉炉或层燃炉，除尘装置包括电除尘器、湿式除尘器和机械式除尘器。在燃煤电厂锅炉中，90%以上为煤粉锅炉，另外还有一定比例层燃炉。层燃炉主要用于一些小型燃煤电厂。随着我国严格限制小火电机组的建设，逐渐关停小火电机组，燃煤电厂层燃炉所占的比例将进一步减少。20 世纪 70 年代以前，我国绝大部分火电厂采用湿式除尘器和机械式装置。从 80 年代中期电除尘器的应用被纳入火电厂设计规范以来，电除尘器平均每年以均 4～5 个百分点的幅度增加[34]。经过 20 多年的发展，电除尘器的比例逐年增长，至 2000 年电除尘器所占比例已达 86%。

（3）生活消费：煤炭是居民生活中不可缺少的常规能源，每年生活消费的耗煤量在 1.6 亿 t 以上。有资料显示，2000 年城镇中 90%左右的居民使用煤炭做饭和取暖，而农村为 13% 左右，城镇居民一般烧型煤，而农民一般烧散煤[35]。

生活能耗中 85%以上为炊事和采暖能耗。而这部分的能耗是通过炉、灶、炕被消耗掉的，即炉、灶、炕是生活能耗的主要措施。在全国农村 2.3 亿农户中，经过几个五年计划的努力，省柴节煤灶推广了 1.77 亿户，占总户数的 77%[36]。目前我国生活消费很少装有污染控制装置，燃煤造成的大气污染比较严重。

2．有色金属冶炼排放

2000—2008 年，我国有色金属产量持续大幅度增长，锌产量由 195.7 万 t 增加到 404.2

万 t；铅产量由 110.0 万 t 增加到 345.2 万 t；铜产量由 137.1 万 t 增加到 379.4 万 t，增幅分别达到了 106.6%、213.8%和 176.7%。受矿藏资源分布的影响，有色金属工业在各省间分布不均匀。铅锌冶炼重点企业主要分布在株洲、韶关、沈阳、白银、长沙、柳州、昆明等地，年生产能力为 2.5 万～30 万 t，其中铅冶炼重点企业有 15 个，铅年产量占全国总产量的 65%左右，锌冶炼重点企业有 17 个，锌年产量占全国总产量的 70%左右；铜冶炼重点企业分布在白银、金川、铜陵、辽宁、云南、上海、湖北、山西、江西、广东、湖南、四川等地，年生产能力为 1 万～15 万 t。伴随着我国有色金属工业的发展，金属冶炼过程的大气重金属污染问题也越来越突出[37]。

重金属元素如汞、铅、砷等作为矿石的伴生元素，在大多数有色金属矿床中均被发现。闪锌矿、方铅矿和黄铜矿都含有大量的汞。因为有色金属冶炼时焙烧、熔炼等过程都是高温状态，矿石中的重金属元素在这些过程中会释放出来[38]。

有色金属冶炼可分为火法冶炼和湿法冶炼。目前炼铅和炼铜行业都是以火法冶炼为主，炼锌行业则以湿法冶炼为主。火法冶炼可分为三个主要过程：焙烧、熔炼、精炼。焙烧炉在 1 000℃左右的高温下运行，大量的空气（有时为富氧空气）送入炉内与精矿接触，氧同精矿中的硫反应生成二氧化硫气体，与金属反应生成金属氧化物，矿石中几乎所有的重金属汞及其化合物在这个过程中都会释放出来。熔炼过程残存于焙砂中，重金属元素将在这一过程中全部挥发出来，相比而言精炼过程的排放则可以忽略不计。湿法冶炼的第一步也是先进行矿石焙烧，所以无论是湿法冶炼还是干法冶炼，有色金属矿石中几种重金属元素的释放比例都非常高[39，40]。

冶金行业安装的烟气冷却净化系统和除尘装置以及 SO_2 烟气制酸，都会大大减少有色金属冶炼过程重金属污染物向大气中的排放量。另外部分冶炼厂还专门建有烟气除汞、烟气除铅装置等，如葫芦岛锌厂、韶关冶炼厂和西北铅锌冶炼厂。

3．生活垃圾焚烧排放

焚烧处理垃圾具有无害化最彻底、减量化最大、热能可以利用等优点，在经济发达国家得到了广泛利用。但是 20 世纪 90 年代前期垃圾焚烧处理在我国发展却比较缓慢。1988 年我国第一座生活垃圾焚烧厂，日处理垃圾 300 t 的深圳垃圾焚烧发电厂投入运行。到 1995 年我国仅有 4 个生活垃圾焚烧厂，装机容量为 660 t/d。这远低于美国的水平，1995 年美国在用 30 t/d 以上的生活垃圾焚烧炉总装机容量为 90 000 t/d，除此之外还有一些小的生活垃圾焚烧炉[38，41]。

近些年，随着城市生活污染越来越严重，垃圾焚烧技术在我国得到快速发展。到 2000 年我国已有 19 个生活垃圾焚烧厂，装机容量为 3 850t/d，北京、江苏、浙江、山东、广东和四川等省（市）都已建有生活垃圾焚烧厂，而到 2008 年，我国城市生活垃圾焚烧量已经达到了 1 570 万 t/a，截至 2008 年 9 月统计，全国共建设生活垃圾焚烧厂 100 座，其中建成 56 座、在建 44 座，垃圾焚烧厂遍布我国华北、东北、东南、西南和中部地区，其中 72%的垃圾焚烧厂集中在我国东部地区，广东、浙江和江苏位居前三名，三地合计占全国总量的 45%[42-47]。垃圾焚烧量快速增长的同时可能产生的大气重金属污染，以及对人体健康和生态环境的影响也会越来越严重。

目前国内运行的垃圾焚烧炉类型主要有：机械炉排焚烧炉（马丁炉排焚烧炉、链条炉排焚烧炉、往复炉排焚烧炉）、流化床焚烧炉、旋转窑焚烧炉和立式旋转热解焚烧炉。其中机械炉排焚烧炉的垃圾处理量占焚烧处理垃圾总量的 63.0%，流化床焚烧炉占 26.2%，其他炉型占 10.8%[48]。

很多固体废弃物如电子设备、油漆涂料和电池等都含有各种重金属元素，当这些废弃物同其他生活垃圾一起焚烧处理时，所含的重金属元素会释放出来，并随着尾气排放到大气中。我国在 2002 年开始实行《生活垃圾焚烧污染控制标准》（GB 18485—2001），在此之前，除部分垃圾焚烧炉装有除尘装置，尚没有垃圾焚烧厂专门针对大气重金属污染物排放采取控制措施。

4．水泥工业排放

从 1978 年我国实行改革开放到现在 30 多年间，我国水泥工业有了惊人的发展。我国水泥总产量自 1985 年以来已经连续 17 年位居世界领先地位，2000 年水泥产量占世界水泥总产量的 1/3 以上，达到 5.8 亿 t[49]，2008 年更是达到了 13.9 亿 t[50]。水泥工业主要涉及大气汞问题，随着水泥总产量的增加，由水泥生产带来的大气汞污染问题也越来越严重。

水泥生产采用的原料有石灰石、黏土、铁粉、煤粉、砂岩、矿渣等[51]，研究表明原料中含有微量的汞[5，14]。我国水泥工业所用的燃料主要是煤，另外，有的工厂还使用石油、天然气、生活垃圾、石油焦、废溶剂以及废橡胶等，煤、石油和天然气等燃料中都含有一定量的汞，在燃烧过程中会释放出来。

水泥生产过程分为 4 个主要的步骤：原料制备、生料调配和均化、熟料煅烧以及水泥粉磨。各步骤都会向大气中释放汞，原料制备和生料调配、均化过程中少量的汞会随无规律逸出的含尘气体排入大气中，熟料煅烧是水泥生产过程大气汞排放的最主要来源，原料和燃料中的汞大部分都在熟料煅烧过程中释放出来。各过程若安装了除尘装置和烟气净化装置，会在一定程度上减少大气汞的排放。

5．机动车尾气排放

机动车尾气主要涉及大气铅污染问题，环境空气中铅及其化合物主要是无机颗粒物，也会以有机气体的形式存在。主要来源有两部分：一是人为排放，二是自然源。自然源排放量约为人为源的 1/10[9]。构成大气铅污染最大量、最经常的污染源是人为活动，主要是：铅及其伴生矿的开采、选矿；铅冶炼；再生铅生产（废旧蓄电池回收）；玻璃制造；粉末冶金生产；电子产品锡铅焊料和使用；燃料油、燃料煤燃烧废气的排放；聚氯乙烯（PVC）生产加工；油漆、涂料、颜料、彩釉、化妆品、化学试剂及其他含铅制品的生产和使用；含铅垃圾焚烧排放等。自然源排放的铅指火山爆发的烟尘、飞扬的地面尘粒、森林火灾的烟尘及海盐气溶胶等自然现象释放到环境中的铅[52]。

在使用无铅汽油以前，由于公路交通的快速发展，空气中铅的最大排放源是用含铅化合物为添加剂的汽油作为动力的机动车辆排放，四烷基铅在机动车发动机中燃烧后成为铅盐，以颗粒物形式排入空气中，根据机动车运行状况，汽油中 60%～80%的铅直接进入空气中，机动车尾气中铅含量可高达 4mg/m^3。

20 世纪 70 年代后期至 80 年代，随着石油炼制技术的提高，烷基化汽油、催化裂化油等高辛烷值的无铅汽油产量逐年增高，或在低辛烷值的汽油中改加含氧有机物或有机锰等化合物代替四烷基铅以提高辛烷值，无铅汽油开始生产。发达国家较早就开始关注含铅汽油的影响和危害，日本 1980 年汽油无铅化，欧美等国也在 20 世纪 80 年代实施汽油无铅化或低铅化方案，逐步淘汰含铅汽油。欧美许多国家城市空气中铅含量已降至 0.10 μg/m^3 以下，我国部分城市铅浓度水平一般在 0.12～0.49 μg/m^3。我国北京市率先于 1997 年 7 月禁止使用含铅汽油，天津市也在 1998 年 1 月起禁用含铅汽油。全国于 2000 年 1 月 1 日起禁止生产车用含铅汽油，2000 年 7 月 1 日彻底淘汰车用含铅汽油（汽油中铅含量小于 0.014g/L）。随着铅排放量的减少，环境空气中铅含量将会逐渐降低。国外部分城市机动车使用无铅汽油前后城市空气中铅含量对比见表 2-1。

表 2-1　国外部分城市空气中铅含量[9]　　单位：μg/m^3

国家	城市	使用含铅汽油空气中铅含量	使用无铅汽油空气中铅含量
英国	曼彻斯特市	1.0（1982 年）	0.3（1990 年）
美国	Springfield	0.40（1975 年）	0.01（1993 年）
澳大利亚	布里斯班市	0.8（1985 年）	0.35（1991 年）
芬兰	赫尔辛基市	1.15（1980 年）	0.01（1996 年）

另外，国内外学者就公路交通对公路两侧土壤重金属污染问题进行过探讨[10，11，53，54]。有学者对叙利亚大马士革、尼日利亚伊巴丹、斯洛文尼亚、美国得克萨斯州、瑞典斯德哥尔摩、韩国首尔等城市的土壤重金属污染进行过研究[10，55-58]。Ho 等人研究发现，香港公路两侧的土壤受到 Pb、Cu、Zn、Cd、Mn 的污染，尤其是在交通密集的地带，土壤中 Pb 和 Cu 的污染更严重[59]。Chen 等研究表明，公路交通污染是香港城市土壤中 Pb 的主要来源之一[60]。其他一些国内学者曾对北京[11]、重庆[61]、扬州[62，63]、沈阳[53]、福建龙岩[64]等城市进行过研究，发现我国城市公路周边的土壤均存在不同程度的重金属污染。由于土壤重金属主要来源于大气沉降，因而公路交通对于土壤环境造成的重金属污染实质经历了对大气环境造成污染的过程。目前，由于无铅汽油只是铅含量降低到一定水平，还将在一段时间内对大气环境造成影响，并最终导致公路两侧土壤重金属含量的增加。

2.2.2 研究范围

1）对象范围

首先按照不同元素进行分类预测，大气重金属污染物主要包括汞、铅、镉、砷 4 种元素。其次按照不同行业或排放源进行分类预测，大气重金属污染物主要包括 5 大排放源，分别是燃煤排放、有色金属冶炼及压延加工业排放、水泥工业排放、机动车尾气排放、生活垃圾焚烧排放。

2）时间范围

本研究对我国大气重金属污染物排放量的预测包括 2011—2015 年、2016—2020 年两个阶段。其中主要为 2011 年、2013 年、2015 年、2020 年 4 个预测目标年份，以 2009 年为基准年份。

3）区域范围

主要包括我国大陆 31 个省、直辖市以及自治区，不包括港、澳、台地区。

2.2.3 技术路线

图 2-1 为 2011—2020 年我国大气重金属污染物排放量预测分析的技术路线图。以我国能源、社会经济、人口资源、城市建设、环境统计等数据为基础，并辅以必要的文献研究，对全国各省（直辖市、自治区）大气重金属污染物排放进行清单分析以及对重点防控行业大气重金属排污特征进行分析，通过建立大气重金属污染物排放预测模型方法，对未来我国大气重金属污染物排放进行预测。

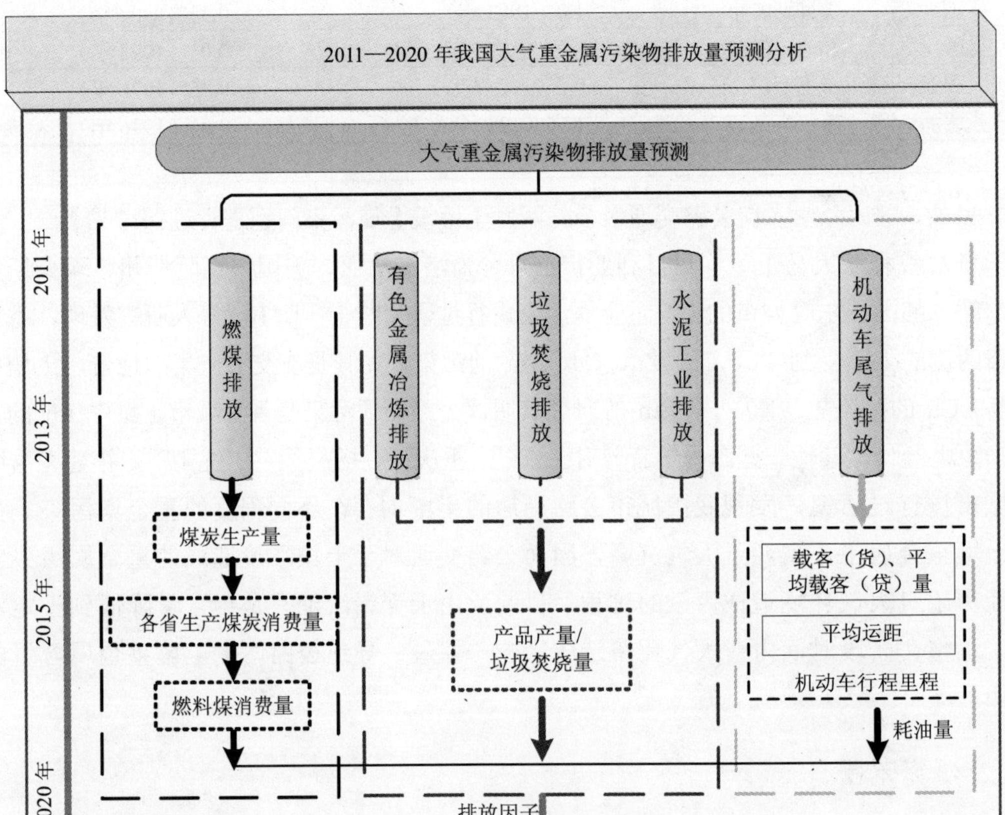

图 2-1 2011—2020 年我国大气重金属污染物排放量预测分析技术路线图

大气重金属污染物排放源主要包括燃煤和非燃煤部分，其中：

① 燃煤排放。按经济部门、燃料类型、燃烧方式和污染控制技术对排放源进行划分，然后基于各省生产原煤重金属含量和各省间煤炭传输矩阵，确定各省消费煤炭的重金属含量，结合各省区内各类排放源的煤炭消费量和排放因子，预测了 2011—2020 年间的重金属排放量，进而给出我国各行业、各省区大气重金属的排放清单。

② 非燃煤排放。研究主要涉及有色金属冶炼、生活垃圾焚烧、水泥工业以及机动车尾气 4 种大气重金属排放源，在原有研究中，还把生物质燃烧作为重要的排放源，但是考虑到生物质内的重金属主要来自大气，燃烧后又释放回大气中，故未将其计入我国非燃煤大气重金属污染物的排放中。根据各种非燃煤大气重金属污染物排放源的活动水平和排放因子，预测 2011—2020 年我国各省市、各行业非燃煤大气重金属的排放量。

2.2.4 预测方法

1）燃煤排放

$$Q_{\mathrm{T}}=\sum_{\mathrm{i}=1}^{31}\sum_{j=1}^{n}Q_{\mathrm{i}j}(t)=\sum_{\mathrm{i}=1}^{31}\sum_{j=1}^{n}\sum_{\mathrm{k}=1}^{4}C_{j\mathrm{k}}\times M_{\mathrm{ik}}(t)\times R_{j\mathrm{k}}(t)\times E_{j\mathrm{k}} \tag{2-1}$$

式中，Q 为燃煤大气重金属排放量；M 为煤炭消费量；R 为燃料煤消费量；C 为燃料煤中重金属含量；E 为各排放源大气重金属排放因子；T 为全国，t 为年份；i 为省份，j 为燃煤大气重金属排放源类型，k 为 4 种重金属元素。

2）有色金属冶炼排放（不包括再生铅冶炼）

$$Q_{\mathrm{T}}=\sum_{\mathrm{i}=1}^{31}\sum_{j=1}^{p}Q_{\mathrm{i}j}(t)=\sum_{\mathrm{i}=1}^{31}\sum_{j=1}^{p}\sum_{\mathrm{k}=1}^{4}F_{\mathrm{i}j\mathrm{k}}(t)\times C_{j\mathrm{k}} \tag{2-2}$$

式中，Q 为有色金属冶炼业大气重金属污染物排放量；F 为有色金属冶炼产品（铜、铅、锌）总产量；C 为有色金属冶炼业（铜、铅、锌冶炼业）大气重金属污染物排放因子；T 为全国，t 为年份；i 为省份，k 为 4 种重金属元素。

3）再生铅冶炼排放

$$Q_{\mathrm{T}}=\sum_{\mathrm{i}=1}^{31}Q_{\mathrm{i}}(t)=\sum_{\mathrm{i}=1}^{31}C_{\mathrm{i}}\times M_{\mathrm{i}}(t)\times R_{\mathrm{i}}(t)\times E_{\mathrm{i}} \tag{2-3}$$

式中，Q 为再生铅冶炼大气铅排放量；M 为再生铅产品产量；R 为再生铅冶炼烟尘产生系数；E 为再生铅冶炼烟尘去除率；C 为烟尘中重金属含量；T 为全国，t 为年份；i 为省份。

4）水泥工业排放

$$Q_{\mathrm{T}}=\sum_{\mathrm{i}=1}^{31}\sum_{\mathrm{j}=1}^{5}Q_{\mathrm{i}j}(t)=\sum_{\mathrm{i}=1}^{31}\sum_{\mathrm{j}=1}^{4}F_{\mathrm{i}j}(t)\times C_{j} \tag{2-4}$$

式中，Q 为水泥工业大气重金属污染物排放量；F 为水泥总产量；C 为基于水泥产量的大气重金属污染物排放因子；T 为全国，t 为年份；i 为省份，j 为 4 种重金属元素。

5）机动车尾气排放

$$Q_{\mathrm{T}}=\sum_{\mathrm{i=1}}^{31}\sum_{\mathrm{j=1}}^{2}Z_{\mathrm{i}}\times L_{\mathrm{ij}}\times C=\sum_{\mathrm{i=1}}^{31}\sum_{\mathrm{j=1}}^{2}Z_{\mathrm{i}}\times\frac{a_{\mathrm{ij}}\times x_{\mathrm{ij}}}{b_{\mathrm{ij}}}\times C \qquad (2\text{-}5)$$

式中，Q 为机动车尾气铅排放量；Z 为机动车单位行驶里程耗油量，mg/km；L 为不同车型机动车的总行驶里程数，km；a 为全国年载客量（×10^4 人/年）或年载货量（×104 t/a）；x 为载客或载货的平均运距，km；b 为每辆客车的载客量，人，或每辆货车的载重量，t；C 为无铅汽油中铅含量，mg/kg；T 为全国，t 为年份；i 为省份，j 为车型数；假设每辆客车的载客量平均为 30 人，每辆货车的平均载重量为 3.5 t。

6）垃圾焚烧排放

$$Q_{\mathrm{T}}=\sum_{\mathrm{i}}^{31}\sum_{\mathrm{j=1}}^{5}Q_{\mathrm{ij}}(t)=\sum_{\mathrm{i=1}}^{31}\sum_{\mathrm{j=1}}^{4}F_{\mathrm{ij}}(t)\times C_{\mathrm{j}} \qquad (2\text{-}6)$$

式中，Q 为垃圾焚烧大气重金属污染物排放量；F 为垃圾焚烧总量；C 为基于垃圾焚烧量的大气重金属污染物排放因子；T 为全国，t 为年份；i 为省份，j 为 4 种重金属元素。

2.2.5 相关系数

表 2-2 至表 2-5 列出部分大气重金属污染物排放相关系数。

表 2-2　全国燃煤汞、铅、镉排放因子　　单位：%

行业	排放因子		
	Hg	Pb	Cd
农、林、牧、渔、水利业	64.00	49.20	50.00
工业（黑色金属冶炼）	78.20	27.40	50.00
工业（其他）	64.00		
电力	74.30	27.40	50.00
建筑业	64.00	49.20	50.00
交通运输、仓储和邮政业	64.00	49.20	50.00
批发、零售业和住宿、餐饮业	64.00	49.20	50.00
其他行业	64.00	49.20	50.00
生活消费	64.00	49.20	50.00

备注：全国燃煤汞、铅、镉排放因子综合了王起超、秦俊法和郭英庭等人[4, 65, 66]文献研究数据。

表 2-3　全国燃煤砷排放因子　　单位：%

行业	燃烧方式	除尘设施	能源分配比例	排放因子	
				释放率/%	脱除率/%
农、林、牧、渔、水利业	层燃炉	无	1.00	77.18	0
工业	层燃炉	湿式除尘器	0.29	77.18	96.3
	层燃炉	机械除尘器	0.58	77.18	35.0
	层燃炉	无	0.04	77.18	0
	流化床	湿式除尘器	0.09	45.20	96.3
电厂	煤粉炉	电除尘器	0.86	94.01	96.0
	煤粉炉	湿式除尘器	0.06	94.01	96.3
	层燃炉	湿式除尘器	0.07	77.18	96.3
	层燃炉	机械除尘器	0.01	77.18	35.0
建筑业	层燃炉	无	1.00	77.18	0
交通运输、仓储和邮政业	层燃炉	无	1.00	77.18	0
批发、零售业和住宿、餐饮业	层燃炉	无	1.00	77.18	0
其他行业	层燃炉	无	1.00	77.18	0
生活消费	传统炉灶	无	0.19	55.00	0
	加强炉灶	无	0.41	55.00	0
	茶浴炉	无	0.40	55.00	0

备注：全国燃煤砷排放因子参考了田贺忠、曲益萍等人[28]文献研究数据。

表 2-4　有色金属冶炼业铅、镉、砷排放因子　　单位（以每吨产品排放量计）：g/t

排放源	工艺	排放因子		
		Pb	Cd	As
铜冶炼	—	—	3.38	—
铅冶炼	烧结	矿采　1 280.34	铅精矿　88.17	铅精矿　88.17
	水口山	矿采　311.93	铅精矿　46.19	铅精矿　46.19
	—	再生铅　1 542.86	电解铅　0.36	电解铅　0.36
锌冶炼	—	102.54	15.99	9.28

备注：全国有色金属冶炼业铅、镉、砷排放因子参考了李富元、王云、金开生等人[67-69]的文献研究数据。

表 2-5　其他源大气重金属排放因子　　单位（以每吨产品排放量计）：g/t

排放源	排放因子			
	Hg	Pb	Cd	As
水泥工业	0.06	—	—	—
机动车尾气	—	货车耗油量 61g/km	—	—
		客车耗油量 58g/km		
		汽油铅含量 17mg/kg		
生活垃圾焚烧	2.80	1.62	0.10	0.06

备注：全国其他源大气重金属排放因子参考了蒋靖坤、郭广慧等人[70, 71]的文献研究数据。

2.3 排放清单

2.3.1 总量排放清单

我国大气重金属污染主要是由有色金属冶炼、煤燃烧等人为活动造成的，目前部分城市和地区大气重金属污染较为严重，一些地方发生大气重金属污染事故，给人民的生活和健康带来了严重威胁，并造成了巨大的经济损失。而且，作为汞这样具有全球性污染特征的重金属的排放大国，我国也正面临着越来越大的国际压力。因此，如何防治我国大气环境中重金属特别是汞、铅和砷的污染，减轻其危害的影响，是当今重大而紧迫的课题。当下，解析大气重金属污染现状，对重点区域、行业的大气重金属产污量、排污量和特征污染物等现状清单分析显得十分必要。

1）各排放源重金属排放量增速较快，年平均增长率超过 10%

根据各排放源活动水平、排放因子和控制水平，计算得到 2004—2008 年各来源重金属污染物排放量。计算结果如表 2-6 所示，2004—2008 年 5 年间我国废气主要重金属污染物（汞、铅、镉、砷）排放量共约 9.00 万 t，在各元素中，以重金属铅排放为主，约 7.62 万 t，占总排放量的 84.6%；汞、砷、镉排放量分别为 0.27 万 t、0.54 万 t 和 0.77 万 t，占总量的 15.4%左右。2004 年各排放源的 4 种大气重金属污染物排放总量为 1.42 万 t，到 2008 年排放总量增加到 2.12 万 t，较 2004 年增加 49%左右，年均增长率为 10.5%。废气重金属污染物排放量很大，与其在大气中的存在形态有着密切的关系。在燃烧过程中，重金属经历复杂的物理和化学变化，最后大部分进入烟气中，小部分残留在底灰和熔渣中。排入空气中的重金属污染物大约有 75%～80%是以气态形式存在的，有 20%～25%是以颗粒态形式存在。烟气中以颗粒形式存在的重金属可被电除尘器脱除，但以颗粒形式存在的重金属占排放总量的比例较低，且这部分重金属大多存在于亚微米颗粒中，一般电除尘器对这部分米径范围的颗粒脱除效率很低，所以导致电除尘器的除重金属能力偏低，最高也仅达 30%；湿式除尘器和机械式除尘器的除尘效率则更低。

2）个别排放源重金属排放量较大，重点排放源是燃煤和有色金属冶炼业，同时机动车尾气重金属排放不容忽视，须严格执行无铅汽油国家标准

根据各来源重金属汞、铅、镉、砷的计算结果，得到 2004—2008 年全国共向大气中排放这 4 种重金属污染约 9.00 万 t，表 2-6 及图 2-2 为 2004—2008 年全国各排放源 4 种大气重金属污染物排放量及其比例，各排放源中燃煤排放量达 65 702 t，是大气重金属污染的第一大排放源，占排放总量的 72.98%；其次是有色金属冶炼业，2004—2008 年排放量共 21 520 t，是大气重金属污染的第二大排放源，占排放总量的 23.90%，这两大排放源的重金属排放量之和已超过排放总量的 95%；排在第三位的是机动车尾气重金属排放量，2004—2008 年共排放 2 261 t，占排放总量的 2.51%，垃圾焚烧和水泥工业排放量均在 300 t 以下，所占比例不超过 1%。

需要注意的是，燃煤重金属排放量主要集中在燃煤电厂，其排放量占排放总量的 40.38%，超过了燃煤重金属排放量的一半以上；有色金属冶炼重金属排放集中在铅冶炼行业，其排放量占排放总量的 20.03%，占有色金属冶炼业重金属排放量的 83.81%。

机动车主要排放重金属铅，且在 2000 年开始全国范围内使用无铅汽油后，其排放量仍然偏高，可以看出，无铅汽油国家标准的执行力度有待加强，无铅汽油质量标准仍需斟酌。

表 2-6　2004—2008 年全国各排放源 4 种大气重金属污染物排放量　　单位：t

排放源	2004 年	2005 年	2006 年	2007 年	2008 年
全国总量	14 227.80	16 554.80	18 466.60	19 559.69	21 221.02
燃煤	10 676.28	12 327.00	13 675.06	14 490.69	14 532.76
有色金属冶炼	3 223.67	3 849.52	4 356.37	4 557.79	5 531.71
其中：铜冶炼	25.92	30.60	35.16	40.99	44.67
铅冶炼	2 640.92	3 253.84	3 687.06	3 769.62	4 682.96
锌冶炼	556.83	565.08	634.14	747.18	804.08
机动车尾气	261.22	288.95	322.30	374.24	1 014.84
垃圾焚烧	20.57	36.23	52.11	69.63	71.91
水泥工业	46.06	53.10	60.77	67.33	69.80

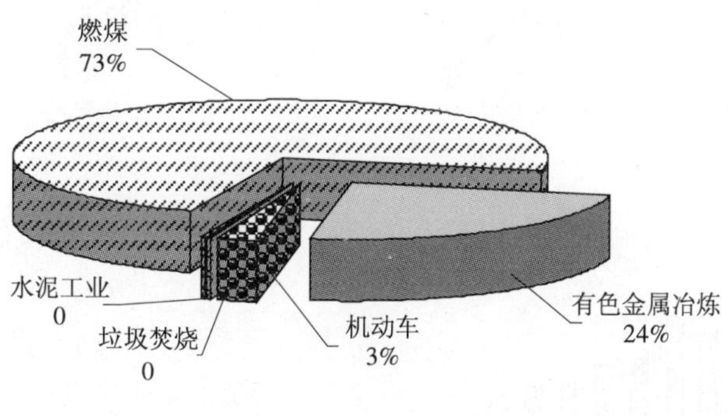

图 2-2　2004—2008 年全国 4 种大气重金属污染物各排放源分布

3）在重点排放源中，燃煤排放的特征污染物是重金属汞、铅、镉和砷，有色金属冶炼的特征污染物是重金属铅和汞

燃煤主要排放重金属汞、铅、镉和砷，2004—2008 年其排放量分别占大气重金属污染物排放总量的 1.24%、61.42%、2.10%和 8.23%，尽管现有的除尘设备安装率已经很高，但除尘效率还有待进一步提高。有色金属冶炼业主要排放重金属铅和汞，近年来由于监管能力体系的缺失，铅中毒事件频发，大气铅污染不容忽视，2004—2008 年有色金属冶炼铅和汞排放量分别占总量的 20.55%和 2.12%，对比已有研究证实，有色金属冶炼是人为活动向大气排汞的一个重要来源。在高温（>800℃）冶炼过程中，90%以上的矿石和精矿中的汞进入烟道中，为了保护环境，同时承担作为汞这样具有全球性污染特征的重金属排放大国的责任，我国必须对烟气中的汞进行回收。

4）从全国范围来看，大气重金属污染物排放的地区主要集中于河南、山东、山西、

湖南、河北和江苏等省份

图 2-3 为 2004—2008 年全国各省区排放的大气重金属总量，可以看出，2004—2008 年间大气重金属排放量超过 5 000 t 的省份主要是河南、山东、山西、湖南、河北和江苏，分布在我国的西北、中部和东南，这 6 个省份排放量之和占排放总量的 44.56%。其中，河南省重金属排放以燃煤和有色金属冶炼为主，山西省、河北省、山东省和江苏省主要以燃煤排放为主，湖南省主要以有色金属冶炼为主，另外江苏省由垃圾焚烧所导致的重金属污染物排放也居全国前列。重金属排放量位居全国前十位的省区还有安徽省、内蒙古自治区、云南省和辽宁省，这 4 个省区的 2004—2008 年排放量之和占全国排放总量的 18.43%。

5）在重点排放省区中，湖南省有色金属冶炼业较为发达，重金属特征污染物主要是汞和镉，山西省煤矿采业发达，其重金属特征污染物主要是铅和砷

山西省主要排放铅和砷，2004—2008 年其铅、砷排放量分别占全国排放总量的 5.87% 和 0.77%；湖南省主要排放汞和镉，2004—2008 年其汞、镉排放量分别占全国排放总量的 0.34%和 0.22%；河南省主要排放汞、铅和镉，2004—2008 年其排放量分别占全国排放总量的 0.38%、10.34%和 0.32%；山东省主要排放铅和砷，2004—2008 年其铅、砷排放量分别占全国排放总量的 6.41%和 0.82%。

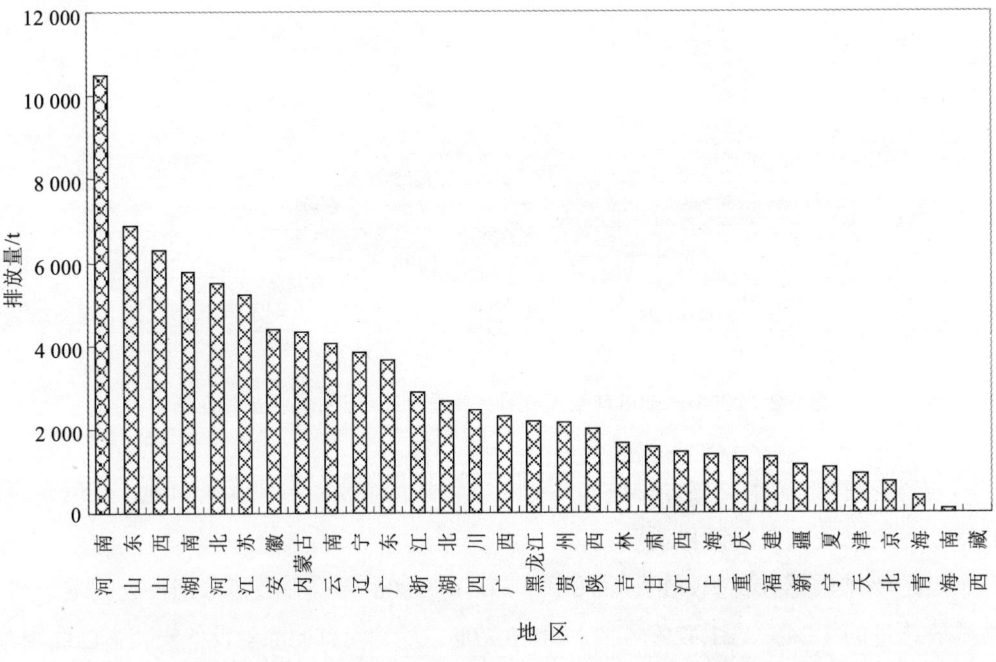

图 2-3　2004—2008 年全国各省区 4 种大气重金属污染物排放量

2.3.2 汞排放清单

1．燃煤汞排放清单

1）全国燃煤汞排放清单

按照公式（2-1）计算 2000—2008 年全国燃煤汞排放量，以 2000 年为例，全国各行

业燃煤共向大气排放汞 116.48 t，与文献中的数据差别 45.12 t[70]，这一方面可能是由于文献中采用原煤消费量的数据进行计算，而忽略了原料煤消费量带来的影响；另外，已有研究表明全国煤平均含汞量约为 0.15μg/g，而一些研究者计算全国燃煤汞排放时采用的平均含汞量均大于 0.2μg/g，以这些偏大的参数计算的排汞量必然是偏大的。有资料表明，我国燃煤排放的大气汞主要是 Hg^{2+}（气态二价汞）和 Hg_p（颗粒态汞），大多停留时间较短，不容易进行长距离传输，故我国燃煤造成的汞污染多集中在排放源附近区域。

表 2-7 为 2000—2008 年全国各行业燃煤大气汞的排放量，由表中可以得出，全国燃煤大气汞排放量在 2000—2008 年间保持增长趋势，但排放量的增量在 2001—2005 年保持一段时间的稳定后，2005 年后开始出现一定幅度的回落。这种变化趋势同 2000—2008 年我国燃料煤消费量变化趋势相吻合。

2）各行业燃煤汞排放清单

如表 2-7 所示，各经济部门中电力部门燃煤大气汞排放量最高，占燃煤大气汞排放总量的 58.21%～69.02%，且呈逐年升高的趋势，其他工业部门排放量占排放总量的比例达到 24.17%～30.08%；其后是生活消费，所占比例为 4.01%～7.46%；其他部门如交通运输、建筑业、商业等的贡献要小得多，总和仅占排放总量的 2.80%～4.26%左右，这同各部门的煤炭消费的污染控制状况有密切关系。

表 2-7　2000—2008 年全国各行业燃煤大气汞排放量　　单位：t

行业	2000 年	2001 年	2002 年	2003 年	2004 年	2005 年	2006 年	2007 年	2008 年
全国	116.48	118.12	136.09	156.79	175.80	204.49	230.85	247.06	254.69
农、林、牧、渔、水利业	0.96	0.91	1.00	1.13	1.48	1.65	1.67	1.68	1.70
工业	35.04	34.35	36.01	40.89	46.26	53.12	57.40	58.51	61.57
电力	67.80	70.56	85.91	100.76	113.28	133.51	155.02	170.23	175.78
建筑业	0.55	0.51	0.55	0.55	0.59	0.66	0.73	0.68	0.67
交通运输、仓储和邮政业	0.91	0.85	0.91	1.01	0.86	0.89	0.86	0.81	0.74
批发、零售业和住宿、餐饮业	1.35	1.27	1.35	1.43	1.52	1.83	1.99	2.07	2.00
其他行业	1.19	1.18	1.36	1.53	1.69	1.87	2.01	2.26	2.00
生活消费	8.69	8.49	9.00	9.48	10.12	10.96	11.17	10.81	10.22

我国电力行业以煤炭为主要能源，火力发电每年耗煤量约占全国煤炭消费总量的 40%～45%[15-21]，这必然导致火电厂是我国最主要的燃煤大气汞排放源。20 世纪 70 年代以前，我国绝大部分火电厂均采用湿式除尘器和机械式除尘器。从 80 年代中期电除尘器的应用被纳入火电厂设计规范以来，电除尘器平均每年以约 4～5 个百分点的幅度增加。电除尘器对烟气中汞的脱除率比湿式除尘器和机械式除尘器高。有资料表明[70]，尽管 2000 年我国电力行业煤炭消费量比 1996 年有所增加，但电厂向大气排放的汞含量

却变化不大。这是因为电厂安装的烟气净化设施逐渐向汞脱除率较高的电除尘器发展，1996 年电厂安装电除尘器的比例为 63.3%，到 2000 年则已增加为 86.3%，预计到“十二五”末期将达到 100%，电厂煤炭消费量的增加引起的汞排放增加部分被改进净化装置减少的汞排放所抵消。

工业部门是我国耗煤量最大的经济部门，虽然我国大部分工业锅炉都安装了除尘装置，但主要为湿式除尘器和机械式除尘器，这两类除尘器对烟气中汞的去除效率较低，所以工业部门是我国重要的燃煤大气汞排放源。全国生活消费年耗煤量大约为 0.84 亿～1.00 亿 t，且生活消费无任何污染控制措施，故其燃煤大气汞排放量所占比例较高。另外，由于我国大部分家庭的厨房通风设施很差，燃煤大气汞排放很容易对居民健康造成严重影响。

3）各省区燃煤汞排放清单

根据计算结果，除北京外，各省区 2000—2008 年燃煤大气汞排放量基本都保持增长趋势，从燃煤大气汞的排放量和地区分布情况来看，山西、山东、河北、河南和江苏是排放量最大的 5 个省区，2000—2008 年 9 年间总排放量分别为 157.6 t、150.9 t、128.2 t、103.3 t 和 101.1 t；其余省份 9 年间总排放量均不超过 90 t，海南、青海、宁夏、北京和广西 5 个省（区）排放量最小，9 年间总排放量分别为 2.35 t、6.12 t、16.78 t、20.31 t 和 22.53 t，最高和最低的省份排汞量相差 66 倍。9 年内汞排放量增长量和平均增长率较高的省（区）有山东、内蒙古、河南和江苏，2000—2008 年的平均增长率分别达到了 18.28%、17.62%、12.46%和 10.69%。

2005 年前，排放量就已超过 10 t/a 的省份包括河北、山西、江苏和山东，在 2005 年后，又有内蒙古、辽宁、浙江和河南的排放量超过 10 t/a。边远省区燃煤大气汞排放量则相对较小，海南、青海、宁夏等边远省区的燃煤大气汞排放量还不及 1 t/a；其他中部省区的大气汞排放量则大都介于 1～10 t/a 之间。这种地域分布特征同我国 SO_2 和 NO_x 排放的地域分布特征非常相似。

广东地区产煤较少而煤炭消费量大，湖南近年冶炼产业发展迅猛，导致了当地大气汞排放量迅速升高，这些都与地区经济发展密切相关。

对于贵州省的排放数据与其他文献中相差较大的情况，主要是由于贵州省原煤含汞量监测差别造成的，USGS 测量的贵州省原煤含汞量为 0.2 μg/g，接近全国的平均水平，而其他学者测量的数据显示贵州省原煤含汞量远高于全国平均水平，为 0.52 μg/g，这也导致其燃煤大气汞排放量位居全国之首。

图 2-4 给出了 2004—2008 年我国燃煤汞排放量分布情况。由图中可知，我国燃煤大气汞排放量的地区分布极不平衡，不同省区间差异显著，主要集中在人口密集、工业集中、经济发展较快的北部以及中东部省区，这是由于不同省区间能源消费量及其结构的显著差异造成的。

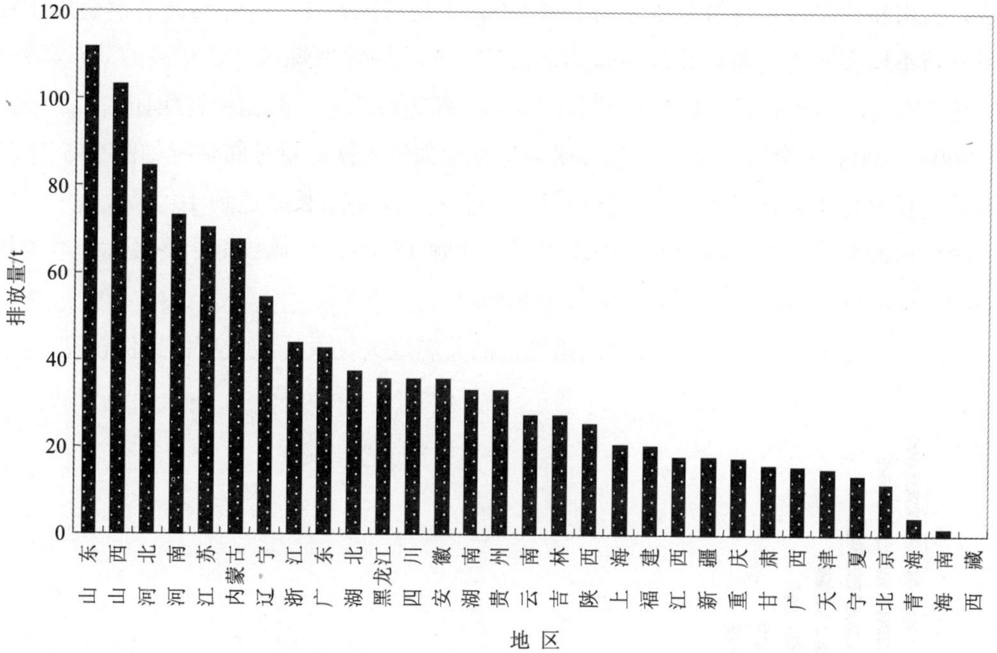

图 2-4　2004—2008 年我国各省区燃煤大气汞排放量

2．有色金属冶炼汞排放清单

1）全国有色金属冶炼汞排放清单

我国有色金属冶炼所用燃料主要是煤、焦炭、石油和天然气等，这些燃料含有一定量的汞，在燃烧过程中会释放出来，但这部分汞排放量很少（2000—2008 年有色金属冶炼所用燃煤每年排放汞 1.10～2.97 t），相对于有色金属冶炼过程大气汞排放总量可以忽略不计。

根据我国有色金属工业年鉴给出的各省区有色金属铜、铅和锌的产量[72-76]，即可计算各省区有色金属冶炼行业大气汞排放量。铜、铅、锌冶炼业在 2004—2008 年间向大气中排入汞总量分别为 126.4 t、577.4 t 和 1 205.5 t，平均每年排放汞 25.3 t、115.5 t 和 241.1 t。

2）各省区有色金属冶炼汞排放清单

从有色金属冶炼大气汞的排放量计算结果和地区分布情况来看，湖南省、河南省、云南省、辽宁省和广东省排放量分列我国前 5 位，2004—2008 年间总排放量分别为 256.0 t、246.0 t、214.6 t、183.4 t 和 171.2 t；其余省份 5 年总排放量均不超过 152 t，西藏、北京、吉林、黑龙江和福建 5 个省区（市）排放量最小，除西藏零排放外，其他省区 5 年总排放量分别为 0.032 t、0.148 t、0.172 t 和 1.440 t。最高和最低的省份排汞量相差约 8 000 倍。5 年内汞排放量增长量和平均增长率较高的有内蒙古、山东、安徽、江西和河南 5 省（区），平均增长率分别为 41.4%、41.3%、30.7%、24.6%和 23.4%，其余省区排放量年均增长率均未超过 20%。

以文献中 2000 年数据为参考①可以看出，2000 年全国铜、铅和锌冶炼过程大气汞排放总量分别为：10.7 t、48.4 t 和 157.2 t。大气汞排放量较大的省区包括辽宁、湖南、广东、

① 参考王书肖等人《中国非燃煤大气汞排放量估算》研究。

广西、云南和甘肃，年排放量均在 15 t 以上。不同省区差异较大，这同有色金属工业在我国分布不均有密切关系。排放量最大的辽宁省有我国锌冶炼年产量最高的葫芦岛锌厂，其次是广东省，该省有铅、锌产量都名列前茅的韶关冶炼厂（岭南铅锌集团）。

2004—2008 年全国各省区有色金属冶炼行业大气汞排放量分布情况如图 2-5 所示，可以看出我国有色金属工业大气汞排放量增长很快，平均增长率达到 10.7%，其中大气汞排放量增速最大的是铅冶炼行业，平均增长率达到 15.5%，而排放量始终最大但增速相对最小的是锌冶炼行业，其平均增长率仅为 8.3%。

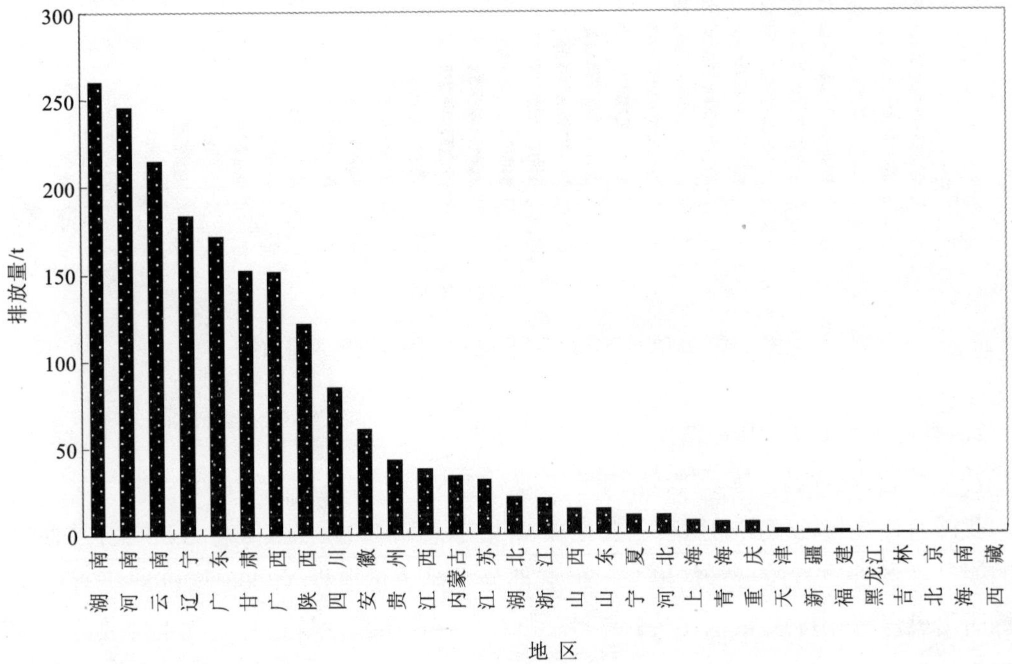

图 2-5　2004—2008 年全国各省区有色金属冶炼大气汞排放量

3．水泥工业汞排放清单

已有研究表明水泥工业大气汞排放因子为（以每吨水泥大气汞排放量）0.012～0.11g/t，本研究采用的大气汞排放因子为 0.065g/t。根据各省区水泥产量[50, 77-84]排放因子计算得到 2000—2008 年我国水泥工业大气汞排放量，结果表明随着我国水泥工业的发展，水泥产量的快速增加，水泥工业大气汞排放量也持续增大。

我国水泥工业煤耗系数为（以每吨水泥消耗标准煤的量）0.132 t/t，如果按每吨水泥消耗原煤量则相当于 0.185 t/t。可用该煤耗系数计算每年各省区水泥行业的耗煤量，根据 3.2.3 节 1. 中各省区燃煤大气汞排放的参数可得出各省区水泥行业大气汞排放来自于原煤燃烧的部分。因 3.2.3 节 1. 中燃煤大气汞排放量已经计入了这部分大气汞排放，为避免重复计算，应予以扣除。2000—2008 年水泥工业每年平均向大气排放汞 63.7 t，9 年间共排汞 573.1 t，平均增长率达到 11.4%。其中燃煤大气汞排放量共为 137.2 t。扣除燃煤大气汞排放量后水泥制造业的大气汞排放量为 435.9 t。

图 2-6 给出了 2004—2008 年我国水泥工业大气汞排放量分布情况。可见，我国水泥工业大气汞排放量的地区分布不平衡，主要集中在山东省、江苏省、广东省、浙江省、河北省和河南省，根据计算结果，这 6 个省区 9 年间总排放量分列我国各省区前六位，其排放量之和超过排放总量的一半以上，分别为 51.6 t、38.0 t、35.5 t、34.6 t、32.1 t 和 28.1 t，其余省区总排放量均不超过 20 t；西藏、青海、海南、天津和宁夏 5 个省区（市）排放量最小，9 年总排放量分别为 0.49 t、1.41 t、2.01 t、2.10 t 和 2.49 t。最高和最低的省份排汞量相差约 100 倍。9 年内汞排放增长量和平均增长率较高的有内蒙古、陕西、江西、安徽和河南平均增长率分别为 23.8%、17.8%、17.6%、15.4%和 13.9%。

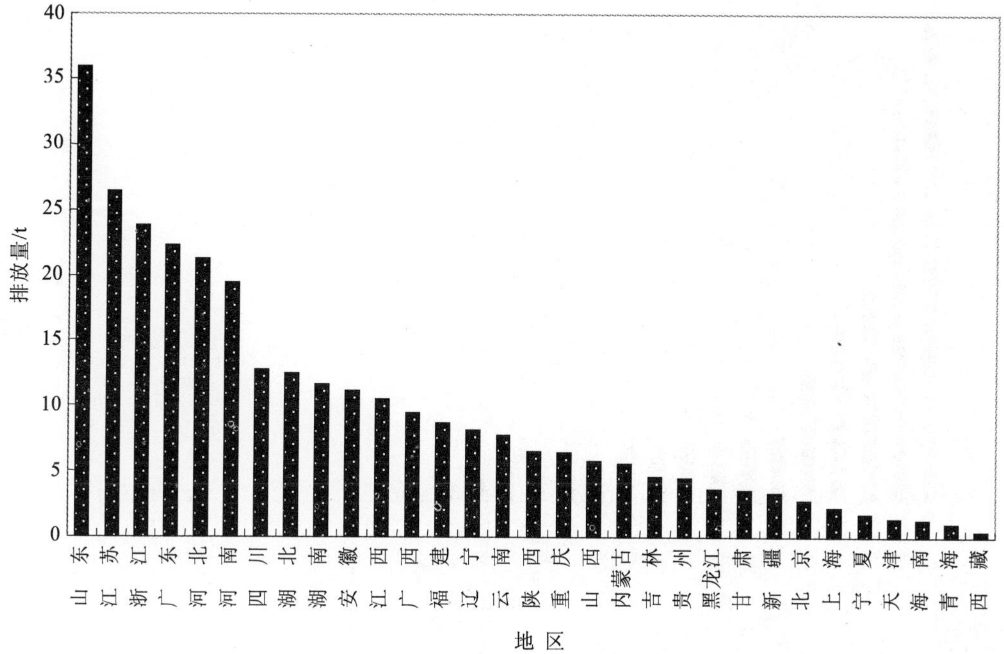

图 2-6　2004—2008 年全国各省区水泥工业大气汞排放量

4．垃圾焚烧汞排放清单

焚烧处理垃圾具有无害化最彻底、减量化最大、热能可以利用等优点，在经济发达国家得到了广泛利用。垃圾焚烧在我国的发展尤其是近几年的发展迅速，但是很多固体废物中都含有汞，如电器开关、油漆废料、体温计和电池等。当这些固体废弃物同其他生活垃圾一起焚烧处理时，所含的汞会释放出来，并随着尾气排放到大气中。我国在 2002 年开始实行《生活垃圾焚烧污染控制标准》（GB 18485—2001），该标准规定了生活垃圾焚烧炉大气污染物排放限制，汞浓度要求不高于 0.2 mg/m^3。在此以前，除部分垃圾焚烧炉装有除尘装置，尚没有垃圾焚烧厂专门针对大气汞排放采取控制措施。

生活垃圾焚烧大气汞排放同垃圾含汞量、焚烧炉类型、烟气净化装置以及操作条件等诸多因素有关。但是由于目前尚未有研究测量国内生活垃圾焚烧炉的大气汞排放因子，只好采用国外排放因子来计算。

研究表明生活垃圾焚烧大气汞排放因子为（以每吨生活垃圾焚烧时排放大气汞的量

计算）：1.1～2.8 g/t。考虑到我国大部分生活垃圾焚烧炉都没有汞污染控制装置，且有的垃圾焚烧厂把汞含量较高的医疗废物和危险废物同生活垃圾混合焚烧，本研究采用的大气汞排放因子为：2.8g/t。根据各省区生活垃圾焚烧量[42-47]和大气汞排放因子，可以建立各省区生活垃圾焚烧大气汞排放清单。2003—2008 年全国生活垃圾大气汞排放量持续增大，见图 2-7，2003—2008 年间共向大气排放汞 163.4 t，平均每年排放汞 27.2 t。美国垃圾焚烧（含医疗废物和有害废物）每年向大气中排放的汞量大于 50 t。我国生活垃圾焚烧量远低于美国，这使得我国垃圾焚烧大气汞排放量比美国低很多。

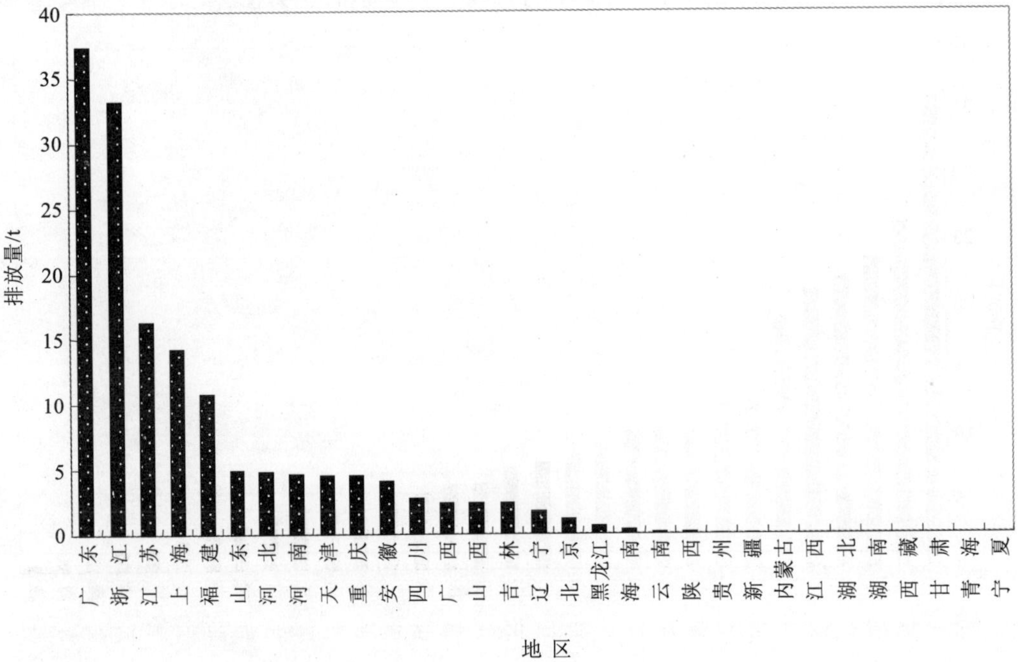

图 2-7　2004—2008 年全国各省区垃圾焚烧大气汞排放量

尽管目前我国生活垃圾焚烧大气汞排放水平远低于美国，而且从 2002 年起，已开始实施《生活垃圾焚烧污染控制标准》，但是生活垃圾焚烧带来的大气汞污染问题可能会越来越严重。由上图可以看出，近年来我国生活垃圾焚烧大气汞排放量增长很快，这是因为近年来我国兴起一股垃圾焚烧发电热，由于垃圾焚烧能有效解决生活垃圾污染问题，而且能够变废为宝，加之若干城市误认为垃圾焚烧发电是国际化大都市的重要象征，所以纷纷打算上马兴建垃圾焚烧发电厂，截至 2002 年，我国已经确定建设 1 000 家垃圾焚烧发电厂。与之相对应的是发达国家纷纷禁止兴建新的垃圾焚烧厂，并控制已有的垃圾焚烧厂的大气汞污染问题，如严格排放标准，开发焚烧炉汞污染控制技术（美国已经有商业化运行的生活垃圾焚烧炉脱汞装置），降低生活垃圾含汞量等。早在 1985 年美国就有超过 137 座垃圾焚烧炉兴建计划被取消；1992 年，加拿大安大略省通过了焚烧炉使用的禁令；1996 年北美洲五大湖区 52 个焚烧炉结束运作；德国、荷兰、比利时等欧洲国家也相继颁布了“焚烧炉禁建令”；日本 1998 年末永久或短暂关闭了 2 000 多座工业废物焚烧炉，到 2000 年，全日本已有 4 600 座垃圾焚烧设施被停止使用。因此应该重视我国垃圾焚烧可能带来的大气汞污染问题，并采取有效的预防性控制措施。

图 2-7 给出了 2004—2008 年全国垃圾焚烧大气汞排放量分布情况。可见，全国垃圾焚烧大气汞排放量的地区分布极不平衡，其分布与垃圾焚烧或发电厂的建设有关，主要集中在广东、浙江、江苏、上海和福建 5 个省（市）。根据计算结果，这 5 个省（市）6 年间总共向大气中排放汞量分别为 40.9 t、40.0 t、16.8 t、15.1 t 和 11.0 t，排放量之和占全国排放总量的 73.3%，而其余省区的总排放量均不足 10 t；江西、湖北、湖南、西藏、甘肃、青海和宁夏因为没有相应的垃圾焚烧设施，其排放量接近于零。

可以看出，垃圾焚烧大气汞排放量主要集中在我国经济发展的核心地带长三角和珠三角地区，并以长三角为主，其中广东作为国内第一个垃圾发电厂所在地，近几年来垃圾发电厂建设数据增长，解决了垃圾无处堆放的问题，但同时也给大气环境增加了大量污染物。

2.3.3 铅排放清单

1．燃煤铅排放清单

1）全国燃煤铅排放清单

按照公式（2-1）计算 2000—2008 年全国燃煤铅排放量，以 2001 年为例，全国各行业燃煤共向大气排放汞 6 328.7 t，与文献中的数据差别 2 778.3 t[65]，这一方面可能是由于文献中采用原煤消费量的数据进行计算，而忽略了原料煤消费量带来的影响；另外，文献中的计算方法是按照产地煤炭消费量与产地煤炭中铅质量分数相乘的办法进行计算的，这种算法并不能真实地反映实际情况，煤炭在各省区间的流通会显著地影响到不同含铅量的煤炭在全国的分布，进而影响最终计算结果。

2000—2008 年我国燃煤大气铅排放量保持增长趋势，但排放量的增量在 2001—2005 年保持一段时间的稳定后，到 2005 年后开始出现一定幅度的回落。这种变化趋势同 2000—2008 年我国燃料煤消费量变化趋势相吻合。2000 年以后，随着经济的持续发展，我国燃煤大气铅排放量持续增长，每年平均向大气排放铅 9 157 t，9 年合计排放铅 82 415 t，年平均增长率达到 9.21%，2003—2005 年燃煤大气铅排放量的增长率保持稳定，约为 15%，2005 年燃煤大气铅排放量的增长量最高，达到 1 403.0 t，在这段时间内，针对燃煤锅炉所安装的高效烟气净化装置比例也在增加，但总体而言，对大气重金属污染物的捕捉效果并不显著。2005—2008 年燃煤大气铅排放量的增长量和增长率持续降低，到 2008 年达到最低并首次出现负增长，其增长量为 1 2214.7 t，增长率为-0.12%，这表明我国能源消费已经到达一个特殊的阶段，受资源总量限制，能源生产和消费的增长趋于平缓。

2）各行业燃煤铅排放清单

如表 2-8 所示，各经济部门中电力部门燃煤大气铅排放量最高，占排放总量的 49.9%～62.5%，且呈逐年升高的趋势，其他工业部门占排放总量的比例达到 24.6%～29.2%，呈逐年下降趋势；其后是生活消费，所占比例为 7.6%～13.3%；其他部门如交通运输、建筑业、商业等的贡献要小得多，总和仅占排放总量的 5.3%～7.6%，这同各部门的煤炭消费的污染控制状况有密切关系。

工业部门是我国耗煤量最大的经济部门，虽然我国大部分工业锅炉都安装了除尘装置，但主要为湿式除尘器和机械式除尘器，这两类除尘器对烟气中铅的去除效率较低，所以工业部门燃煤大气铅排放量始终最高。全国生活消费年耗煤量大约为 0.84 亿～1.00 亿 t[15-21]，且生活消费无任何污染控制措施，故其燃煤大气铅排放量所占比例较高。另外，由于我国大部分家庭的厨房通风设施很差，燃煤大气铅排放很容易对居民健康造成严重影响。

表 2-8　2000—2008 年全国各行业燃煤大气铅排放量　　单位：t

行 业	2000 年	2001 年	2002 年	2003 年	2004 年	2005 年	2006 年	2007 年	2008 年
全国	6 034.50	6 328.67	6 855.21	7 904.29	8 960.59	10 363.57	11 524.70	12 228.87	12 214.66
农、林、牧、渔、水利业	88.75	87.54	91.66	104.80	138.34	154.89	155.72	156.36	154.05
工业	1 760.22	1 795.35	1 786.41	2 043.11	2 346.77	2 687.78	2 885.08	2 936.97	3 009.81
电力	3 011.11	3 260.54	3 772.23	4 463.70	5 090.86	6 002.06	6 923.96	7 589.70	7 634.46
建筑业	51.04	49.13	50.29	51.23	55.45	61.76	67.57	63.31	61.03
交通运输、仓储和邮政业	83.89	81.85	83.43	93.14	80.34	83.00	79.79	75.72	67.32
批发、零售业和住宿、餐饮业	125.00	122.67	123.30	132.21	142.80	171.32	185.65	192.23	181.24
其他行业	110.39	113.32	124.08	140.98	158.25	175.57	186.84	210.26	181.26
生活消费	804.11	818.27	823.82	875.12	947.77	1 027.19	1 040.09	1 004.31	925.50

3）各省区燃煤铅排放清单

根据计算结果，除北京外，各省区 2000—2008 年燃煤大气铅排放量基本都保持增长趋势，2005 年以前排放量就已超过 500t/a 的省区包括河北、山西、江苏、山东和河南，在 2005 年后又有内蒙古、辽宁的排放量超过 500t/a。边远省区燃煤大气铅排放量则相对较小，海南、青海等边远省区的燃煤大气铅排放量不及 48t/a；其他中部省区的大气铅排放量则大都介于 100～500t/a 之间。这种地域分布特征同我国 SO_2 和 NO_x 排放的地域分布特征非常相似。

各省区中山西省铅排放量最高，平均每年排铅 881.2 t，其次是山东省、河北省、河南省和江苏省向大气中排铅较多，平均每年达 839.6 t、716.6 t、575.5 t、564.1 t，其余省份年排放量均不超过 500 t；海南省铅排放量最低，平均每年排铅 13.1 t，另外青海、宁夏两省（区）铅排放量也较低，平均每年排铅量分别为 34.2 t 和 93.0 t，最高和最低的省份排铅量相差 66 倍。9 年内铅排放增长量和平均增长率较高的省区包括宁夏、山东、内蒙古、陕西、湖南、福建、河南、云南和浙江，2000—2008 年的年增长率分别为 17.58%、17.15%、16.49%、14.13%、13.05%、12.98%、11.38%、10.78%和 10.19%，而其余排放量增长较大的省区，其年增长率均低于 10%。

广东地区产煤较少而煤炭消费量大，湖南近年冶炼产业发展迅猛，导致大气铅排放量迅速升高，这些都与地区经济发展速度及结构特征密切相关。北京市 2005 年后大气铅排放量呈下降趋势，分析主要是由于北京市出台的相关政策，促使高能耗低产出的行业逐渐退出，一方面在源头上减少了能源消费；另一方面在末端处理工艺日趋成熟和进步上所致。

图 2-8 给出了 2004—2008 年全国燃煤铅排放量分布情况。由图中可见，我国燃煤大气铅排放量的地区分布不均匀，主要集中在人口密集、工业集中、经济发展较快北部和中东部省区，与我国燃煤大气汞排放的分布相近。这是由于不同省区间能源消费量及其结构的显著差异造成的。

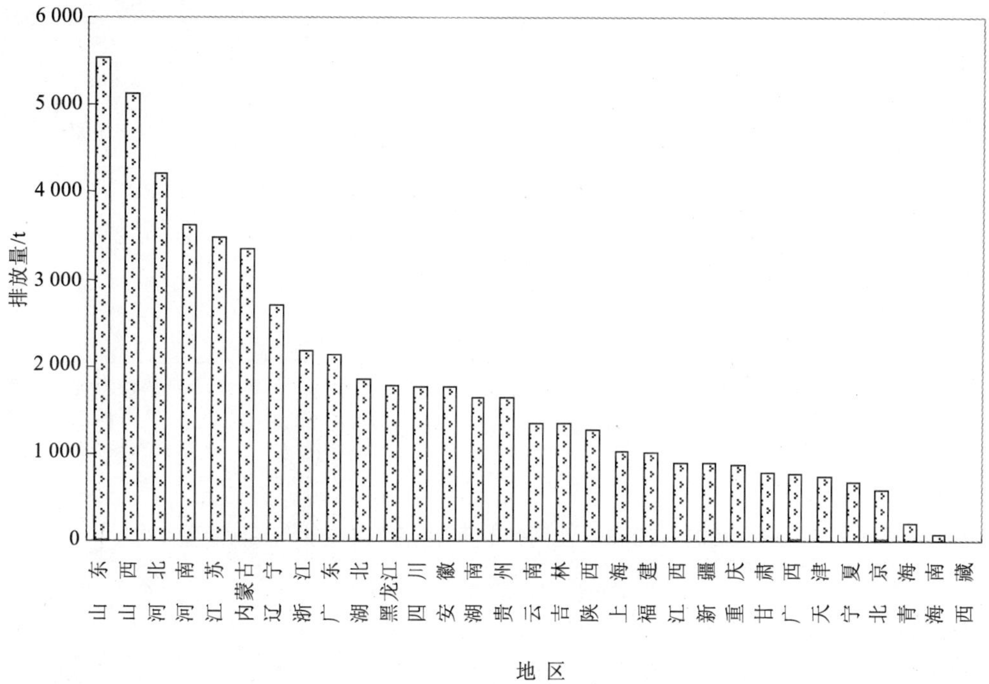

图 2-8　2004—2008 年全国各省区燃煤大气铅排放量

2. 有色金属冶炼铅排放清单

根据我国有色金属工业年鉴给出的各省区有色金属铅和锌的产量[72-76]，即可计算各省区有色金属冶炼行业大气铅排放量。在 2004—2008 年间铅、锌冶炼业向大气中排放铅总量分别为 16 818.10 t 和 1 686.14 t，平均每年排放铅 3 363.62 t、337.23 t。

2004—2008 年全国有色金属冶炼行业大气铅排放量分布情况如图 2-9 所示，可以看出我国有色金属工业大气铅排放量增长很快，平均增长率达到 15.30%，其中铅冶炼行业排放量增速较大，2004—2008 年平均增长率为 15.82%，锌冶炼行业排放量增速相对较小，平均增长率仅为 10.42%。

从有色金属冶炼大气铅排放量的地区分布情况来看，2004—2008 年间总排放量居前 4 位的省份是河南、湖南、安徽和云南，排放量分别为 5 553.60 t、3 214.75 t、2 022.40 t 和 2 010.16 t；其余省份总排放量均低于 1 071 t；除西藏和北京零排放外，天津、吉林、黑龙江和山东 4 个省（市）冶炼大气铅排放量最小，2004—2008 年间总排放量分别为 0.94 t、2.91 t、4.46 t 和 6.47 t，最高和最低的省份排铅量相差近 6 000 倍。5 年内铅排放增长量和年均增长率较高的省（市、区）包括福建、重庆、江西、内蒙古、安徽、辽宁和陕西，年均增长率分别为 57.07%、50.93%、45.02%、41.23%、32.19%、29.69%和 23.80%，其余省份年均增长率都不超过 20%。

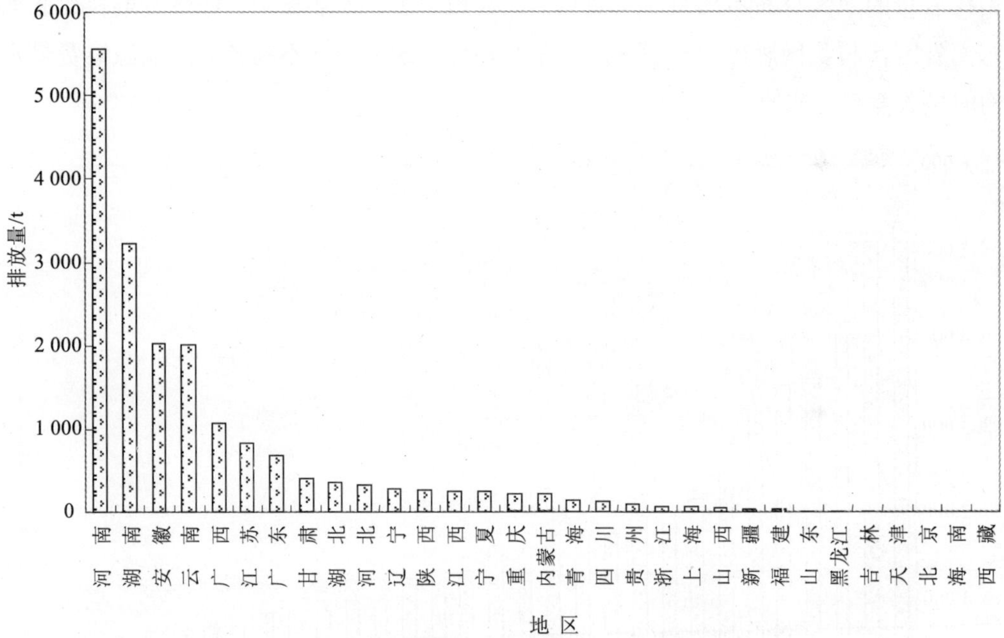

图 2-9　2004—2008 年全国各省区有色金属冶炼大气铅排放量

3．机动车尾气铅排放清单

根据计算结果，2000—2008 年全国机动车尾气大气铅排放量持续增长，2000—2008 年间共向大气中排放铅 3 138.9 t，平均每年排放铅 348.8 t。2008 年出现排放量激增的缘故来自于当年行驶里程的迅速增长，较 2007 年增幅接近 200%。

图 2-10 给出了 2004—2008 年全国机动车尾气铅排放量分布情况。由图中可见，我国机动车尾气铅排放量比较分散，排放量最大的省份为山东，依据计算结果，其 2000—2008 年共计排放铅 291.4 t，其后依次为广东、浙江、江苏和河南，总排放量分别为 198.8 t、181.9 t、176.9 t 和 166.8 t；西藏、青海、海南和宁夏 4 个省区机动车尾气铅排放量最小，总排放量分别为 0.90 t、11.8 t、18.8 t 和 20.2 t，最高和最低的省份排铅量相差 320 余倍。可以看出，北京、天津总排放量比较靠后，这主要是因为两地较早实施机动车禁用含铅汽油而改用无铅汽油的政策所致。

4．垃圾焚烧铅排放清单

根据计算结果，2003—2008 年全国生活垃圾大气铅排放量持续增大，2003—2008 年间共向大气中排放铅 94.6 t，平均每年排放铅 15.8 t。

图 2-11 给出了 2004—2008 年全国垃圾焚烧大气铅排放量分布情况。由图中可知，我

国垃圾焚烧大气铅排放量分布极不均匀，主要集中在广东、浙江、江苏和上海 4 个省（市），依据计算结果，这 4 个省（市）2003—2008 年垃圾焚烧大气铅总排放量分别为 23.7 t、20.8 t、9.7 t 和 8.7 t，江西、湖北、湖南、西藏、甘肃、青海和宁夏因为没有相应的垃圾焚烧设施，其排放量接近于零。

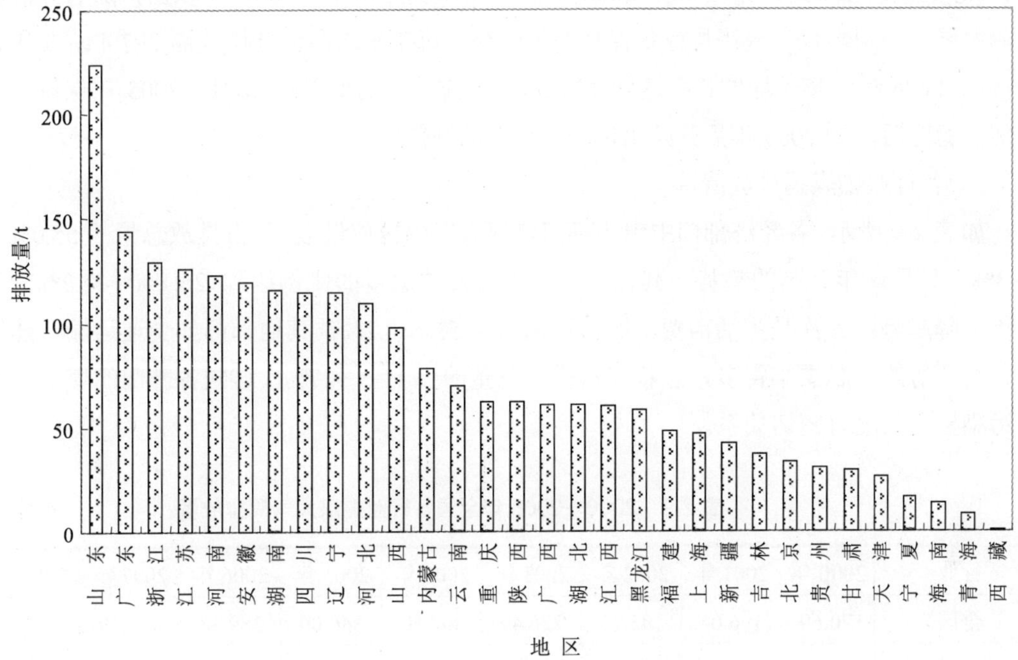

图 2-10　2004—2008 年全国各省区机动车尾气铅排放量

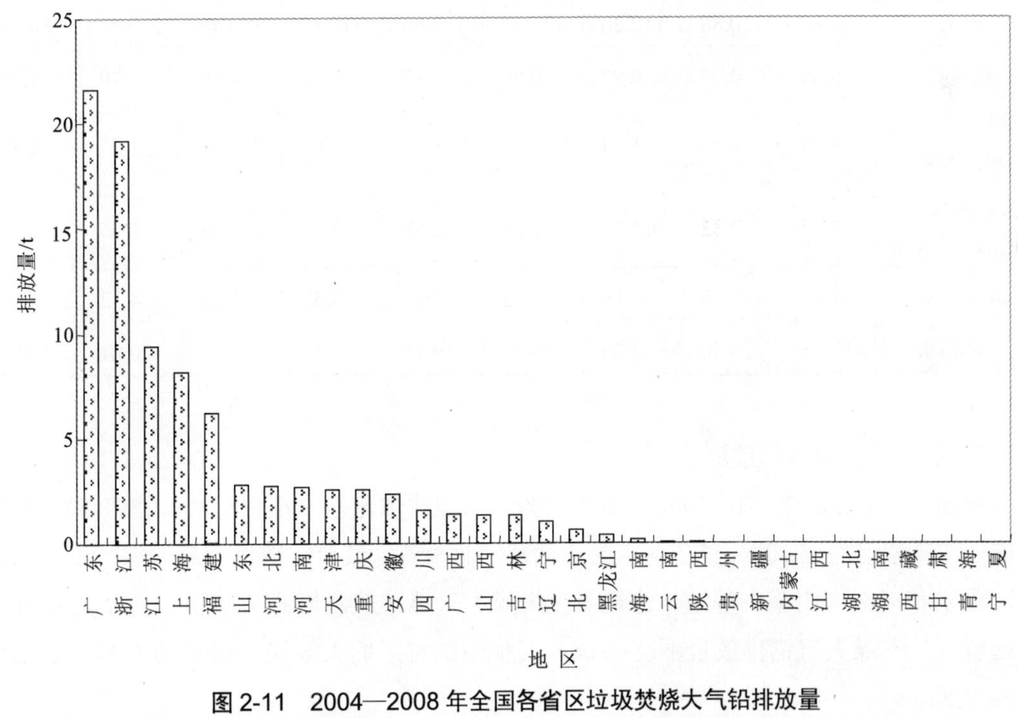

图 2-11　2004—2008 年全国各省区垃圾焚烧大气铅排放量

2.3.4 镉排放清单

1．燃煤镉排放清单

1）全国燃煤镉排放清单

按照公式（2-1）计算 2000—2008 年全国燃煤镉排放量，2000 年以后，随着经济持续的发展，全国燃煤大气镉排放量保持增长趋势，每年平均向大气排放镉 297.4 t，9 年合计排镉 2 676.5 t，年平均增长率达到 12.22%。但排放量的增量在 2001—2005 年保持一段时间的稳定后，到 2005 年后开始出现一定幅度的回落。

2）各行业燃煤镉排放清单

如表 2-9 所示，各经济部门中电力部门燃煤大气镉排放量最高，占排放总量的 55.0%～66.3%，且呈逐年升高的趋势，其他工业部门占排放总量的比例达到 26.1%～32.2%，呈逐年下降趋势；其次是生活消费，所占比例为 4.5%～8.2%；其他部门如交通运输、建筑业、商业等的贡献要小得多，总和仅占排放总量的 3.1%～4.7%，这同各部门的煤炭消费的污染控制状况有密切关系。

表 2-9　2000—2008 年全国各行业燃煤大气镉排放量　　单位：t

行业	2000 年	2001 年	2002 年	2003 年	2004 年	2005 年	2006 年	2007 年	2008 年
全国	170.69	196.04	195.23	226.49	300.50	346.00	389.38	422.89	429.32
农、林、牧、渔、水利业	1.54	1.66	1.59	1.81	2.79	3.10	3.14	3.21	3.20
工业	54.88	61.05	55.53	63.52	85.11	96.65	104.36	108.24	112.18
电力	93.88	110.88	117.26	138.77	184.63	215.83	250.46	279.72	284.55
建筑业	0.89	0.93	0.87	0.89	1.12	1.24	1.36	1.30	1.27
交通运输、仓储和邮政业	1.46	1.55	1.44	1.61	1.62	1.66	1.61	1.55	1.40
批发、零售业和住宿、餐饮业	2.17	2.32	2.13	2.29	2.88	3.43	3.74	3.95	3.76
其他行业	1.92	2.15	2.15	2.44	3.20	3.52	3.76	4.32	3.76
生活消费	13.96	15.50	14.26	15.15	19.14	20.57	20.95	20.61	19.21

3）各省区燃煤镉排放清单

根据计算结果，各省区 2000—2008 燃煤大气镉排放量基本都保持增长趋势，2005 年以前排放量就已超过 12 t/a 的省区包括山西和河北两省，其余排放量较高的省区还包括辽宁、山东和河南、内蒙古等地。边远省区燃煤大气镉排放量则相对较小，海南、青海等边远省区的燃煤大气镉排放量不及 2 t/a；其他中部省区的大气镉排放量则大都介于 2～12t/a 之间。

各省区中山西省镉排放量最高，平均每年排镉 28.5 t，其次是山东、河北、河南和江苏省向大气中排镉较多，平均每年达 27.6 t、23.2 t、18.8 t 和 18.4 t，其余省份年排放量均不超过 17 t；海南省镉排放量最低，平均每年排镉 0.42 t，另外青海、宁夏两省（区）镉排放量也较低，平均每年排镉量分别为 1.1 t 和 3.1 t，最高和最低的省份排镉量相差 66 倍。

图 2-12 给出了 2004—2008 年我国燃煤镉排放量分布情况。由图中可见，我国燃煤大气镉排放量的地区分布较不平衡，不同省区间差异显著，主要集中在人口密集、工业集中、经济发展较快北部和中东部省区，与我国燃煤大气汞排放的分布相近。这是由于不同省区间能源消费量及其结构的显著差异造成的。

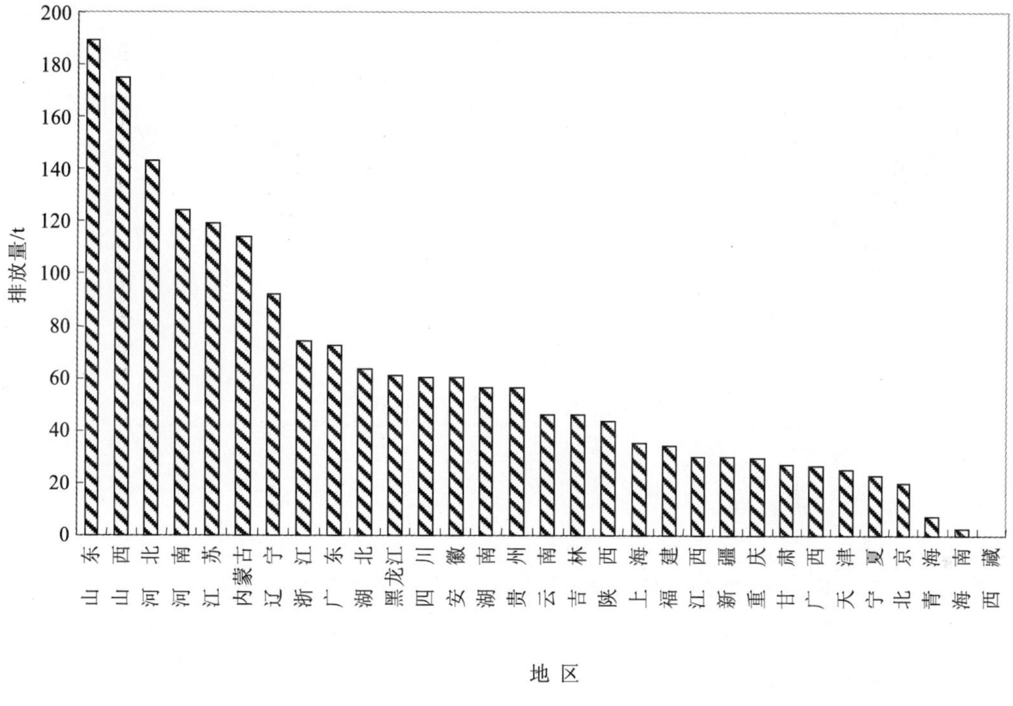

图 2-12　2004—2008 年全国各省区燃煤大气镉排放量

2. 有色金属冶炼镉排放清单

根据我国有色金属工业年鉴给出的各省区有色金属铜、铅和锌的产量[72-76]，即可计算各省区有色金属冶炼行业大气镉排放量。铜、铅、锌冶炼业在 2004—2008 年间向大气中排入镉总量分别为 51.0 t、459.5 t 和 263.0 t，平均每年排放镉 10.2 t、91.9 t 和 52.6 t。

2004—2008 年我国有色金属冶炼行业大气镉排放量分布情况如图 2-13 所示，可以看出我国有色金属工业大气镉排放量增长速度较为平缓，平均增长率为 6.6%，其中铜冶炼行业排放量增速较大，2004—2008 年平均增长率为 14.6%，铅冶炼行业排放量增速相对较小，平均增长率仅为 3.6%。

从有色金属冶炼大气镉排放量的地区分布情况来看，2004—2008 年间总排放量居前 4 位的省（区）是河南、湖南、云南和广西，排放量分别为 168.0 t、140.6 t、100.3 t 和 50.0 t；其余省份总排放量均低于 50 t；而北京、西藏、吉林、黑龙江、新疆和天津 6 个省区（市）冶炼大气镉排放量最小，2004—2008 年间总排放量分别为 0.011 t、0.013 t、0.096 t、0.118 t、0.605 t 和 0.663 t。5 年内镉排放量增长量和年均增长率较高的省区（市）包括福建、重庆、内蒙古、江西、安徽、辽宁和陕西，年均增长率分别为 50.63%、43.15%、38.34%、37.11%、26.61%、21.21%和 20.17%，其余省份年均增长率都不超过 15%。

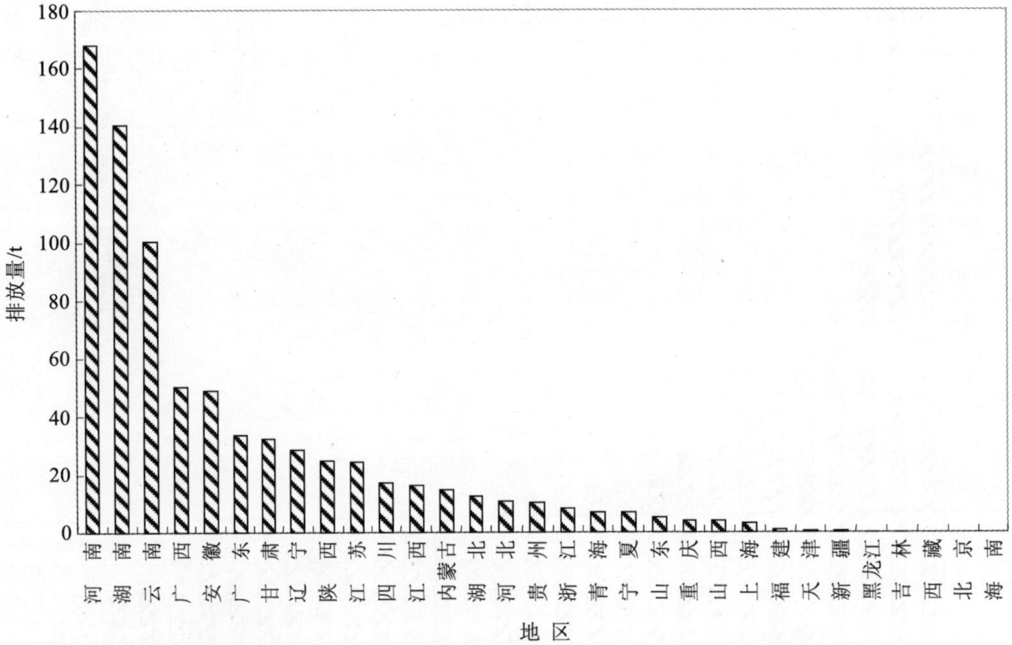

图 2-13　2004—2008 年全国各省区有色金属冶炼大气镉排放量

3．垃圾焚烧镉排放清单

根据计算结果，2003—2008 年我国生活垃圾大气镉排放量持续增大，2003—2008 年间共向大气中排放镉 5.9 t，平均每年排放镉 1.0 t。

图 2-14 给出了 2004—2008 年我国垃圾焚烧大气镉排放量分布情况。由图中可知，我国垃圾焚烧大气镉排放量分布极不均匀，主要集中在广东、浙江、江苏和上海 4 省市，依据计算结果，这 4 个省份 2003—2008 年垃圾焚烧大气镉总排放量分别为 1.47 t、1.30 t、0.60 t 和 0.54 t，江西、湖北、湖南、西藏、甘肃、青海和宁夏因为没有相应的垃圾焚烧设施，其排放量接近于零。

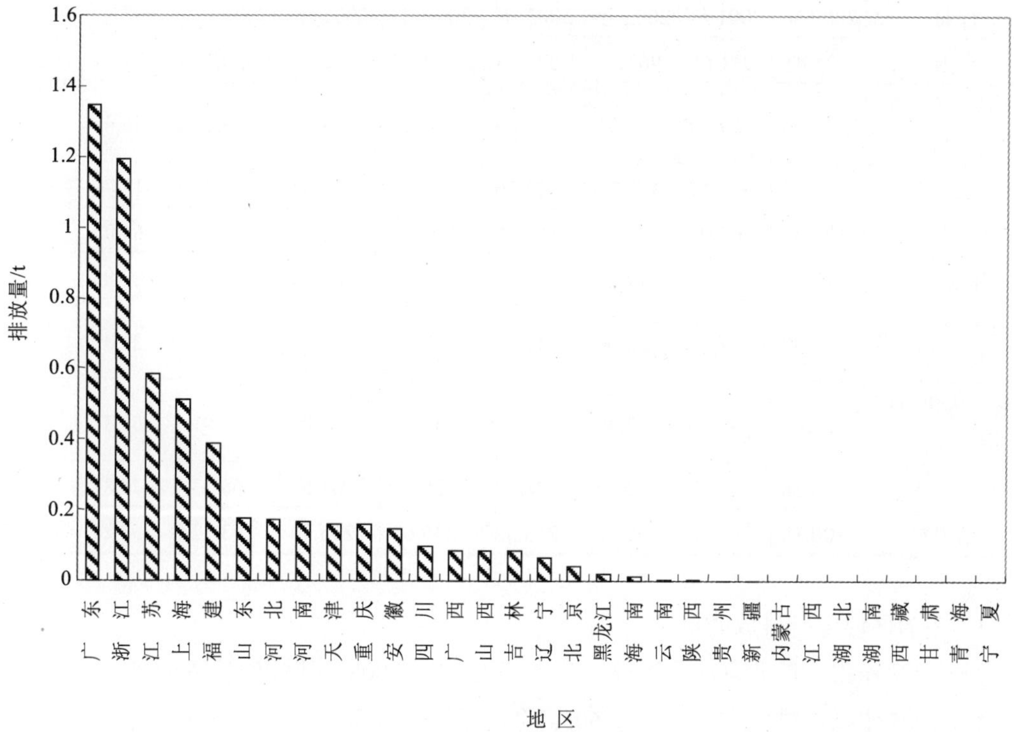

图 2-14　2004—2008 年全国各省区垃圾焚烧大气镉排放量

2.3.5 砷排放清单

1. 燃煤砷排放清单

1）全国燃煤砷排放清单

按照公式（2-1）计算 2000—2008 年全国燃煤砷排放量，2000 年以后，随着经济持续的发展，全国燃煤大气砷排放量持续增长，每年平均向大气排放砷 1 257.6 t，9 年合计排砷 11 318.4 t，年平均增长率达到 7.21%。但排放量的增量在 2001—2005 年保持一段时间的稳定后，到 2005 年后开始出现一定幅度的回落。

2）各行业燃煤砷排放清单

如表 2-10 所示，各经济部门燃煤砷排放量较为平均，其中工业燃煤大气砷排放量最高，占排放总量的 50.7%～53.2%，且呈逐年升高的趋势，其次是生活消费，所占比例达到 15.1%～21.4%，呈逐年降低趋势；电力部门排放量占排放总量的比例为 10.8%～16.9%，呈逐年升高趋势；其他部门如交通运输、建筑业、商业等的排放量占排放总量的 14.8%～17.1%，这同各部门煤炭消费的污染控制状况有密切关系。

表 2-10　2000—2008 年全国各行业燃煤大气砷排放量　　单位：t

行业	2000 年	2001 年	2002 年	2003 年	2004 年	2005 年	2006 年	2007 年	2008 年
全国	936.41	931.68	963.13	1 078.73	1 239.39	1 412.93	1 530.14	1 591.87	1 634.08
农、林、牧、渔、水利业	31.00	29.80	31.51	35.86	48.27	54.29	55.28	56.42	57.70
工业	474.44	471.49	473.79	539.36	631.77	726.88	790.21	817.71	869.79
电力	101.42	107.01	125.02	147.26	171.27	202.84	236.99	264.07	275.71
建筑业	17.83	16.72	17.29	17.53	19.35	21.65	23.99	22.85	22.86
交通运输、仓储和邮政业	29.30	27.86	28.68	31.87	28.03	29.09	28.33	27.32	25.22
批发、零售业和住宿、餐饮业	43.67	41.76	42.38	45.24	49.83	60.05	65.91	69.37	67.89
其他行业	38.56	38.57	42.65	48.24	55.22	61.54	66.33	75.87	67.89
生活消费	200.18	198.48	201.80	213.38	235.66	256.58	263.12	258.26	247.03

3）各省区燃煤砷排放清单

根据计算结果，除北京和上海外，各省区 2000—2008 年燃煤大气砷排放量都保持增长趋势，2005 年以前排放量就已超过 60t/a 的省区包括山西、山东、河北和辽宁，而在 2003 年、2004 年和 2007 年又分别有江苏、内蒙古、河南和广东的排放量超过 60t/a。边远省区燃煤大气砷排放量则相对较小，海南、青海等边远省区的燃煤大气砷排放量大多不及 6t/a；其他中部省区的大气砷排放量则大都介于 6～60t/a 之间。

各省区中山西省的砷排放量最高，平均每年排砷 121.2 t，其次是山东、河北、河南、江苏、内蒙古和辽宁向大气中排砷较多，平均每年达 114.5 t、98.6 t、78.8 t、77.4 t、67.3 t 和 65.6 t，其余省份年排放量均不超过 50 t；海南省砷排放量最低，平均每年排砷 1.8 t，另外青海省砷排放量也较低，平均每年排砷量为 4.7 t，其余省份年排放量均不低于 10 t，最高和最低的省份排砷量相差 66 倍。

图 2-15 给出了 2004—2008 年我国燃煤砷排放量分布情况。由图中可知，我国燃煤大气砷排放量的地区分布较不平衡，排放量主要集中在人口密集、工业集中、经济发展较快的北部和中东部省区，与我国燃煤大气汞排放的分布相近。这是由于不同省区间能源消费量及其结构的显著差异造成的。

2．有色金属冶炼砷排放清单

根据我国有色金属工业年鉴给出的各省区有色金属铅和锌的产量[72-76]，即可计算各省区有色金属冶炼行业大气砷排放量。铅、锌冶炼业在 2004—2008 年间向大气中排入砷总量分别为 179.3 t 和 152.9 t，平均每年排放砷 35.9 t 和 30.5 t。

2004—2008 年我国有色金属冶炼行业大气砷排放量分布情况如图 2-16 所示，可以看出我国有色金属工业大气砷排放量增长迅速，平均增长率为 9.2%，其中铅冶炼行业排放量增速平均增长率为 8.1%，锌冶炼行业排放量增长率为 10.4%。

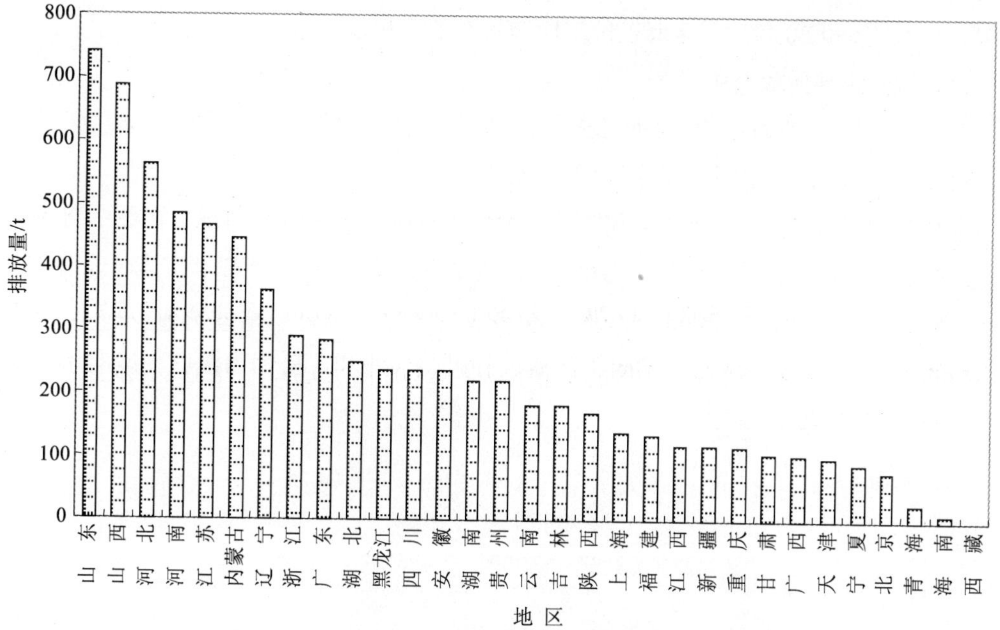

图 2-15　2004—2008 年全国各省区燃煤大气砷排放量

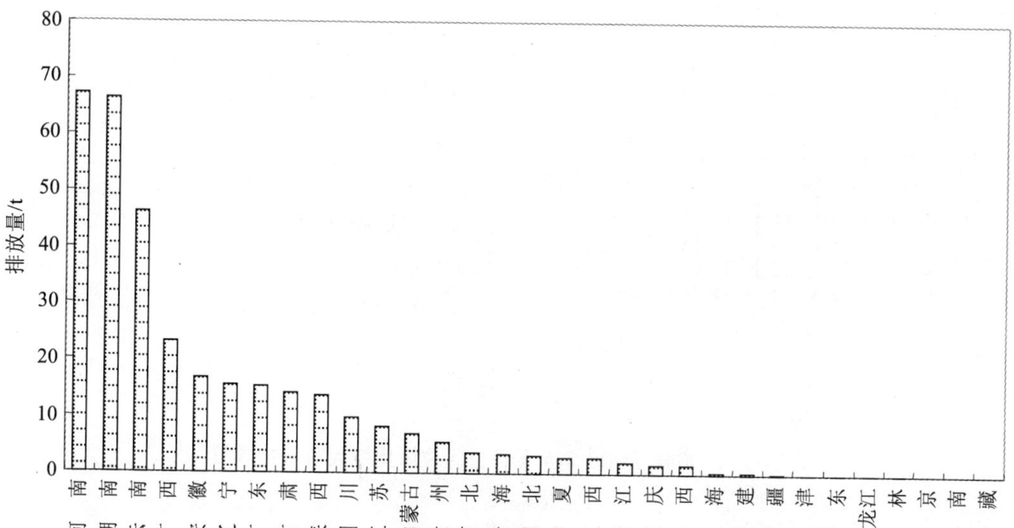

图 2-16　2004—2008 年全国各省区有色金属冶炼大气砷排放量

从有色金属冶炼大气砷排放量的地区分布情况来看，2004—2008 年间总排放量居前 4 位的省（区）是河南、湖南、云南和广西，排放量分别为 67.1 t、66.2 t、46.2 t 和 23.3 t；其余省份总排放量均低于 20 t；除北京和西藏零排放外，吉林、黑龙江、山东和天津 4 个省（市）冶炼大气砷排放量最小，2004—2008 年间总排放量分别为 0.034 t、0.040 t、0.064 t 和 0.085 t。5 年内砷排放量增长量和年均增长率较高的省区（市）包括福建、重庆、内蒙古、江西、安徽、辽宁和陕西，年均增长率分别为 50.63%、43.15%、38.34%、37.11%、26.61%、21.21%和 20.17%，其余省份年均增长率都不超过 15%。

3．垃圾焚烧砷排放清单

根据计算结果，2003—2008 年我国生活垃圾焚烧大气砷排放量持续升高，6 年间共向大气中排放砷 3.5 t，平均每年排放砷 0.6 t。

图 2-17 给出了 2004—2008 年我国垃圾焚烧大气砷排放量分布情况。由图中可见，全国垃圾焚烧大气砷排放量分布极不均衡，主要集中在上海、江苏、浙江和广东 4 个省（市），依据计算结果这 4 个省份 2003—2008 年垃圾焚烧大气砷总排放量分别为 0.87 t、0.77 t、0.36 t 和 0.32 t，江西、湖北、湖南、西藏、甘肃、青海和宁夏因为没有相应的垃圾焚烧设施，其排放量接近于零。

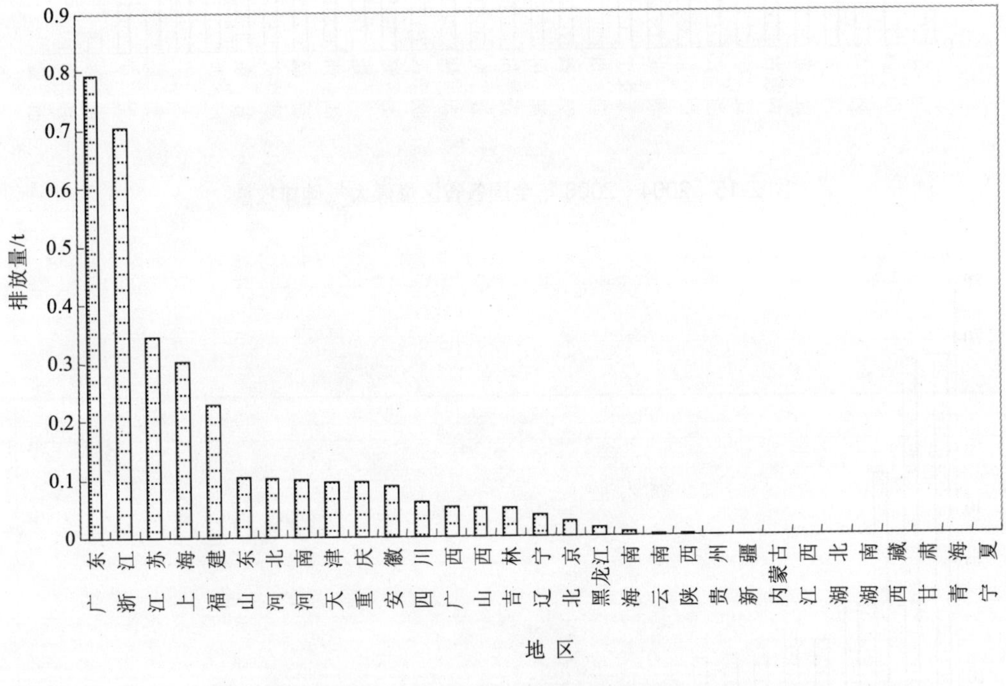

图 2-17　2004—2008 年全国各省区垃圾焚烧大气砷排放量

2.4 预测结果

2.4.1 排放总量预测

1）各排放源污染物排放量增速较快，年平均增长率约 4%。

根据各排放源活动水平、排放因子和控制水平，预测得到 2011—2020 年各来源 4 种大气重金属污染物排放量，如表 2-11 所示，由表中可知，各排放源 4 种大气重金属污染物排放量持续增加，年平均增长率为 3.66%。

2008 年各排放源 4 种重金属污染物排放总量为 1.45 万 t，到 2011 年、2013 年、2015 年、2020 年大气重金属污染物排放量分别达到 2.43 万 t、2.64 万 t、2.84 万 t 和 3.36 万 t，到 2020 年，重金属污染物排放量将达到 2008 年的 1.58 倍。根据预测结果，若维持按照现有的生产规模和处理水平的发展趋势，“十二五”期间，大气重金属排放量将呈现快速增加，“十二五”期间共产生 4 种重金属污染物 13.19 万 t，2015 年相对于 2010 年将增加 17.04%；“十三五”期间，依旧维持迅速增长的趋势，2020 年相对于 2015 年将增加 18.04%。

2）个别排放源重金属污染问题依旧突出，重点排放源仍然是燃煤和有色金属冶炼业。

根据各来源重金属汞、铅、镉、砷的计算结果，2011—2020 年向大气中排放这 4 种重金属共 28.93 万 t，从表 2-11 可知各排放源中，燃煤排放量达 17.16 万 t，仍然是大气重金属污染的第一大排放源，占排放总量的 59.29%；其次是有色金属冶炼业，2011—2020 年排放量共 9.42 万 t，是大气重金属污染的第二大排放源，占排放总量的 32.54%，其中铅冶炼排放 8.00 万 t，这两大排放源的重金属排放量之和已超过排放总量的 90%；排在第三位的是机动车尾气重金属排放量，2011—2020 年共排放 2.11 万 t，占排放总量的 7.31%，垃圾焚烧和水泥工业排放量均在 2 000 t 以下，所占比例不超过 1%。

表 2-11　2011—2020 年全国各排放源 4 种大气重金属污染物排放量　　单位：t

排放源	2008 年	2011 年	2013 年	2015 年	2020 年
全国总量	21 221.02	24 290.02	26 390.92	28 430.01	33 557.71
燃煤	14 532.76	15 793.18	16 509.34	17 105.54	18 266.93
有色金属冶炼	5 531.71	7 004.39	8 077.98	9 148.63	11 820.35
其中：铜冶炼	44.67	59.63	69.26	78.89	102.97
铅冶炼	4 682.96	5 931.34	6 851.60	7 768.91	10 057.30
锌冶炼	804.08	1 013.42	1 157.12	1 300.82	1 660.08
机动车尾气	1 014.84	1 305.66	1 589.47	1 935.00	3 164.41
垃圾焚烧	71.91	110.19	134.15	158.11	218.01
水泥工业	69.80	76.61	79.98	82.73	88.00

3）从全国范围来看，大气重金属污染物排放地区分布较为集中，重点防控省区是河南、湖南、山东、安徽、河北、江苏和山西七省。

根据预测结果可知，2011—2020 年间大气重金属排放量超过 15 000 t 的省区主要是河南、湖南、山东、安徽、河北、江苏和山西，这七个省份排放量占排放总量的 50.95%。湖南省由于有色金属采选和冶炼业发展迅速，导致其排放量上升至全国第二位，而山西由于受能源资源总量限制，在“十二五”及“十三五”期间发展受到遭受“瓶颈”限制，大气重金属污染物排放量增速也相应放缓。其后，重金属排放量位居全国前十位的省区还有云南、内蒙古和广东，这三个省区 2011—2020 年排放量占全国排放总量的 14.01%。图 2-18 为“十二五”期间全国各省区大气重金属污染物排放量分布情况。

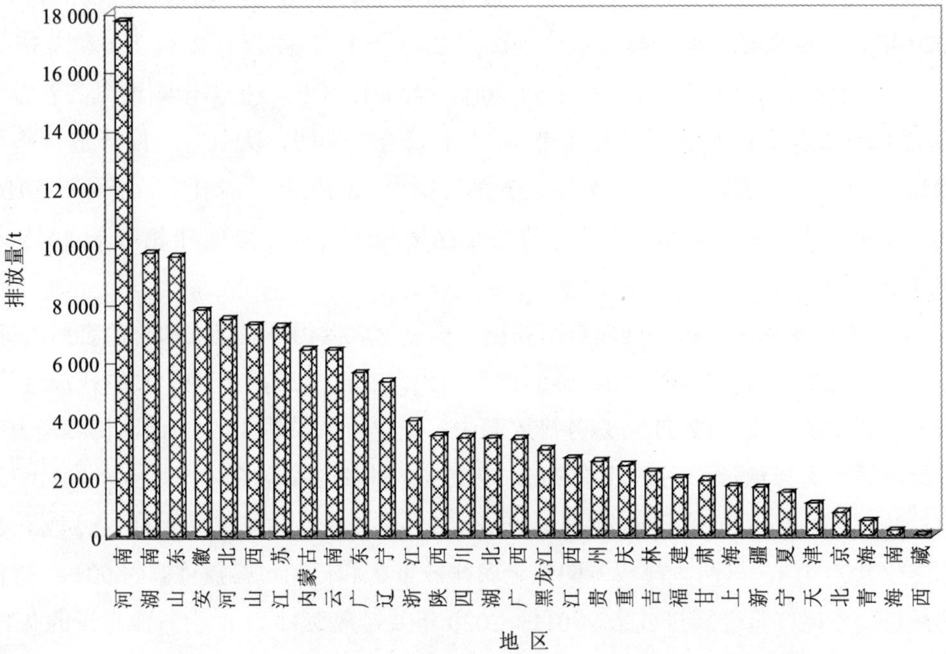

图 2-18　2011—2015 年全国各省区 4 种大气重金属污染物排放总量

2.4.2 汞排放量预测

首先根据我国各省区燃料煤的使用量、各省区煤中含汞量、各排放源燃烧方式和污染控制技术影响因子等，可计算出 2011—2020 年我国各省区燃煤大气汞排放量，2011 年我国煤炭燃烧过程大气汞排放量为 276.78 t，比 2008 年增加 8.67%；“十二五”期间受资源能源总量限制，我国燃料煤消费量放缓，燃烧过程大气汞排放量增长率有所降低，仅增长 8.31%；2020 年燃烧过程大气汞排放量达到 320.13 t，比 2015 年增长 6.79%。

根据我国各省区有色金属铜、铅和锌的产量，计算出 2011—2020 年各省区有色金属冶炼行业大气汞排放量。2011 年我国有色金属铜冶炼行业大气汞排放量为 42.52 t，比 2008 年增加 33.47%；“十二五”期间铜冶炼业由于受资源总量限制，冶炼过程大气汞排放量增长率有所降低，为 32.31%；2020 年铜冶炼过程大气汞排放量达到 73.43 t，比 2015 年增长 30.52%。2011 年我国有色金属铅冶炼行业大气汞排放量为 189.74 t，比 2008 年增加 26.66%；“十二五”期间由于国内铅市场的巨大需求，铅冶炼行业大气汞排放量增长 31.40%；2020 年铅冶炼过程大气汞排放量达到 323.77 t，比 2015 年增长 29.87%。2011 年我国有色金属锌冶炼行业大气汞排放量为 362.21 t，比 2008 年增加 26.04%；“十二五”期间锌冶炼行业大气汞排放量增长 28.36%；2020 年锌冶炼过程大气汞排放量达到 593.34 t，比 2015 年增长 27.62%。各行业相比而言锌冶炼业大气汞排放量始终最高，占有色金属冶炼行业总排放量的 59.90%～60.93%，铜冶炼业排放量最低，占 7.15%～7.41%。

根据我国各省区生活垃圾焚烧量及生活垃圾焚烧大气汞排放因子，计算得到 2011—

2020 年各省区垃圾焚烧大气汞排放量，2011 年我国生活垃圾焚烧大气汞排放量为 67.36 t，比 2008 年增加 53.24%；“十二五”期间我国垃圾焚烧量持续增长，其排放量增长 43.49%；2020 年垃圾焚烧大气汞排放量达到 133.26 t，比 2015 年增长 37.89%。

根据我国各省区水泥产量及水泥工业大气汞排放因子，并将水泥工业中所耗费的燃料煤燃烧大气汞排放量予以扣除，得到 2011—2020 年各省区水泥工业大气汞排放量，2011 年我国水泥工业大气汞排放量为 76.61 t，比 2008 年增加 9.75%；“十二五”期间水泥工业大气汞排放量增长 8.00%；2020 年水泥工业大气汞排放量达到 88.00 t，比 2015 年增长 6.36%。结合以上预测结果，可以得到 2011—2020 年大气汞排放量的行业分布与地区分布结果，如表 2-12 及图 2-19 所示。

表 2-12　2011—2020 年全国各排放源大气汞排放量　　单位：t

排放源	2008 年	2011 年	2013 年	2015 年	2020 年
全国总量	837.49	1 015.21	1 133.79	1 249.66	1 531.93
燃煤	254.69	276.78	289.33	299.78	320.13
有色金属冶炼	469.05	594.47	682.48	770.50	990.54
其中：铜冶炼	31.86	42.52	49.39	56.26	73.43
铅冶炼	149.80	189.74	219.52	249.31	323.77
锌冶炼	287.39	362.21	413.57	464.94	593.34
水泥工业	69.80	76.61	79.98	82.73	88.00
垃圾焚烧	43.95	67.35	82.00	96.65	133.26

可以看出，2011—2020 年我国各排放源大气汞排放量达到 2.07 万 t，各排放源中有色金属冶炼业排放量为 7 925.04 t，是大气汞污染的第一大排放源，占大气汞排放总量的 38.31%，其中铅冶炼排放 4 777.77 t；其次是燃煤排放，2011—2020 年排放量共计 3 006.62 t，是大气汞污染的第二大排放源，占排放总量的 14.53%，这两大排放源的汞排放量之和已超过汞排放总量的一半以上；排在第三位的是垃圾焚烧汞排放量，2011—2020 年共排放 1 003.09 t，占汞排放总量的 4.85%，排放最小的是水泥工业，2011—2020 年排放量仅占 4.01%。

根据预测结果，若维持按照现有的生产规模和处理水平的发展趋势，“十二五”期间，四大排放源大气汞排放量将呈现快速增加趋势，“十二五”期间共将排放重金属汞 9 077.99 t，2015 年相对于 2011 年将增加 25.50%；“十三五”期间，依旧维持迅速增长的趋势，2020 年相对于 2015 年将增加 24.86%。

根据预测结果，各省区 2011—2020 年大气汞排放量都保持增长趋势，从我国大气汞的排放量和地区分布情况来看，河南、湖南、广东、云南和辽宁是排放量最大的 5 个省，2011—2020 年 10 年总排放量分别为 1 439.75 t、1 255.02 t、1 183.71 t、1 006.13 t 和 907.79 t；其余省份 10 年总排放量均不超过 700 t，西藏、海南、青海、北京和新疆 5 个省区（市）排放量最小，10 年总排放量分别为 0.99 t、9.92 t、39.24 t、40.83 t 和 69.01 t。排汞量最高和最低的省份相差 144 倍。“十二五”期间，排放量位居前五位的省份同样是河南、湖南、广东、云南和辽宁，总排放量分别达到 630.90 t、546.80 t、513.82 t、438.12 t 和 400.24 t；西藏、海南、青海、北京和宁夏 5 个省区（市）排放量最小，总排放量分别为 0.48 t、4.63 t、17.64 t、18.87 t 和 32.47 t。

图 2-19 为“十二五”期间全国各省区大气汞排放量分布情况，从图中可以看出，我国大气汞排放量的地区分布较不平衡，不同省区间差异显著，主要集中在人口密集、工业集中、经济发展较快的北部以及中东部省区，有色金属冶炼发达的辽宁、云南和湖南等省。

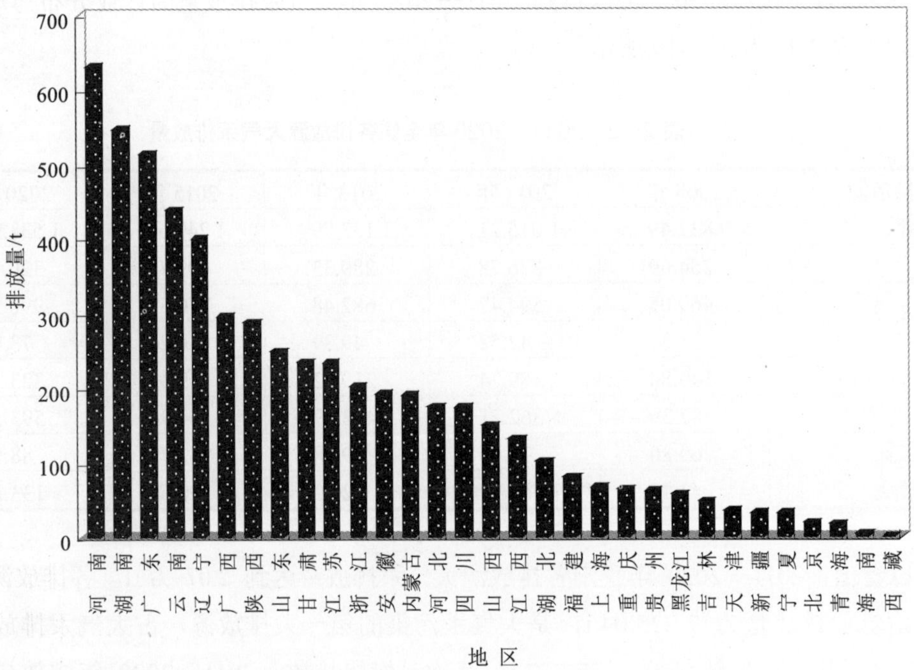

图 2-19　2011—2015 年全国各省区大气汞排放量

2.4.3 铅排放量预测

首先根据我国各省区燃料煤的使用量、各省区煤中含铅量、各排放源燃烧方式和污染控制技术影响因子等，可计算出 2011—2020 年我国各省区燃煤大气、铅排放量，2011 年全国煤炭燃烧过程大气铅排放量为 13 274.03 t，比 2008 年增加 8.67%；“十二五”期间由于受资源能源总量限制，我国燃料煤消费量放缓，燃烧过程大气铅排放量增长率有所降低，仅增长 8.31%；2020 年燃烧过程大气铅排放量达到 15 353.21 t，比 2015 年增长 6.79%。

根据我国各省区有色金属铅和锌的产量，即可计算出 2011—2020 年各省区有色金属冶炼行业大气铅排放量，2011 年全国有色金属铅冶炼行业大气铅排放量为 5 566.50 t，比 2008 年增加 26.66%；“十二五”期间由于国内铅市场的巨大需求，铅冶炼行业大气铅排放量增长 31.40%；2020 年铅冶炼过程大气铅排放量达到 9 498.80 t，比 2015 年增长

29.87%。2011 年全国有色金属锌冶炼行业大气铅排放量为 522.43 t，比 2008 年增加 26.04%；“十二五”期间锌冶炼行业大气铅排放量增长 28.36%；2020 年锌冶炼过程大气铅排放量达到 855.79 t，比 2015 年增长 27.62%。相比而言，铅冶炼业大气铅排放量较高，占有色金属冶炼行业总排放量的 91.74%～91.42%，锌冶炼业排放量较低，仅占 8.26%～8.58%。

根据我国各省区载客车与载货车的平均行驶里程、耗油量和汽油中重金属铅含量，计算得到 2011—2020 年各省区机动车尾气铅排放量，2011 年全国机动车尾气铅排放量为 1 305.66 t，比 2008 年增加 28.66%；“十二五”期间机动车尾气铅排放量增长 48.20%；2020 年机动车尾气铅排放量达到 3 164.41 t，比 2015 年增长 63.54%。

根据我国各省区生活垃圾焚烧量及生活垃圾焚烧大气铅排放因子，计算得到 2011—2020 年各省区垃圾焚烧大气铅排放量，2011 年全国生活垃圾焚烧大气铅排放量为 38.98 t，比 2008 年增加 53.24%；“十二五”期间我国垃圾焚烧量持续增长，其排放量增长 43.49%；2020 年垃圾焚烧大气铅排放量达到 77.12 t，比 2015 年增长 37.89%。

结合以上预测结果，可以得到 2011—2020 年大气铅排放量的行业分布和地区分布结果，如表 2-13 与图 2-20 所示。

表 2-13　2011—2020 年全国各排放源大气铅排放量　　单位：t

排放源	2008 年	2011 年	2013 年	2015 年	2020 年
全国总量	18 064.36	20 707.60	22 549.74	24 352.77	28 949.32
燃煤	12 214.66	13 274.03	13 875.97	14 377.07	15 353.21
有色金属冶炼	4 809.42	6 088.92	7 036.85	7 984.77	10 354.59
其中：铅冶炼	4 394.91	5 566.50	6 440.34	7 314.19	9 498.80
锌冶炼	414.51	522.43	596.51	670.59	855.79
机动车尾气	1 014.84	1 305.66	1 589.47	1 935.00	3 164.41
垃圾焚烧	25.43	38.98	47.45	55.93	77.12

可以看出，2011—2020 年我国各排放源大气铅排放量达到 24.81 万 t，各排放源中燃煤排放量达到 14.42 万 t，是大气铅污染的第一大排放源，占大气铅排放总量的 58.11%；其次是有色金属冶炼业，2011—2020 年排放量为 8.22 万 t，是大气铅污染的第二大排放源，占排放总量的 33.13%，其中铅冶炼排放 7.53 万 t，这两大排放源的铅排放量之和超过铅排放总量的 90%以上；排在第三位的是机动车尾气铅排放量，2011—2020 年共排放 2.11 万 t，占铅排放总量的 8.52%，排放最最小的是垃圾焚烧，2011—2020 年排放量仅占 0.23%。

根据预测结果，若维持按照现有的生产规模和处理水平的发展趋势，“十二五”期间，四大排放源大气铅排放量将呈现快速增加趋势，“十二五”期间共将排放重金属铅 11.27 万 t，2015 年相对于 2011 年将增加 17.60%；“十三五”期间，依旧维持迅速增长的趋势，2020 年相对于 2015 年将增加 18.87%。

根据预测结果，各省区 2011—2020 年大气铅排放量都保持增长趋势，从我国大气铅的排放量和地区分布情况来看，河南、湖南、山东、安徽和河北是排放量最大的 5 个省，2011—2020 年 10 年总排放量分别为 36 119.90 t、19 459.59 t、17 472.55 t、16 084.49 t 和 13 837.05 t；西藏、海南、青海、北京和天津 5 个省（市）排放量最小，10 年总排放量分别为 9.76 t、319.87 t、912.93 t、1 439.32 t 和 1 958.33 t。最高和最低的省份排铅量相差 3 700 倍。“十二五”期间，排放量位居前五位的省区同样是河南、湖南、山东、安徽和河北，“十二五”总排放量分别达到 15 912.54 t、8 504.51 t、8 149.77 t、7 065.66 t 和 6 421.37 t；西藏、海南、青海、北京和天津 5 个省区（市）排放量最小，总排放量分别为 3.68 t、142.12 t、416.92 t、666.67 t 和 919.02 t。

图 2-20 为“十二五”期间全国各省区大气铅排放量的分布情况，从图中可以看出，我国大气铅排放量的地区分布较不平衡，不同省区间差异显著，主要集中在人口密集、工业集中、经济发展较快的北部以及中东部省区，有色金属冶炼发达的辽宁、云南和湖南等省。

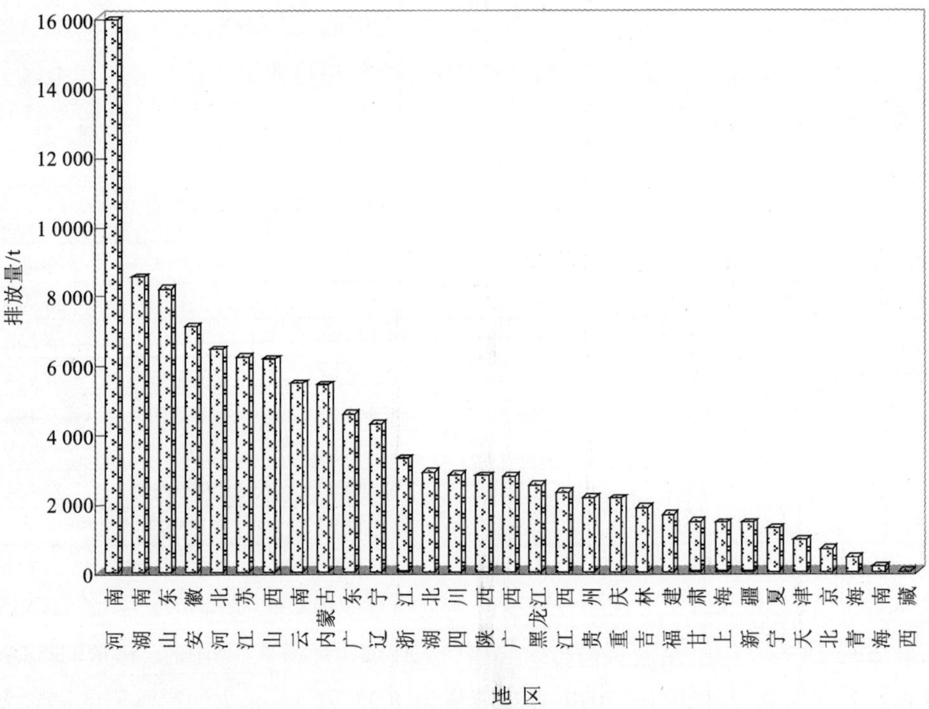

图 2-20　2011—2015 年全国各省区大气铅排放量

2.4.4 镉排放量预测

首先根据我国各省区燃料煤的使用量、各省区煤中含镉量、各排放源燃烧方式和污染控制技术影响因子等，可计算出 2011—2020 年我国各省区燃煤大气、镉排放量，2011 年全国煤炭燃烧过程中大气镉排放量为 466.56 t，比 2008 年增加 8.67%；“十二五”期间由于受资源能源总量限制，我国燃料煤消费量放缓，燃烧过程大气镉排放量增长率有所降低，仅增长 8.31%；2020 年燃烧过程大气镉排放量达到 539.63 t，比 2015 年增长 6.79%。

根据我国各省区有色金属铜、铅和锌的产量，即可计算出 2011—2020 年各省区有色金属冶炼行业大气镉排放量，2011 年全国有色金属铜冶炼行业大气镉排放量为 17.11 t，比 2008 年增加 33.47%；“十二五”期间铜冶炼业由于受资源总量限制，冶炼过程大气镉排放量增长率有所降低，为 32.31%；2020 年铜冶炼过程大气镉排放量将达到 29.54 t，比 2015 年增长 30.52%。2011 年全国有色金属冶炼行业大气镉排放量为 122.84 t，比 2008 年增加 26.66%；“十二五”期间我国铅冶炼行业大气镉排放量增长 18.37%；2020 年铅冶炼过程大气镉排放量达到 168.06 t，比 2015 年增长 15.58%。2011 年全国有色金属锌冶炼行业大气镉排放量为 81.45 t，比 2008 年增加 26.04%；“十二五”期间锌冶炼行业大气镉排放量增长 28.36%；2020 年锌冶炼过程大气镉排放量达到 133.46 t，比 2015 年增长 27.62%。各行业相比而言铅冶炼业大气镉排放量始终最高，占有色金属冶炼行业总排放量的 50.76%～55.48%，铜冶炼业排放量最低，占 7.73%～8.92%。根据我国各省区生活垃圾焚烧量及生活垃圾焚烧大气镉排放因子，计算得到 2011—2020 年各省区垃圾焚烧大气镉排放量，2011 年全国生活垃圾焚烧大气镉排放量为 2.43 t，比 2008 年增加 53.24%；“十二五”期间我国垃圾焚烧量持续增长，其排放量增长 43.49%；2020 年垃圾焚烧大气镉排放量达到 4.80 t，比 2015 年增长 37.89%。

结合以上预测结果，可以得到 2011—2020 年大气镉排放量的行业分布和地区分布结果，如表 2-14 与图 2-21 所示。

表 2-14 2011—2020 年全国各排放源大气镉排放量 单位：t

排放源	2008 年	2011 年	2013 年	2015 年	2020 年
全国总量	605.35	690.40	738.64	781.43	875.50
燃煤	429.32	466.56	487.71	505.33	539.63
有色金属冶炼	174.45	221.42	247.98	272.62	331.07
其中：铜冶炼	12.82	17.11	19.87	22.63	29.54
铅冶炼	96.99	122.84	135.08	145.41	168.07
锌冶炼	64.64	81.47	93.03	104.58	133.46
垃圾焚烧	1.58	2.43	2.95	3.48	4.80

可以看出，2011—2020 年我国各排放源大气镉排放量达到 7 887.67 t，各排放源中燃煤排放量达到 5 068.15 t，是大气镉污染的第一大排放源，占大气镉排放总量的 64.25%；其次是有色金属冶炼业，2011—2020 年排放量为 2 784.39 t，是大气镉污染的第二大排放源，占排放总量的 35.30%，其中铅冶炼排放 1 476.48 t，这两大排放源的镉排放量之和超过镉排放总量的 99%以上；排放最小的是垃圾焚烧，2011—2020 年排放量仅占 0.46%。

根据预测结果，若维持按照现有的生产规模和处理水平的发展趋势，“十二五”期间，三大排放源大气镉排放量将呈现快速增加趋势，“十二五”期间共将排放重金属镉 3 686.41 t，2015 年相对于 2011 年将增加 13.18%；“十三五”期间，依旧维持迅速增长的趋势，2020 年相对于 2015 年将增加 12.04%。

根据预测结果，各省区 2011—2020 年大气镉排放量都保持增长趋势，从全国大气镉的排放量和地区分布情况来看，河南、湖南、山东、云南和山西是排放量最大的 5 个省，2011—2020 年 10 年总排放量分别为 913.57 t、668.78 t、559.97 t、494.89 t 和 437.19 t；其余省份 10 年总排放量均不超过 420 t，西藏、海南、北京、青海和天津 5 个省区排放量最小，10 年总排放量分别为 0.07 t、7.32 t、42.65 t、45.60 t 和 64.53 t。最高和最低的省份排镉量相差 13 000 多倍。“十二五”期间，排放量位居前 5 位的省区同样是河南、湖南、山东、云南和山西，总排放量分别达到 423.69 t、302.62 t、267.22 t、223.14 t 和 209.37 t；西藏、海南、北京、青海和天津 5 个省区排放量最小，总排放量分别为 0.03 t、3.51 t、20.45 t、20.73 t 和 30.79 t。

图 2-21 为“十二五”期间全国各省区大气镉排放量的分布情况，可以看出，我国大气镉排放量的地区分布较不平衡，不同省区间差异显著，主要集中在人口密集、工业集中、经济发展较快的北部以及中东部省区，有色金属冶炼发达的辽宁、云南和湖南等省。

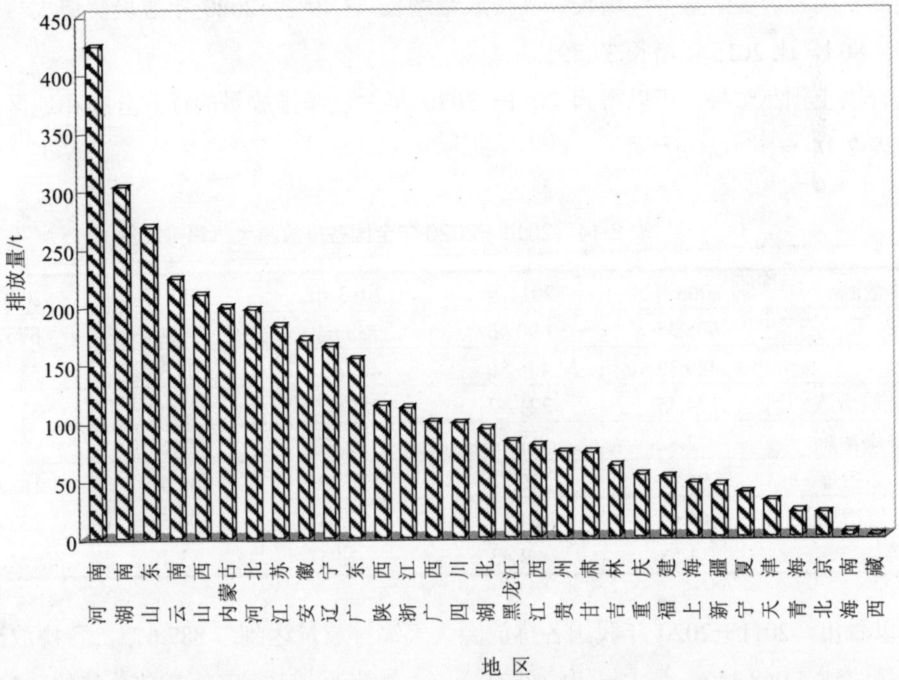

图 2-21　2011—2015 年全国各省区大气镉排放量

2.4.5 砷排放量预测

首先根据我国各省区燃料煤的使用量、各省区煤中含砷量、各排放源燃烧方式和污染控制技术影响因子等，可计算出 2011—2020 年我国各省区燃煤大气、砷排放量，2011 年全国煤炭燃烧过程大气砷排放量为 1 775.81 t，比 2008 年增加 8.67%；“十二五”期间由于受资源能源总量限制，我国燃料煤消费量放缓，燃烧过程大气砷排放量增长率有所降低，仅增长 8.31%；2020 年燃烧过程大气砷排放量达到 2 053.96 t，比 2015 年增长 6.79%。

根据我国各省区有色金属铅和锌的产量，即可计算出 2011—2020 年各省区有色金属冶炼行业大气砷排放量，2011 年全国有色金属铅冶炼行业大气砷排放量为 52.27 t，比 2008 年增加 26.66%；“十二五”期间铅冶炼行业大气砷排放量增长 14.81%；2020 年铅冶炼过程大气砷排放量达到 66.67 t，比 2015 年增长 11.10%。2011 年全国有色金属锌冶炼行业大气砷排放量为 47.30 t，比 2008 年增加 26.04%；“十二五”期间锌冶炼行业大气砷排放量增长 28.36%；2020 年锌冶炼过程大气砷排放量达到 77.49 t，比 2015 年增长 27.62%。各行业排放量相当，锌冶炼业大气砷排放量占有色金属冶炼行业总排放量的 46.25%～52.49%，铜冶炼业排放量最低，占 47.51%～53.75%。

根据我国各省区生活垃圾焚烧量及生活垃圾焚烧大气砷排放因子，计算得到 2011—2020 年各省区垃圾焚烧大气砷排放量，2011 年全国生活垃圾焚烧大气砷排放量为 1.43 t，比 2008 年增加 53.24%；“十二五”期间我国垃圾焚烧量持续增长，其排放量增长 43.49%；2020 年垃圾焚烧大气砷排放量达到 2.83 t，比 2015 年增长 37.89%。

结合以上预测结果，可以得到 2011—2020 年大气砷排放量的行业分布和地区分布结果，如表 2-15 与图 2-22 所示。

表 2-15　2011—2020 年全国各排放源大气砷排放量　　单位：t

排放源	2008 年	2011 年	2013 年	2015 年	2020 年
全国总量	1 713.82	1 876.81	1 968.75	2 046.16	2 200.95
燃煤	1 634.08	1 775.81	1 856.33	1 923.37	2 053.96
有色金属冶炼	78.80	99.57	110.67	120.73	144.16
其中：铅冶炼	41.27	52.27	56.66	60.01	66.67
锌冶炼	37.53	47.30	54.01	60.72	77.49
垃圾焚烧	0.93	1.43	1.74	2.06	2.83

可以看出，2011—2020 年我国各排放源大气砷排放量达到 20 542.34 t，各排放源中燃煤排放量达到 19 290.44 t，是大气砷污染的第一大排放源，占大气砷排放总量的 93.91%；其次是有色金属冶炼业，2011—2020 年排放量为 1 230.57 t，是大气砷污染的第二大排放源，占排放总量的 5.99%，其中锌冶炼排放 623.97 t，这两大排放源的砷排放量之和接近于砷排放总量；排放最小的是垃圾焚烧，2011—2020 年排放量仅占 0.10%。

根据预测结果，若维持按照现有的生产规模和处理水平的发展趋势，“十二五”期间，三大排放源大气砷排放量将呈现快速增加趋势，“十二五”期间共将排放重金属砷 9 825.63 t，2015 年相对于 2011 年将增加 9.02%；“十三五”期间，依旧维持迅速增长的趋势，2020 年相对于 2015 年将增加 7.57%。

根据预测结果，各省区 2011—2020 年大气砷排放量都保持增长趋势，从我国大气砷的排放量和地区分布情况来看，山东、山西、河南、河北和内蒙古是排放量最大的 5 个省区，2011—2020 年 10 年总排放量分别为 2 013.22 t、1 621.32 t、1 585.79 t、1 419.10 t 和 1 335.66 t；另外江苏省排放量为 1 218.50 t，其余省份 10 年总排放量均不超过 1 000 t，西藏、海南、青海、北京和天津 5 个省区（市）排放量最小，除西藏零排放外，其余 4 个省份 10 年总排放量分别为 27.65 t、89.27 t、160.38 t 和 233.44 t。“十二五”期间，排放量位居前五位的省区同样是山东、山西、河南、河北和内蒙古，总排放量分别达到 966.82 t、778.53 t、756.87 t、681.29 t 和 639.88 t；西藏、海南、青海、北京和天津 5 个省区（市）排放量最小，总排放量分别为 13.28 t、42.22 t、77.01 t 和 112.05 t。

图 2-22 为“十二五”期间全国各省区大气砷排放量的分布情况，我国大气砷排放量的地区分布较不平衡，不同省区间差异显著，主要集中在人口密集、工业集中、经济发展较快的北部以及中东部省区，有色金属冶炼发达的辽宁、云南和湖南等省。

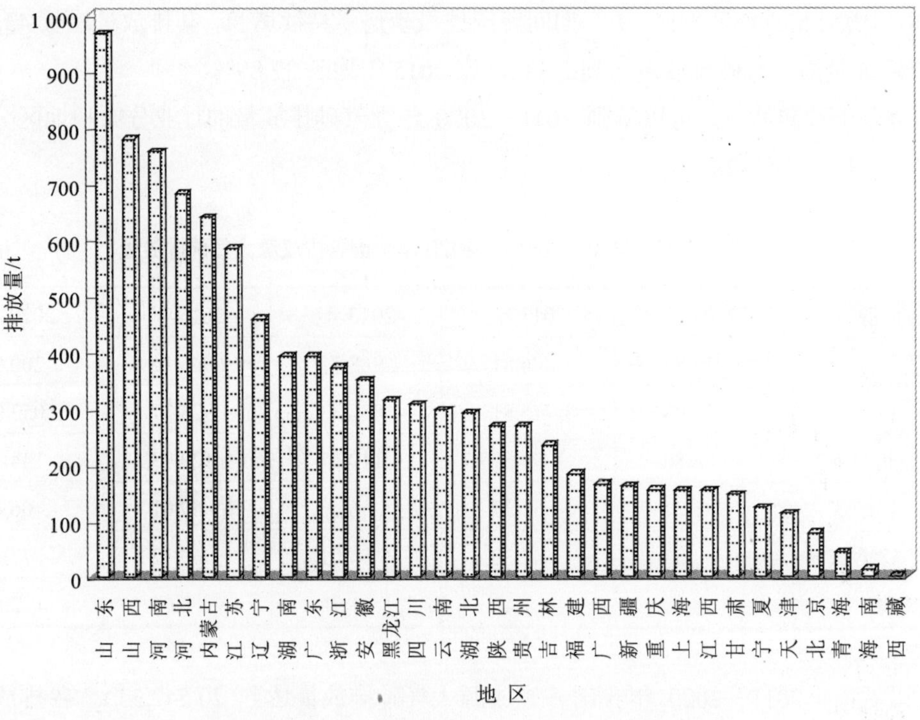

图 2-22 2011—2015 年全国各省区大气砷排放量

2.5 结论建议

2.5.1 主要结论

1. 大气重金属污染物排放清单分析结果

（1）大气重金属污染物排放总量巨大。核算结果表明，2004—2008 年我国大气主要重金属污染（汞、铅、镉、砷）排放量共约 9.00 万 t，年均增长率为 10.5%。在各元素中，以重金属铅排放为主，约 7.62 万 t，占总排放量的 84.6%；砷、汞、镉排放量分别为 0.54 万 t、0.27 万 t 和 0.77 万 t，占总量的 15.4%左右。但从危害程度来看，大气汞生物毒性最强，其对环境造成的影响最应该引起重视。2004 年各排放源 4 种大气重金属污染物排放总量为 1.42 万 t，到 2008 年排放总量增加到 2.12 万 t，较 2004 年增加 49%左右。

（2）大气重金属污染物排放来源较为集中。2004—2008 年我国大气重金属各排放源中，燃煤、有色金属冶炼业、机动车尾气、水泥工业、垃圾焚烧排放量为 6.57 万 t、2.15 万 t、0.23 万 t、0.03 万 t、0.02 万 t，分别占排放总量的 72.98%、23.90%、2.51%、0.33%、0.28%，燃煤和有色金属冶炼业是大气重金属污染的第一、第二大排放源，两大排放源的大气重金属排放量之和已超过排放总量的 95%。排在第三位的是机动车尾气，共排放 0.23 万 t，占排放总量的 2.51%；垃圾焚烧和水泥工业排放量均在 300 t 以下，所占比例不超过 1%。需要引起注意的是，燃煤重金属排放量主要集中在燃煤电厂，其占排放总量的 40.4%，超过了燃煤重金属排放量的一半以上；有色金属冶炼重金属排放集中在铅冶炼行业，占排放总量的 20%，占有色金属冶炼业重金属排放量的 80%以上。

（3）排放源的主要特征污染物明显。燃煤排放的主要特征污染物是汞、铅、镉及砷，2004—2008 年其排放量分别为 1 113 t、55 292 t、1 888 t 和 7 408 t，分别占燃烧大气重金属排放总量的 1.24%、61.4%、2.1%和 8.2%，尽管现有的除尘设备安装率已经很高，但除尘效率还有待进一步提高。有色金属冶炼业的主要特征污染物是汞和铅，近年来由于监管能力体系的缺失，铅中毒事件频发，大气铅污染不容忽视，2004—2008 年有色金属冶炼汞和铅排放量分别为 1 909 t 和 18 504 t，占总量的 2.12%和 20.55%。机动车尾气主要以铅排放为主，在 2000 年开始全国范围内使用无铅汽油后，其排放量仍然偏高，可以看出，无铅汽油国家标准的执行力度有待加强，无铅汽油质量标准仍需斟酌。

（4）大气重金属污染物排放地区分布集中。全国范围内，大气重金属污染物排放的地区分布相对较为平均，2004—2008 年间大气重金属污染重点防控省区是河南、山东、山西、湖南、河北和江苏省，主要位于我国的西北、中部及东南地区。这六个省份的排放量均超过 5 000 t，其排放量之和占排放总量的 44.6%。其中，河南省重金属排放量最多，达 1.05 万 t，以燃煤和有色金属冶炼为主；山西、河北、山东和江苏省主要以燃煤排放为主；湖南省主要以有色金属冶炼为主；另外江苏省由垃圾焚烧所导致的重金属污染物排放也居全国前列。

从重点排放省份特征污染物来看，山西省的特征污染物主要以铅和砷为主，2004—2008 年排放量分别占全国总排放量的 5.9%和 0.8%；湖南省的特征污染物主要以汞和镉为主，2004—2008 年排放量分别占全国总量的 0.34%和 0.22%；河南省的特征污染物以汞、铅和镉排放为主，2004—2008 年其排放量分别占全国排放总量的 0.4%、10.3%和 0.3%；山东省主要以铅和砷排放为主，2004—2008 年排放量分别占全国排放总量的 6.4%和 0.8%。

2. 大气重金属污染物排放趋势预测结果

根据各排放源产品产量、排放因子和控制因素水平，预测获得 2011—2020 年各污染物排放量。结果显示：

（1）大气重金属污染物排放量增速较快，污染压力大、形势严峻。预测表明，2011—2020 年全国大气重金属污染物排放量仍然较大，增速较快，年均增长率约 4%。到 2015 年，全国废气汞、铅、镉、砷 4 种重金属污染物排放量为 2.84 万 t，较 2010 年增加 17%左右。“十二五”期间共将排放 13.2 万 t，年均增长率为 4%。到 2020 年，大气 4 种重金属污染物排放量将进一步增加，达到 3.36 万 t，较 2015 年增加 18%左右，“十三五”期间，共将排放 15.7 万 t，年均增长率为 3%。未来十年，我国大气重金属污染物依然以铅、汞排放为主，约占总排放量的 90%。

（2）个别排放源重金属污染问题依旧突出，重点排放源仍然是燃煤和有色金属冶炼业。预测表明，2011—2020 年，全国各排放源中仍以燃煤大气重金属排放量最多，十年间总计达 17.2 万 t，占排放总量的 59%左右；有色金属冶炼业依旧是第二大排放源，十年间共计排放 9.4 万 t，占排放总量的 32.5%，而这其中又以铅冶炼行业排放最多，达 8 万 t。这两大排放源的重金属排放量之和已超过排放总量的 90%。机动车尾气重金属排放也不容忽视，2011—2020 年间共排放约 2.11 万 t，占排放总量的 7.31%。垃圾焚烧和水泥工业等行业的废气重金属排放量均在 2 000 t 以下，所占比例不超过 1%。

（3）河南、湖南、山东、安徽、河北、江苏、山西等省大气重金属污染仍然较重。预测表明，2011—2020 年，大气重金属排放量位居全国前七位的省份依次是河南、湖南、山东、安徽、河北、江苏和山西，其排放量均超过 1.50 万 t，排放量之和占排放总量的 51%左右。其中，河南依然最多，达 1.77 万 t；湖南省可能由于有色金属采选和冶炼业发展迅速，其排放量将上升至全国第二位，而山西可能受能源资源（煤炭）总量限制，在“十二五”及“十三五”期间大气重金属污染物排放量增速相应放缓。除上述七省份外，云南、内蒙古和广东排放量也较大，共计 1.20 万 t，占全国排放总量的 14%左右。

2.5.2 政策建议

针对以上论断，提出如下政策建议：

1）大力实施在线监控工程，加强大气重金属污染物在线监测能力，完善大气重金属污染物统计及核算方法。

目前我国大气重金属污染物排放总量和分布状况不明，迫切需要开展对大气重金属污染物的排放研究。首先，需要大力开展重金属污染物在线监控能力建设，完善大气重金属污染源在线监测网，各源需要及时安装重金属在线监测设备。其次，在此基础上，进一步完善大气重金属污染物统计与监测方法，完善监测指标，建立大气重金属污染物监测标准体系，从而为大气重金属污染物统计核算提供基础。最后，要完善大气重金属污染物排放量相关统计及核算方法，如重金属污染物排放清单核算方法、污染源解析、地区及各行业污染物排放系数等等。

2）建立和完善我国大气重金属污染防治清洁生产审核支撑体系和清洁生产技术体系，加强对清洁生产的审核管理能力建设。

编写涉重五大防控行业的《清洁生产审核指南》和《清洁生产技术政策》，并逐步完善和补充至涉重 14 个行业；建立基于企业主要工段重金属污染物产生量而非排放量、关键清洁生产技术而非末端治理技术等信息数据的铅、汞、镉、铬、砷污染防治清洁生产信息系统。

对涉重五大防控行业企业实施清洁生产审核，在筛选、评估涉重行业清洁生产技术的基础上，完善涉重污染行业关键共性技术和行业特征技术，建立清洁生产技术清单，选择 40 家行业典型代表性企业开展清洁生产技术示范，建立铅、汞、镉、砷污染防治清洁生产技术体系。

强化对涉重五大防控行业企业清洁生产审核的评估与验收工作，建立 4 类重金属清洁生产审核三级管理模式，加强涉重污染防治行业的清洁生产审核能力建设。

3）严格大气涉重五大防控行业环境准入。

为规范大气五大重点防控行业的投资行为，促进我国工业的持续协调健康发展，需要进一步严格企业环境准入，如新建铅冶炼项目，粗铅冶炼须采用先进的具有自主知识产权的富氧底吹强化熔炼或者富氧顶吹强化熔炼等生产效率高、能耗低、环保达标、资源综合利用效果好的先进炼铅工艺和双转双吸或其他双吸附制酸系统。新建锌冶炼项目，硫化锌精矿焙烧必须采用硫利用率高、尾气达标的沸腾焙烧工艺；单台沸腾焙烧炉炉床面积必须达到 109 m^2 及以上，必须配备双转双吸等制酸系统等。深入完善我国《铅锌行业准入条件》，必须加快步伐，从企业布局规模、工艺和装备、能源消耗、资源综合利用、环境保护、安全生产与职业危害、监督管理等各方面，制定发布新的行业准入条件，如水泥工业准入条件等。

4）优化产业结构，开发示范推广先进技术，加强重点行业大气重金属污染防治。

随着我国经济发展，煤炭消耗增加，有色金属和水泥等工业产品产量增加，我国大气重金属污染物排放量增长很快，应采取相应措施削减我国大气重金属排放。其中：燃煤排放和有色金属冶炼排放是重污染工业，应作为控制的重点；近年来生活垃圾焚烧的大气重金属排放量增加最快，将来可能会成为我国重要的大气重金属排放源，也应引起重视；机动车尾气与水泥行业应采取综合控制措施，在削减其他污染物排放的同时控制大气重金属排放。

（1）燃煤重金属排放应继续摸清底数，重点针对燃煤电厂，着力开展试点示范研究，开发新技术，制定新标准，努力抓住“十二五”期间重金属污染防治规划契机，将燃煤电厂重金属排放控制纳入规划，落实资金和项目安排。

首先，燃煤重金属排放已引起国际、国内广泛地关注。如 2000 年 12 月，美国 EPA 宣布要控制燃煤电厂汞排放，并开始制订相应的法规和标准，同时美国 EPA、能源部（DOE）和大型电力公司还在加紧研发新的汞排放控制技术。我国能源的 70%左右来自燃煤，由此引起的大气重金属污染十分严重。其次，由于我国燃煤锅炉普遍没有安装高效脱硫和脱氮设备，与国外相比，燃煤大气重金属排放更为严重。最后是工业、民用用煤比例大，这部分烟气更难处理，产生的居民区大气重金属污染更严重。同时在我国部分地区还可能存在高重金属含量煤炭，同时伴生高硫，增加了这些地区的重金属污染。因此，迫切需要开展对燃煤大气重金属的排放研究，制定相应的政策、法规和排放标准。为此，建议开展如下的工作：

①将燃煤排放作为优先控制行业，从排放浓度和排放总量两方面加以控制。

②继续摸清底数，建立我国典型燃煤机组排放清单的计算模型，重点针对燃煤电厂大气重金属排放开展在线监测试点工作，准确掌握燃煤电厂大气重金属排放第一手数据。

③重点针对燃煤电厂排放，分别在东中西部地区、不同产煤区选择若干家具有典型代表性的火电企业，开展试点。

④通过试点示范，提出燃煤电厂大气重金属污染控制技术和经济政策的建议。开展燃煤大气重金属排放的控制技术研究，增加用煤洗选比例，降低煤炭汞含量，结合煤炭清洁燃烧工艺，开发燃煤脱汞技术。

⑤深入开展研究，制订相应的法规和标准，控制燃煤重金属的排放。

⑥抓住“十二五”规划编制的契机，将燃煤电厂大气重金属污染防治工作纳入各集团公司的“十二五”规划，落实项目和资金安排，制定有针对性的措施。

（2）有色金属冶炼行业应提高设备和技术水平，废除无硫回收等陈旧工艺，采用先进的脱除重金属工艺，结合开展试点研究，加大烟气脱除重金属力度。同时，增设冶炼烟气的重金属排放标准，严格环境准入。

有色金属冶炼中应对烟气进行治理，回收有用资源。有色金属冶炼每年流失大量的重金属。这部分资源的浪费是十分可惜的，在技术上，我国已有相当的储备和经验，必须积极推广，对于一些中、小企业，既没有烟气制酸设备，也没有脱除重金属装置的企业，必须关、停、并、转。因为这些企业是重污染行业，SO_2 的污染也相当严重，其所排放的重金属更是潜在的长期危害。为此，提出如下建议：

①从各冶炼行业的重金属排放量分布来看，着力解决铅冶炼行业的重金属污染问题。

②提高有色金属冶炼的设备和技术水平，废除无硫回收的陈旧工艺，减少设备套数，增大设备规模，发展湿法冶炼，防止含重金属烟气泄漏。

③开展脱除重金属技术示范。要尽快制定和论证试点方案，力争明年开展试点工程，结合烟气脱硫、脱硝、除尘工作，开展同时脱除重金属的多污染物协同控制示范工程，并进行系统的技术、经济和环境效益评估。

④采用先进的脱除重金属工艺，对脱除过程形成的含重金属固体废物进行重金属回收，增加资源的利用率，并防止环境的二次污染。

⑤制订冶炼烟气的排放标准，除 SO_2 之外，增加 5 种重金属污染物（Hg、Pb、Cd、As、Cr）的排放标准。

（3）垃圾焚烧重金属污染控制须结合开展垃圾前处理工作，合理设计焚烧方案，改进净化工艺，并严格执行焚烧污染控制标准。

尽管我国 2002 年已开始实行《生活垃圾焚烧污染控制标准》（GB 18485—2001），并规定了几种重金属排放限值，但是随着垃圾焚烧发电技术在全国的兴起，垃圾焚烧将逐渐成为我国重要的大气汞排放源。为减少垃圾焚烧大气重金属排放，建议采取如下对策：

①严格执行我国城市生活垃圾焚烧污染控制标准，规范垃圾焚烧工艺的发展，确保每一个垃圾焚烧工程的运行都满足排放要求，尤其是正在筹建的垃圾焚烧发电厂，其技术上必须可行且满足标准。

②合理开展垃圾前处理即垃圾分类工作，回收可利用、可再生的资源，减少常见的垃圾焚烧中重金属的来源。

③合理设计焚烧方案，采用流化床、混烧等技术，提高焚烧效率。

④改进净化工艺，如向尾气中喷入吸附剂，使重金属在将冷凝的过程中发生异相吸附，而避免同类核化过程，形成较大的颗粒，以被除尘设备捕获。

⑤对于焚烧后的底灰、飞灰以及污水，必须引起足够的重视，减少渗滤等所造成的二次污染，尽量做到变废为宝。

5）优化地区布局，加强重点省区重金属污染防治。

由于全国重金属污染物排放量的地区分布较不均衡，亟须对重金属排放量大、污染严重的重点防控区域采取对策措施，加大重点防控省区重金属污染防治力度，有效控制重金属污染问题。具体建议采取以下对策：

①对各省市而言，建议优先关注各省市重点行业特征污染物。如有色金属冶炼业发达的湖南省需要优先关注重金属汞和镉污染问题，而煤炭采选业发达的山西省则需要优先关注重金属铅和砷污染问题。

②对几个重点地区，如经济发达的广东、福建、浙江、上海和江苏，有色金属冶炼业较为发达的湖南和云南，以及河南、山东等省份，建议优先控制大气重金属排放，用无重金属产品和工艺取代含重金属产品和工艺。

③对大部分地区来说，特别是上海、广东、广西、浙江等电力和工业燃煤排放较大的省份，应尽可能通过煤炭洗选等提高燃烧前和燃烧后重金属的脱除效率。我国煤炭入洗率与世界其他国家相比，提升空间还很大，据统计，世界上一些主要产煤国的原煤入洗率高达 90%，而我国在 2006 年原煤入洗率仅达到 35.7%。

④对于新疆、甘肃、青海、贵州等生活消费燃煤排放比例较大的地区来说，应限制高重金属含量煤的开发和使用，改善民用燃煤炉灶，减少重金属的排放，防止重金属中毒事件的发生。

第 3 章　挥发性有机物（VOCs）排放清单分析与趋势预测

3.1 研究背景

挥发性有机化合物（Volatile organic compounds，VOCs）是指沸点在 50℃～260℃之间的，室温下饱和蒸汽压超过 133.32Pa 的易挥发性有机化合物[85]。VOCs 的主要成分有芳香烃、脂肪烃、卤代烃、醇、醛、酮、酯、醚、萜烯等[86]，这些物质不仅有刺激性，能引起人的种种不适反应[87]，而且很多具有毒性，在一定情况下会导致肾、肺、肝、神经系统、造血系统及消化系统病变，对人体健康具有较大影响；同时 VOCs 也是臭氧的前体物，在光化学烟雾的形成中起着重要作用。有研究表明，目前所谓病态建筑综合征（SBS）、建筑物关联症（BRI）、化学物质过敏症（MCS）等也都与之有关[88]。可见，VOCs 对人类的健康、生活和生产以及环境都有较大影响。

现阶段，我国正处于重化工业加速发展时期，重化工业快速增长成为国民经济增长的重要推动力量，同样也对环保工作造成了很大压力；经济的发展、居民生活水平提高对能源的消耗不断增多，从而加重了环境污染。预计未来 10 年我国经济增长速度将趋于平稳，经济总量继续扩大，能源消费仍将居高不下，主要大气污染物排放量差异较大，总量控制面临较大不确定性。有关研究表明，机动车等流动源数量增长、溶剂使用、工业工艺生产、石油精炼和储运等都对 VOCs 排放具有很大贡献，并且在 20 世纪 90 年代排放总量已经有了很大增长[89]。按照我国经济活动和能源增长趋势，如果不加以有效控制，VOCs 排放总量将不断增大。

目前，国内外的学者对 VOCs 的研究主要集中在其浓度的季变化和日变化，以及城市不同功能区浓度研究[90，91]，对 VOCs 产生总量和排放总量研究较少，对其排放总量的预测研究更少。我国的监测数据也仅仅监测硫氧化物、烟尘、粉尘等，而没有对 VOCs 进行监测。美国环保局在 1977 年的清洁空气法案中就已经制定了 VOCs 的排放标准，以后又进行了修订；德国的大气清净法也制定了严格的 VOCs 排放标准；日本等国家也有相关法律规定[92]。鉴于此，有必要对 VOCs 进行排放量现状计算与预测，以便为 VOCs 总量控制提供数据支持，同时为国家制定 VOCs 大气污染防治规划及政策提供科学依据。

3.2 思路方法

3.2.1 VOCs 成分和来源分析

总结相关文献可知 VOCs 是指可挥发的有机污染物质的总称，常见种类有碳氢化合物（苯系物、烃类（烷烃、烯烃、卤代烃、芳香烃等））及其氧化产物（有机酸和有机酮、胺、醇、醚、酯等石油烃化合物）、萜类（半萜、单萜、倍半萜）、有机氯化物、氟利昂系列等[93-97]。

全球 VOCs 的主要来源为植物挥发。有关文献表明，人类生产和生活排放到大气中的 VOCs 仅占全球排放量的 15%[92]。但是随着人类活动的加剧和生活方式的改变，有机合成工业和石油工业的迅速发展，人为污染源排放的 VOCs 的量逐渐增加，特别是城区人为污染源排放量比例较大，加之城区人口稠密，VOCs 对人体健康影响很大。

VOCs 的人为排放来源非常广泛，按照大类来分，主要有天然源、工业源、生活/商业源[98]，还有垃圾处置释放等[99]。其中，生活源主要包括机动车尾气排放、建筑装修材料、厨房油烟[95]等，此外农村做饭取暖等的生物质燃烧[100]也会产生大量 VOCs；工业具体来源主要有石油化工废气、印刷、涂料[92]、工业生产[100]、锅炉燃料燃烧[99]、油漆与涂料的生产与使用[95]等；除垃圾填埋外，垃圾焚烧、垃圾堆肥也都会产生和排放 VOCs。表 3-1 显示 VOCs 排放的具体来源。

表 3-1　VOCs 的具体来源

来源	具体来源
生活源	机动车尾气，建筑装修涂料使用，取暖（化石燃料燃烧），薪柴等生物质燃烧、厨房油烟等等
工业源	工业过程（金属冶炼、化学原料及其制品制造、非金属矿物制品生产、塑料橡胶等制品制造、纺织皮革服装、造纸印刷等等），工业锅炉（化石燃料燃烧），能源生产加工储运（煤洗选、天然气生产、石油化工与储运等），工业溶剂使用（非建筑涂料使用等），等等
垃圾处置	垃圾填埋、焚烧、堆肥
天然源	植物挥发

3.2.2 研究范围

1）对象范围

包括对 VOCs 进行排放清单的计算、预测、排放量的地区分解。排放清单根据排放源的不同进行组织，主要集中在生活源、工业源和垃圾处置 VOCs 的排放。

生活源主要核算机动车尾气、建筑装修中的涂料油漆使用、生活用的化石燃料燃烧、农村薪柴和秸秆燃烧、厨房油烟等等产生的 VOCs；工业源主要计算工业锅炉化石燃料燃烧，石油化工与储运，工业涂料使用，以及工业过程的无组织排放源排放的 VOCs；废物处置主要计算垃圾填埋、焚烧、堆肥产生的 VOCs。

由于数据等原因，本报告把生活源中的建筑装修与工业行业的溶剂（主要计算涂料使用）一起，计算涂料使用过程中挥发的 VOCs；把生活和工业的化石燃料燃烧一起计算。由于自然源产生的 VOCs 主要来自植物挥发，属于不可控的因素，所以不对其进行计算。

2）时间范围

根据数据的可得性，现状排放清单的计算截至 2008 年，预测的时间范围包括 2011—2015 年、2016—2020 年两个阶段。其中主要为 2011 年、2013 年、2015 年、2020 年 4 个预测目标年份。

3）区域范围

主要包括中国大陆 31 个省、直辖市以及自治区，不包括港、澳、台地区。

3.2.3 技术路线

1. 总体路线

首先对 VOCs 的成分及其危害进行了解，然后分析其可能的排放来源，对来源进行分类，搜集整理不同来源的排污因子和活动水平；根据排放因子和活动水平进行污染物排放清单的计算；不同来源的总量加和得到总的排放量。

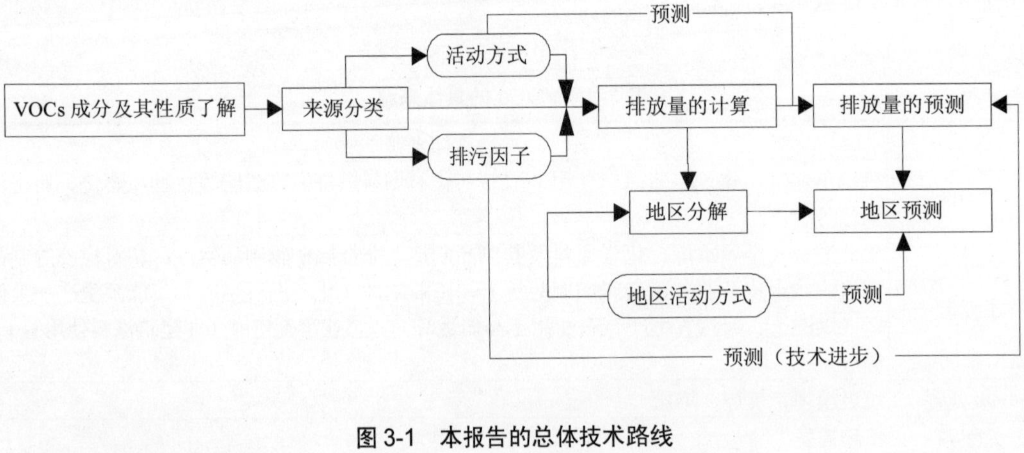

图 3-1 本报告的总体技术路线

根据地区活动水平占全国活动水平的比例进行排放量的地区分解。

对排放清单的预测，主要是对活动水平的预测。然后根据排放因子或者基于社会和技术进步的调整后的排放因子进行污染物排放清单的预测和地区分解。

2. 具体路线

我国挥发性有机物（VOCs）排放量预测分析具体技术路线见图 3-2。

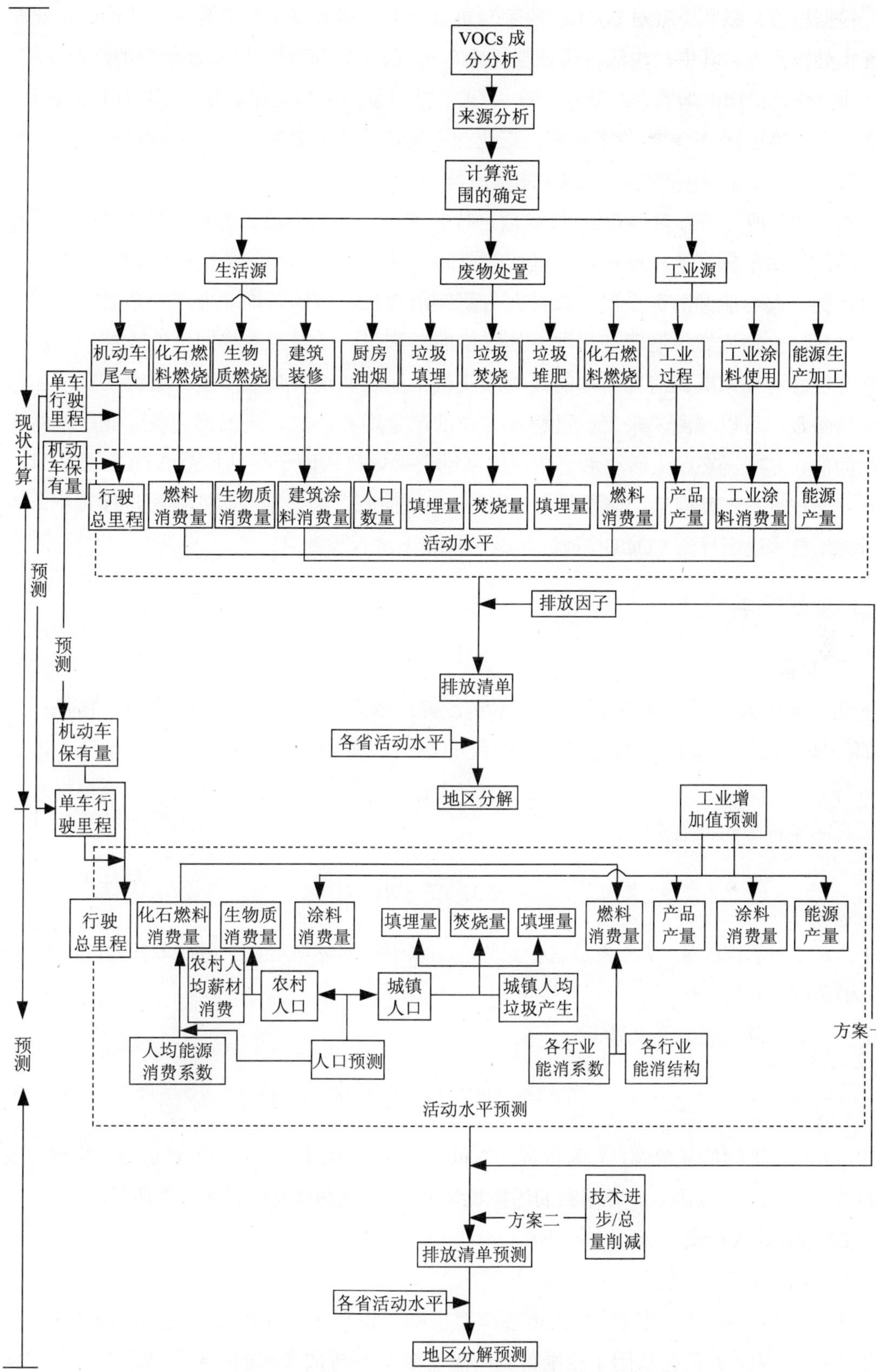

图 3-2　本研究具体技术路线

根据相关文献和资料对 VOCs 的来源进行分类，确定其主要来源为生活源、工业源和废物处置几种。其中，生活源可依据机动车尾气、化石燃料、建筑装修中的涂料使用、生物质燃烧、厨房油烟等方面分别计算 VOCs 排放量；废物处置主要计算生活垃圾填埋、焚烧、堆肥等过程 VOCs 的排放量；工业源主要计算工业燃料燃烧、工业过程、涂料使用、能源生产加工等生产过程 VOCs 的排放量。

本报告分两种方案对 VOCs 排放量进行预测。对各污染源活动水平的预测，主要包括：通过机动车保有量和单车行驶里程的预测，获得机动车行驶总里程的预测值；通过人口预测、人均能源消费系数、农村人均薪柴消费量、城镇人均垃圾产生系数获得生活化石燃料、生物质燃料消费量和垃圾处置量的预测值；通过工业增加值的预测，并进行各行业能源消耗系数和消耗结构的预测，获得工业燃料消费量预测值；通过工业增加值的增长倍数，可以预测未来工业过程各行业的产量增长倍数，进而得到各工业过程的产量预测值。方案一在以上活动水平预测的基础上乘以排放因子得到各源 VOCs 排放量。方案二是在方案一基础上，假设加大 VOCs 总量控制，根据削减率的假设进行预测，或是考虑了技术进步导致 VOCs 排放因子减小情景下进行预测。

3.2.4 模型方法

1. 总模型

某一地区大气污染物排放量是该区域各类排放源污染物排放量的总和。它包括工业部门和人民生活过程中的各类化石燃料的燃烧，机动车或者其他一些活动产生的扬尘等等。

表示某一源的排放量[89]：

$$EM=EF \cdot AC \tag{3-1}$$

式中，EM 表示排放量；EF 表示这一源的活动水平，如燃料用量、机动车行驶里程等等。AC 为污染物排放因子。

某一地区排放量如下式所示：

$$TEM=\sum [EF(i,j) \cdot AC(i,j)] \tag{3-2}$$

式中，i 代表不同的排放源，j 为排放的时间。可见排放清单的估计主要是确定排放源及其行为方式以及排放因子。各来源的污染物现状计算/预测涉及的公式如下所示。

2. 现状计算模型

1）生活源

机动车尾气源主要通过计算历年各车型机动车保有量及其年均行驶里程得到总的行驶里程，与 VOCs 的排放因子相乘得到结果。各车型排放量相加得到总排放量。取暖锅炉、涂料使用、生物质燃烧分别通过排放因子与燃料消费、涂料使用量、生物质消费量相乘得到。

（1）机动车尾气排放

$$Q_{Ci}=F_{Ci} \cdot P_i \cdot A_{Di} \tag{3-3}$$

式中，Q_{Ci}为车型 i 的机动车 VOCs 排放量；F_{Ci}为车型 i 的尾气 VOCs 排放因子；P_i为车型 i 的机动车保有量；A_{Di}为车型 i 的机动车年均行驶里程；i 为不同类型的机动车。

（2）化石燃料燃烧

$$Q_{Fi}=F_{Fi} \cdot M_{Fi} \tag{3-4}$$

式中，Q_{Fi}为类型 i 燃料燃烧 VOCs 排放量；F_{Fi} 为燃料 i 燃烧 VOCs 排放因子；M_{Fi}为燃料 i 的消费总量；i 为不同类型的化石燃料。

（3）生物质燃烧

$$Q_{Bi}=F_{Bi} \cdot M_{Bi} \tag{3-5}$$

式中，Q_{Bi}为类型 i 生物燃料燃烧 VOCs 排放量；F_{Bi} 为生物燃料 i 燃烧 VOCs 排放因子；M_{Bi}为 i 的消费总量；i 为不同类型的生物燃料。

（4）厨房油烟

$$Q_{Ki}=F_{Ki} \cdot P_i \tag{3-6}$$

式中，Q_{Ki}为厨房 VOCs 排放量；F_{Ki}为厨房 VOCs 排放因子；P_i为人口数；i 为不同地区。

（5）建筑装修

$$Q_P=F_P \cdot M_P \tag{3-7}$$

式中，Q_P为涂料使用时 VOCs 排放量；F_P为涂料使用 VOCs 排放因子；M_P为建筑涂料消费总量。

（6）合计

$$Q_L=\sum F_{Ci}+\sum Q_{Fi}+\sum Q_{Bi}+Q_{Ki}+Q_P \tag{3-8}$$

式中，Q_L为生活源 VOCs 排放量。

2）工业源

工业源分别从工业锅炉燃烧、工业过程（包括纺织皮革、造纸印刷等）、工业涂料使用、能源生产加工储运几个方面进行计算，通过排放因子与上述活动水平的乘积得到。

（1）工业锅炉燃烧

$$Q_{Bi}=F_{Bi} \cdot M_{Bi} \tag{3-9}$$

式中，Q_{Bi}为化石燃料 i 燃烧的 VOCs 排放量；F_{Bi}为 i 的 VOCs 排放因子；M_{Bi}为化石燃料 i 消费量；i 为不同类型的化石燃料。

（2）工业过程

$$Q_{Ii}=F_{Ii}\cdot M_{Ii} \tag{3-10}$$

式中，Q_{Ii}为工业过程 i 的 VOCs 排放量；F_{Ii}为工业过程 i 的 VOCs 排放因子；M_{Ii}为工业过程 i 的生产总量，i 为不同类型的工业过程。

（3）工业涂料使用

$$Q_P=F_P\cdot M_P \tag{3-11}$$

式中，Q_P为工业涂料使用 VOCs 排放量；F_P为其 VOCs 排放因子；M_P为工业涂料消费总量。

（4）能源生产与加工

$$Q_{Gi}=F_{Gi}\cdot M_{Gi} \tag{3-12}$$

式中，Q_{Gi}为 i 类能源生产或运输时 VOCs 排放量；F_{Gi} 为其 VOCs 排放因子；M_{Gi}为生产/运输总量，i 为不同能源类型。

（5）总计

$$Q_I=\sum Q_{Bi}+\sum Q_{Ii}+\sum Q_{Gi} \tag{3-13}$$

式中，Q_I为工业源 VOCs 排放总量。

3）废物处置

废物处置通过生活垃圾填埋、焚烧、堆肥几个方面计算，分别用各自 VOCs 排放因子·填埋/焚烧/堆肥的量得到。

（1）垃圾填埋

$$Q_D=F_D\cdot M_D \tag{3-14}$$

式中，Q_D为垃圾填埋 VOCs 排放量；F_D为垃圾填埋 VOCs 排放因子；M_D为生活垃圾填埋总量。

（2）垃圾焚烧

$$Q_F=F_F\cdot M_F \tag{3-15}$$

式中，Q_F为垃圾焚烧 VOCs 排放量；F_D为垃圾焚烧 VOCs 排放因子；M_D为生活垃圾焚烧总量。

（3）垃圾堆肥

$$Q_C=F_C\cdot M_C \tag{3-16}$$

式中，Q_C为垃圾堆肥 VOCs 排放量；F_C为垃圾堆肥 VOCs 排放因子；M_C为垃圾堆肥总量。

（4）总计

$$QG = Q_D + Q_F + Q_C \tag{3-17}$$

式中，QG 表示垃圾处理 VOCs 排放总量。

3. 排放总量预测

对 VOCs 排放量的预测，首先是对其活动水平的预测，由于本报告计算行业比较多、比较细，所以对有关文献中有活动水平预测的，参考已有的《国家“十二五”环境保护规划前期预测研究报告》预测值；没有预测值的，则把《国家“十二五”环境保护规划前期预测研究报告》中各相关行业的工业增加值的增长倍数等同其产量的增长倍数，然后进行计算。

1）生活源

分别对机动车的保有量和年均行驶里程进行回归拟合预测，预测机动车行驶里程，与排放因子相乘得到机动车尾气预测结果；通过人口预测以及人均能源消耗预测各种能源消费量，然后通过排污因子相乘得到化石燃料燃烧排放结果；通过化学原料制造业增加值的情况预测涂料消费量增长比例，进而得出涂料消费量的预测值，计算得到建筑装修行业因为涂料使用排放的 VOCs；通过预测各生物质的农村人均消费量及农村人口增长情况，计算得出各生物质的消费量，通过与排放因子相乘得到生物质燃烧的 VOCs 产生量，同时也是排放量。通过人口中的城镇人口和农村人口预测，可以分别得到城镇地区和农村地区厨房油烟 VOCs 排放量。以上人口、工业增加值、人均消费情况参考《国家“十二五”环境保护规划前期预测研究报告》的结果。能源、涂料、生物质消费量的预测公式见下列公式，其他计算公式见上面公式。

（1）能源消费量预测

$$M_{\mathrm{i,j}} = A_{\mathrm{Gi,j}} \cdot P_{\mathrm{j}} \tag{3-18}$$

式中，$M_{\mathrm{i,j}}$ 为能源类型 i 在预测年份 j 的消费总量；$A_{\mathrm{Gi,j}}$ 为能源类型 i 在 j 年的人均消费量；P_{j} 为 j 年的人口数量；i 为分别代表天然气、液化石油气、煤气①。

（2）涂料消费量预测

$$M_{\mathrm{P,j}} = M_{\mathrm{P,2007}} \cdot G_{\mathrm{P,j}} / G_{\mathrm{P,2007}} \tag{3-19}$$

式中，$M_{\mathrm{P,j}}$ 为预测年份 j 涂料消费总量；$M_{\mathrm{P,2007}}$ 为 2007 年涂料消费量；$G_{\mathrm{P,j}}$ 为 j 年份化学原料及其制品分行业增加值，$G_{\mathrm{P,2007}}$ 为 2007 年化学原料及其制品行业增加值②。

（3）生物质消费量预测

$$M_{\mathrm{B,i}} = A_{\mathrm{Bi,j}} \cdot P_{\mathrm{Rj}} \tag{3-20}$$

① 由于燃料煤和燃料油已经在《国家“十二五”环境保护规划前期预测研究报告》中计算过，所以直接用其结果。

② 2007 年和 j 年的化学原料及其制品增加值参见《国家“十二五”环境保护规划前期预测研究报告》。

式中，$M_{B,i}$为生物质类型 i 在年份 j 的消费量；$A_{Bi,j}$为生物质类型 i 农村人均消费量；P_{Rj}为年份 j 的农村人口数量；i 为不同类型的生物质，包括薪柴和秸秆。

2）工业源

根据《国家“十二五”环境保护规划前期预测研究报告》中燃料煤的各个年份消费预测，计算其燃烧的 VOCs 排放量，通过有关文献预测燃料油消费量，进行插值计算预测年份燃料油消费量及其 VOCs 排放量，通过天然气、液化石油气、煤气人均消费预测及相应人口预测，计算这几种燃料的消费量及其 VOCs 排放量；通过报告中化工、纺织皮革、造纸及纸制品行业的工业增加值，预测各行业的产量，然后预测其 VOCs 排放量；通过有关文献研究我国原油加工/天然气生产量计算其加工量/生产量，然后计算原油加工、天然气生产的 VOCs 排放量，通过计算机动车数量预测加油站汽油、柴油消耗，计算加油站加油 VOCs 挥发量，通过《国家“十二五”环境保护规划前期预测研究报告》的煤炭消费增长比例计算煤炭开采、选洗、加工量，进而计算 VOCs 排放量。

（1）能源消费量预测

$$M_{Fi,j}=A_{Gi,j}\cdot P_j \tag{3-21}$$

式中，$M_{Fi,j}$为能源类型 i 在预测年份 j 的消费总量；$A_{Gi,j}$为能源类型 i 在 j 年的人均消费量；P_j为 j 年的人口数量；i 分别代表天然气、液化石油气、煤气。

（2）工业过程各行业的产量

$$M_{Ci,j}=M_{Ci,2007}\cdot G_{Ci,jf}/G_{Ci,2007} \tag{3-22}$$

式中，$M_{Ci,j}$为某种产品 i 在预测年份 j 消费总量；$M_{Ci,2007}$为 2007 年 i 的产量；$G_{Ci,j}$为 j 年份行业 i 或其相关行业的增加值；$G_{Ci,2007}$ 为 2007 年的行业增加值；i 为不同行业产品。

（3）加油站燃料供应

$$M_{Oi,i}=M_{Oi,2008}\cdot C_j/C_{2008} \tag{3-23}$$

式中，$M_{Oi,i}$为类型 i 的油品在年份 j 的加油站供应量；$M_{Oi,2008}$为油品 i 在 2008 年供应量；C_j为年份 j 的机动车总保有量；C_{2008}为 2008 年机动车总保有量；i 为不同类型的油品，包括汽油和柴油。

（4）煤炭开采、选洗、加工量

$$M_{Mj}=M_{M2007}\cdot G_{Mj}/G_{M2007} \tag{3-24}$$

式中，M_{Mj}为预测年份 j 煤炭开采选洗加工总量；M_{M2007}为 2007 年煤炭开采选洗总量；G_{Mj}为年份 j 煤炭消费总量的预测值；G_{M2007}为 2007 年煤炭消费总量。

3）废物处置

通过《国家“十二五”环境保护规划前期预测研究报告》中垃圾填埋、焚烧、堆肥量进行插值预测，进而预测其活动 VOCs 排放量。

4．地区分解

根据各来源活动水平占全国总活动水平的比例进行分解。

$$Q_{\mathrm{Pi,VOCs}} = Q_{\mathrm{i,VOCs}} \cdot L_{\mathrm{i}} / \sum L \qquad (3\text{-}25)$$

式中，$Q_{\mathrm{Pi,\ VOCs}}$ 为 i 省/市/自治区 VOCs 排放量；$Q_{\mathrm{i,\ VOCs}}$ 为全国 VOCs 总排放量；L_{i} 为 i 省/市/自治区对应的活动水平；i 为不同省份。

3.2.5 相关参数系数

根据前面分析可知，要计算各个源的 VOCs 排放量，主要是确定其行为方式及其排放因子。根据搜集的排放因子并结合数据可得性，本研究选取确定各个源的行为方式如表 3-2 所示。各排放源的相关系数主要参考“叶代启，VOCs 污染控制培训手册，华南理工大学”和“EPA AP-42 排放因子，http：//cfpub.epa.gov/webfire/”，具体系数在此省略。

表 3-2　不同排放源的行为方式[89]

<table>
<tr><th>大类</th><th>源类型</th><th colspan="2">具体源</th><th>行为方式</th></tr>
<tr><td rowspan="17">生活源</td><td rowspan="6">汽车尾气</td><td colspan="2">汽油客车</td><td rowspan="6">年总行驶里程/万 km</td></tr>
<tr><td colspan="2">轻型汽油货车</td></tr>
<tr><td colspan="2">轻型柴油货车</td></tr>
<tr><td colspan="2">重型柴油货车</td></tr>
<tr><td colspan="2">重型汽油货车</td></tr>
<tr><td colspan="2">摩托车</td></tr>
<tr><td>建筑装修</td><td colspan="2">涂料（包括油漆）</td><td>年消费量/万 t</td></tr>
<tr><td>厨房油烟</td><td colspan="2">厨房油烟</td><td>人口数/万人</td></tr>
<tr><td rowspan="9">燃烧源</td><td rowspan="2">生物质</td><td>秸秆</td><td>秸秆消费量/万 t</td></tr>
<tr><td>薪柴</td><td>薪柴消费量/万 t</td></tr>
<tr><td rowspan="7">锅炉燃烧</td><td>褐煤</td><td rowspan="5">消费量/万 t</td></tr>
<tr><td>烟煤/亚烟煤</td></tr>
<tr><td>无烟煤</td></tr>
<tr><td>燃料油</td></tr>
<tr><td>液化石油气</td></tr>
<tr><td>天然气</td><td rowspan="2">消费量/亿 m³</td></tr>
<tr><td>一氧化碳锅炉（煤气）</td></tr>
<tr><td rowspan="13">工业源</td><td>工业锅炉</td><td colspan="3">同生活源中取暖锅炉</td></tr>
<tr><td rowspan="12">工业过程</td><td rowspan="3">矿物制品</td><td>陶瓷黏土/瓷砖制造</td><td rowspan="2">产量/万 t</td></tr>
<tr><td>屋面沥青制造</td></tr>
<tr><td>玻璃制造</td><td>产量/万重量箱</td></tr>
<tr><td rowspan="3">黑色金属冶炼</td><td>铁燧岩矿石加工</td><td rowspan="3">产量/万 t</td></tr>
<tr><td>铁生产</td></tr>
<tr><td>钢铁制造</td></tr>
<tr><td rowspan="6">有色金属冶炼</td><td>铝</td><td rowspan="6">产量/万 t</td></tr>
<tr><td>镁</td></tr>
<tr><td>镍</td></tr>
<tr><td>铅</td></tr>
<tr><td>铜</td></tr>
<tr><td>锌</td></tr>
</table>

大类	源类型	具体源			行为方式
工业源	工业过程	化学原料及化学品制造	基本有机化学原料	氨生产	合成氨产量/万 t
				乙烯	乙烯产量/万 t
				丙烯	丙烯产量/万 t
				甲醇/酒精生产	精甲醇产量产量/万 t
				丁二烯	丁二烯产量/万 t
				甲醛	甲醛产量/万 t
			高分子材料	初级塑料生产	初级形态塑料产量/万 t
				合成橡胶（制造专用）	合成橡胶产量/万 t
				合成有机纤维制造	合成纤维产量/万 t
		其他工业过程	塑料制品		塑料制品产量/万 t
			化学清洁剂		合成洗涤剂产量/万 t
			炭黑生产		炭黑产量/万 t
			印刷油墨制造		油墨产量/万 t
			化肥		化肥产量/万 t
			农药		农药总产量/万 t
			涂料生产		涂料生产/万 t
			人造板		人造板（平均值）/万 m^3
			轮胎制造		外胎产量/万条
			集成电路		集成电路/万块
		皮革纺织	沙		沙产量/亿 m
			布		布产量/万 t
			皮革和皮革制品		轻革产量/万 t
		造纸印刷	造纸		机制纸及纸板产量/万 t
			印刷		印刷书籍、期刊、报纸重量/万 t
		原药制造	化学原药		产品产量/万 t
		交通工具制造	铁路客车		铁路客车生产数量/万 t
			铁路货车		铁路货车生产数量/万 t
			汽车		汽车生产数量/万 t
			摩托车		摩托车生产数量/万 t
			自行车		自行车生产数量/万 t
	能源生产加工储运	原油加工			原油加工量/万 t
		天然气的生产			天然气的产量/亿 m^3
		加油站	汽油		加油站汽油供应量/万 t
			柴油		加油站柴油供应量/万 t
		煤炭开采、选洗、处理			煤炭开采、选洗、处理/万 t
	废物处置	垃圾填埋			垃圾填埋量/万 t
		垃圾焚烧			垃圾焚烧量/万 t
		垃圾堆肥			垃圾堆肥量/万 t

3.3 排放清单

3.3.1 排放总量

根据以上分析，分别从生活、工业和废物处置几个来源计算我国2001—2008年的VOCs排放量（其中，垃圾处置从2003年开始才有分类处置的数据，所以总排放量的计算以2003年为起点）。如图3-3所示，2003—2008年我国VOCs排放量逐年增加，从1 524万t增加到2 014万t。从图3-4可以看出，2003年生活排放的VOCs占大多数，其占VOCs排放总量的比例为65%，随后逐年降低，到2008年只有51%。与此同时，来自工业源的VOCs比例逐年升高，从35%增加到49%。废物处置排放的VOCs比例很小，历年不足0.1%。

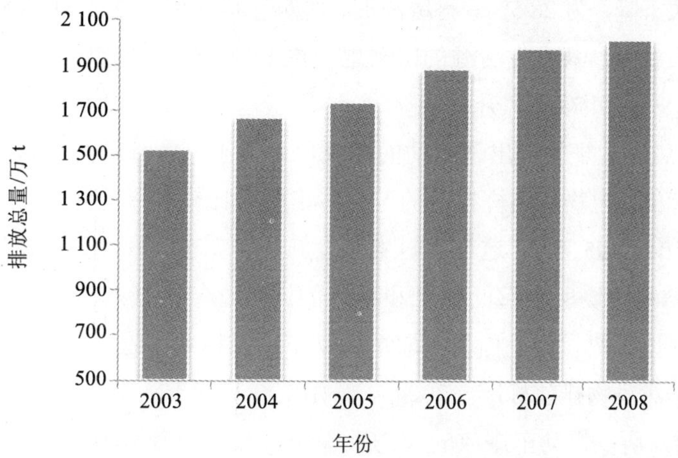

图3-3 我国历年VOCs排放总量

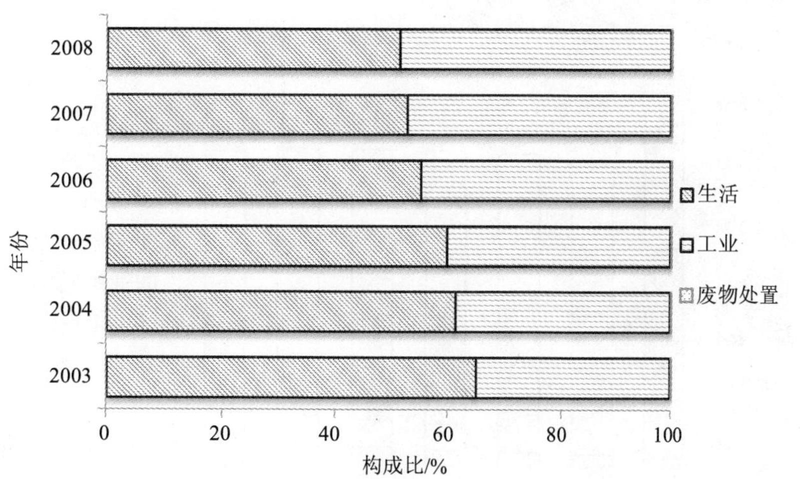

图3-4 我国历年VOCs排放来源构成

从排放总量来看，我国 VOCs 排放总量较大，且总体上呈现增长趋势，污染日益严重，势必会对人体健康和生活产生影响。政府、企业应该采取各种措施控制 VOCs 的排放，特别是控制工业排放；人们也应该增强意识，防范 VOCs 及光化学烟雾的危害。

1）生活源

我国生活源 VOCs 排放主要计算机动车尾气、生物质燃料燃烧、取暖等化石燃料燃烧、厨房油烟、建筑装修涂料使用几个方面的排放量。其总量总体上变化不大，2002—2008 年都在 1 000 万 t 左右，其中 2002 年的排放量最大，为 1 172 万 t，2003 年减少到 992 万 t，以后几年略有增多，2008 年开始又有所下降，为 1 035 万 t。

其中，机动车尾气排放和生物质燃烧是生活的主要来源，其排放量比取暖锅炉等化石燃料燃烧、建筑涂料（包括油漆）使用和厨房油烟等大很多，2002 年排放量占生活源总量的比例分别为 38.8%和 52.1%，2008 年机动车尾气排放的比例上升为 55.1%，生物质燃烧的比例有较大下降，为 28.5%。厨房油烟、建筑涂料使用等排放的 VOCs 量相对不大，但是一直处于增长状态，其占生活源的比例也一直上升，分别由 2002 年的 7.2%和 1.8% 上升为 2008 年的 8.7%和 7.6%，升幅明显。

历年生活源 VOCs 排放量出现波动的情况，是由于有些源的排放量降低，而有些源的排放量增大引起的。生物质燃烧排放的 VOCs 出现了比较明显的降低，从 2002 年的 611 万 t 降低到 2008 年的 295 万 t，这与农村生活设施逐步完善，农民生活水平逐步提高，以及由于禁止农田秸秆焚烧所引起的薪柴和秸秆的消费逐年降低有较大关系。虽然我国机动车保有量增长速度很快，但是由于采取了机动车尾气控制措施，从 1999 年开始实行等同于欧 I 的机动车污染物排放标准，2004 年开始实行等同于欧 II 的标准，2007 年实行等同于欧 III 的标准，所以机动车排放的 VOCs 总量并没有随着机动车数量的增长而快速增长，但是由于机动车保有量很高，所以机动车尾气排放的 VOCs 的量巨大，而且逐年增多。另外烧锅炉、生活等化石燃料燃烧、建筑装修涂料使用和厨房油烟排放量也逐年上升，特别是建筑装修中的涂料使用上升明显。

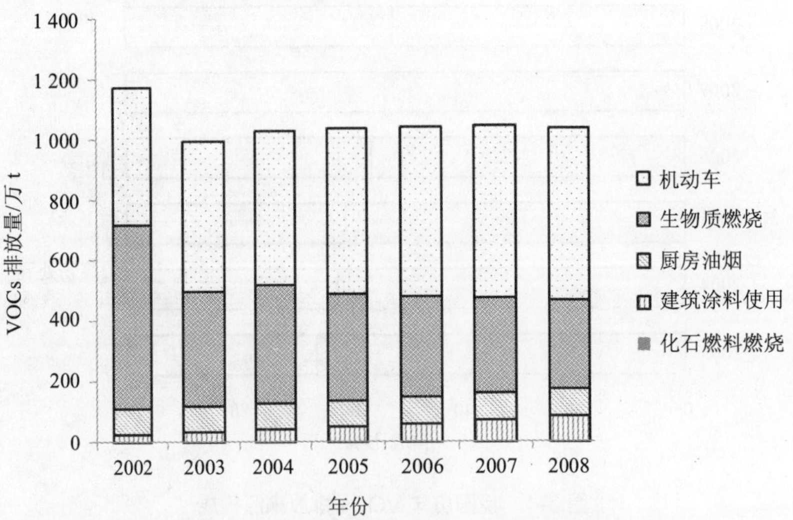

图 3-5 我国历年生活源 VOCs 排放量

虽然生活源 VOCs 排放量的比例呈逐步下降趋势，但是总量仍较大，需继续加强控制。特别是机动车尾气排放和生物质燃料燃烧的排放总量一直比较大，北京、上海等大城市应该在合理控制机动车保有量的基础上加大尾气排放标准执行力度。农村地区要禁止农忙季节秸秆焚烧，还要进行合理引导，鼓励农民使用清洁能源取暖、做饭。另外，由于厨房油烟、建筑装修等排放的 VOCs 逐年增加，以后生活源的控制重点应该集中在这些方面，对厨房油烟进行净化、降低建筑涂料 VOCs 含量等。

2）工业源

我国工业源主要计算工业锅炉等化石燃料燃烧、工业过程、涂料等溶剂使用（不包括建筑涂料）、能源生产加工运输等活动的 VOCs 排放量。2001—2008 年，我国工业源排放的 VOCs 逐年上升，从 444 万 t 上升到 979 万 t，8 年翻了一番。

在工业中，工业过程排放的 VOCs 最多，历年的排放量都在 100 万 t 以上，并呈现快速增长趋势，从 2001 年的 245 万 t 增长到 2008 年的 548 万 t，分别占工业排放总量的 55.2% 和 56%。其次是能源生产加工和储运，其排放量也在 100 万 t 以上，而且呈上升趋势，从 2001 年的 114 万 t 增长到 2008 年的 190 万 t，分别占工业排放总量的 25.7%和 19.4%，比重有所下降。工业涂料（包含油漆）使用排放的 VOCs 增长也较快，从 2001 年的 82 万 t 增长到 2008 年的 235 万 t，占工业排放的比重由 18.5%增长到 24%，并在 2006 年超过能源生产加工储运，成为工业中的第二大排放源。工业锅炉等化石燃料燃烧排放的量较少，历年不足 10 万 t。

由于工业源排放总量巨大而且增长速度快，所以要对一些重污染行业进行重点治理，制定一些准入标准、排放标准和控制措施。对于工业过程来说，纺织皮革、造纸印刷、化学原药制造、化学原料及化学品制造都是重污染行业，应该加强对这些行业工业废气的治理控制；工业涂料和油漆使用，由于其溶剂挥发出大量 VOCs，对空气污染较为严重，应该强化涂料和油漆溶剂 VOCs 标准限制，用环保型替代高污染的涂料和油漆；对于能源生产、加工、储运，应该重点针对原油加工降低 VOCs 的排放。

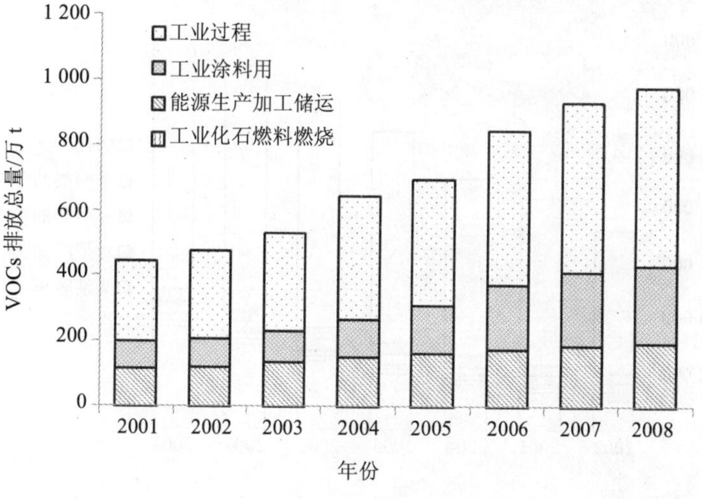

图 3-6 我国历年工业 VOCs 排放量

3）垃圾处置

我国垃圾处置排放的 VOCs 也是逐年上升，从 2003 年的 0.4 万 t 上升到 2008 年的 1.3 万 t。但是，垃圾处置并不是我国 VOCs 主要来源，相比生活源和工业源，其排放量很小。

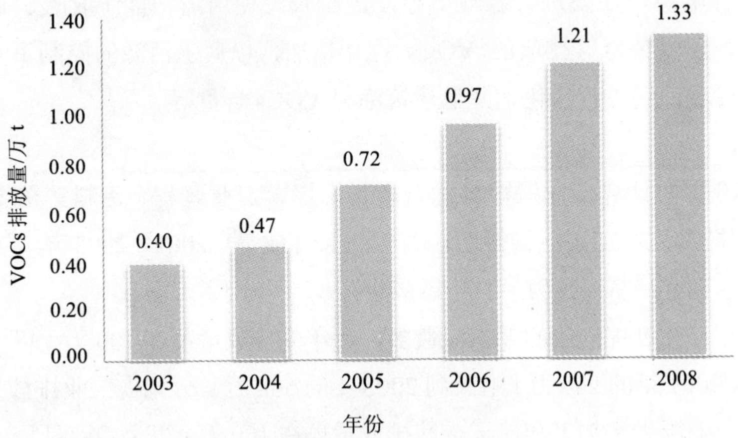

图 3-7　我国垃圾处置 VOCs 排放量

3.3.2 各具体源排放情况

1. 机动车尾气排放

从上面分析可知，机动车尾气排放是我国 VOCs 比较大的来源之一。统计表明，我国机动车保有量增长非常迅速，从 2002 年的 7 156 万辆增长到 2008 年的 14 052 万辆。根据有关统计[101]和文献中[102]关于各种类型机动车中汽油车和柴油车的比例计算得到各种类机动车中汽油车和柴油车的数量，如图 3-8 所示，摩托车保有量历年最多，占了一半以上；增长速度也较快，2002 年为 5 000 多万辆，2008 年增长到近 9 000 万辆，几乎翻了一倍。汽油客车保有量也较多，而且增长速度很快，从 2002 年的 1 056 万辆增长到 2008 年的 3 641 万辆。

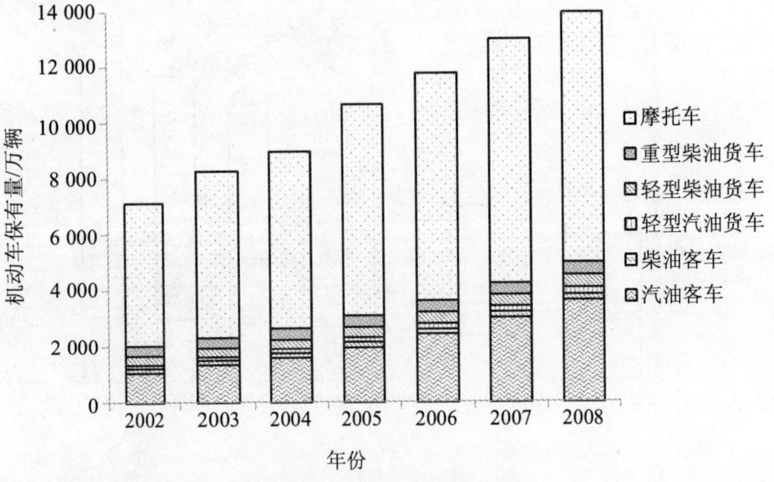

图 3-8　我国机动车保有量

为了控制机动车对大气的污染，我国从 1999 年开始实施等同于欧 I 的机动车污染物排放标准，2004 年起在全国范围内开始实行等同于欧 II 的标准。根据我国治理汽车尾气污染排放计划，2007 年和 2010 年我国车用燃料整体达到欧 III 和欧 IV 标准。根据《中国机动车污染防治年报 2010》中各控制标准机动车 2009 年的保有量，可以大致推算出我国 2002—2008 年各标准的机动车保有量百分比，如表 3-3 所示。

表 3-3 我国各年份达到不同尾气控制标准的机动车保有量的占比 单位：%

年份	欧 0 标准	欧 I 标准	欧 II 标准	欧 III 标准
2002	70.80	29.20	0.00	0.00
2003	61.00	39.00	0.00	0.00
2004	53.90	40.30	5.80	0.00
2005	46.00	34.40	19.70	0.00
2006	39.30	29.40	31.30	0.00
2007	33.30	24.90	34.20	7.60
2008	28.50	21.30	32.80	17.40

不同控制标准的机动车，其单位里程的 VOCs 排放量不同，标准越严格，VOCs 的排放量越少。由此可以得出我国历年各类型机动车尾气的 VOCs 排放量。

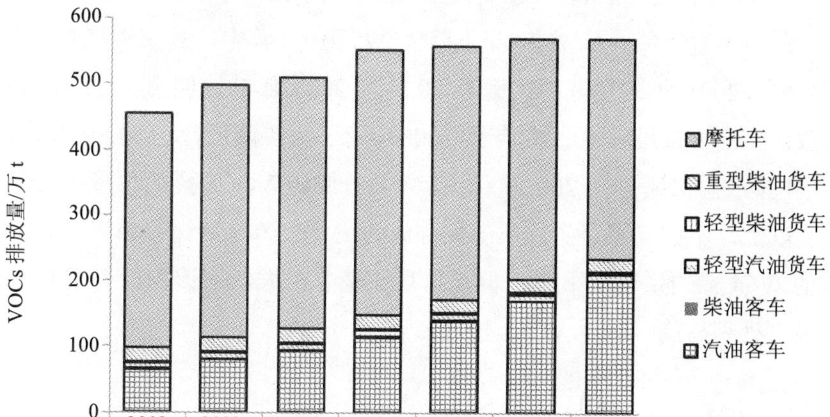

图 3-9 各车型机动车 VOCs 排放量

从图 3-9 可以看出，我国机动车尾气 VOCs 排放量非常大，而且逐年增加，从 2002 年的 455 万 t 增大到 2008 年的 570 万 t。其中，2002—2005 年增长速度较快，3 年增长了将近 100 万 t，2005 年以后增长速度逐步下降，这与我国机动车尾气排放控制政策实施有关。在不同类型的机动车中，摩托车和汽油客车贡献最大，其 2008 年 VOCs 排放量占总排放量的比率分别为 58.7%和 35.3%，其次是重型柴油货车，所占比例为 3.6%，轻型汽油货车的比例为 1.8%，其他两种类型的机动车排放比例相对更少。可见，控制机动车尾气 VOCs 排放，主要是控制摩托车和汽油客车，不但要控制其保有量，还要严格执行尾气排放控制标准。

2. 生物质燃烧

我国农村一直以来都是通过生物质（如薪柴、秸秆等）燃烧做饭。生物质燃烧会产生大量 VOCs。从 20 世纪 90 年代到 21 世纪初，每年有大量秸秆被农民直接在农田焚烧，在农忙季节造成空气的严重污染。随着农村地区的发展，越来越多的农民选择用化石燃料或者电力取暖做饭，薪柴和秸秆消费量呈下降趋势；随着农用设施的现代化和一体化的发展，农民环保意识的增强，焚烧秸秆现象在我国也得到有效遏制。表 3-4 为我国历年生物质消费情况，薪柴从 2005 年开始下降，秸秆从 2007 年开始下降。

表 3-4　我国历年生物质消费量[20]　　单位：万 t

年份	2001	2002	2003	2004	2005	2006	2007	2008
薪柴消费量	17 088	19 967	11 635	12 043	10 310	9 686	9 291	8 685
秸秆消费量	30 491	32 979	33 296	33 986	37 202	37 853	33 998	31 779

图 3-10、图 3-11 和图 3-12 为我国农村历年生物质燃烧 VOCs 排放量。从图中可以看出，我国生物质燃烧 VOCs 排放量总体上呈下降趋势。2001 年总量为 526.41 万 t，非常巨大；2002 年排放量最高，达到 610.62 万 t。2003 年大幅下降，降为 379.59 万 t；2004 年有所增长，此后一直下降，到 2008 年下降为 295 万 t。其中，薪柴燃烧是生物质 VOCs 排放的主要来源，2001 年占总量的比例为 90.2%，2008 年的比例为 81.8%，有所下降。薪柴燃烧排放的 VOCs 量虽然从 2002 年到 2008 年有了大幅降低，从 554.89 万 t 降为 241.35 万 t，但是历年排放总量还是在 200 万 t 以上；秸秆燃烧 VOCs 排放总量也比较大，历年都在 50 万 t 以上，不过并不是生物质燃烧排放的主要来源。从计算结果来看，虽然生物质燃烧排放的 VOCs 的量有所下降，但是总量还是非常大，应该积极寻求替代能源或者采取一定的废气处理措施，减少 VOCs 排放。

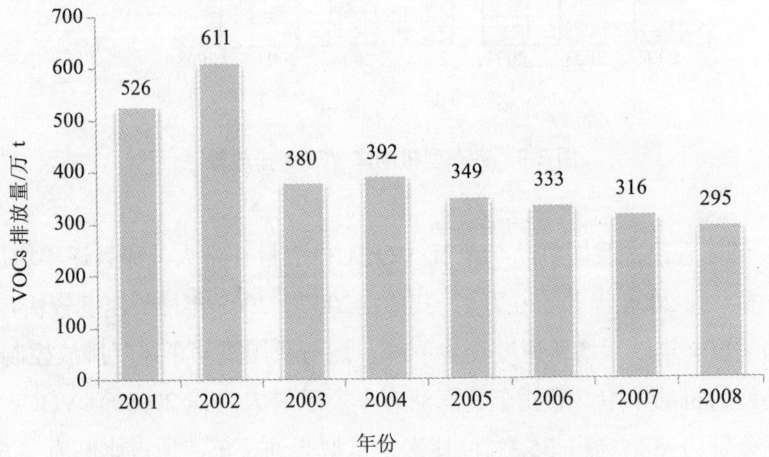

图 3-10　我国农村历年生物质燃烧 VOCs 排放量

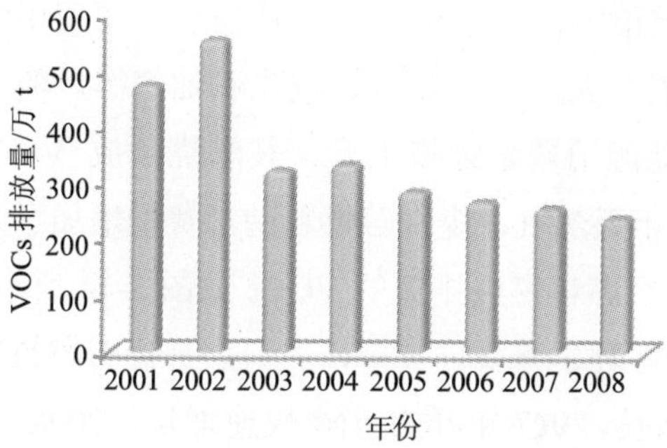

图 3-11　我国历年薪柴燃烧 VOCs 排放量

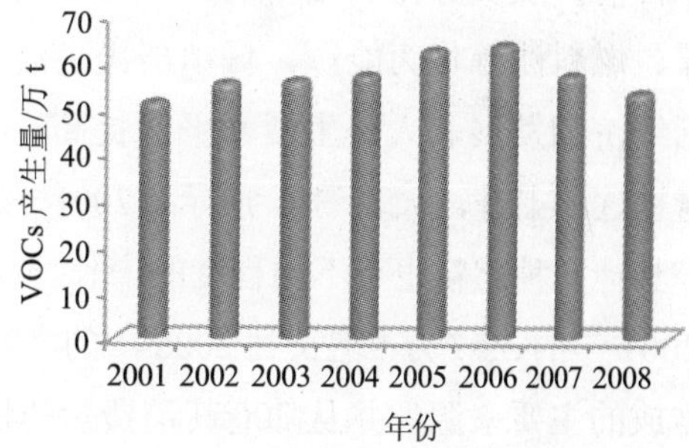

图 3-12　我国历年秸秆燃烧 VOCs 排放量

3. 厨房油烟

厨房油烟也是我国生活 VOCs 排放的重要来源之一。由于我国城镇居民和农村居民生活水平存在差异，所以把城镇地区笼统看做发达地区，把农村地区笼统看做一般地区，分别进行厨房油烟 VOCs 排放量的计算。其活动水平分别为城镇人口数量和农村人口数量。我国历年人口数如表 3-5 所示，城镇地区人口数量增长很快，农村地区人口数量一直下降。

表 3-5　我国历年城镇和农村人口数量[101]　单位：万人

年份	2001	2002	2003	2004	2005	2006	2007	2008
城镇人口	48 064	50 212	52 376	54 283	56 212	57 706	59 379	60 667
农村人口	79 563	78 241	76 851	75 705	74 544	73 742	72 750	72 135

随着我国人口的增加和人民生活水平的提高，厨房油烟排放的 VOCs 也逐年增加，图 3-13 为我国历年厨房油烟 VOCs 排放量从 2001 年的 83 万 t 增长到 2008 年的 90 多万 t。由于城镇厨房油烟的排放因子大，所以即使其城市人口数量少，排放的 VOCs 量也不一定少。以 2008 年为例，城镇的排放量占总排放量的 58.4%。

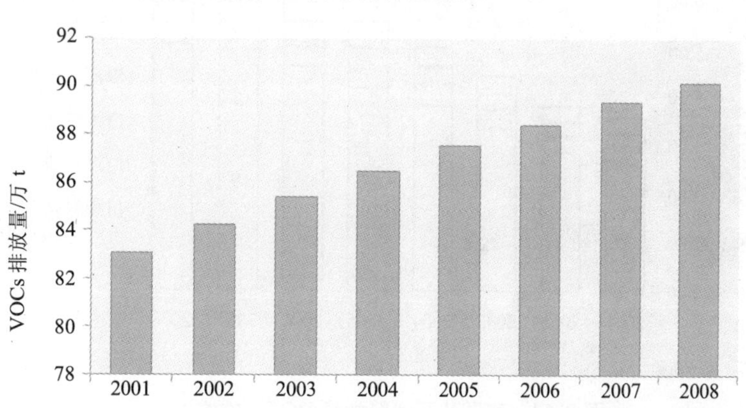

图 3-13　我国历年厨房油烟 VOCs 排放量

4．化石燃料燃烧

目前，煤炭等化石燃料及其产品是我国主要能源。生活取暖、工业锅炉主要使用燃料煤、燃料油等作为能源，城镇居民生活主要消费天然气、煤气、液化石油气等。随着我国经济的发展和人民生活水平的提高，各种能源消费量逐年上升，其燃烧排放 VOCs 的量也逐年上升，如表 3-6 所示，2001—2008 年天然气、煤气等燃料的消费量增加了几倍，其他几种燃料也有不同程度的增长。我国化石燃料燃烧排放的 VOCs 如图 3-14 所示，从 2001 年的 3.57 万 t 增长到 2008 年的 7.22 万 t，翻了一番。其中，燃料煤是化石燃料燃烧排放的主要来源，并且随着其消费量的快速增长，VOCs 排放量也快速增长，2008 年占化石燃料燃烧排放总量的比例为 70.2%；其次是煤气和天然气，其排放量在近几年增长不大，所占比例分别为 15.2%和 1.0%。

表 3-6　我国历年各燃料消费总量[21]

燃料种类	单位	2001 年	2002 年	2003 年	2004 年	2005 年	2006 年	2007 年	2008 年
煤炭	万 t	106 392	115 166	134 601	153 341	168 856	186 515	200 246	204 434
燃料油	万 t	3 850	3 874	4 221	4 783	4 242	4 368	4 157	3 237
天然气	亿 m^3	274	292	339	397	468	561	705	813
液化石油气	万 t	1 210	1 491	1 656	1 838	1 864	1 996	2 093	1 954
煤气	亿 m^3	706	721	802	878	1 174	1 449	2 358	2 453

相对于其他来源的排放量，如机动车尾气、生物质燃烧等，化石燃料排放的 VOCs 量比较小，而且主要是工业用煤燃烧排放。

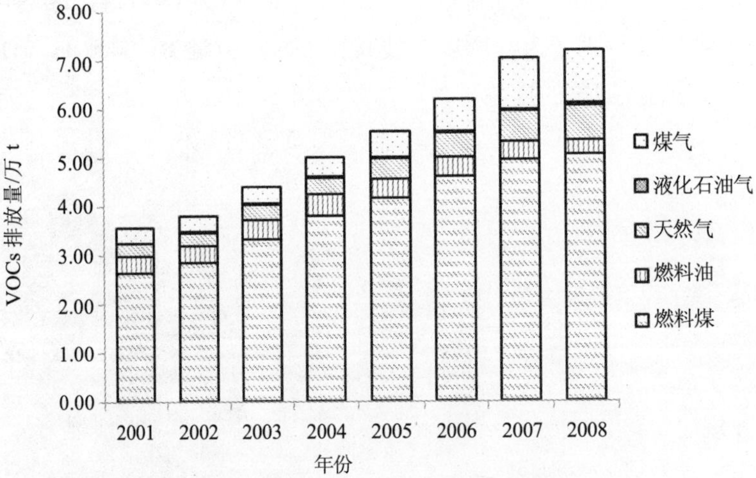

图 3-14　我国化石燃料燃烧 VOCs 排放量

1）生活化石燃料消费 VOCs 排放

我国生活消费化石燃料排放 VOCs 总体上呈上升趋势，从 2001 年的 0.53 万 t 上升到 2007 年的 0.89 万 t，2008 年略有下降，为 0.85 万 t。之所以下降是因为燃料煤和燃料油消费量下降导致其排放的 VOCs 下降，燃料煤排放量从 2006 年的 0.41 万 t 下降到 2008 年的 0.38 万 t，燃料油的排放量从 2007 年开始下降，2007 年为 0.17 万 t，2008 年为 0.11 万 t；对燃料煤、燃料油取而代之的是更为清洁的天然气、液化石油气等能源；天然气消费量增长很快，其燃烧排放的 VOCs 量也相应增长，从 2001 年的 0.05 万 t 增长到 2008 年的 0.25 万 t；煤气和液化石油气排放量也是稳定增长。

在不同类型的燃料中，燃料煤燃烧排放的 VOCs 占总量的比例最高，但是在近几年有所下降；2001—2003 年，燃料油燃烧排放的 VOCs 量在几种化石燃料中为第二位，2004 年以后天然气在生活中消费量增长很快，其排放的 VOCs 的量排第二位；其次是煤气和液化石油气燃烧排放。

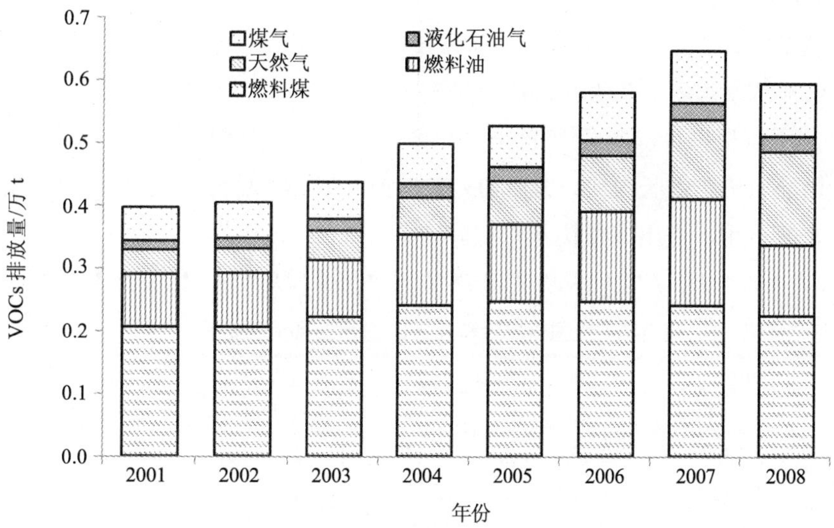

图 3-15　生活化石燃料燃烧 VOCs 排放量

2）工业化石燃料消费 VOCs 排放

2001—2008 年工业化石燃料燃烧排放的 VOCs 一直增长，从 2001 年的 3.05 万 t 增长到 2008 年的 6.37 万 t。其中，燃料煤燃烧排放最大，2001 年和 2008 年排放比例分别为 75.7% 和 73.5%；其次是煤气、天然气、燃料油，液化石油气排放的量最少。由于我国《天然气利用政策》等规定，天然气等清洁能源优先保证城市燃气供应，所以与生活源中清洁能源产生的 VOCs 增长速度较快的情况不同，在工业中一直是燃煤排放 VOCs 占绝对的优势。

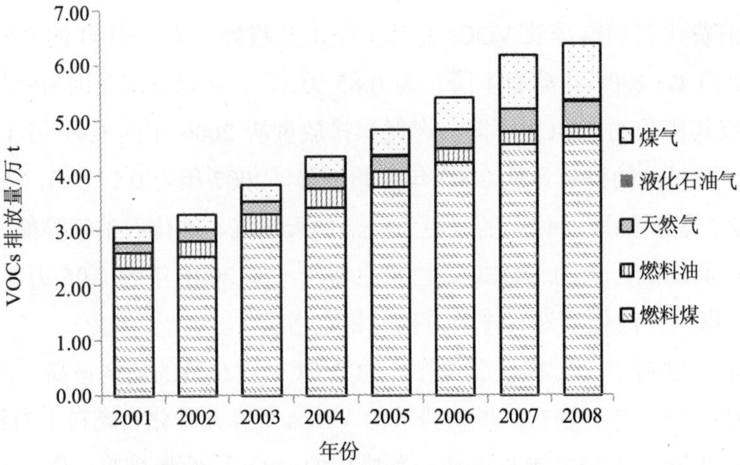

图 3-16 工业化石燃料燃烧 VOCs 排放量

5. 涂料油漆使用

本节分两部分计算，首先计算涂料油漆使用 VOCs 排放总量，然后单独计算建筑涂料油漆使用的排放量。表 3-7 为我国历年涂料生产和进出口的情况。由于较难找到历年涂料消费数据，所以根据（涂料生产量＋进口量－出口量）估算历年涂料消费。从表中可以看出，我国涂料消费增长很快，从 2003 年的 254.56 万 t 增长到 2008 年的 640.02 万 t，其中主要是自产自用，进出口量历年都比较小。

表 3-7 我国历年涂料生产、进出口和消费数据[103-110] 单位：万 t

年份	2003	2004	2005	2006	2007	2008
涂料生产量	241.51	298.11	382.56	507.84	592.69	638.00
涂料进口量	25.33	26.53	23.71	24.36	20.20	20.42
涂料出口量	12.28	14.20	15.70	18.33	17.97	18.40
涂料消费量	254.56	310.44	390.57	513.87	594.92	640.02

涂料（油漆包含在涂料中）使用 VOCs 排放量的结果如图 3-17 所示。我国由于涂料油漆使用排放的 VOCs 量巨大，而且增长速度很快，从 2003 年的 124.99 万 t 增长到 2008 年的 314.25 万 t，可见涂料油漆使用对大气污染贡献很大，需要加快水型对溶剂型等 VOCs 含量高的涂料类型的替代。同时，需要制定行业标准。我国 2001 年对内墙涂料有相关的行业标准（室内装饰装修材料内墙涂料中有害物质限量）出台，2008 年有更为严格的标准。

有很大一部分涂料用在生活源的建筑装修。如图 3-18 所示，从 2005 年到 2008 年，建筑装修涂料使用挥发的 VOCs 从 46 万 t 增长到将近 80 万 t，增长速度很快。2008 年实施新的内墙涂料有害物质限量标准后，内墙涂料挥发的 VOCs 增长速度应该会变缓。

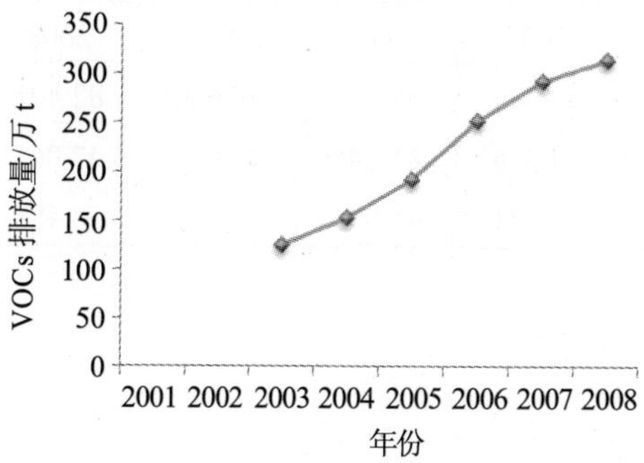

图 3-17　我国涂料使用 VOCs 排放量

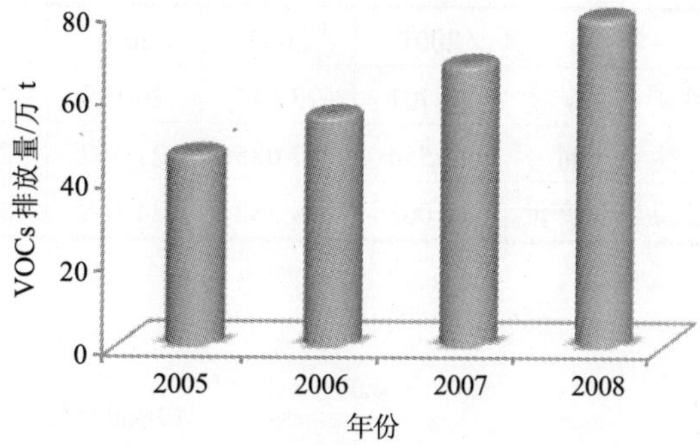

图 3-18　我国建筑涂料使用 VOCs 排放量

6．工业过程

通过前面的总量分析可知，工业过程是工业几个大的排放源中 VOCs 排放最多的。从图 3-19 可知，工业过程排放的 VOCs 量非常大，2001—2008 年都在 200 万 t 以上，并且增长速度很快，从 2001 年的 245 万 t 增长到 2008 年的 548 万 t。工业过程中产生的 VOCs 一部分来自工业制造所用的溶剂使用，一部分来自原料挥发。本文主要从以下几个行业进行细分计算。

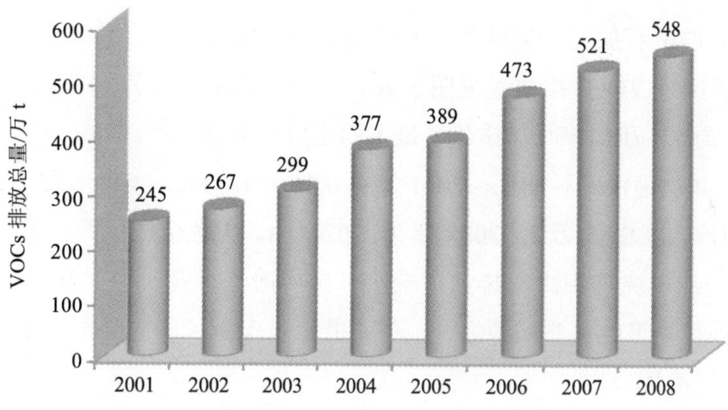

图 3-19　工业过程 VOCs 排放总量

1）黑色金属冶炼

本文黑色金属冶炼主要从炼铁和炼钢方面计算。选取的活动水平包括铁矿石原矿量、生铁产量和成品钢材产量。其值如表 3-8 所示，铁矿石原矿量从 2001 年的 2 万多 t 增长到 2008 年的 8 万多 t，翻了 2 番；生铁产量从 2001 年的 1.5 万 t 增长到 2008 年的 4.7 万 t；成品钢材产量从 2001 年的 1.6 万 t 增长到 2008 年的 5.8 万 t。

表 3-8 我国历年黑色金属冶炼有关数据[111] 单位：万 t

年份	2001	2002	2003	2004	2005	2006	2007	2008
铁矿石原矿量	21 701	23 143	26 139	34 634	42 049	58 888	70 666	82 401
生铁产量	15 554	17 085	21 367	26 831	34 375	41 245	47 652	47 067
成品钢材产量	16 068	19 252	24 108	31 976	37 771	46 893	56 561	58 488

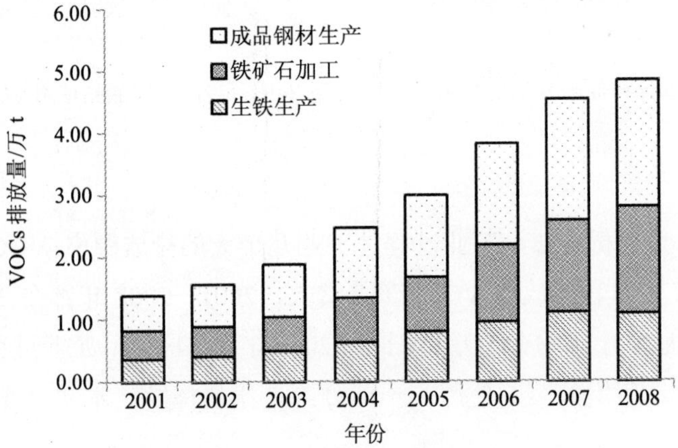

图 3-20 黑色金属冶炼 VOCs 排放量

本文通过对铁矿石加工、生铁生产和成品钢材生产计算发现其 VOCs 总排放量相对较小，黑色金属冶炼 VOCs 排放量见图 3-20，2001 年只有 1.4 万 t，随后几年逐年上升，到 2008 年增长到 4.8 万 t。其中，排放量最多的是成品钢材生产，2001 年为 0.56 万 t，2008 年为 2.04 万 t；其次是铁矿石加工，2001 年为 0.45 万 t，2008 年为 1.72 万 t；生铁生产排放量最少，2001 年为 0.35 万 t，2008 年为 1.07 万 t。黑色金属生产与溶剂使用、机动车尾气排放、生物质燃烧等相比，排放量较小。金属冶炼行业一直是我国传统大气污染物如二氧化硫、颗粒物等的重要来源之一，但是并不是 VOCs 排放的主要来源。

2）有色金属冶炼

表 3-9 中为我国历年铝、镁、镍、铅、铜、锌的产量。从中可以看出，这几种有色金属中，铝的产量最高，其次是锌，然后是铜、铅，镁、镍的产量相对较少，与其他几种差一个数量级。就增长速度来看，铝的产量增长最快，在 8 年中翻了几番，其他几种有色金属产量增长速度也很快。图 3-21 为这些有色金属冶炼的 VOCs 排放量，增长速度较快，从 2001 年的 1.14 万 t 增长到 2008 年的 3.26 万 t。其中，铝、铜、锌冶炼排放的 VOCs 最多，从 2008 年来看，铝冶炼排放量的比例为 50%，铜冶炼排放量的比例为 33.4%，锌冶炼排放量的比例为 13.5%，镁、铅、镍冶炼排放量的比例相对较低。相对其他行业，有色金属冶炼排放的 VOCs 量较少，不是 VOCs 污染重点行业。

表 3-9　我国历年有色金属产量[76]　　单位：万 t

年份	2001	2002	2003	2004	2005	2006	2007	2008
铝的产量	357.58	451.11	596.2	668.88	780.6	935.84	1 258.83	1 317.82
镁的产量	19.97	23.5	34.18	44.24	45.08	51.97	62.47	55.52
镍的产量	4.97	5.24	6.47	7.58	9.51	10.19	11.57	12.87
铅的产量	119.54	132.47	156.41	193.45	239.14	271.49	278.83	345.18
铜的产量	152.33	163.25	183.63	219.87	260	300.32	349.94	379.46
锌的产量	203.76	215.51	231.85	271.95	277.61	316.27	374.26	404.23

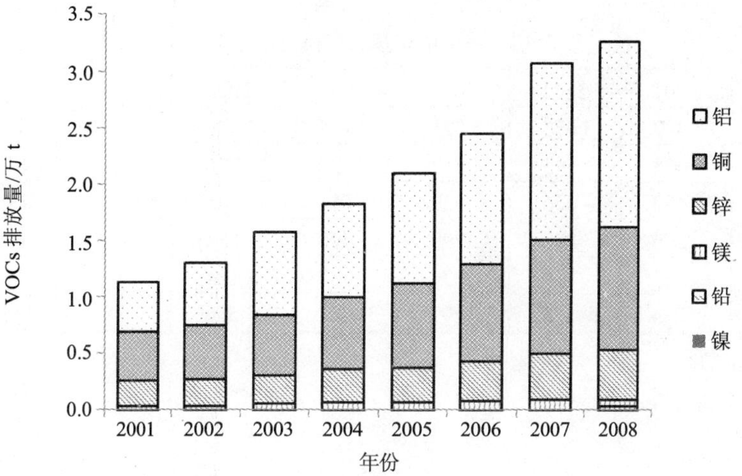

图 3-21　有色金属冶炼 VOCs 排放量

3）化学原料及化学制品制造

（1）总量

化学原料和化学品制造生产包括基本有机化学原料、高分子材料及其他一些制品生产，如橡胶制品、塑料制品生产等等，是工业行业中 VOCs 排放量较多的一个行业，这是因为其制造原料大多是有机物，在生产过程中易于挥发 VOCs。

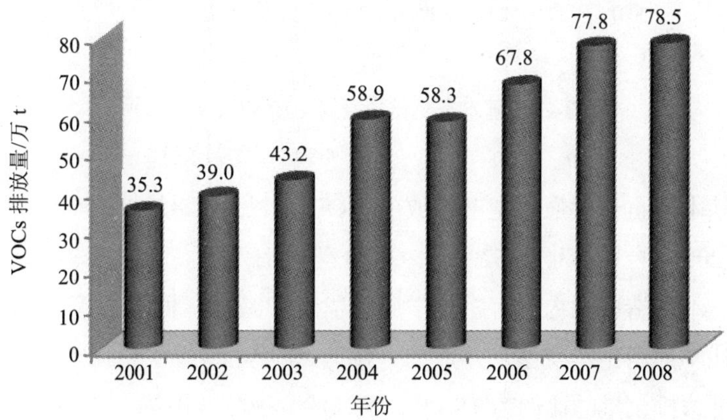

图 3-22　化学原料及化学品生产 VOCs 排放量

图 3-22 为化学原料及化学品生产 VOCs 排放量。从图中可以看出，整个行业排放的 VOCs 总量较大，2001 年已经达到了 35 万 t，2008 年增长到 78 万 t。除 2005 年外，VOCs 排放量一直处于增长状态。下面分别从不同制品生产的角度分析其 VOCs 排放量。

（2）基本有机化学原料

基本有机化学原料包括很多种类，结合有关统计资料，选取乙烯、丙烯、甲醇、丁二烯、甲醛和氨的生产进行计算。表 3-10 为各有机化学原料的产量，从中可以看出，氨的产量最高，2008 年将近 5 000 万 t，其次是甲醇，2008 年将近 1 126 万 t，然后分别是丙烯、乙烯、甲醛和丁二烯。

表 3-10 我国历年基本有机化学原料产量[103-110] 单位：万 t

年份	2001	2002	2003	2004	2005	2006	2007	2008
氨产量	3 427	3 675	3 823	4 135	4 596	4 937	5 171	4 995
乙烯产量	481	543	612	630	756	941	1 028	998
丙烯产量	492	556	629	711	805	935	1 057	1 074
甲醇/酒精产量	206	232	299	520	536	762	1 076	1 126
丁二烯产量	65	69	76	87	104	123	136	136
甲醛产量	234	256	299	441	536	762	850	810

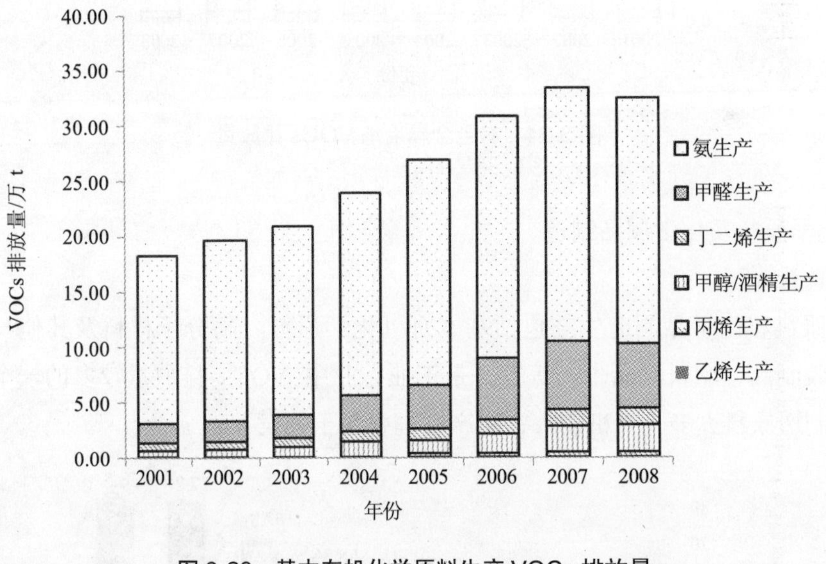

图 3-23 基本有机化学原料生产 VOCs 排放量

我国历年基本有机化学原料生产排放的 VOCs 量见图 3-23，2001 年排放的 VOCs 为 18.34 万 t，到 2007 年上升为 33.52 万 t，2008 年略有下降，为 32.57 万 t，这可能跟全球经济危机有关，不但造成国内对有机化学原料需求的减少，而且影响了出口量。

在这几种化学原料中，氨生产排放的 VOCs 最多，超过了总排放量的 2/3，其次是甲醛，占化学原料总排放量的比例为 18.1%，丁二烯、甲醇、丙烯、乙烯等排放量不是太大。氨、甲醛等产品产量在 2008 年有所下降，所以其排放的 VOCs 也相应有所下降。

（3）高分子材料生产

高分子材料主要选取合成橡胶、合成有机纤维和初级塑料制造几个行业进行计算。表 3-11 为这几个行业产品产量。初级形态塑料产品产量最多，2008 年超过 3 000 万 t，其次是合成纤维，2008 年的产量为 2 240 多万 t，合成橡胶产量相对最少，2008 年为 238 万 t。

表 3-11　我国历年高分子材料产量[103-110]　　单位：万 t

年份	2001	2002	2003	2004	2005	2006	2007	2008
初级形态塑料产量	1 288.90	1 455.70	1 652.10	2 366.50	2 308.90	2 602.60	3 184.50	3 129.60
合成橡胶产量	121.98	136.20	134.80	184.00	205.10	199.80	228.90	238.30
合成纤维产量	759.70	915.20	1 069.20	1 581.40	1 496.70	1 859.60	2 173.50	2 241.30

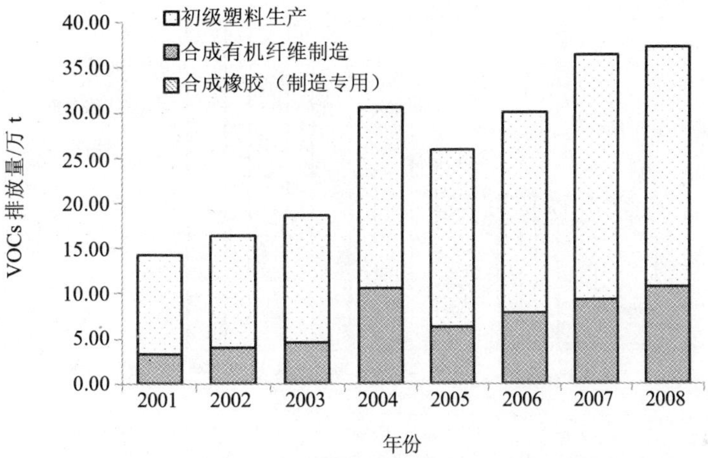

图 3-24　高分子材料历年 VOCs 排放量

图 3-24 为高分子材料历年 VOCs 排放量，从图中可见，这 3 个行业的总排放量比较大，2001 年为 14 多万 t，2008 年为 37 多万 t，其中 2004 年的增长最快，到 2005 年反而有所下降，这是因为在 2004 年初级塑料和合成有机纤维产量都有大幅增加，到 2005 年又有所回落。

在这三种产品生产中，初级塑料生产排放的 VOCs 最多，历年排放都超过了总量的一半，其次是合成有机纤维制造，合成橡胶生产排放量比较低，在图中无法显示，2008 年只有 2 700 多 t。

（4）其他

还有一些化学制品生产，也会排放大量 VOCs，如涂料、油墨生产等等。表 3-12 为其他一些化学制品历年产量，化肥历年产量最多，2001 年的量为 3 383 万 t，2008 年为 5 868 万 t，农药产量从 2001 年的 79 万 t 急剧增长到 2008 年的 1 900 万 t。合成洗涤剂和涂料产量也较大，历年都在百万 t 以上。

表 3-12　我国某些化学品历年产量[103-110]　　单位：万 t

年 份	2001	2002	2003	2004	2005	2006	2007	2008
合成洗涤剂产量	330	348	387	465	517	528	583	598
炭黑产量	76	89	102	138	161	185	214	243
化肥产量	3 383	3 791	3 881	4 457	4 934	5 288	5 825	5 868
农药总产量	79	93	77	86	104	130	1 760	1 900
油墨产量	15	17.08	20.39	23.79	30.24	34.79	38.5	43.39
涂料产量	182	202	242	298	383	508	593	638

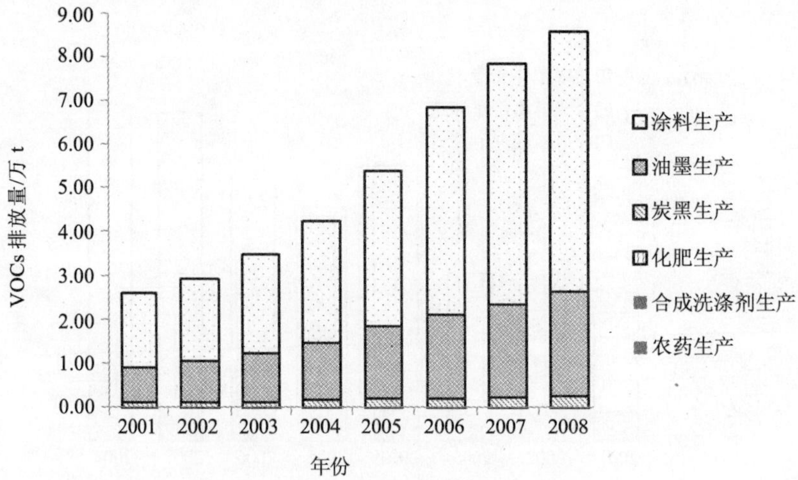

图 3-25　其他化学品制造 VOCs 排放量

由于排放因子不同，不同化学制品的 VOCs 排放量存在很大差异。图 3-25 为其他化学品制造 VOCs 排放量，由图可以看出，涂料生产排放出较多 VOCs，2001 年有 1.69 万 t，2008 年将近 6 万 t。其次是油墨生产，2001 年为 0.82 万 t，2008 年也有 2 万多 t。炭黑产量相对较少，2001 年为 0.07 万 t，2008 年为 0.22 万 t。化肥、农药和合成洗涤剂等生产也会排放 VOCs，但是排放总量不是太大。

4）非金属矿物制品生产

非金属矿物制品，如玻璃、沥青制造，瓷砖烧制等，也会挥发 VOCs。我国历年矿物制品数量如表 3-13 所示，由于很难找到某些统计数据，如 2004—2007 年的日用陶瓷产量和 2005 年的石油沥青产量等，所以只能计算 2003 年和 2008 年的非金属矿物制品生产 VOCs 排放量（见图 3-26）。

表 3-13 我国历年非金属矿物制品产量[111]

年份	2001	2002	2003	2004	2005	2006	2007	2008
平板玻璃产量/万重量箱	20 964	23 446	27 703	37 026	40 210	46 575	53 918	55 185
日用陶瓷/亿件	132	165	96	—	—	—	—	157
石油沥青产量/万 t	—	—	861	1 245	—	1 238	1 384	1 478

备注：空白处表示暂时缺少相关统计数据。

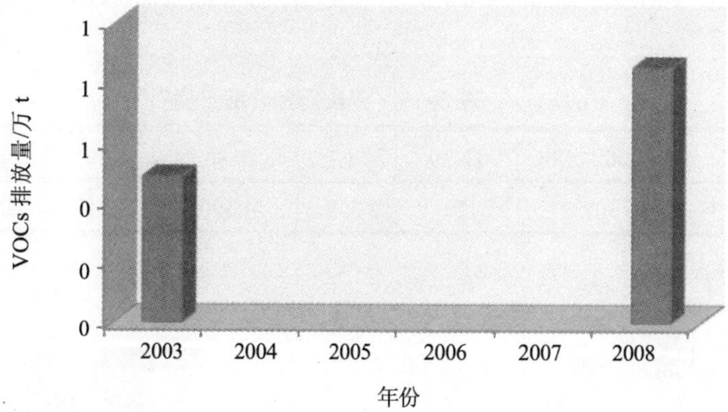

图 3-26 我国非金属矿物制品生产 VOCs 排放量

据此计算 2003 年和 2008 年非金属矿物制品生产 VOCs 的排放量，分别为 0.49 万 t 和 0.85 万 t。总量相对不大，对我国 VOCs 排放总量影响不大。

5）塑料制品生产

塑料制品生产过程中由于原料和溶剂挥发也会排放 VOCs。表 3-14 为我国历年塑料制品产量。2001 年的产量为 1 184 万 t，到 2004 年增长到 3 761 万 t，2005 年减少较多，为 2 199 万 t，此后又一直增长，到 2008 年为 3 814 万 t。

表 3-14 我国历年塑料制品产量[111] 单位：万 t

年份	2001	2002	2003	2004	2005	2006	2007	2008
塑料制品产量	1 184.30	1 400.50	1 650.50	3 760.70	2 198.54	2 801.87	3 305.23	3 813.82

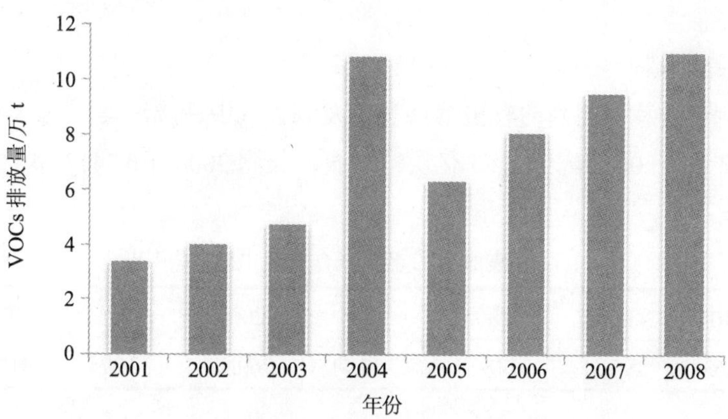

图 3-27 我国历年塑料制品生产 VOCs 排放量

VOCs 排放结果如图 3-27 所示，其排放量从 2001 年的 3.43 万 t 增长到 2008 年的 11.06 万 t。由于 2004 年塑料制品产量很大，所以这一年的 VOCs 排放量也比较大，为 10.91 万 t。

6）橡胶制品业

橡胶制品业也是工业过程中排放 VOCs 比较多的行业之一。表 3-15 为我国历年外胎产量数据（橡胶制品之一），从中可以看出，其产量增长速度很快，2001 年为 13 573 万条，2008 年为 54 615 万条，翻了两番。

表 3-15　我国历年外胎产量[111]　单位：万条

年份	2001	2002	2003	2004	2005	2006	2007	2008
外胎产量	13 573	16 307	19 312	39 058	34 390	43 547	55 833	54 615

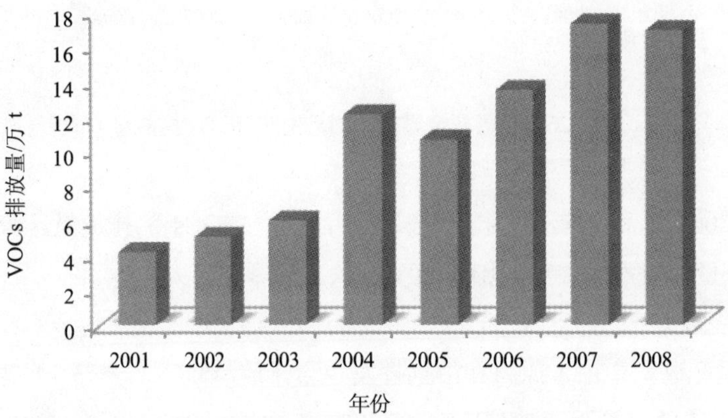

图 3-28　我国历年外胎制造 VOCs 排放量

我国历年外胎生产 VOCs 排放量如图 3-28 所示，2001 年为 4.21 万 t，一直增长，到 2004 年为 12.11 万 t，2005 年有所下降，为 10.66 万 t，此后一直增长，到 2007 年为 17.31 万 t，2008 年受金融危机影响，其产量有所降低，VOCs 排放量也相应有所下降，为 16.93 万 t。

7）集成电路制造

集成电路制造过程中用到的有机溶剂会挥发到大气中造成污染。表 3-16 为我国历年集成电路产品产量，2001 年为 63.63 亿块，一直增长到 2008 年的 417.14 亿块。

表 3-16　我国历年集成电路产量[111]　单位：亿块

年份	2001	2002	2003	2004	2005	2006	2007	2008
集成电路	63.63	96.31	148.31	235.51	269.97	335.75	411.62	417.14

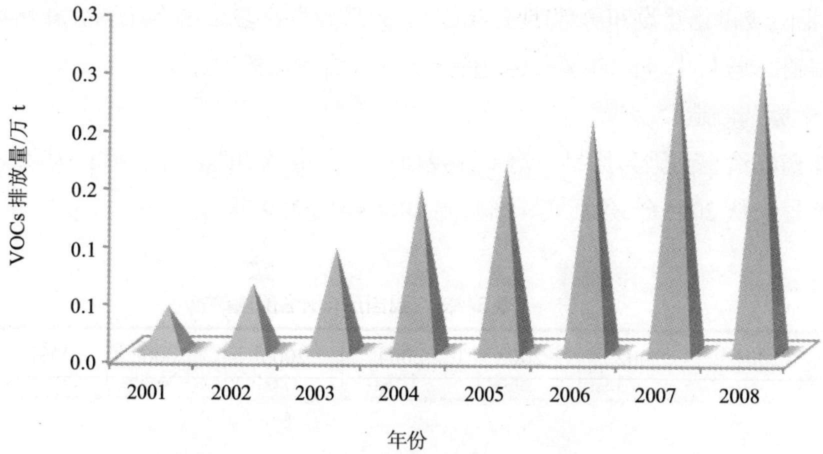

图 3-29　我国历年集成电路制造 VOCs 排放量

集成电路制造 VOCs 排放量计算结果如图 3-29 所示，历年排放总量较小，不足 1 万 t，但是增长速度较快，从 2001 年的 0.038 万 t 增长到 2008 年的 0.250 万 t，2008 年为 2001 年的 6.6 倍。

8）人造板制造

人造板制造过程中要用到大量胶黏剂等物质，同样会挥发 VOCs。表 3-17 为我国历年人造板的产量，也是一直处于增长状态，2001 年为 2 111 万 m^3，2008 年为 9 410 万 m^3。

表 3-17　我国历年人造板的产量[111]　　单位：万 m^3

年份	2001	2002	2003	2004	2005	2006	2007	2008
人造板产量	2 111	2 931	4 553	5 446	6 393	7 429	8 839	9 410

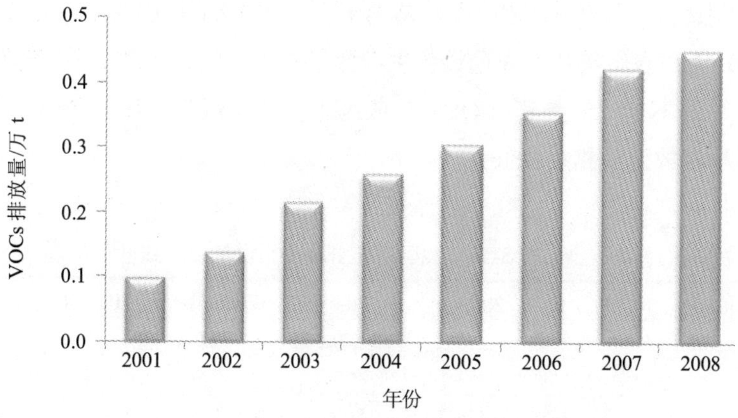

图 3-30　我国历年人造板制造 VOCs 排放量

图 3-30 为我国历年人造板制造 VOCs 排放量，由图可见，我国人造板制造排放的 VOCs

总量不大，历年都在 0.5 万 t 以下。但是逐年快速增长，到 2008 年其排放总量达到 0.45 万 t。随着我国城市化建设和房地产业的发展，人造板制造量会继续增长，其排放的 VOCs 也会持续增长。遏制其增长的方法是使用低 VOCs 含量的胶黏剂。

9）化学原药制造

化学原药制造也会因为原料、溶剂挥发而产生大量 VOCs。表 3-18 为我国历年化学原药产品产量，从 2001 年的 76 万 t 增长到 2008 年的 229 万 t。

表 3-18 我国历年化学原药的产量[111] 单位：万 t

年份	2001	2002	2003	2004	2005	2006	2007	2008
化学原药产量	76.22	73.93	99.42	103.05	126.7	176.55	205.07	228.53

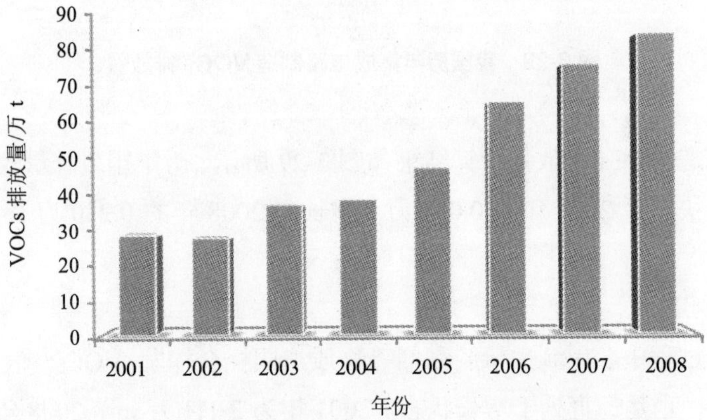

图 3-31 我国历年化学原药制造 VOCs 排放量

化学原药制造 VOCs 排放量如图 3-31 所示，历年排放量都很大，2001 年量为 28 万 t，以后历年增长，特别是 2005—2008 年增长速度很快，到 2008 年其排放量达到 85 万 t。

10）交通工具制造

交通工具制造行业排放 VOCs 主要是由于有机溶剂的使用、交通工具表面喷涂挥发产生。表 3-19 为我国历年各种交通设备生产数量，主要包括火车、汽车、自行车和摩托车。火车生产数量不多，但是其 VOCs 排放因子很高，汽车、摩托车和自行车每年生产数量很多，但是排放因子相对较低。

表 3-19 我国历年各种交通设备生产数量[111] 单位：万辆

交通设备	2001 年	2002 年	2003 年	2004 年	2005 年	2006 年	2007 年	2008 年
铁路客车	0.3	0.3	0.2	0.2	0.2	0.2	0.2	0.3
铁路货车	3.1	3.1	3.1	3.2	3.9	3.9	4.2	5.7
汽车	234.2	325.1	444.4	509.1	570.5	727.9	888.9	934.6
摩托车	1 041.5	1 198.8	1 461.3	1 674.9	1 690.9	2 054.5	2 508.3	2 768.9
自行车	2 902.3	3 957.5	5 451.7	7 906.2	6 900.6	7 886.6	7 475.2	6 374.9

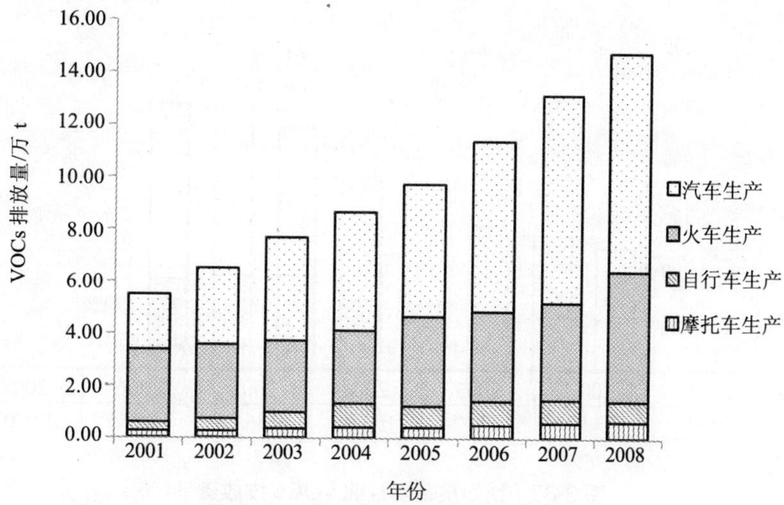

图 3-32　交通工具制造 VOCs 排放量

图 3-32 为我国历年机动车生产 VOCs 排放量。从图中可以看出，历年 VOCs 排放量较大，而且随着我国机动车生产量的增加，其制造排放的 VOCs 也在相应增加。2001 年排放量为 5.51 万 t，到 2008 年增长为 14.8 万 t。其中，汽车制造排放的 VOCs 量最多，2008 年占机动车生产排放总量的比例为 56.5%，其次是火车，其比例为 33.8%，然后是自行车和摩托车，其比例分别为 5.1%和 4.5%。

11）纺织皮革制鞋

纺织皮革等行业是我国传统污染行业之一。本文选取纱、布、轻革生产和皮鞋制造几个行业计算其 VOCs 排放量。表 3-20 为我国历年纱、布、轻革和皮鞋产量。从中可以看出，各个产品产量增长都非常快，纱产量从 2001 年的 761 万 t 增长到 2008 年的 2 123 万 t，布产量从 2001 年的 290 亿 m 增长到 2008 年的 710 亿 m，皮鞋产量也从 13.4 亿双增长到 33.1 亿双，都增长了几倍；轻革产量虽然没有成倍增长，但是也由 2001 年的 4.6 亿 m^3 增长到 2008 年的 6.4 亿 m^3。

表 3-20　我国历年纺织、皮革、制鞋产品产量

年份	2001	2002	2003	2004	2005	2006	2007	2008
纱产量/万 t [36]	761	850	984	1 291	1 451	1 743	2 068	2 123
布产量/百万 m [36]	29 000	32 239	35 352	48 210	48 439	59 855	67 526	71 000
轻革产量/万 m^2 ①	46 000	47 800	47 600	51 019	54 531	72 419	68 384	64 204
制鞋量/万双[36]	133 586	152 282	181 647	274 393	252 548	300 300	322 902	331 533

① 数据来自中商情报网，http://www.askci.com/Search.asp.

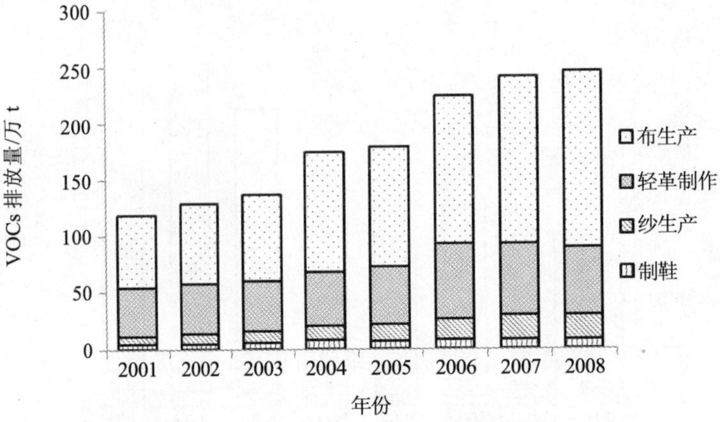

图 3-33　纺织皮革制鞋业 VOCs 排放量

通过计算，发现纺织皮革制鞋行业也是 VOCs 重点排放行业之一。图 3-33 为纺织皮革制鞋业 VOCs 排放量，如图所示，2001 年 VOCs 排放量达百万 t，到 2008 年增长到 200 多万 t，其中布生产、皮革生产（这里计算的是轻革生产）、纱生产排放的 VOCs 都比较多，特别是布生产，从 2004 年开始其排放量达到上百万 t，到 2008 年增长到 156.2 万 t，占整个行业的 63.7%；轻革 2008 年的产量为 59.71 万 t，占整个行业的 24.3%；2008 年的纱产量为 21.23 万 t，占行业的比例为 8.7%。制鞋行业主要是一些溶剂、胶黏剂的使用排放大量的 VOCs，2008 年的产量为 8.29 万 t，占整个行业的 3.4%。

12）造纸印刷

与纺织皮革业相似，造纸印刷行业也是我国污染比较严重的几个行业之一。表 3-21 和图 3-34 为我国历年纸制品和印刷出版用纸量的数据以及历年造纸印刷 VOCs 排放量，其中前者是机制纸和纸板产量，后者是根据中国统计年鉴图书、期刊、报纸印刷用纸张数计算的出版印刷用纸量，一张纸按 49 g 计算。

根据计算发现造纸印刷排放的 VOCs 总量也比较多，2001 年为 47.67 万 t，2008 年达 87.88 万 t。其中印刷排放的 VOCs 比较多，历年占造纸印刷总排放量的 90%以上；造纸排放的相对较少，主要是在制浆阶段排放。

表 3-21　我国历年纸制品及印刷品数量[111]　　单位：万 t

年份 数量	2001	2002	2003	2004	2005	2006	2007	2008
机制纸及纸板产量	3 777	4 667	4 849	5 413	6 205	6 863	7 792	8 391
出版印刷用纸量	1 446	1 630	1 807	2 101	2 232	2 308	2 345	2 649

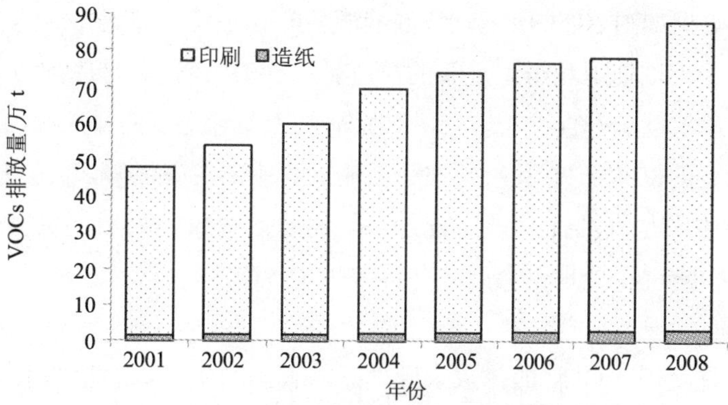

图 3-34　我国历年造纸印刷 VOCs 排放量

7. 能源生产、加工和储运

我国能源生产、加工和储运过程中挥发、泄漏的 VOCs 是大气 VOCs 污染的重要来源之一。特别是石油加工，不可避免地要产生挥发一些有机物质。表 3-22 为我国原油、天然气、煤炭生产加工的有关数据，还有油品运输和供应数据（加油站汽油、柴油供应）。从表中可以看出，除煤炭开采选洗处理量在 2006 年、2008 年有所下降，其他几种能源的量都是大幅上升，天然气、加油站汽油、柴油供应翻了一番。

表 3-22　我国历年有关能源生产、加工、储运量[15-21]

数量 \ 年份	2001	2002	2003	2004	2005	2006	2007	2008
原油加工量/万 t	21 061	21 897	24 255	26 875	28 622	30 700	32 889	34 207
天然气的产量/亿 m^3	303	327	350	415	493	586	692	789
加油站汽油消费量/万 t	1 564	1 604	1 915	2 334	2 430	2 592	2 613	3 090
加油站柴油消费量/万 t	3 421	3 665	4 135	4 985	5 890	6 547	7 184	7 649
煤炭开采、选洗、处理/万 t	21 124	25 008	23 896	26 722	40 696	29 718	31 715	29 861
油品运输/万 t	13	13	15	17	18	19	20	21

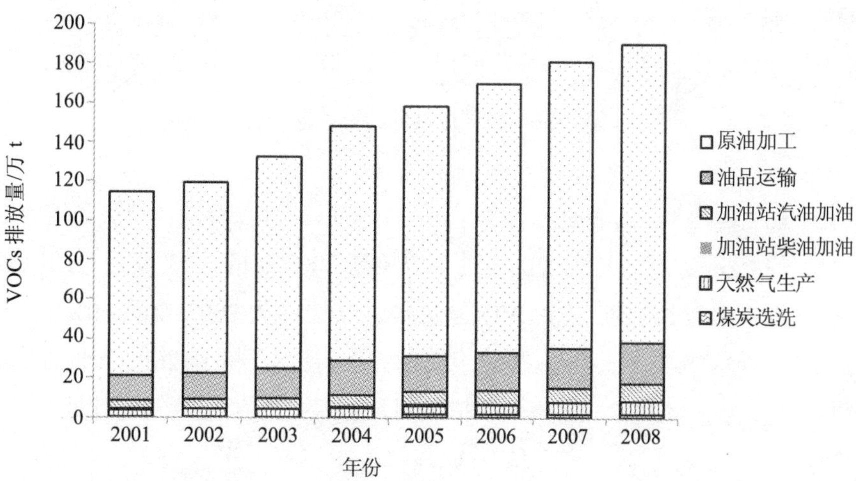

图 3-35　我国能源生产加工储运 VOCs 排放

VOCs 排放数据如图 3-35 所示，我国能源生产、加工、储运排放的 VOCs 量很大，在工业源中仅次于溶剂使用和纺织皮革的排放量。2001 年，其排放量为 114 万 t，2008 年为 190 万 t，几年以来一直增长。其中，原油加工是最主要的排放源，其排放量一直占能源生产加工储运的80%左右，其次是油品运输过程中的挥发泄漏，其排放量历年都在11%左右，加油站中主要是汽油挥发量比较大，柴油的量很少，天然气生产过程也会有少量排放，煤炭开采、选洗、处理也会产生并排放少量 VOCs。

8. 垃圾处置

垃圾处置也是我国 VOCs 的排放来源之一。我国产生垃圾的量基本上处于增长状态，特别是生活垃圾排放量随着人民生活的提高越来越多。本文主要计算生活垃圾处置 VOCs 排放量。垃圾处置的方式主要有填埋、焚烧和堆肥几种，不同的处置方式，VOCs 排放因子也不同。2003 年我国开始有垃圾分类处置的统计数据。图 3-36 为我国历年垃圾分类处置的量，其中大多数选择填埋，历年都在 80%以上；2005 年以前垃圾堆肥的量居次，2005 年及以后垃圾焚烧量超过垃圾堆肥。垃圾填埋的量中间有过减少，近几年一直处于增长趋势，垃圾焚烧的量也一直快速增长，只有堆肥的量不断减少。

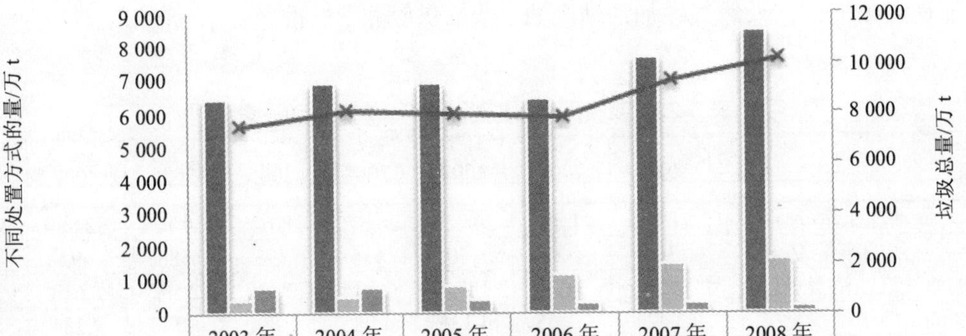

	2003 年	2004 年	2005 年	2006 年	2007 年	2008 年
垃圾填埋	6 404	6 888.9	6 857.1	6 408.2	7 632.7	8 424
垃圾焚烧	369.9	449	791	1 137.6	1 435.1	1 569.7
垃圾堆肥	716.8	730	345.4	288.2	250	174
总计	7 490.7	8 067.9	7 993.5	7 834	9 317.8	10 167.7

图 3-36 我国垃圾分类处置量[101]

计算得到垃圾处置 VOCs 的排放量如图 3-37 所示。可以看出，垃圾处置 VOCs 排放量一直处于增长状态，从 2003 年的 0.41 万 t 增长到 2008 年的 1.33 万 t。虽然垃圾填埋的量一直占大多数，但垃圾焚烧产生的 VOCs 更多，其比例从 2003 年的 60%多持续增长到 2008 年的 87%，垃圾填埋排放量从 2003 年 20%左右持续下降到 2008 年的 12.8%，可见垃圾焚烧对大气环境影响更大，应该采取措施对垃圾焚烧产生的废气进行处置。

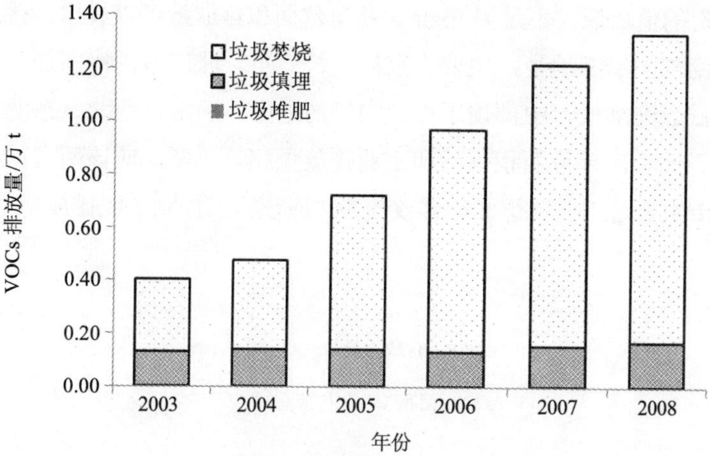

图 3-37 我国历年垃圾处置 VOCs 排放量

3.3.3 不同地区排放情况

1. 排放总量

根据各省 2008 年的活动水平进行地区分解（由于工业行业分类太多，所以通过工业增加值进行分解），叠加得到各省 2008 年 VOCs 排放总量，如图 3-38 所示。从图中可以看出，排放总量最大的几个省为广东省、山东省、江苏省，都在 200 万 t 以上，分别为 233.82 万、205.79 万、202.64 万 t，这几个省份分布在我国的长三角、珠三角（山东省位于长三角和京津冀之间）；其次是排放量相对较大的浙江省、河南省、河北省，其排放总量分别为 147.65 万 t、106.68 万 t、100.74 万 t，处于 100 万～150 万 t 之间；四川省、辽宁省、湖南省、湖北省、福建省、上海市、安徽省的排放总量处于中间位置，都在 50 万～100 万 t 之间；新疆、内蒙古、北京、天津、黑龙江、吉林、山西、山西、重庆、贵州、云南、广西、江西等省区（市）的排放总量相对较少，处于 20 万～50 万 t 之间；排放总量最少的省份为西藏、青海、甘肃、宁夏、海南，各省份都不超过 20 万 t，其中西藏最少，为 1.01 万 t。基本可以得出这样的规律：排放总量大的地区位于我国东部地区，如长三角、珠三角、京津冀地区，这里经济活跃，人民生活水平较高；排放总量中等的地区位于我国东北和中部地区，这里的经济水平和人民生活都处于东西部之间；排放总量少的地区位于我国中北部和西南地区，这里地广人稀、经济比较落后；排放最多的省份是广东省，最少的是西藏自治区，前者是后者的 232.2 倍。东部地区是总量控制的重点。

地区总排放量，并不能显示对大气的污染强度，而单位面积的平均排放量，则可以反映单位面积上的人民生活和经济活动对大气污染的贡献。从图 3-38 可以看出，上海、天津、北京、江苏的单位面积排放量都很高，都在 20 t/km^2 以上，特别是上海市，高达 81 t/km^2；浙江、广东、山东的值也非常高，都在 10～20 t/km^2；其次是河南、福建、重庆、海南、河北、辽宁、安徽、湖北、湖南、江西，处于 3～10 t/km^2 之间；山西、广西、四川、陕西、贵州、吉林、宁夏处于中等水平，为 1～3 t/km^2；云南、黑龙江、甘肃、内蒙古、新疆、青海、西藏几个省份的值最低，不足 1 t/km²。从单位面积排放量可以看出：排放量大的地区分布在东部和东南部的沿海地带，主要为京津、长三角、珠三角，特别是几个大城市；从沿海向内陆排放量逐渐降低，中部属于排放中等的地区；西南、西北、东北地区单位面积排放量较低。对于北京，单位面积生活和工业排放量相差不多，应该两方面都要控制；而上海、天津等城市主要是工业单位面积排放较多，应该重点控制工业排放。

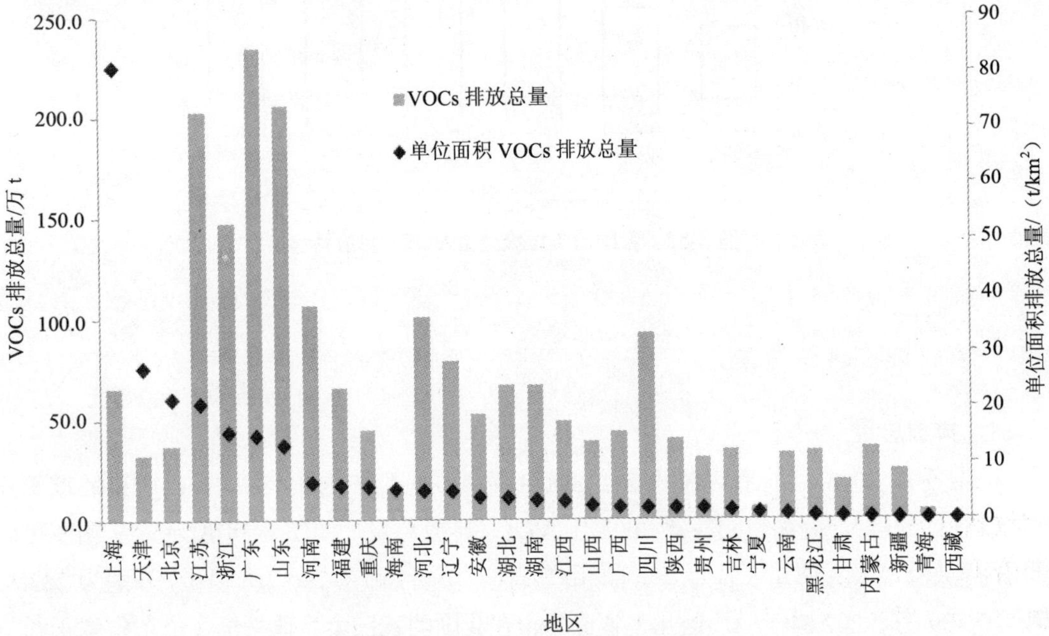

图 3-38　2008 年我国各省 VOCs 排放总量和单位面积排放总量

2. 生活源排放量

根据各省 2008 年生活各源活动水平进行地区分解，叠加得到各省 VOCs 生活源排放总量。图 3-39 为我国 VOCs 生活排放总量和各省单位面积 VOCs 排放量。从图中可以看出，排放总量最大的省份为广东省，达 107.59 万 t，其次是山东省，2008 年生活源排放总量为 84.20 万 t，居第三位的是江苏省，为 71.70 万 t，然后是浙江省，排放量也较多，为 68.76 万 t，四川省也在 60 万 t 以上；河南、河北、湖南、湖北、福建、重庆、江西、广西、安徽、辽宁几个省区（市），其排放量居于 30～60 万 t 之间，这几个省份大部分分布在我国的中部和西南部的四川盆地；陕西、贵州、云南几个省份的排放量在全国居于中等水平，在 20 万～30 万 t 之间；山西、黑龙江、内蒙古、吉林、上海、北京、吉林、新疆、海南、甘肃等省区（市）的生活源排放量相对较少，处于 8 万～20 万 t 之间；天津、宁夏、青海、西藏的生活源排放总量最低，少于 8 万 t。基本可以得出这样的规律：排放总量大的地区有两片，一片为东部沿海，从京津冀、长三角一直到珠三角一线地区，这里经济发达、人民生活水平较高，还有一片为中部的两湖和四川盆地；排放总量中等的地区位于我国中部和东部部分地区，这里的经济水平和人民生活都处于东西部之间；排放总量少的地区位于我国东北、西北、西南地区，这里自然条件恶劣、地广人稀，人民生活水平落后；排放最多的省份是广东省，最少的是西藏自治区，前者是后者的 118 倍。东部地区是生活源 VOCs 总量控制的重点。

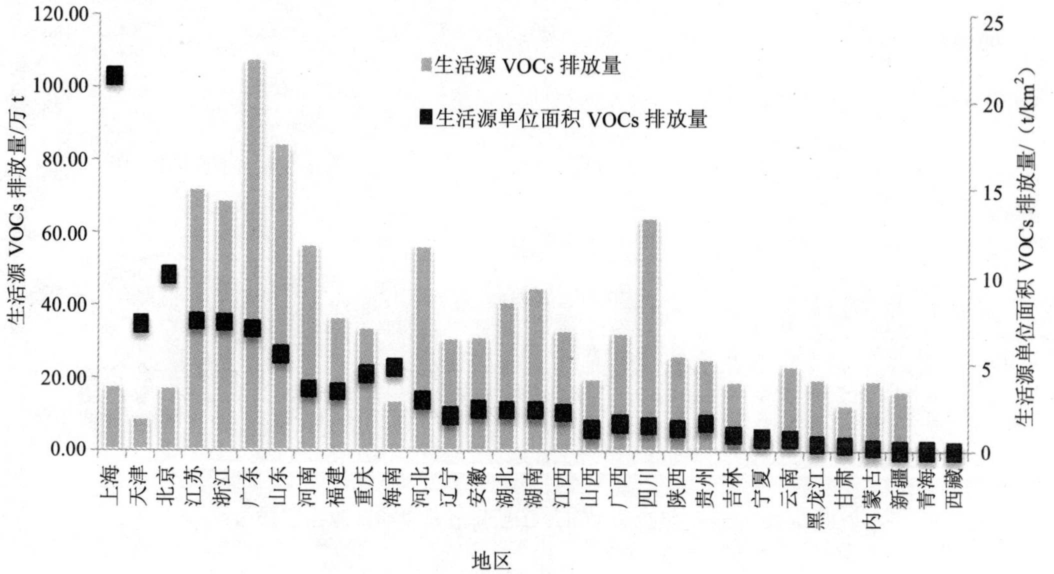

图 3-39　2008 年我国 VOCs 生活排放总量和单位面积排放量

从生活源单位面积排放总量可以看出，上海单位面积排放量最高，为 21.40 t/km^2，其次是北京市，为 10.00 t/km^2，江苏省居第三位，为 7.36 t/km^2；浙江、天津、广东、重庆、山东、海南、福建的单位面积排放总量也比较高，都在 3 t/km^2 以上；河北、安徽、湖北、湖南、江西、辽宁、贵州、广西、四川、陕西、山西处于中等水平，单位面积排放总量处于 1.0～3.0 t/km^2 之间；吉林、宁夏、云南几个省份的单位面积排放量较低，处于 0.5～1.0 t/km^2 之间；黑龙江、甘肃、内蒙古、新疆、青海、西藏单位面积排放量最少，不足 0.5 t/km^2。从单位面积排放量可以看出：排放量大的地区分布在东部和东南部的沿海地带，主要为京津、长三角、珠三角，特别是上海、北京、天津等直辖市；从沿海向内陆排放量逐渐降低，中部属于排放中等的地区；东北、西南、西北地区单位面积排放量比较低。

3. 工业源排放量

图 3-40 为 2008 年我国 VOCs 工业排放总量和单位面积排放量。地区工业排放总量的情况与全国总量情况相似，排放量最大的地区为江苏省，工业排放总量达到 130.8 万 t，其次是广东省，为 126.3 万 t，山东省居第三位，为 121.5 万 t；浙江、河南、上海、辽宁、河北工业排放总量也较多，基本都在 30 万 t 以上；福建、四川、湖北、天津、湖南、安徽、北京的工业排放总量处于中等水平，在 20 万～30 万 t 之间；山西、内蒙古、江西、吉林、黑龙江、陕西、广西、重庆的工业排放总量相对较少，在 10 万～20 万 t 之间；云南、新疆、甘肃、贵州、宁夏、青海、海南、西藏工业排放总量最少，都不足 10 万 t。从图中可以看出，工业排放总量最大的地区基本上位于东南沿海，越向内陆排放总量越少。

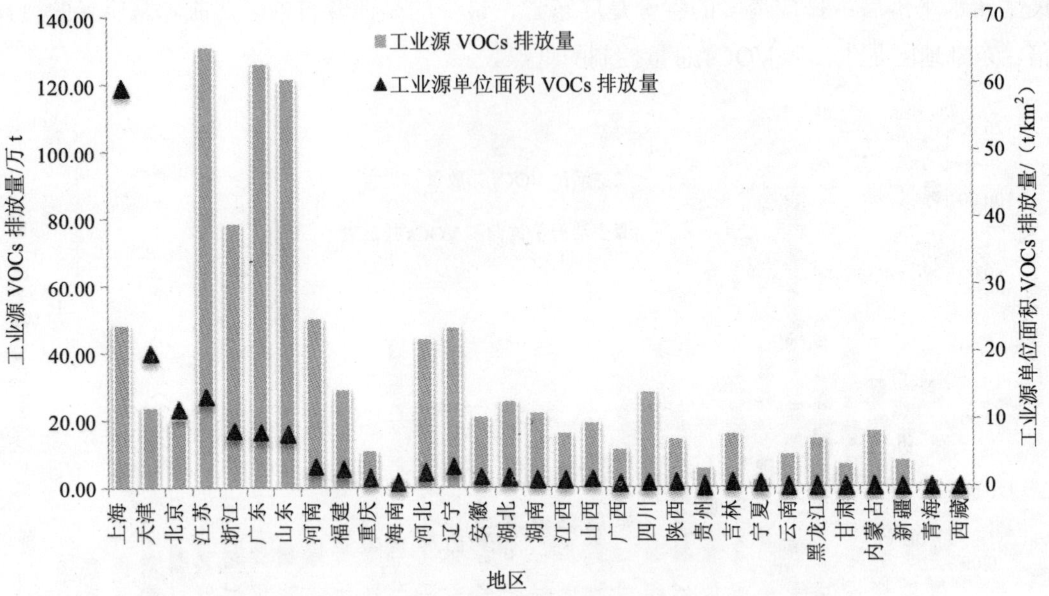

图 3-40　2008 年我国 VOCs 工业排放总量和单位面积排放量

单位面积的排放总量，最大的依然是上海市，达到 59.3 t/km²，远远大于排名第二的天津市，为 19.9 t/km²，然后是江苏省，为 13.4 t/km²；北京也较多，为 11.6 万 t；浙江、广东、山东、河南、辽宁的单位面积排放量也较高，在 3 t/km² 以上；福建、河北、安徽、湖北、重庆、山西、湖南、江西排放量处于中等水平，为 1 万～3 万 t；吉林、海南、四川、广西、宁夏单位面积排放总量处于中等水平，在 0.5～1 t/km² 之间；贵州、云南、黑龙江、甘肃、内蒙古、新疆、青海、西藏最少，不足 0.5 t/km²。从图 3-40 中可以看出，单位面积工业排放 VOCs 的值东部及东南沿海较高、较低的是西部及西北、西南内陆地区。

4．垃圾处置

图 3-41 为 2008 年我国 VOCs 垃圾处置排放总量和单位面积排放量，我国各省垃圾处置 VOCs 的排放量，最大的为广东省，2008 年达到 0.15 万 t，其次是江苏省，为 0.11 万 t，然后是山东省，为 0.10 万 t，浙江省也较多，为 0.09 万 t；北京、河南、上海、辽宁、四川、河北、湖北、福建等的垃圾处置排放总量较多；黑龙江、安徽、云南、陕西、广西、重庆、江西、内蒙古的排放总量处于中等水平，在 0.02 万～0.03 万 t 之间；新疆、吉林、天津、山西、贵州垃圾处置排放总量较少，为 0.02 万 t；甘肃、海南、宁夏、青海排放总量最少，为 0.01 万 t；西藏自治区缺少相关统计数据，没有计算结果。

单位面积的排放量，依然是上海市最高，达到 0.073 t/km²，其次是北京市，为 0.046 t/km²，居于第三位的是天津市，为 0.016 t/km²；江苏、广东、浙江、山东单位面积排放总量也比较多，处于 0.007～0.012 t/km² 之间；福建、河南、辽宁、重庆、湖北、河北、海南、安徽、湖南单位面积排放量处于中等水平，在 0.002～0.005 t/km² 之间；江西、陕西、山西、宁夏、广西、四川、贵州的单位面积排放总量较少，处于 0.001～0.002　t/km² 之间；吉林、云南、黑龙江、甘肃、内蒙古、新疆、青海排放量最少；而西藏自治区缺少相关统计数据，没有数值。

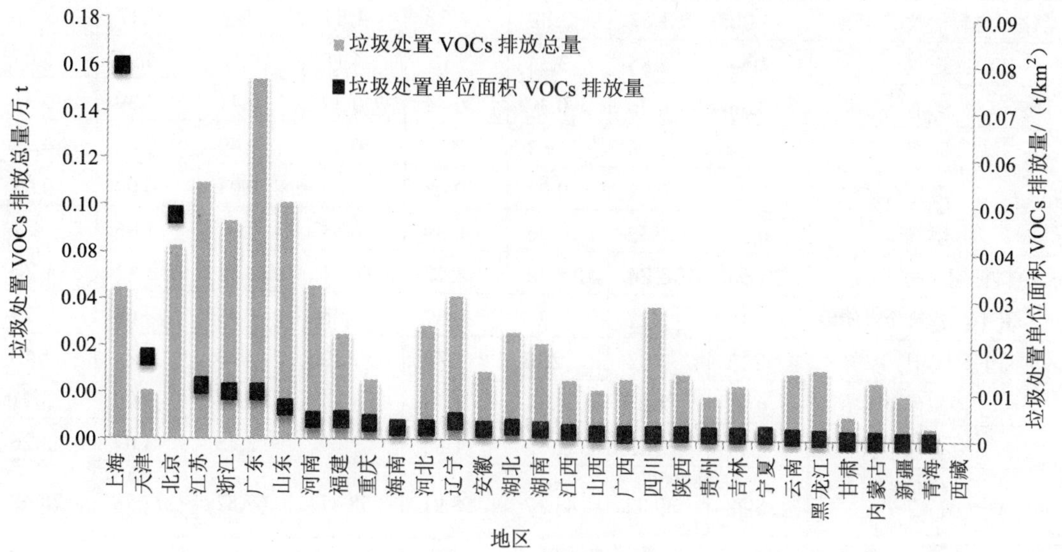

图 3-41　2008 年我国 VOCs 垃圾处置排放总量和单位面积排放量

3.3.4 小结

表 3-23 为我国历年不同来源 VOCs 排放量汇总，表中对 2008 年的数据进行比较，可以看出 VOCs 排放量的来源排序为：机动车（570 万 t）、工业过程（548 万 t）、涂料油漆使用（314 万 t）、生物质燃烧（295 万 t）、能源生产加工储运（190 万 t）、厨房油烟（90 万 t）、化石燃料燃烧（7.22 万 t）、垃圾处置（1.0 万 t）。工业 VOCs 排放增长非常迅速。

表 3-23　我国历年不同来源 VOCs 排放量汇总　　单位：万 t

具体来源	2001 年	2002 年	2003 年	2004 年	2005 年	2006 年	2007 年	2008 年
1.机动车尾气排放	—	454.99	498.28	509.28	552.38	559.67	569.91	569.77
其中：汽油客车	—	64.77	79.59	93.24	113.85	139.13	169.74	200.89
柴油客车	—	1.58	1.55	1.54	1.5	1.47	1.42	1.33
轻型汽油货车	—	8.77	8.87	9.1	9.4	9.37	9.66	10.01
轻型柴油货车	—	1.6	1.78	1.96	2.2	2.36	2.55	2.72
重型柴油货车	—	22.31	22.49	22.17	21.7	20.71	20.72	20.33
摩托车	—	355.96	384	381.27	403.72	386.64	365.83	334.48
2.农村生物质燃烧	526.41	610.62	379.59	392.12	349.37	333.13	315.64	295.06
其中：薪柴燃烧	474.88	554.89	323.32	334.69	286.5	269.16	258.19	241.35
秸秆燃烧	51.53	55.73	56.27	57.44	62.87	63.97	57.46	53.71
3.厨房油烟	83.08	84.25	85.4	86.46	87.53	88.41	89.34	90.14
其中：城镇	41.68	43.54	45.42	47.07	48.74	50.04	51.49	52.61
农村	41.4	40.71	39.99	39.39	38.79	38.37	37.85	37.53

具体来源	2001 年	2002 年	2003 年	2004 年	2005 年	2006 年	2007 年	2008 年
4.化石燃料燃烧	3.05	3.27	3.82	4.33	4.81	5.4	6.17	6.37
其中：燃煤	2.64	2.85	3.34	3.8	4.18	4.62	4.96	5.07
燃油	0.36	0.36	0.39	0.44	0.39	0.41	0.39	0.31
天然气	0.24	0.26	0.3	0.35	0.41	0.49	0.62	0.72
液化石油气	0.02	0.03	0.03	0.03	0.03	0.03	0.04	0.03
煤气	0.32	0.32	0.36	0.39	0.53	0.65	1.06	1.1
5.涂料使用	96.86	106.24	124.99	152.43	191.77	252.31	292.11	314.25
其中：建筑涂料使用	15	21	29	37	46	55	68	79
6.工业过程合计	245	267	299	377	389	473	521	548
其中：黑色金属冶炼	0.91	1.06	1.33	1.73	2.1	2.57	3.06	3.11
有色金属冶炼	1.14	1.3	1.57	1.82	2.09	2.45	3.07	3.26
化学原料及化学品生产	35.28	39.02	43.17	58.91	58.31	67.82	77.78	78.48
矿物制品生产	—	—	—	—	—	—	—	—
塑料制品生产	3.43	4.06	4.79	10.91	6.38	8.13	9.59	11.06
轮胎生产	4.21	5.06	5.99	12.11	10.66	13.5	17.31	16.93
集成电路制造	0.04	0.06	0.09	0.14	0.16	0.2	0.25	0.25
人造板生产	0.1	0.14	0.22	0.26	0.31	0.36	0.42	0.45
化学原药制造	28.35	27.5	36.98	38.33	47.13	65.68	76.29	85.01
交通工具制造	5.51	6.51	7.7	8.69	9.76	11.39	13.16	14.79
纺织	71.4	79.4	87.6	119	121.1	149.1	169.2	177.4
皮革	42.78	44.45	44.27	47.45	50.71	67.35	63.6	59.71
制鞋	4.27	4.72	5.45	7.96	7.07	8.11	8.4	8.29
造纸印刷	47.67	53.89	59.61	69.23	73.71	76.39	77.93	87.88
7.能源生产加工储运	114.19	119.1	132.02	147.79	157.94	169.22	181.09	189.89
其中：煤炭选洗	0.94	1.11	1.06	1.19	1.81	1.32	1.41	1.33
天然气生产	2.57	2.77	2.97	3.51	4.18	4.96	5.86	6.69
加油站柴油	0.17	0.18	0.2	0.24	0.29	0.32	0.35	0.37
加油站汽油	4.32	4.43	5.29	6.44	6.71	7.15	7.21	8.53
油品运输	12.6	13.31	14.71	16.97	17.76	19.04	20.09	20.96
原油加工	93.6	97.31	107.79	119.43	127.2	136.43	146.16	152.01
8.垃圾处置	—	—	0.402	0.470	0.723	0.970	1.215	1.330
其中：垃圾堆肥	—	—	0.006	0.006	0.003	0.002	0.002	0.001
垃圾填埋	—	—	0.128	0.138	0.137	0.128	0.153	0.169
垃圾焚烧	—	—	0.274	0.332	0.585	0.842	1.062	1.162
总计	—	—	1 524	1 669	1 734	1 882	1 976	2 014

3.4 预测结果

3.4.1 排放总量

对排放清单进行预测，首先要对排放 VOCs 的各源活动水平进行预测，然后进行排放量的预测。但是，还应该考虑到环保材料替代、去污技术进步、人们环保意识增强导致的排放因子的降低。所以本文通过两种情景方案对各个来源的排放量的预测，一种是根据现有 VOCs 排放因子或据其变化趋势推测预测年份 VOCs 排放因子进行预测，下文称为根据“现有排放水平稳步提高下的预测”；一种考虑了预测年份可能存在的技术进步、产业结构调整导致的削减率的提高或者假设政府为加大控制力度而制定一定的总量削减目标，以下称为“加大控制力度下的预测”。

1．方案一：现有排放水平稳步提高下的预测

在现有排放水平稳步提高下，我国 VOCs 排放总量预测见图 3-42，图中显示在 2011 年、2013 年、2015 年、2020 年分别为 2 179 万 t、2 407 万 t、2 644 万 t、3 219 万 t。呈现出排放总量巨大、增长速度快的特点。其中工业排放总量逐渐超过生活排放，成为最大的排放源。图 3-43 显示了在方案一下不同来源的排放总量预测，工业排放 4 个预测年份的值分别为 1 178 万 t、1 369 万 t、1 548 万 t 和 1 963 万 t，处于快速增长状态，其占总排放量的比例分别为 54.1%、56.9%、58.5%和 61.0%，一直增长。其次是生活源的排放，4 个年份的排放量分别为 998 万 t、1036 万 t、1 548 万 t 和 1 963 万 t，占总量比例分别为 45.8%、43.0%、41.3%和 38.8%，此比例处于减少趋势。垃圾处置排放量相对很少。由此可以看出，生活和工业源，特别是工业源，是未来 VOCs 排放总量控制的重中之重。

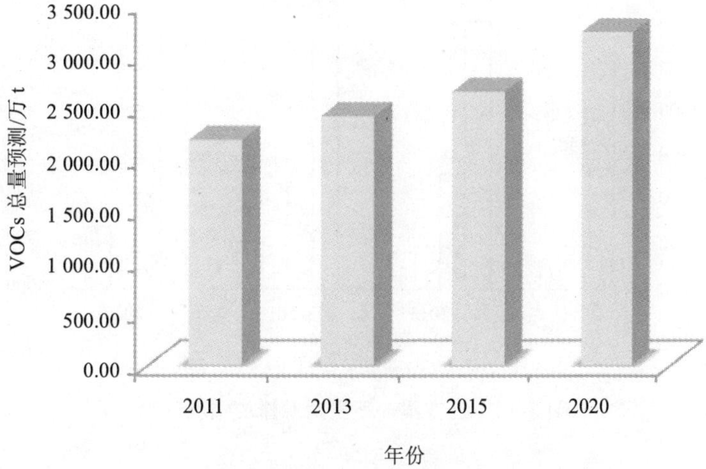

图 3-42　在方案一下我国历年 VOCs 排放总量预测

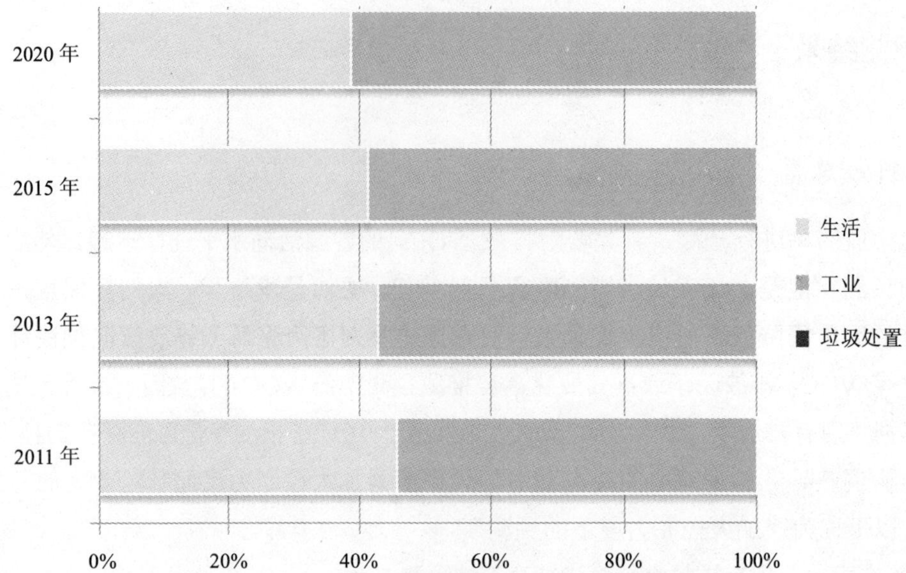

图 3-43　在方案一下不同来源的排放总量预测

当然，这个预测假设也存在着不合理的地方，即现在的技术每天都在变化，废气处理技术也在进步，未来 VOCs 排放削减的情况肯定比现在高。但是技术因素不好预测，所以本报告在前人研究基础上，假设不同来源的 VOCs 在现在的排放水平下会有进一步的削减，或者国家会出台更为严格的 VOCs 排放限制（见情景方案二）。

1）生活源

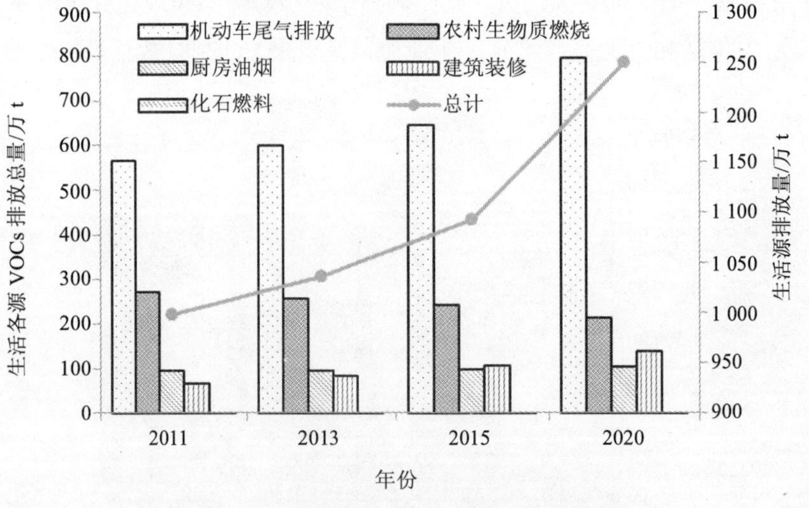

图 3-44　在方案一下生活源排放情况预测

图 3-44 为生活源排放情况预测，从中可以看出，生活源排放总量一直为增长态势，从 2011 年的 998 万 t 上升为 2013 年的 1 036 万 t，2015 年继续上升为 1 093 万 t，2020 年预测为 1 250 万 t。虽然生物质燃烧排放的 VOCs 一直大幅下降，但是机动车、厨房油烟、

化石燃料燃烧、建筑装修排放始终处于上升状态，特别是机动车、建筑装修涂料油漆使用排放量大幅上升，所以生活源排放的 VOCs 总量还是处于上升状态。2011 年生活源中机动车为第一大源，其次依次是生物质燃烧、厨房油烟、建筑装修、化石燃料燃烧，其排放比例分别为 56.7%、27.1%、9.6%、6.6%和 0.1%；到 2020 年，机动车依然为第一大源，其次依次是生物质燃烧、建筑装修、厨房油烟、化石燃料，其排放比例分别为 63.8%、17.0%、10.9%、8.1%和 0.1%。机动车尾气排放问题在生活源中还是非常突出，应该实施更为严格的尾气控制标准和措施，生物质燃烧排放虽然有所下降，但是总量依然很大，应该鼓励使用清洁能源；建筑装修涂料使用排放所占比例逐渐凸显，应该加快环保涂料产品替代。

2）工业源

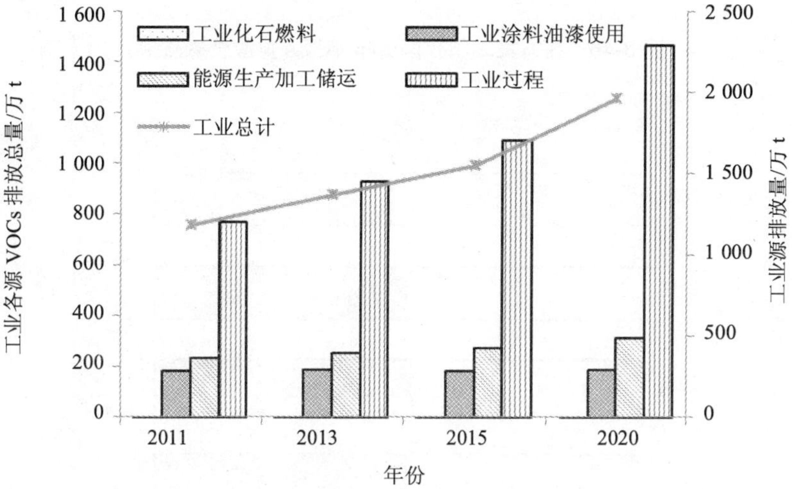

图 3-45　在方案一下工业源排放情况预测

图 3-45 为工业源排放情况预测。从中可以看出，工业源排放总量一直处于增长趋势，从 2011 年的 1 178 万 t 增长为 2020 年的 1 963 万 t。工业过程为最主要的工业排放来源，2011 年为 763 万 t，2020 年增长到 1 464 万 t，其次为工业涂料使用，2011 年为 179 万 t，2020 年为 186 万 t，能源生产加工储运排放量也比较多，2011 年为 228 万 t，2020 年为 308 万 t。相比而言，工业化石燃料排放量很少。由于工业过程排放占整个工业源的比例非常大，而且占整个工业行业的比例一直增加，2011 年、2013 年、2015 年和 2020 年分别为 64.8%、67.7%、70.5%和 74.6%，所以应该加大治理力度。其次是工业涂料油漆使用排放，在工业行业的比例分别为 19.4%、18.3%、17.4%和 15.7%，处于减少状态。能源加工储运的比例分别为 15.2%、13.4%、11.6%和 9.2%，有所下降，但是总量依然很大，应该加强能源生产、加工、储运过程中的油气回收。

3）垃圾处置

垃圾处置分析部分见下文。

2. 方案二：加大控制力度下的预测

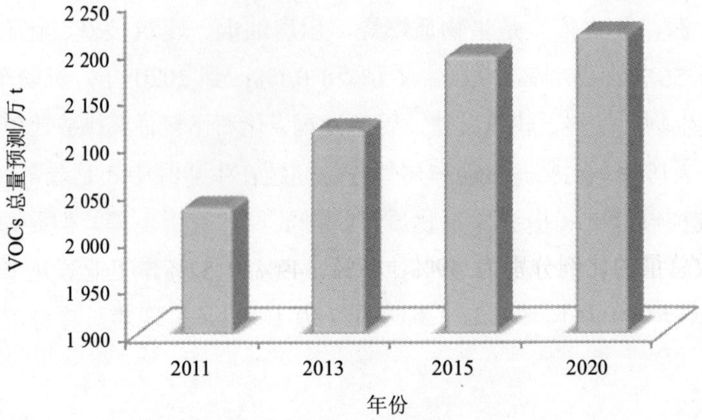

图 3-46　在方案二下我国历年 VOCs 排放总量预测

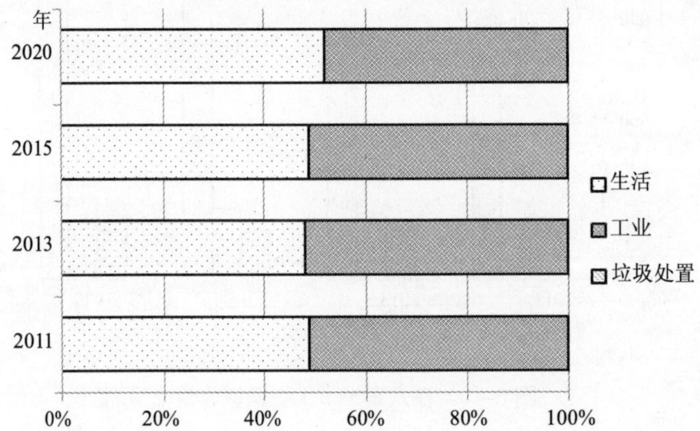

图 3-47　在方案二下不同来源的排放总量

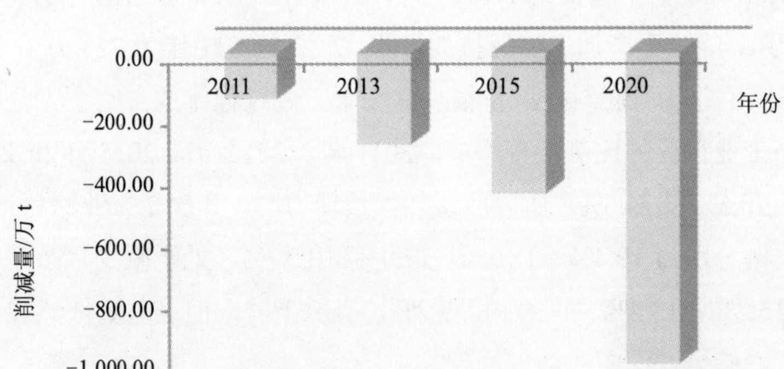

图 3-48　与方案一相比方案二的削减量

如图 3-46 和图 3-48 所示，在加大控制力度下，全国 VOCs 排放总量，各个年份都比方案一小了很多。其中，2011 年的排放总量为 2 031 万 t，比方案一减少 147 万 t；2013 年的排放总量为 2 113 万 t，比方案一减少 294 万 t；2015 年排放总量为 2 191 万 t，比方案一减少 453 万 t；2020 年排放总量为 2 215 万 t，比方案一减少 1 000 万 t。同时，预测显示方案二的排放总量增加幅度比方案一要小一些。2013 年比 2011 年增加 81 万 t，2015 年比 2013 年的排放总量增加 78 万 t，2020 年比 2015 年增加 23 万 t，增长速度小了很多。其中，生活源呈增长趋势，几个年份的排放量分别为 995 万、1 020 万、1 076 万和 1 153 万 t，其占排放总量的比例分别为 49%、48%、49%和 52%。工业源几个年份的排放量分别为 1 035 万 t、1 090 万 t、1 113 万 t、1 057 万 t，也是呈现增长趋势，增长速度比生活源稍小一些，其占排放总量的比例分别为 50.9%、51.6%、50.8%和 47.7%。垃圾处置 VOCs 排放总量最少，历年比例都在 0.1%～0.2%之间。

1）生活源

图 3-49 为方案二生活源排放情况预测，从中可以看出，生活源排放总量一直是增长的状态，从 2011 年的 995 万 t 增长为 2020 年的 1 153 万 t。虽然生物质燃烧排放一直处于比较大的下降状态，但是机动车、厨房油烟和建筑装修一直上升，所以总量越来越多。2011 年生活源中机动车为第一大源，其次依次是生物质的燃烧、厨房油烟、建筑装修、化石燃料燃烧，所占比例分别为 56.9%、26.3%、10.0%、6.8%和 0.1%。到 2020 年，机动车依然为第一大源，其次依次是厨房油烟、生物质的燃烧、建筑装修、化石燃料，所占比例分别为 68.4%、13.4%、10.6%、7.4%和 0.1%。可见，机动车排放控制仍是生活源的重中之重；厨房油烟、建筑装修也应该予以重视；应该继续加强生物质燃烧控制，鼓励使用清洁能源。

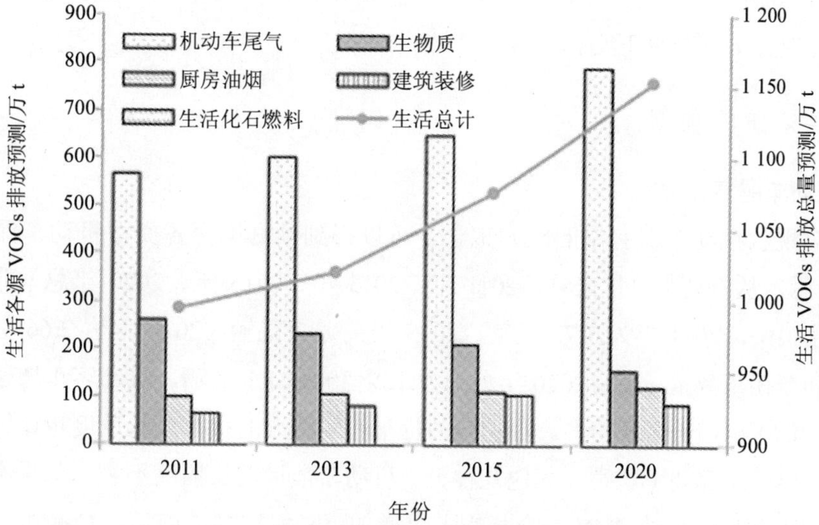

图 3-49 在方案二下生活源排放情况预测

2）工业源

图 3-50 为方案二工业源排放情况预测，从中可以看出，工业源排放量在“十二五”期间一直增长，从 2011 年的 1 035 万 t 增长为 2015 年的 1 113 万 t，“十三五”末期比“十二五”末期有所降低，为 1 057 万 t，减少 56 万 t。其中工业过程为最主要的工业排放来源，2011 年为 643 万 t，2020 年增长到 691 万 t，占工业排放的比例分别为 62.1%和 65.4%。其次为工业涂料使用，2011 年为 179 万 t，2020 年减少为 145 万 t；能源生产加工储运排放总量也比较多，一直在 200 万 t 以上，但是增长速度不大；工业化石燃料排放量较少。所以未来要控制 VOCs 排放总量，应该重点针对工业过程和能源生产加工储运。

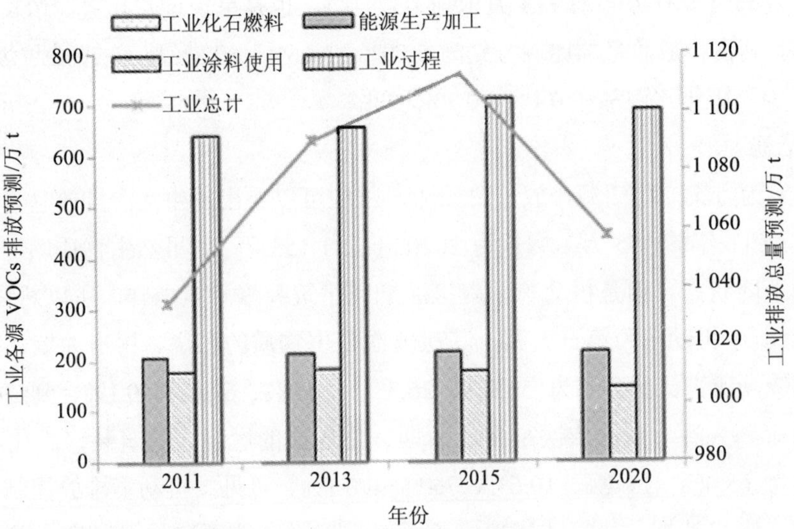

图 3-50 在方案二下工业源排放情况预测

3）垃圾处置

垃圾处置分析部分见下文。

3.4.2 各具体源的预测

1. 机动车尾气排放

通过对现状机动车保有量的回归拟合，可以得到预测年份各类型机动车保有量，如表 3-24 所示，从机动车总量来看，2011 年、2013 年、2015 年、2020 年总量非常大，而且增长速度很快。2011 年为 1.73 亿辆，2015 年突破 2 亿辆，2020 年达 2.66 亿辆。其中汽油客车和摩托车数量最多，2020 年分别为 1.2 亿辆和 1.1 亿辆。汽油客车增速很快，从 2011 年到 2020 年增长了一倍多。轻型柴油货车和轻型汽油货车增长速度也比较快，2020 年与 2011 年相比都翻了一番。其他几种类型机动车数量增长幅度不大。如果不采取尾气控制措施，机动车排放的 VOCs 会相应大幅增加；采取控制措施后，会减少一部分排放量。下面分两种情况对机动车尾气排放 VOCs 进行预测。

表 3-24　各类型机动车保有量预测　　单位：万辆

保有量	2011 年	2013 年	2015 年	2020 年
汽油客车	5 964	7 412	8 860	12 480
柴油客车	224	241	258	301
轻型汽油货车	321	393	477	742
轻型柴油货车	625	765	929	1446
重型柴油货车	484	510	537	603
摩托车	9 655	10 052	10 388	11 054
总量	17 272.27	19 372.63	21 448.65	26 626.51

1）方案一：现有控制水平下的预测

根据现状排放分析，我国 2004 年起在全国范围内开始实行等同于欧 II 的机动车尾气排放控制标准，2007 年和 2010 年我国车用燃料整体达到欧 III 和欧 IV 标准，假设未来 10 年都实行欧 IV 标准不变，则根据各控制标准排放因子可以推测 2011 年、2013 年、2015 年、2020 年我国机动车符合各类控制标准的保有量的比例，如表 3-25 所示。

表 3-25　各控制标准的机动车占保有量的比例预测　　单位：%

年份＼标准	欧 0	欧 I	欧 II	欧 III	欧 IV
2011	10.4	19.7	24.4	40.0	5.4
2013	6.4	14.9	18.4	37.7	22.6
2015	3.4	11.6	14.3	30.8	39.9
2020	0	2.1	8.4	24.7	64.8

由此计算机动车尾气排放量如图 3-51 所示。

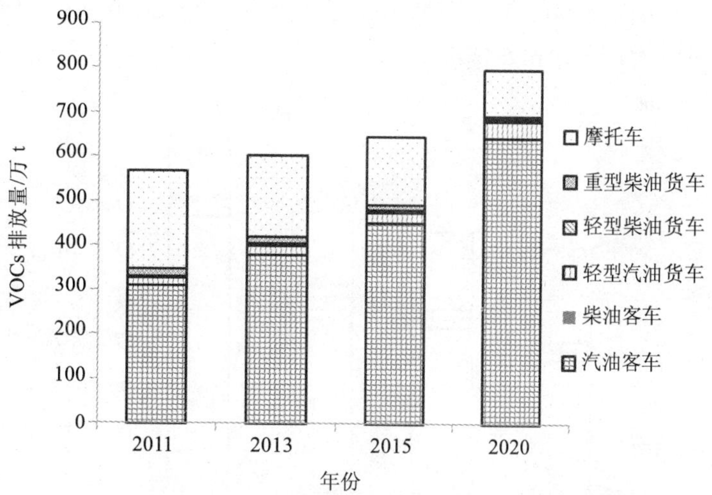

图 3-51　在方案一下按现有控制标准预测年份 VOCs 排放总量

由于新标准的实施，符合旧标准的机动车每年都被淘汰一部分，对于 VOCs 排放控制起一定的作用。从图 3-51 可知，2011 年 VOCs 排放总量为 566 万 t，2013 年增长到 600 万 t，2015 年为 645 万 t，2020 年将近 800 万 t。排放总量大，增长速度快。其中排放量最大的车型为汽油客车，2011 年的排放总量为 308 万 t，2013 年为 378 万 t，到 2015 年排放量增长为将近 450 万 t，2020 年其排放的 VOCs 量已达 640 万 t；2011 年摩托车排放总量仅次于汽油客车，为 219 万 t，由于其保有量增长相对比较缓慢（一些城市对摩托车控制比较严格，如不允许其在市区上路，而且更加轻便的电动自行车保有量逐渐增加，也是摩托车保有量增速变缓的原因之一），所以其 VOCs 排放量呈现比较快的下降趋势，2020 年降为 104 万 t，比 2011 年减少一半。其他几种类型机动车排放量相对较少。

2）方案二：我国陆续出台更为严格的控制标准

根据我国几次控制标准出台的时间间隔，结合欧洲的机动车尾气控制排放标准实施情况，假设我国会在 2015 年实行相当于欧 V 的标准，在 2020 年实行相当于欧 VI 的标准。预测 2011 年、2013 年、2015 年、2020 年我国各标准机动车保有量百分比如表 3-26 所示。

表 3-26　我国各标准机动车保有量占总机动车保有量比重　　单位：%

年份＼标准	欧 0	欧 I	欧 II	欧 III	欧 IV	欧 V	欧 VI
2011	10.4	19.7	24.4	40	5.4	0	0
2013	6.4	14.9	18.4	37.7	22.6	0	0
2015	3.4	11.6	14.3	36.6	31.2	2.9	0
2020	0	2.1	8.4	24.2	27.8	32.9	4.6

预测年份机动车尾气排放 VOCs 总量如图 3-52 所示。从中可以看出，机动车尾气 VOCs 排放量非常大，而且增长速度很快。2011 年的排放总量为 566 万 t，2013 年为 600 万 t，2015 年为 646 万 t，2020 年为 789 万 t。从图中还可以看出，机动车中汽油客车和摩托车排放 VOCs 的量最大，2011 年分别为 308 万和 219 万 t，2020 年分别为 633 万和 104 万 t；其他类型机动车排放量相对较少。

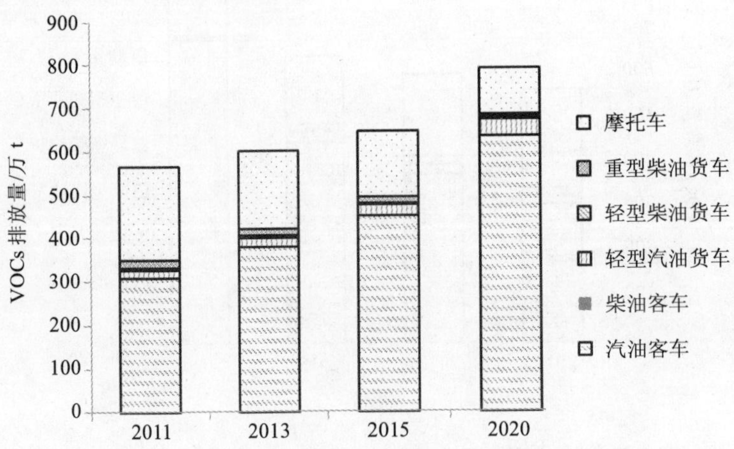

图 3-52　在方案二下机动车尾气排放 VOCs 总量预测

与方案一相比，由于假定 2015 年实施更为严格的机动车尾气控制标准，2020 年机动车排放的 VOCs 有一定的减少，但是减少量不是太大。可见，除了尾气排放标准控制外，还应该从机动车保有量方面进行控制，才能有效遏制机动车尾气 VOCs 排放。

2．生物质燃烧

由于我国农民生活水平的提高，原来农村以薪柴和秸秆作为燃料做饭的现象正在发生较大变化，取而代之的是使用液化石油气等燃气，或者利用电力做饭，所以生物质燃烧量在农村会越来越少，其 VOCs 排放减少也是必然趋势。本文分两种情况对其进行预测。

1）方案一：根据现有人均消费趋势进行预测

首先根据近几年（2004—2007 年的数据分布更有规律）的人均薪柴和秸秆消费量预测未来的人均消费量，然后预测农村人口数量，进而得到预测年份的薪柴和秸秆消费量，如具体数据如表 3-27 和表 3-28 所示，2011 年、2013 年、2015 年、2020 年薪柴消费总量分别为 7 975 万、7 546 万、7 153 万和 6 259 万 t，一直呈下降趋势；秸秆消费总量分别为 29 148 万、27 612 万、26 176 万和 22 903 万 t，也呈下降趋势。

表 3-27　我国农村人均薪柴及薪柴消费总量

项目	2011 年	2013 年	2015 年	2020 年
农村人均薪柴消费量/（kg/人）	115.65	112.63	110.23	105.73
农村人口/亿人	6.90	6.70	6.49	5.92
薪柴消费总量/万 t	7 975.51	7 545.87	7 153.62	6 259.15

表 3-28　我国农村人均秸秆及秸秆消费总量

项目	2011 年	2013 年	2015 年	2020 年
农村人均秸秆消费量/（kg/人）	423.19	412.15	403.34	386.89
农村人口/亿人	6.90	6.70	6.49	5.92
秸秆消费总量/万 t	29 184.20	27 612.05	26 176.72	22 903.67

由此计算得到我国生物质燃烧排放 VOCs 的量如图 3-53 和图 3-54 所示。未来 10 年，我国生物质燃烧排放的 VOCs 继续下降，2011 年为 271 万 t，2013 年为 256 万 t，2015 年为 243 万 t，2020 年为 213 万 t。其中，薪柴燃烧排放量由 2011 年的 222 万 t 下降到 2020 年的 174 万 t，但是其占生物质燃烧总排放量的比例仍然偏大，在 80%以上；秸秆燃烧排放的 VOCs 由 2011 年的 49 万 t 下降到 2020 年的 39 万 t。

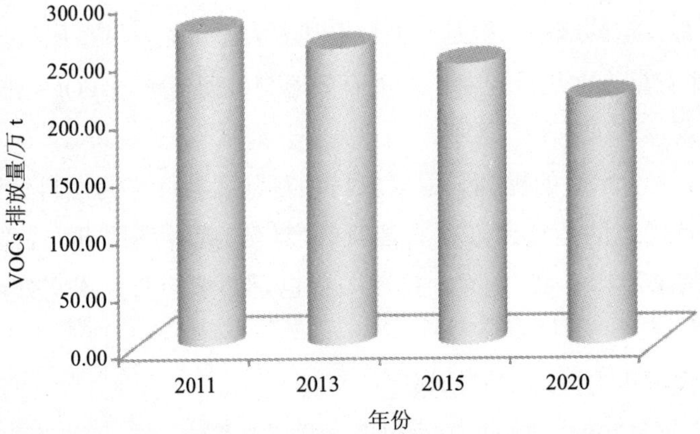

图 3-53　在方案一下生物质燃烧排放 VOCs 总量预测

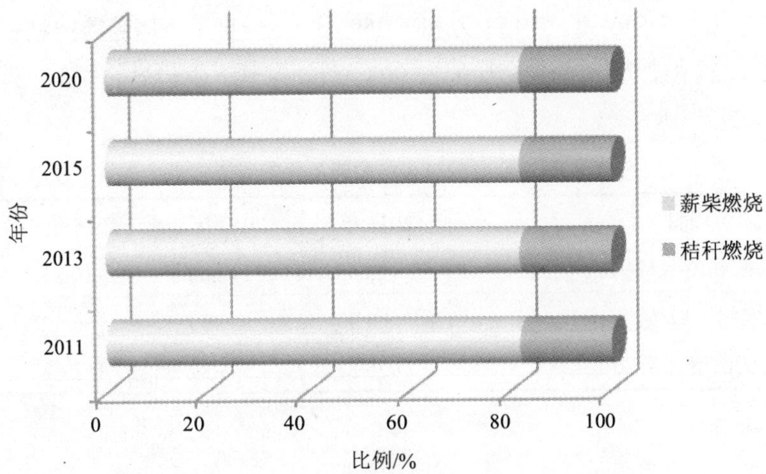

图 3-54　在方案一下生物质燃烧排放 VOCs 的构成

2）方案二：假设人均消费按照更快的速度下降

根据前几年数据的趋势分析，假设在 2011 年、2013 年、2015 年、2020 年人均生物质消费量比方案一 2010 年、2012 年、2014 年、2019 年分别减少 5%、12%、15%、30%，由此可以预测人均薪柴、秸秆的消费量，如表 3-29 和表 3-30 所示。薪柴消费总量由 2011 年的 7 698 万 t 降为 2020 年的 4 568 万 t。秸秆消费总量由 2011 年的 28 168 万 t 降为 2020 年的 16 714 万 t。与方案一对比，薪柴、秸秆消费总量都有明显下降，2020 年薪柴消费总量减少 1 690 多万 t，秸秆消费总量减少 6 000 多万 t。

表 3-29　在方案二下我国农村人均薪柴及薪柴消费总量

项目	2011 年	2013 年	2015 年	2020 年
农村人均薪柴消费量/（kg/人）	111.62	101.77	95.74	77.16
农村人口/亿人	6.90	6.70	6.49	5.92
薪柴消费总量/万 t	7 697.92	6 818.16	6 213.42	4 567.73

表 3-30　在方案二下我国农村人均秸秆及秸秆消费总量

项目	2011 年	2013 年	2015 年	2020 年
农村人均秸秆消费量/（kg/人）	408.46	372.40	350.33	282.34
农村人口/亿人	6.90	6.70	6.49	5.92
秸秆消费总量/万 t	28 168.45	24 949.20	22 736.31	16 714.38

根据方案二预测的生物质消费量计算得到我国生物质燃烧排放 VOCs 的量如图 3-55 和图 3-56 所示。未来十年，我国生物质燃烧排放的 VOCs 继续大幅下降，2011 年为 261 万 t，2013 年为 232 万 t，2015 年为 211 万 t，2020 年为 155 万 t。其中，薪柴燃烧排放量由 2011 年的 214 万 t 下降到 2020 年的 127 万 t，但是其占生物质燃烧总排放量的比例仍然偏大，超过 80%；秸秆燃烧排放的 VOCs 由 2011 年的 48 万 t 下降为 2020 年的 28 万 t。

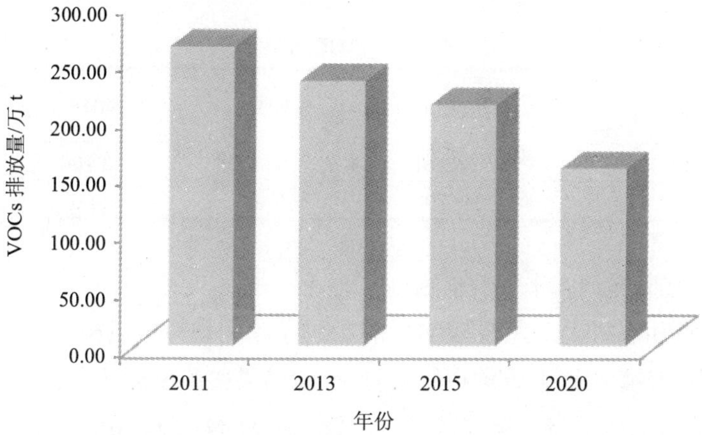

图 3-55　在方案二下生物质燃烧排放 VOCs 总量预测

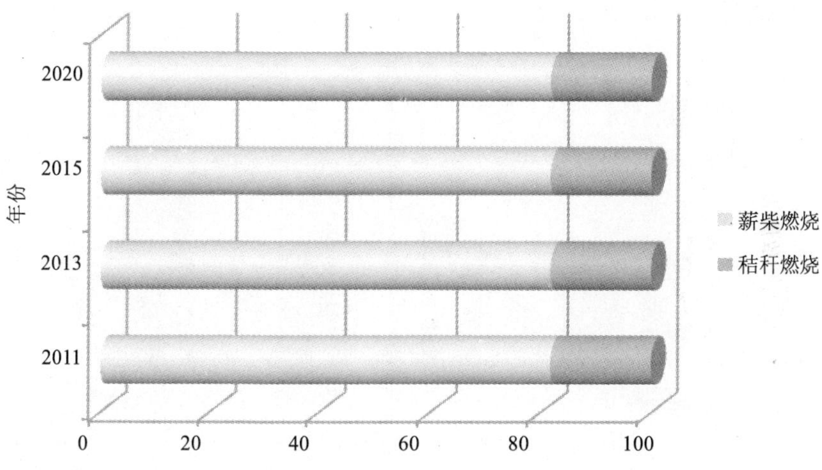

图 3-56　生物质燃烧排放 VOCs 的构成

两种方案比较发现，方案二的排放量比方案一小很多，2011 年、2013 年、2015 年、2015 年方案二比方案一分别削减了 3.5%、9.6%、13.1%、27%。所以，应该加大农村燃气工程设施建设，鼓励农民使用燃气等清洁能源，降低人均生物质消费量，减少 VOCs 排放量大的生物质的燃烧，减少 VOCs 排放。

3. 厨房油烟

由于厨房油烟难以像工业生产车间那样收集处理，而且人民生活水平特别是农村地区生活水平不断提高，所以未来十年其排放量可能一直处于增长状态。本文分两种情况对厨房油烟排放 VOCs 的量进行预测。第一种情况是根据现有排放水平进行预测，第二种情况是假设我国城乡差别和地域差别越来越小，到 2020 年各地排放因子都为发达地区的水平。表 3-31 为预测年份我国农村和城镇人口数量，城镇人口一直增加，由 2011 年 6.65 亿人升为 2020 年的 8.18 亿人；农村人口由 2011 年的 6.88 亿人降为 2020 年的 5.92 亿人。

表 3-31　我国人口预测　　单位：万人

人口数＼年份	2011	2013	2015	2020
城镇人口	66 461	70 667	73 100	81 800
农村人口	68 824	66 406	64 900	59 200

1）方案一：现有排放水平下的预测

假设我国城镇和农村人口人均 VOCs 排放因子不变，对城镇和农村人口数量进行预测，然后分别计算城镇和农村 VOCs 排放量。预测结果如图 3-57 和图 3-58 所示。随着我国人口增长，厨房油烟排放量也相应增长，2011 年为 93.44 万 t，2013 年为 95.83 万 t，2015 年为 97.16 万 t，2020 年则为 101.74 万 t。可见其排放量比较大。其中，城镇地区排放量比农村地区要大，2011 年为 57.63 万 t，占厨房油烟总量的 61.7%；2020 年上升为 70.93 万 t，占厨房油烟总量的 69.7%。农村地区 2011 年为 35.81 万 t，2020 年下降为 30.80 万 t。

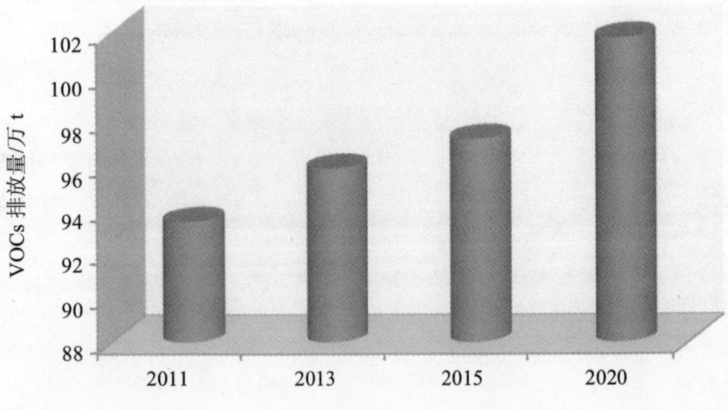

图 3-57　在方案一下我国历年厨房油烟 VOCs 排放量

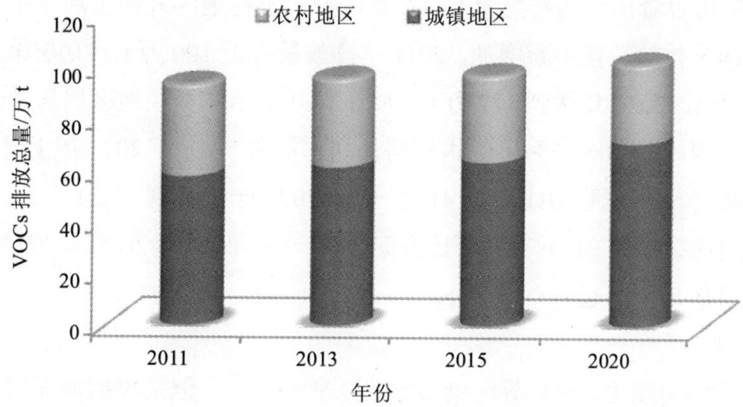

图 3-58 在方案一下城镇和农村地区厨房油烟 VOCs 排放量

2）方案二：农村地区生活水平显著提高

以现状排放因子为基准，假设我国农村地区生活水平不断升高，人均食用油油耗越来越多，农村地区厨房油烟 VOCs 排放因子与城市地区差别越来越小，到 2020 年都为城市水平，由此插值得到 2011 年、2013 年、2015 年农村的排放因子。

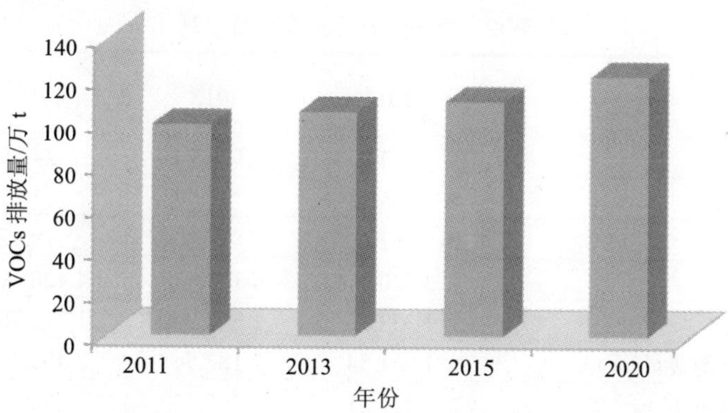

图 3-59 在方案二下我国厨房油烟 VOCs 排放量的预测

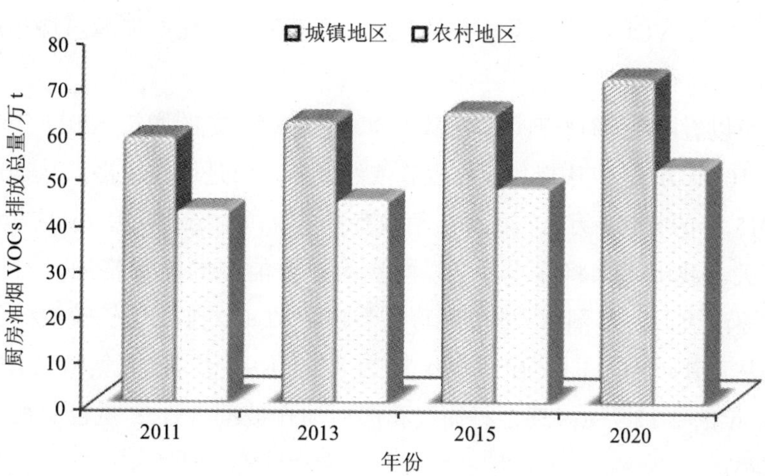

图 3-60 在方案二下城镇和农村地区厨房油烟 VOCs 排放量

由图 3-59 可以看出，随着我国人口不断增加，农村地区人民生活水平不断提高，我国厨房油烟 VOCs 排放总量不断增加，2011 年排放量将近 100 万 t，2013 年超过 105 万 t，2015 年为 110 万 t，2020 年达到 122 万 t。如图 3-60 所示，城镇地区厨房油烟排放量仍然比农村地区高，2011 年为 57.63 万 t，占厨房油烟总量的 58.0%；2020 年上升为 70.93 万 t，占总量的 58.0%；农村地区 2011 年为 41.78 万 t，2020 年上升到 51.34 万 t。

两种方案对比，方案二的排放量要比方案一高一些。2020 年方案二比方案一高 21 万 t，是由农村地区排放增长引起。

4．化石燃料

虽然化石燃料为烟尘、SO_2 等污染物的主要来源之一，但是根据前面现状计算可知，其产生 VOCs 的量并不多。本文分两个方案对其进行预测，方案一为在现有排放水平稳步提高下的预测，方案二为根据烟尘排放量削减率对其进行削减控制预测。

首先对各种化石燃料进行消费量的预测，结果如表 3-32 所示。燃料煤消费量从 2011 年到 2020 年增长并不明显，2011 年预测为 22.99 万 t，2020 年预测为 24.88 万 t；燃料油、天然气、液化石油气和煤气增长明显。

表 3-32 我国化石能源消费量预测

能源消费量＼年份	2011	2013	2015	2020
燃料煤消费量/亿 t	22.99	24.74	24.89	24.88
褐煤/无烟煤燃烧量/万 t	5.33	5.74	5.77	5.77
烟煤/亚烟煤燃烧量/万 t	17.66	19.00	19.12	19.11
燃料油消费量/万 t	3 720.61	4 173.81	4 428.69	4 842.87
天然气消费量/亿 m^3	1 332.66	1 518.99	1 712.70	2 165.60
居民生活液化石油气消费量/万 t	1 961.54	2 182.54	2 405.40	2 972.69
居民生活煤气消费总量/亿 m^3	234.21	267.40	298.08	387.75

1）方案一：现有排放水平稳步提高下的预测

假设各化石燃料 VOCs 排放因子不变，据此计算各类型化石能源燃烧排放的 VOCs 及总的排放量。

从图 3-61 可以看出，化石燃料燃烧排放 VOCs 总量有一定的增长，2011 年为 8.61 万 t，2020 年增长为 10.70 万 t。其中燃料煤排放量依然最多，但是增长缓慢，从 2011 年的 5.7 万 t 增长到 2015 年的 6.169 万 t，2020 年稍微有所下降，为 6.166 万 t，这与我国能源消费结构变化有关。我国未来将逐步改变以煤炭为主要能源的消费格局，石油和天然气的消费比例将逐渐上升。从图 3-62 中还可以看出，VOCs 排放增长较快的为天然气和煤气，天然气从 2011 年的 1.17 万 t 升为 2020 年的 1.91 万 t，煤气从 2011 年的 1.39 万 t 升为 2020 年的 2.17 万 t；液化石油气和燃料油排放的 VOCs 量也有所增长，但是其所占比例较小。

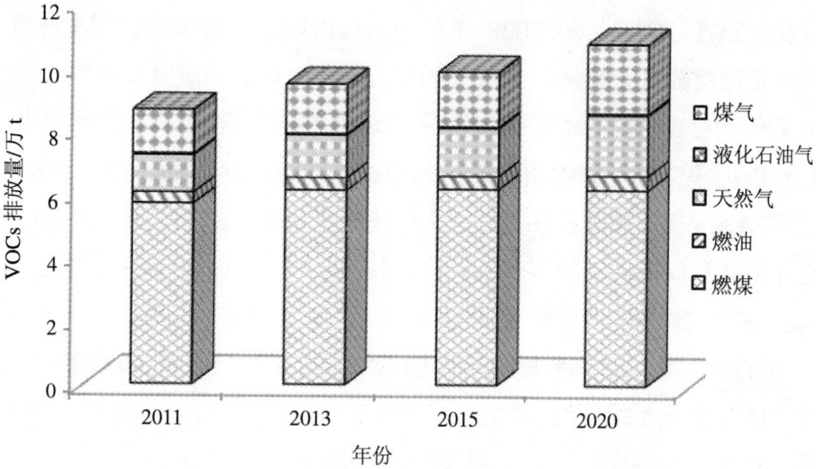

图 3-61　在方案一下我国化石能源燃烧 VOCs 排放量的预测

2）方案二：加强对化石燃料燃烧 VOCs 排放控制下的预测

假设国家采取一定措施对 VOCs 进行总量控制，化石燃料燃烧 VOCs 排放总量 2015 年比 2010 年削减 20%，2020 年比 2015 年削减 25%。由此预测 VOCs 在加强排放控制条件下我国化石燃料燃烧 VOCs 的排放量，如图 3-62 所示。

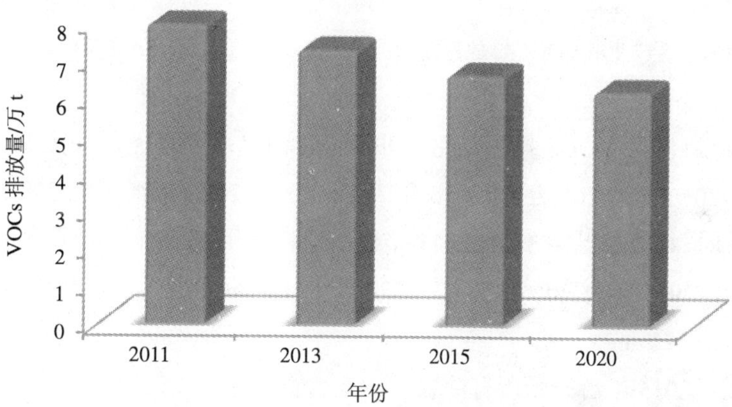

图 3-62　在方案二下我国化石燃料燃烧 VOCs 排放量的预测

从上图可以看出，如果按照以上总量削减比例，2011 年我国 VOCs 排放量为 7.96 万 t，到 2013 年为 7.30 万 t，2015 年为 6.63 万 t，2020 年下降为 6.22 万 t。

两种方案对比，加强治理的情况下，化石燃料燃烧排放的 VOCs 量有明显的下降，2020 年方案二比方案一减少 4.48 万 t。

5．涂料油漆使用

涂料油漆使用是我国 VOCs 的重要排放源之一，如果不加控制或者不采用环保涂料替代，随着我国经济的发展和人民生活水平的提高，涂料使用量继续上升，到 2020 年其 VOCs 排放量将会非常大。由于涂料使用比较分散，排放的 VOCs 难以收集，所以用环保型涂料代替现在 VOCs 含量比较高的溶剂型涂料是降低涂料油漆使用 VOCs 排放的主要手段之一。我国已在 2001 年和 2008 年分别出台内墙涂料有害物质限量标准。本文分两种情况对涂料使用排放进行预测，方案一为假设从 2011 年开始所有涂料 VOCs 含量不超过 120g/L，即假设 2011 年开始到 2020 年所有涂料 VOCs 含量符合 2008 年出台的《室内装饰装修材料内墙涂料中有害物质限量》的标准，在进行涂料油漆消费量预测的基础上，进行涂料使用 VOCs 排放预测；方案二是执行比方案一更为严格的控制标准，假设从 2015 年开始所有涂料执行欧洲内墙涂料现行标准，即涂料中 VOCs 含量不得超过 75g/L。

1）方案一：从 2011 年开始所有涂料 VOCs 含量不超过 120g/L

2001 年出台的《室内装饰装修材料内墙涂料中有害物质限量 GB 18582—2001》中规定内墙涂料 VOCs 含量不得超过 200g/L；2008 年新的标准中，内墙涂料 VOCs 含量不得超过 120g/L。根据这些规定，假设涂料 VOCs 排放因子为原来的 3/5。

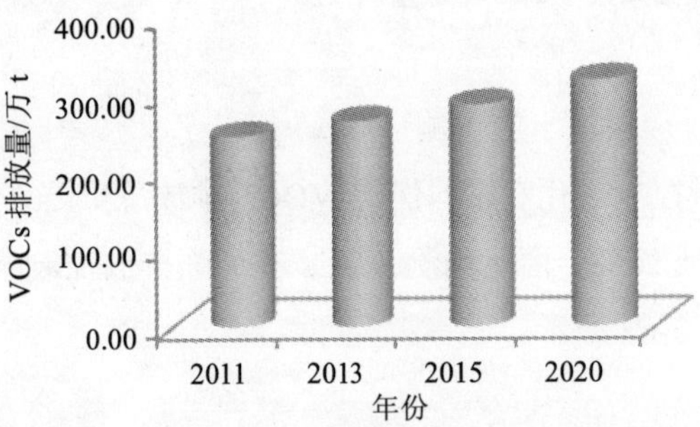

图 3-63　在方案一下涂料使用 VOCs 排放量预测

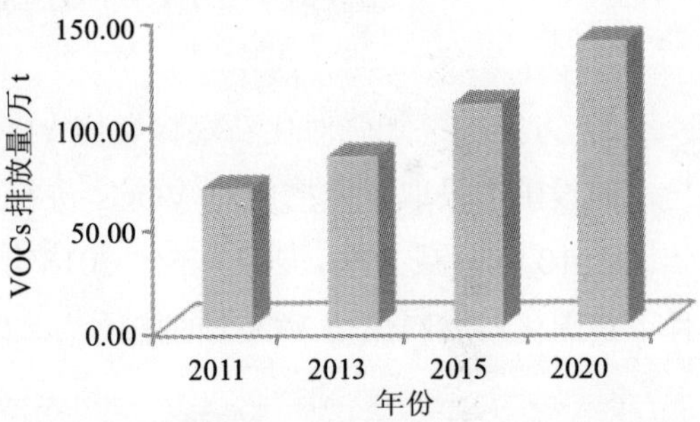

图 3-64　在方案一下建筑涂料 VOCs 排放量预测

方案一的涂料使用 VOCs 排放量总量非常大，而且增长迅速，如图 3-63 所示，2011 年为 246 万 t，2013 年为 265 万 t，2015 年为 286 万 t，2020 年增长到 318 万 t。其中，建筑涂料使用 VOCs 排放量见图 3-64，2011 年建筑涂料使用 VOCs 排放量为 66.39 万 t，2013 年为 81.59 万 t，2015 年为 106.72 万 t，2020 年为 136.66 万 t。占涂料使用 VOCs 排放总量的比例很高。

2）方案二：2015 年后开始所有涂料 VOCs 含量不超过 75g/L

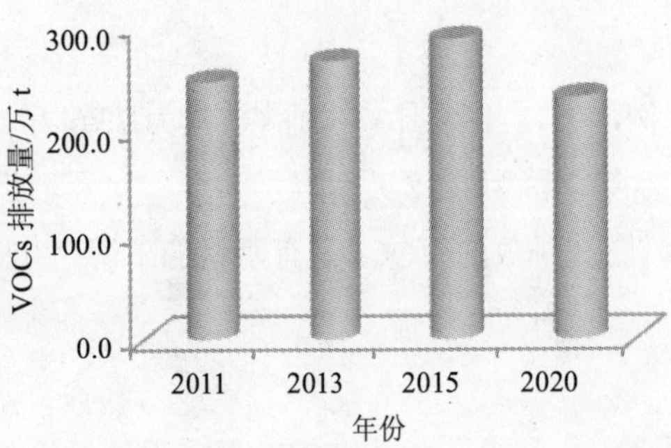

图 3-65　在方案二下涂料使用 VOCs 排放总量

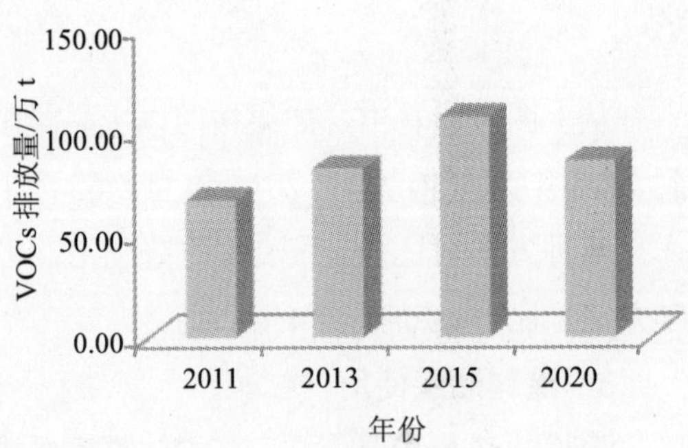

图 3-66　在方案二下建筑涂料使用 VOCs 排放量

借鉴欧洲内墙涂料现行标准，假设 2015 年后我国所使用的涂料 VOCs 含量不超过 75g/L，然后进行预测，其结果见图 3-65 和图 3-66。从图中可以看出，VOCs 排放总量在 2020 年有比较大的下降，由 2015 年的 286 万 t 下降为 2020 年的 231 万 t。其中，建筑涂料排放在 2020 年也有比较明显的下降，由 2015 年的 106.7 万 t 下降到 2020 年的 85.4 万 t，减少了 20 多万 t。

两种方案对比，方案二比方案一排放总量在 2020 年有明显地减少。所以应该严格控制涂料中 VOCs 含量，使用环保涂料。

6．工业过程

根据前面分析，工业过程是我国 VOCs 排放的第一大来源。随着我国 VOCs 污染问题的突出和去污技术的进步，VOCs 排放控制得到越来越多的关注。有关研究表明，工业行业 VOCs 净化技术主要有回收技术和销毁技术，其中回收技术包括吸附、吸收、冷凝、膜分离技术，销毁技术包括催化燃烧、热力焚烧、等离子体破坏、生物和光催化等技术。不同技术去污效果不同。本文同样对工业过程 VOCs 排放采取两种方案进行预测。方案一为现有排放条件的预测，方案二为参考有关研究，假设各个行业采取进一步的末端处理技术，VOCs 总排放量有一定的削减，据此行业预期总削减率进行的预测。

1）方案一：现有排放水平的预测

首先对各个工业过程的活动水平进行预测，然后基于现有排放水平（排放因子）进行预测，各行业 VOCs 预测结果见表 3-33 所示。

表 3-33　各行业 VOCs 排放量　　单位：万 t

行业＼年份	2011	2013	2015	2020
有色金属生产	4.5	5.37	6.19	7.87
黑色金属生产	5.87	7.27	8.77	13.03
化学原料及化学制品制造	114.27	137.08	162.6	238.91
非金属矿物制品	1.39	1.65	1.83	1.75
塑料制品生产	14.97	17.97	20.55	23.52
轮胎制造	26.39	30.49	34.06	41.33
集成电路生产	0.4	0.51	0.66	1.05
人造板制造	0.82	0.99	1.17	1.58
化学原药制造	112.11	134.5	159.54	234.41
交通工具制造	22.67	29.53	37.41	57.01
纱生产	30.14	35.77	41.22	52.34
布生产	215.81	256.09	296.11	375.98
皮革生产	96.15	115.37	132.78	160.99
皮鞋生产	10.74	11.72	12.13	10.63
造纸	1.4	1.73	1.79	2
印刷	46.27	52.17	57.82	67.23

从上表可以看出，排放量最大的行业有纺织（纱、布生产）、化学原料及化学制品制造、化学原药制造、制革等行业，2020 年占工业过程排放比例分别为 29.3%、16.3%、16.0%、

11.0%；印刷、轮胎制造、交通工具制造、塑料制品行业的排放量也比较高，2020 年的比例分别为 4.6%、2.8%、3.9%、1.6%；其他行业排放量的比例相对更低。由此可以得到工业过程 VOCs 总排放量，见图 3-67 所示。工业过程排放的 VOCs 一直在大幅增加，2011 年为 763 万 t，2013 年为 927 万 t，2015 年为 1 091 万 t，到 2020 年为 1 464 万 t，10 年翻了将近一番。由此可见，如果不加紧治理，工业过程中排放的 VOCs 量会非常大。

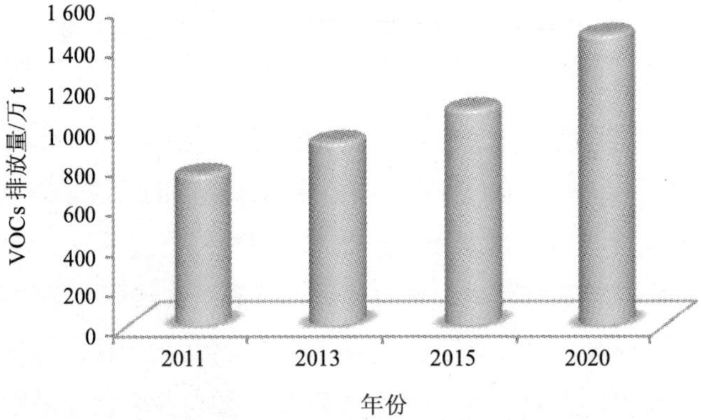

图 3-67　现有排放水平稳步提高下工业过程 VOCs 排放量

2）方案二：加强控制下的预测

有研究[①]对“十二五”期间重点行业 VOCs 废气预期削减进行估计，可以作为本文的参考。表 3-34 为本文假设估计的各工业行业 VOCs 排放的削减率。

表 3-34　不同行业 VOCs 削减率　　单位：%

行业 \ 年份	2011	2013	2015	2020
有色金属生产	0.02	0.03	0.05	0.10
黑色金属生产	0.02	0.03	0.05	0.10
化学原料及化学制品制造	0.10	0.20	0.30	0.50
非金属矿物制品	0.02	0.03	0.05	0.10
塑料制品生产	0.10	0.20	0.30	0.60
轮胎制造	0.10	0.20	0.30	0.60
集成电路生产	0.10	0.15	0.20	0.40
人造板制造	0.10	0.15	0.20	0.40
化学原药制造	0.05	0.10	0.15	0.30
交通工具制造	0.10	0.20	0.30	0.50
纱生产	0.10	0.20	0.30	0.50
布生产	0.10	0.20	0.30	0.50
皮革生产	0.10	0.20	0.30	0.50
皮鞋生产	0.05	0.10	0.10	0.20
造纸	0.10	0.20	0.30	0.50
印刷	0.05	0.20	0.30	0.60

① 叶代启，《VOCs 污染控制培训手册》，华南理工大学。

首先预测工业过程各个行业活动水平，然后根据表 3-34 的削减率进行预测，计算得到方案二下的各行业 VOCs 排放量，如表 3-35 所示。纺织（纱、布生产）、化学原药制造、化学原料及化学制品制造、皮革业的 VOCs 排放量虽然已经进行了大幅削减，但是还是比较多，2020 年占工业过程的比例分别为 31%、24%、17%、12%；印刷、交通工具制造、轮胎制造排放量也比较多，占工业过程的比例分别为 4%、4%、2%。

表 3-35　在方案二下的各行业 VOCs 排放量　单位：万 t

行业 \ 年份	2011	2013	2015	2020
有色金属生产	4.41	5.21	5.88	7.08
黑色金属生产	5.75	7.05	8.33	11.73
化学原料及化学制品制造	102.84	109.66	113.82	119.46
非金属矿物制品	1.36	1.60	1.74	1.58
塑料制品生产	13.47	14.38	14.39	9.41
轮胎制造	23.75	24.39	23.84	16.53
集成电路生产	0.36	0.43	0.53	0.63
人造板制造	0.74	0.84	0.94	0.95
化学原药制造	106.50	121.05	135.61	164.09
交通工具制造	20.40	23.62	26.19	28.51
纱生产	27.13	28.62	28.85	26.17
布生产	194.23	204.87	207.28	187.99
皮革生产	86.54	92.30	92.95	80.50
皮鞋生产	10.20	10.55	10.92	8.50
造纸	1.26	1.38	1.25	1.00
印刷	43.96	41.74	40.47	26.89

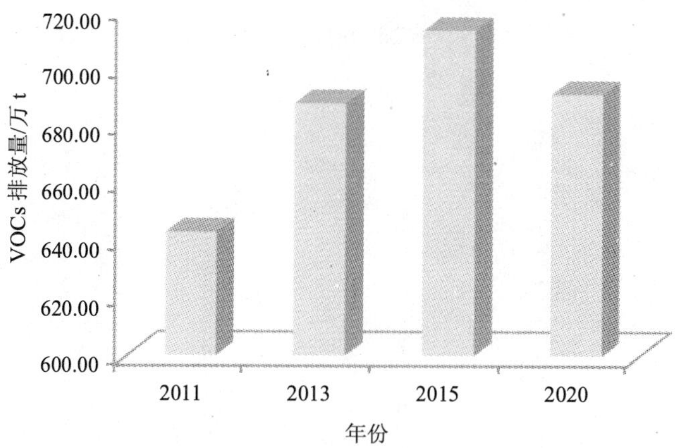

图 3-68　在方案二下加强治理下的 VOCs 排放量

图 3-68 为工业过程 VOCs 排放总量。虽然很多行业的削减率越来越高，但是“十二

五”期间其排放总量还是呈上升的趋势。2011 年为 642 万 t，2013 年为 688 万 t，2015 年为 713 万 t。“十三五”末期则比“十二五”末期有所下降，2020 年排放总量为 691 万 t。

方案一与方案二对比，方案二的排放总量明显降低，特别是 2020 年的排放量仅为方案一的 53.6%。由此可知，应该在现有基础上，加大对工业过程废气治理力度。

7．能源生产、加工、运输

能源生产、加工、运输是 VOCs 排放的重要来源之一，特别是原油加工排放的量比较大。本文也是分两种方案对其排放量进行预测。方案一为现有技术条件下的预测，方案二为对原油加工进行了比较严格的废气处理技术后的预测。表 3-36 为我国有关数据预测。

表 3-36　我国有关能源数据预测[112]

年份	2011	2013	2015	2020
原油加工量/万 t	40 404.00	43 695.00	46 725.00	53 000.00
天然气的产量/亿 m^3	1 196.00	1 561.00	1 736.00	1 999.00
加油站汽油消费/万 t	4 114.00	4 774.00	5 450.00	7 174.00
加油站柴油消费/万 t	9 064.00	10 145.00	11 266.00	14 176.00
煤炭开采、选洗、处理/万 t	1.72	1.81	1.85	1.81
油品运输/万 t	25.05	27.16	29.11	33.20

1）方案一：现有排放水平稳步提高下的预测

根据现状煤炭选洗、天然气生产、加油站柴油和汽油加油、原油加工、油品运输 VOCs 排放因子，在预测以上活动水平的基础上进行 VOCs 排放量的预测。计算结果如图 3-69 和图 3-70 所示。我国能源生产、加工、储运 VOCs 排放量一直增长，2011 年为 228 万 t，2013 年为 250 万 t，2015 为 269 万 t，2020 年则超过了 300 万 t。其中，原油加工排放 VOCs 的量的比例最大，2011 年的比例为 78.5%，2020 年下降为 76.5%；其次是油气储运，2011 年的比例为 11.0%，2020 年的比例为 10.7%；加油站汽油加油也会排放一定量的 VOCs，天然气生产排放的量与汽油加油比较接近；柴油加油和煤炭选洗排放的 VOCs 量相对很少。

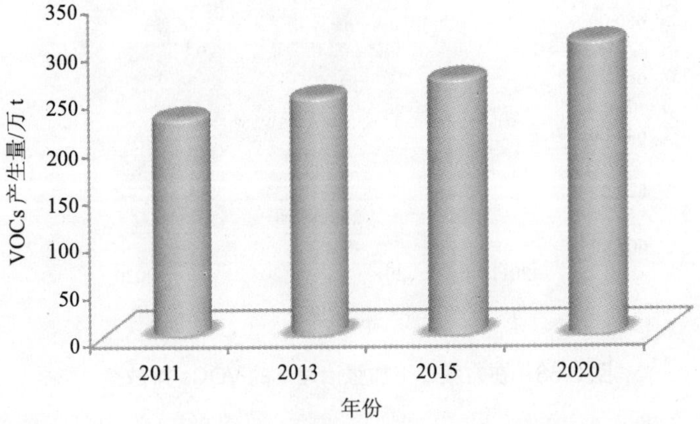

图 3-69　在方案一下我国能源生产加工储运 VOCs 排放量的预测

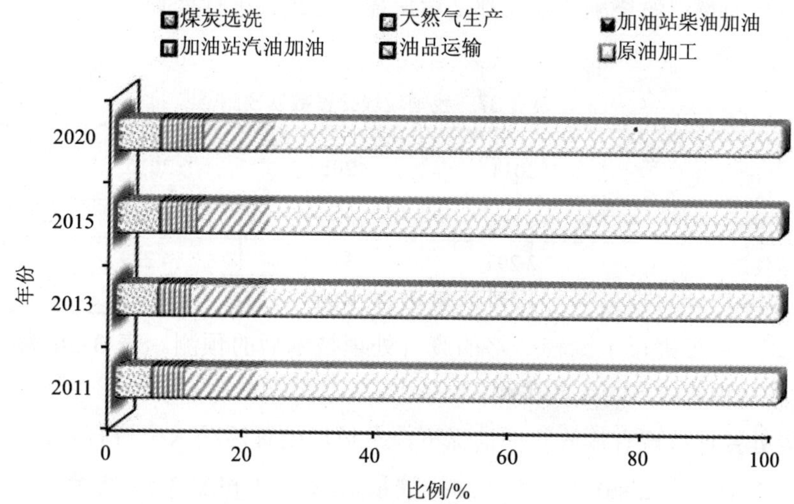

图 3-70　在方案一下各类型的能源生产加工排放量预测

2）方案二：加强治理下的预测

综合有关研究，预计能源生产加工储运 VOCs 排放在原有基础上会有一定的行业削减。假设 2011 年的行业削减率为 0.1%，2013 年为 0.15%，2015 年为 0.2%，2020 年为 0.3%，可以预测我国能源生产加工储运排放的 VOCs 量，结果如图 3-71 所示。从中可以看出，在加强治理后，其排放量有一定的削减，但是各个年份的排放总量依然很大，2011 年为 205 万 t，一直增长，到 2015 年为 215 万 t。2020 年基本没有增长，还为 215 万 t。

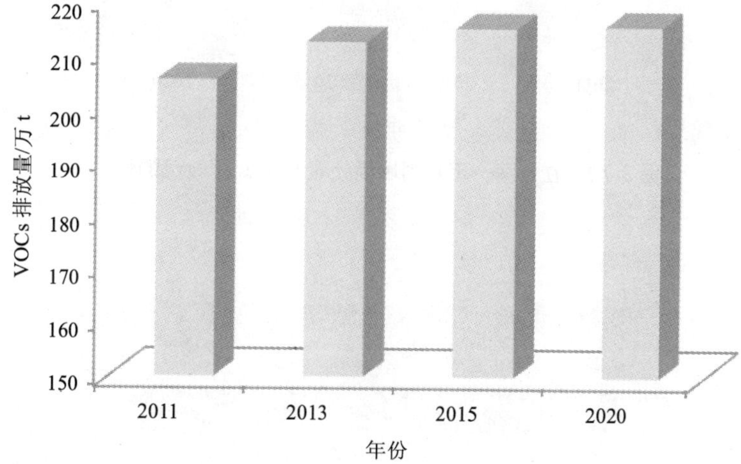

图 3-71　在方案二下我国能源生产加工储运 VOCs 排放量的预测

8．垃圾处置

由于垃圾处置大部分是进行填埋，少部分进行焚烧和堆肥，但是焚烧排放的 VOCs 量在三者中居于首位，所以本文首先在现有条件和垃圾增长趋势下对垃圾处置排放的 VOCs 进行预测，然后假设垃圾焚烧时采取更为严格的废气削减措施，削减率参照本文第

3.4.2 节 4 中的化石燃料燃烧削减率（都是对焚烧后的废气进行处置）。

表 3-37　我国垃圾处置数据预测[101]　　单位：万 t

垃圾处置＼年份	2011	2013	2015	2020
垃圾填埋	13 809	14 562	15 035	15 474
垃圾焚烧	2 291	3 042	4 229	7 737
垃圾堆肥	1 331	2 029	2 819	5 803

1）方案一：现有排放水平的预测

假设垃圾处置保持现有排放水平情况下，对垃圾处置活动水平进行预测，得到 2011 年、2013 年、2015 年、2020 年的 VOCs 排放量如图 3-72 和图 3-73 所示。从图中可以看出，其排放量增长迅速，从 2011 年的 1.97 万 t 增长到 2020 年的 6.03 万 t，翻了两番。其中主要是垃圾焚烧排放，垃圾填埋排放的比例越来越小，堆肥产生的比例更小，2020 年三者排放的比例分别为 94.95%、5.13%和 0.02%。

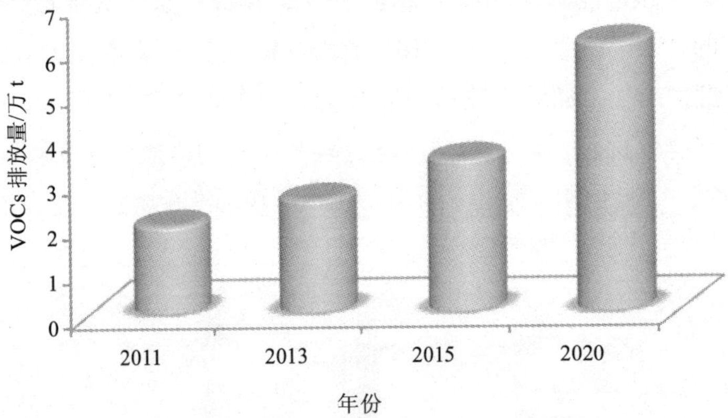

图 3-72　在方案一下我国垃圾处置 VOCs 排放量的预测

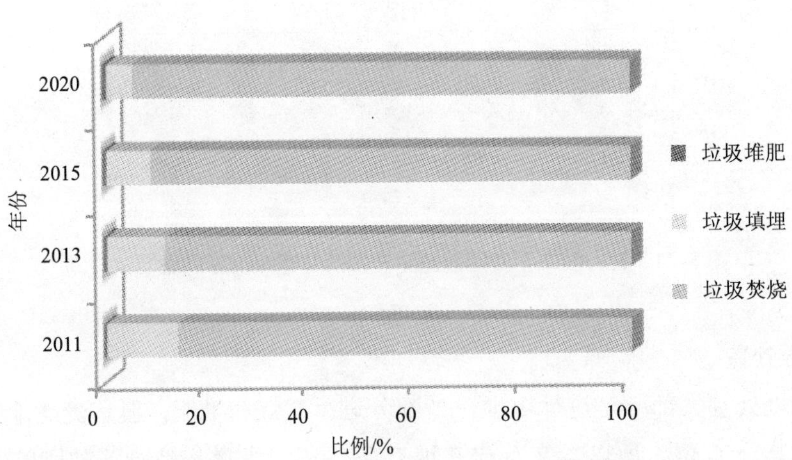

图 3-73　在方案一下不同垃圾处置方式 VOCs 排放量的预测

2）方案二：加强控制力度下的预测

参照3.4.2节4中的化石燃料燃烧VOCs削减情况，假设2011年削减率为0.04%，2013年为0.12%，2015年为0.20%，2020年为0.25%。预测得到垃圾处置VOCs排放(见图3-74)。

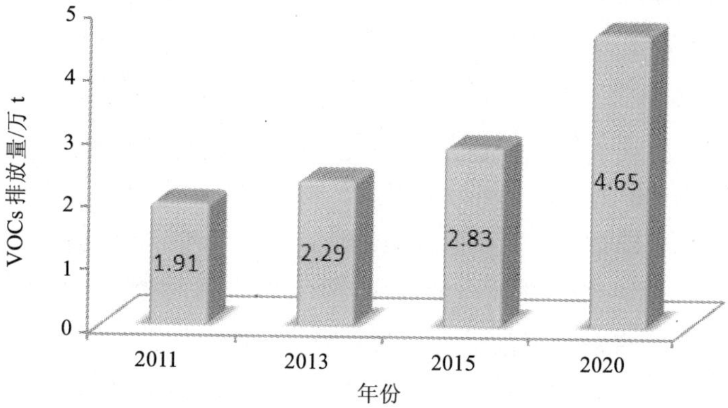

图3-74 在方案二下垃圾处置VOCs排放量的预测

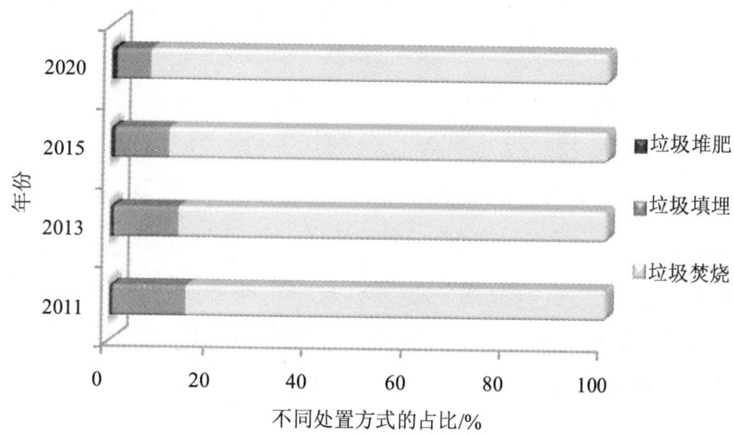

图3-75 在方案二下不同垃圾处置方式VOCs排放量的预测

从图3-74可以看出，在加强垃圾焚烧废气治理的情况下，垃圾处置VOCs排放量还是不断增大，从2011年的1.91万t增长到2020年的4.65万t。图3-75为在方案二下不同垃圾处置方式VOCs排放量的预测。从图中可见，垃圾焚烧排放仍占多数，2020年其比例为92.34%，垃圾填埋与堆肥的比例分别为6.66%和1.00%。但是与其他排放来源相比，垃圾处置不是我国VOCs主要排放来源。与方案一相比，其排放量有了一定数量的减少。

3.4.3 不同地区排放预测

1）方案一：现有排放水平稳步提高下的预测

根据各省各个来源的活动水平进行地区分解（由于很难分别预测各省各个来源的活动水平，所以假定各省保持同步增长，即通过2008年各省活动水平进行预测），叠加得到各省 VOCs 排放总量（见图 3-76）。从图中可以看出，历年排放总量比较大的几个省为广东省、江苏省、山东省，这三个省都位于我国东部或东南部沿海地区，排放量最大的广东省几个年份的值分别为 258 万、287 万、315 万、387 万 t，山东省和江苏省比广东省稍微少点，但是历年都在 200 万 t 以上；其次是排放量相对较大的浙江省、河南省、河北省、四川省、辽宁省、上海市、福建省，2020 年的排放量都在 100 万 t 以上，这些地区除四川位于四川盆地外，其他省市都位于我国中部或者东部地区；湖南、湖北、安徽、北京、江西、广西、天津、陕西、内蒙古、吉林、重庆、云南、黑龙江排放总量相对要少一些，为 50 万～100 万 t；贵州、新疆、甘肃、海南、宁夏排放量相对较少，为 10 万～50 万 t，青海、西藏最少，特别是西藏地区，2011 年的排放总量为 1.16 万 t，2020 年也仅为 1.63 万 t。基本可以得出这样的规律：除福建省外，我国东部沿海地区的长三角、珠三角各省市及山东省排放总量都很大，这里经济活跃，人民生活水平较高；排放总量中等的地区位于我国华北平原和长江中游地区，这里的经济水平和人民生活都处于东西部之间；排放总量少的地区位于我国中北部和西南地区。其中排放量最多的省份为广东，排放量最少的为西藏，前者是后者的上百倍。未来控制重点依然为东部地区。

各个省份单位面积排放量（见图 3-77）反映单位面积上的人民生活或者经济活动对大气污染的贡献。从中可以看出，上海市的值远远高出其他地区，几个年份的值分别为 90 t/km^2、102 t/km^2、115 t/km^2 和 144 t/km^2，其次是天津、北京两市，2020 年的值分别为 50 t/km^2 和 41 t/km^2；江苏、浙江、广东、山东也比较高，其 2020 年的值都在 20 t/km^2 以上；河南、福建、河北、重庆、安徽、海南相对较低，为 5～20 t/km^2；其他地区相对更低，特别是甘肃、内蒙古、新疆、青海、西藏地区，历年单位面积排放量都不足 1 t/km^2。从单位面积排放量可以看出：排放量大的地区分布在东部三个直辖市，都为我国大型或者特大型的城市，其次为东南沿海的一些省份，从沿海向内陆排放量逐渐降低，西北、西南各省市的单位面积排放量相对较低。

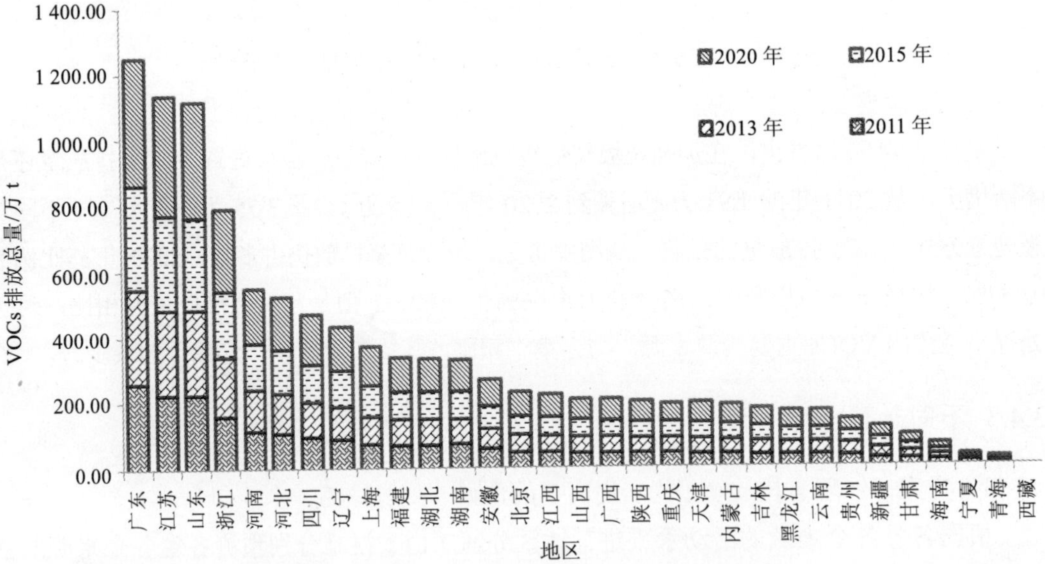

图 3-76　在方案一下我国历年 VOCs 排放总量预测

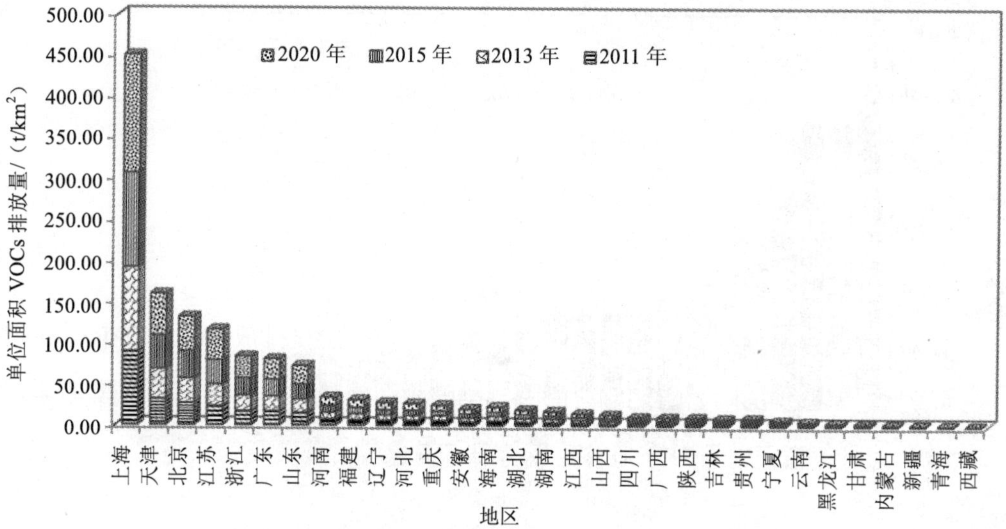

图 3-77　在方案一下各省单位面积 VOCs 排放量

2）方案二：加强控制力度下的预测

根据 VOCs 加强治理条件下的预测，VOCs 总量最大的地区为广东省，2011 年、2013 年、2015 年和 2020 年分别为 239 万 t、249 万 t、257 万 t 和 263 万 t，江苏省和山东省也很大，2020 年分别达到 300 万 t 和 296 万 t，浙江省 2020 年的排放量也在 200 万 t 以上，这几个省份位于东部沿海，人口密度大，经济活动频繁；浙江、河南、河北、四川，2020 年的排放量都在 100 万 t 以上；辽宁、上海、湖南、湖北、福建排放总量相对要少一些，为 50 万～100 万 t；安徽、江西、广西、山西、陕西、重庆、内蒙古、天津、吉林、云南、贵州、新疆、甘肃、海南排放量较少，处于 10 万～50 万 t；宁夏、青海、西藏最少，特别是西藏地区，2011 年的排放总量为 1.16 万 t，2020 年也仅为 1.54 万 t。从中可以看出，排放总量比较多的省份位于东南沿海地区，中部地区排放总量中等，西南地区排放总量最低。

从单位面积的排放量来看，上海的排放量最高，2011 年、2013 年、2015 年和 2020 年分别为 81 t/km^2、85 t/km^2、88 t/km^2 和 87 t/km^2，这可能与这个城市过于密集的机动车和位于经济发达的长三角地区有关；其次是天津、北京、江苏三个省市，2020 年单位面积的排放量都在 20 t/km^2 以上；浙江、广东、山东的单位面积排放量也比较高，2020 年的单位面积排放量都在 15 t/km^2 以上；东北、华北、长江中游、四川盆地一些省份和海南省排放量相对较低，但是比西北、西南省市的排放量要高一些；黑龙江、甘肃、内蒙古、新疆、青海、西藏等地单位面积排放量很低，其中最少的是西藏地区，历年只有 0.01 t/km^2。从中可以看出，单位面积排放量大的地区，集中分布在京津冀和长三角地区，其次是东南沿海的其他省份；东北、中部和南部广大省份排放量处于中等水平，西北、西南地区地广人稀，经济不太发达，单位面积排放量比较低。

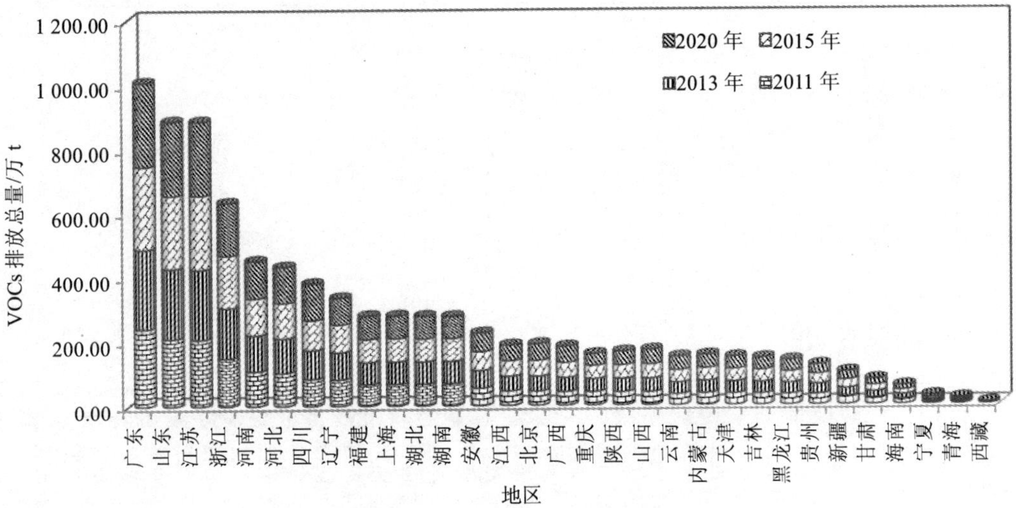

图 3-78　在方案二下我国历年 VOCs 排放总量预测

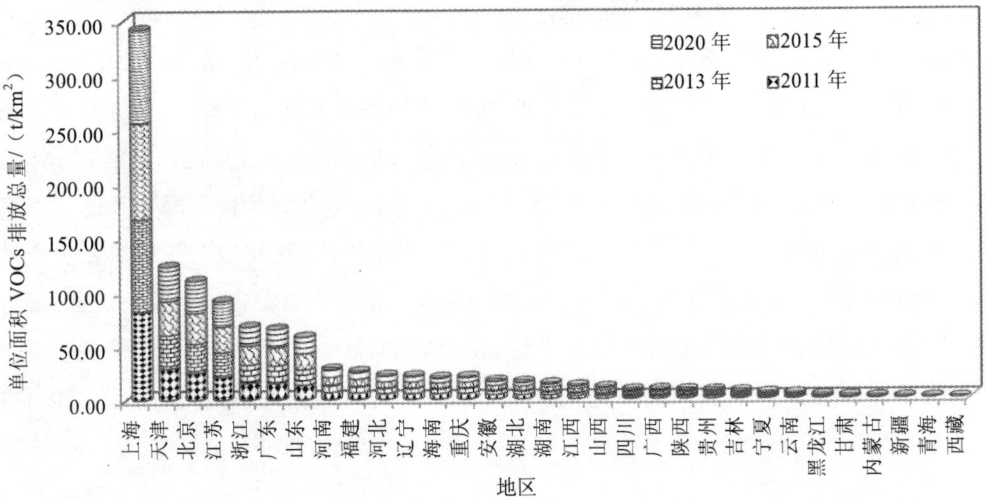

图 3-79　在方案二下各省单位面积 VOCs 排放量

3.5 结论建议

3.5.1 主要结论

对我国 VOCs 的排放清单现状分析主要结论如下：

（1）从现阶段 VOCs 排放总量来看，我国 VOCs 排放总量较大，且呈逐年增长的趋势。从 2003 年的 1 646 万 t 持续增长到 2008 年的 2 014 万 t，年均增长率为 3.4%。如此大的排放总量，对人体健康和生活影响较为严重，因此应得到足够重视。

（2）从 VOCs 排放来源来看，我国生活源 VOCs 排放总量总体上呈逐年递减趋势，工业排放总量逐年上升，垃圾处置排放总量不大。生活源的排放总量总体上变化不大，2002—2008 年都在 1 000 万 t 左右，其中 2002 年的排放量最大，为 1 172 万 t，2003 年减少到 992 万 t，以后几年略有增多，2008 年开始又有所下降，为 1 035 万 t。生活源所占比例逐渐下降，从 2002 年的 71.2%下降到 2008 年的 51.4%。其中，机动车尾气排放和生物质燃烧是生活的主要来源，其占生活源比重在 2003 年大约为 33.8%和 52.5%，到 2008 年分别变为 55.1%和 28.5%。

工业源 VOCs 排放量呈逐年增长的趋势，排放总量从 2001 年的 444 万 t 持续增长到 2008 年的 979 万 t，年均增长率为 10.4%。其中，工业过程 VOCs 排放量较大，年均增长率为 10.6%，其占工业排放的比重由 2001 年的 55.2%增长到 2008 年的 56.0%；工业溶剂使用 VOCs 排放量增长迅速，并于 2006 年成为工业中的第二大排放来源，其年均增长率达到 14.1%，占工业排放的比重由 2001 年的 18.5%增长到 2008 年的 24.0%，工业锅炉等化石燃料燃烧 VOCs 排放量较少，历年都不足 10 万 t，占工业排放的比重不足 1%。

垃圾处置排放源的 VOCs 虽也呈逐年上升趋势，但总排放量较小，占总排放量比例基本保持在 0.1%的范围内。

（3）从 VOCs 排放重点行业来看，能源加工储运中的原油加工、工业过程中的纺织、造纸印刷、化学原药制造、化学原料及化学品制造、制革都是重点污染行业，2008 年排放量分别为 152 万 t、177 万 t、88 万 t、85 万 t、78 万 t、60 万 t，约占总排放量 31.8%。此外，还有几个重要来源，如机动车尾气排放、生物质燃烧、涂料使用（生活和工业），2008 年排放量为 570 万 t、295 万 t、314 万 t，占总排放量的 58.5%。需要对这些行业和来源进行重点控制。

（4）从 VOCs 排放量各地区分布情况来看，现阶段我国 VOCs 排放呈由东部沿海逐渐向内陆及西部地区递减的空间分布特征。VOCs 排放量较大的省份主要集中于经济发展水平较高的东部及东南沿海地区，其中广东、山东、江苏三省份排放量最多，2008 年分别为 233.82 万 t、205.79 万 t、202.64 万 t。中部及西部地区均较少，其中西藏、青海、宁夏等省份较少，均少于 10 万 t。而从单位面积排放情况来看，其分布规律基本呈由东南沿海向东北、西北、西南递减的趋势。排放量最多的上海、天津、北京均属于我国直辖市，2008 年分别达到 81t/km^2、27t/km^2、22 t/km^2；西藏、青海、新疆三个地区单位面积排放总量最少，分别为 0.01t/km^2、0.06t/km^2、0.14 t/km^2，不足上海的百分之一。我国现阶段的控制重点应该在东部沿海地区，特别是广东、山东、江苏这三个省份和北京、上海、天津三大城市。

对 2011—2020 年我国 VOCs 排放量预测分析主要结论如下：

（1）从 VOCs 排放总量来看，如果在现有控制条件下，到 2011 年我国 VOCs 排放总量将达到 2 179 万 t，到 2015 年将达到 2 645 万 t，2020 年为 3 219 万 t，比 2008 年增长了 1 000 多万 t，几乎为 2003 年的 2 倍；2011—2020 年的年均增长率为 4.43%。如果加大控制力度，到 2011 年 VOCs 排放总量为 2 031 万 t，2015 年为 2 192 万 t，到 2020 年排放总量为 2 215 万 t，比现有控制条件下的排放量少很多；2011—2020 年的年均增长率为 0.96%。可见，在未来 10 年，尤其是“十二五”期间加大对 VOCs 防控力度，对 VOCs 减排具有较为明显的效果。

（2）从 VOCs 排放来源来看，生活源排放总量和工业源排放量在“十二五”期间持续增长，垃圾处置排放比重依然较小。在现有排放控制条件下，2011—2020 年生活源排放量一直增长，2011 年的排放总量为 998 万 t，2015 年为 1 093 万 t，2020 年为 1 250 万 t；2011—2020 年年均增长率为 2.5%。生活源排放占总排放量的比例由 2011 年的 45.8%下降到 2020 年的 38.8%。其中，机动车尾气排放和生物质燃烧依然是排放量比较大的两个来源。如果在加强控制的条件下，生活源排放量也是一直增长，但是增长速度较现有排放控制条件下要慢一些。2011 年的排放总量为 995 万 t，2015 年为 1 076 万 t，2020 年为 1 153 万 t；2011—2020 年年均增长率为 1.65%。生活源排放占总排放量的比例由 2011 年的 49%增长到 2020 年的 52.1%。

在现有排放控制条件下，工业源排放量持续增加。2011 年的排放总量为 1 178 万 t，2015 年为 1 548 万 t，2020 年为 1 963 万 t；2011—2020 年年均增长 5.8%。工业源排放占总排放量的比例由 2011 年的 54%上升到 2020 年 61%。其中，工业过程一直是工业中的第一大源，2015 年和 2020 年占工业源总排放量的比例分别为 70.5%和 74.6%；能源生产加工储运排放量也较大，2015 年和 2020 年占工业源总排放量的比例为 17.4%和 15.6%。如果加强控制条件，我国工业 VOCs 排放在“十二五”期间还是继续增加，但是增长速度将更加缓慢。2011 年排放总量估计会达到 1 035 万 t，2015 年为 1 113 万 t，2020 年比 2015 年有所减少，为 1 057 万 t，比现有条件下的预测分别减少 12%、28%和 46%。其中，工业过程和能源生产加工储运是工业主要排放源，2015 年分别占工业源的 64%和 19%，2020 年为 65.4%和 20.4%。

无论是在现有排放条件下还是在加强控制的条件下，垃圾处置 VOCs 排放总量都很少，不足 1%。

（3）从排放重点行业来看，在现有排放条件下，工业过程中的纺织为最大排放行业，其次是能源生产加工储运中的原油加工行业，化学原料及化学品制造、化学原药制造、制革、印刷行业的排放量也很大，这几个行业 2015 年的排放量分别为 337 万 t、208 万 t、163 万 t、160 万 t、133 万 t、58 万 t，其总和占排放总量的比例为 40%；2020 年的排放量分别为 428 万 t、236 万 t、239 万 t、234 万 t、161 万 t、67 万 t，其占排放总量的比例为 42.4%。在加大控制力度的条件下，纺织、原油加工、化学原药制造、化学原料及化学品制造、皮革行业都是重点污染行业，2015 年的排放量分别为 236 万 t、215 万 t、136 万 t、114 万 t、93 万 t，其总和占总排放量的比例为 36.2%；2020 年的排放量分别为 214 万 t、216 万 t、164 万 t、119 万 t、80 万 t，其比例为 35.8%。应该对纺织、原油加工、化学原料及化学品制造、化学原药制造、皮革、印刷几个行业进行重点监控和排放控制。

（4）从地区排放分布来看，排放总量大的地区依然分布在东部沿海地区，向内陆呈逐渐减少的趋势。东部沿海地区的广东省、江苏省、山东省预测年份排放总量较大，其中广东省 2015 年、2020 年排放量分别达到 315 万 t、387 万 t；西藏、青海、宁夏三省份排放总量最少，西藏历年排放总量不足 1 万 t。在加强控制的条件下，历年排放总量比较大的几个省依然是广东省、江苏省和山东省，其中广东 2011 年、2015 年、2020 年的排放值分别为 239 万 t、257 万 t 和 263 万 t，排放量最小的三个省份为西藏、青海、宁夏，西藏历年排放总量仍不足 1 万 t。从单位面积 VOCs 排放量来看，无论是在现有排放条件下还是在加强控制的条件下，上海市单位面积排放的量远远大于其他地区，其次是天津市和北京市。而西藏、青海、新疆单位面积排放量最少，西藏地区历年不足 0.01 t/km^2。

3.5.2 政策建议

1）加快 VOCs 污染物防治相关立法

鉴于 VOCs 成分复杂，对人体健康危害较大，且我国 VOCs 现状排放总量很大等原因，应该尽快制定出台相关污染物防治法律法规及技术标准，在明确 VOCs 来源、范围的情况下，确定各主要来源中所涉及的责任主体的减排责任和防治任务，在未来相关的环境规划中，增加 VOCs 防控相关内容，分阶段实现 VOCs 排放总量的削减目标。

2）完善 VOCs 环境监测体系，启动 VOCs 总量控制

目前我国对大气污染物的监测主要集中在硫氧化物、氮氧化物和烟尘、粉尘，缺乏对 VOCs 的监测，为了更好地掌握各地 VOCs 排放总量和质量，建议把 VOCs 纳入监测体系当中，同时在环境规划中启动 VOCs 排放总量控制，制定重点行业和地区的 VOCs 排放总量、质量标准。

3）加快制定、完善重点排放行业的 VOCs 排放限值标准

从总体来看，我国现阶段缺乏较为全面的 VOCs 限制排放标准，仅在个别行业或个别地区的相关标准中略有涉及，如《大气污染物综合排放标准》中只有非甲烷总烃和某些属于 VOCs 的污染物的排放标准；内墙涂料虽出台了 VOCs 的限值标准，但较欧美国家偏高，存在不合理性；上海市《半导体行业污染物排放标准》、广东省《包装印刷行业挥发性有机物排放标准》等行业标准中对 VOCs 排放限值有所涉及。然而 VOCs 重点排放行业大都缺乏排放限值标准，因此，应加快制定我国重点行业 VOCs 排放限值体系并根据我国经济发展情况及时更新，尽快达到发达国家水平。

4）鼓励企业进行 VOCs 废气治理及相关防治技术创新

充分利用政策、税收等多种手段，鼓励、引导、支持重点污染行业进行 VOCs 废气治理，对于治理情况好的企业给予相关政策和税收优惠；对于违反相关规定排放 VOCs 并造成环境危害或风险的企业给予处罚。同时应加快 VOCs 排放削减研究，对于 VOCs 防控相关的技术创新给予政策优惠和奖励。

5）加快农村地区燃气设施建设，减少生物质能燃烧 VOCs 排放量

由于薪柴和秸秆燃烧 VOCs 排放量相对较大，而农村很多地区仍在大量消费薪柴和秸秆，所以建议加快农村地区的燃气设施建设，并对农民用气给予一定优惠，鼓励越来越多的农民使用清洁能源，从而从源头减少生物质能燃烧 VOCs 排放量。

6）执行严格的机动车尾气排放标准，减少机动车 VOCs 排放量

机动车尾气是我国 VOCs 排放的主要来源之一，因此应加大对机动车尾气 VOCs 排放治理力度，制定更加严格的机动车尾气排放标准，促进机动车尾气 VOCs 减排技术创新。加大电动汽车、混合动力汽车等清洁能源机动车的技术研发和创新，限制大城市机动车保有量的快速增长。双管齐下减少机动车 VOCs 污染。

第 4 章　颗粒物（PM_{10}、$PM_{2.5}$）排放清单分析与趋势预测

4.1 研究背景

随着我国现代化进程的加快，可吸入颗粒物逐渐成为主要的大气污染物，其对环境和人体健康的危害日益严重[113-118]。主要影响方面包括大气能见度，大气温度，植物生长及人体健康等，尤其在人体健康方面，有研究表明可吸入颗粒物及其吸附物质与心血管病、胎儿发育、神经系统疾病都有很大关系，特别是 $PM_{2.5}$，因其细小而不受人的鼻腔阻挡，绝大部分可以直入人体肺部并留在肺的深处，不易被排出体外；又因其所含的化学成分复杂，与 SO_2、NO_2、病原微生物存在着协同作用，可导致癌症、慢性病、肺气肿、皮肤病等[118-121]，是对人体呼吸系统危害最大的大气污染物质之一。

根据有关文献，城市空气颗粒物污染的主要来源为能源和交通。而我国由于燃料结构的原因，污染问题主要为燃煤型污染，随着机动车尾气等问题的凸显，石油型污染也越来越明显[113]。有关研究结果表明，我国经济总量在几年内上升了几位，能源消费增长迅速，2008 年比 2001 年几乎翻了一番，其中历年煤炭消费的比例在 70%以上，这对我国环保造成了很大压力；未来 10 年，我国能源消费仍将居高不下，预计 2020 年能源消费（以标煤计）将高达 35 亿～40 亿 t，其中煤炭仍然是最主要的能源[122]，大气污染总量控制面临较大压力。

目前，国内外的学者对 PM_{10} 和 $PM_{2.5}$ 的研究主要集中在其浓度的季变化和日变化研究，以及城市不同功能区的浓度研究等方面，对其产生总量和排放总量方面的测算分析研究较少。我国的监测数据也仅仅监测 TPS，而没有对空气动力学直径更小的 $PM_{2.5}$ 进行监测。鉴于此，有必要对 PM_{10} 和 $PM_{2.5}$ 进行排放量现状计算与预测，以便为减少和控制这些污染物提供基础，同时为国家制定相关大气污染防治政策和区域大气污染联防联控提供科学依据。

4.2 思路方法

4.2.1 PM_{10}、$PM_{2.5}$ 成分、来源分析

大气污染物根据其存在状态可以分为两大类：颗粒态和气体态，其中颗粒态污染物

是指分散在气体当中的固态或液态微粒，根据空气动力学直径，大气颗粒物污染物又分为粉尘、烟、灰、黑烟、雾、烟雾；根据粉尘颗粒的大小，其又分为总悬浮颗粒物（TSP）、降尘、飘尘、可吸入颗粒物（PM_{10}）和细颗粒物（$PM_{2.5}$）[113]。可吸入颗粒物（PM_{10}）（空气动力学当量直径小于等于 10 μm 的大气悬浮颗粒物）分为细颗粒物（$PM_{2.5}$）（空气动力学当量直径为 0～2.5 μm）和粗颗粒物[123]。可吸入颗粒物包含了自然界大多数元素，有有机物质、硅酸盐和较大的煤烟聚集体、焚烧过程产生的颗粒物（如尾气颗粒物）以及大气中各种化学反应产生的二次颗粒物（如酸性冷凝物、硫酸盐、硝酸盐等）[124]，含有高浓度的多环芳烃（PAH）和诱变剂，具体包括有机组分有机碳（OC）、元素碳（EC）、正构烷烃、多环芳烃、非烃类化合物、挥发性有机化合物（VOCs）、氯氟烃、苯、甲苯、二甲苯和乙苯等，离子组分 SO_4^{2-}、NO_3^-、Cl^-、NH_4^+、Na^+、Ca^{2+}、Mg^{2+}、K^+、F^-等[125-128]。

通过有关源解析研究，可吸入颗粒物的来源主要有一次颗粒物、二次颗粒物和混合来源。其中一次颗粒物又包括天然源和人为源，具体见图 4-1。由于二次颗粒物是由一次颗粒物转化而来，而且其形成比较复杂，所以这里不考虑二次颗粒物的排放清单。而且一次颗粒物中的天然源是自然因素形成的，属于无组织排放源，不易确定其行为方式、产排污因子，所以这里也不进行计算。结合数据的可得性以及污染防治的可行性，未来防治重点应为人为源的燃煤尘、燃油尘、工业过程粉尘和混合源中的交通道路扬尘及建筑扬尘，因此对这几种来源的 PM_{10}、$PM_{2.5}$ 排放量进行计算。其中，燃煤尘主要计算工业和生活燃煤排放，燃油尘主要计算机动车尾气排放，粉尘主要计算工业过程产生的无组织粉尘；混合源主要计算机动车行驶过程中的交通扬尘和建筑施工扬尘。

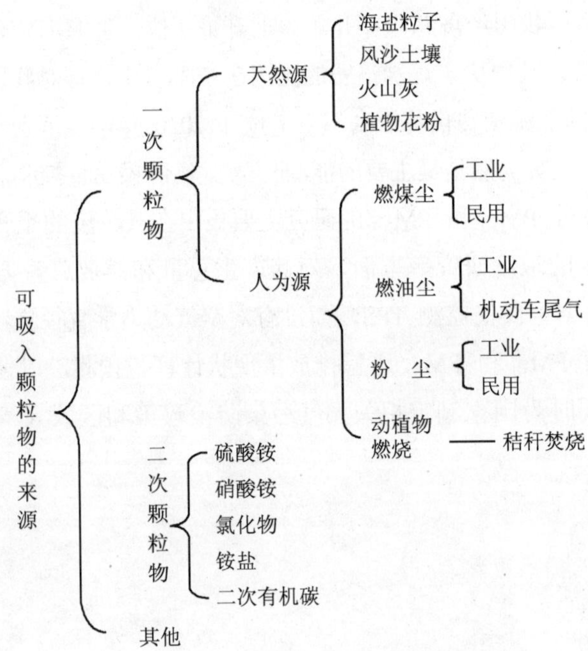

图 4-1 PM_{10} 和 $PM_{2.5}$ 的主要来源分析[126，127，129-136]

4.2.2 研究范围

1）对象范围

包括大气污染物 PM_{10}、$PM_{2.5}$，进行其排放清单的计算、预测、排放量的地区分解。排放清单根据排放源的不同进行组织，主要集中在人为源和混合扬尘，人为源有固定源和流动源，固定源主要是燃煤锅炉产生的燃煤尘，流动源有机动车尾气产生的燃油尘，还有工业过程粉尘、道路扬尘和建筑施工扬尘等无组织排放源。

2）时间范围

本研究对 PM_{10}、$PM_{2.5}$ 排放量的预测包括 2011—2015 年、2016—2020 年两个阶段。其中主要为 2011 年、2013 年、2015 年、2020 年 4 个预测目标年份，以 2008 年为基准年份。

3）区域范围

主要包括中国大陆 31 个省、直辖市以及自治区，不包括港、澳、台地区。

4.2.3 技术路线

1．总体技术路线

图 4-2 为颗粒物计算的总体技术路线，如图中所示，首先，分析 PM_{10}、$PM_{2.5}$ 产生和排放来源，根据来源收集整理不同来源的排放因子和活动方式；根据排放因子和活动水平进行污染物排放量的计算；根据地区活动方式的不同进行排放量的地区分解。

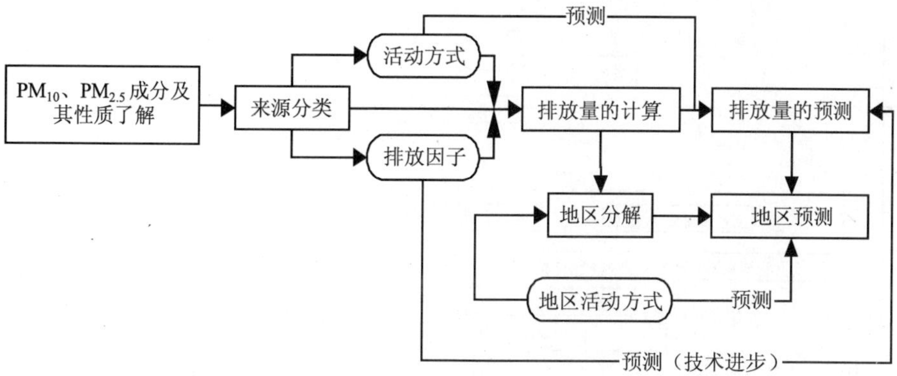

图 4-2　颗粒物计算的总体技术路线

在污染物排放量的预测方面，主要是对活动水平的预测，然后根据排放因子或者基于社会和技术进步调整后的排放因子进行污染物产、排放量的计算和地区分解。

2．具体技术路线

图 4-3 为颗粒物排放计算具体技术路线。根据分析来源，确定要计算的来源是人为源和混合源，人为源主要计算燃煤尘、燃油尘（机动车尾气尘）、工业过程中产生的粉尘，混合源计算机动车行驶产生的和建筑施工扬尘。燃煤尘主要从工业和生活燃煤两个方面

进行计算，工业和生活燃煤以及工业过程中的粉尘排放量可以在环境统计年鉴中找到；燃油尘主要通过机动车保有量和单车年均油耗计算其行驶总里程作为其活动水平；交通扬尘通过机动车保有量和年均行驶里程得到其行驶总里程作为其活动水平；建筑扬尘分两部分，一部分为风蚀扬尘，以施工面积作为活动水平；一部分为作业扬尘，以用料重量为活动水平，这里计算的是水泥和沙子的重量。根据排污因子和污染物产生量进行排放量的计算（烟尘、粉尘、机动车尾气尘得到的结果是颗粒物，要通过颗粒物中包含的 PM_{10} 和 $PM_{2.5}$ 的比例系数进行换算）。

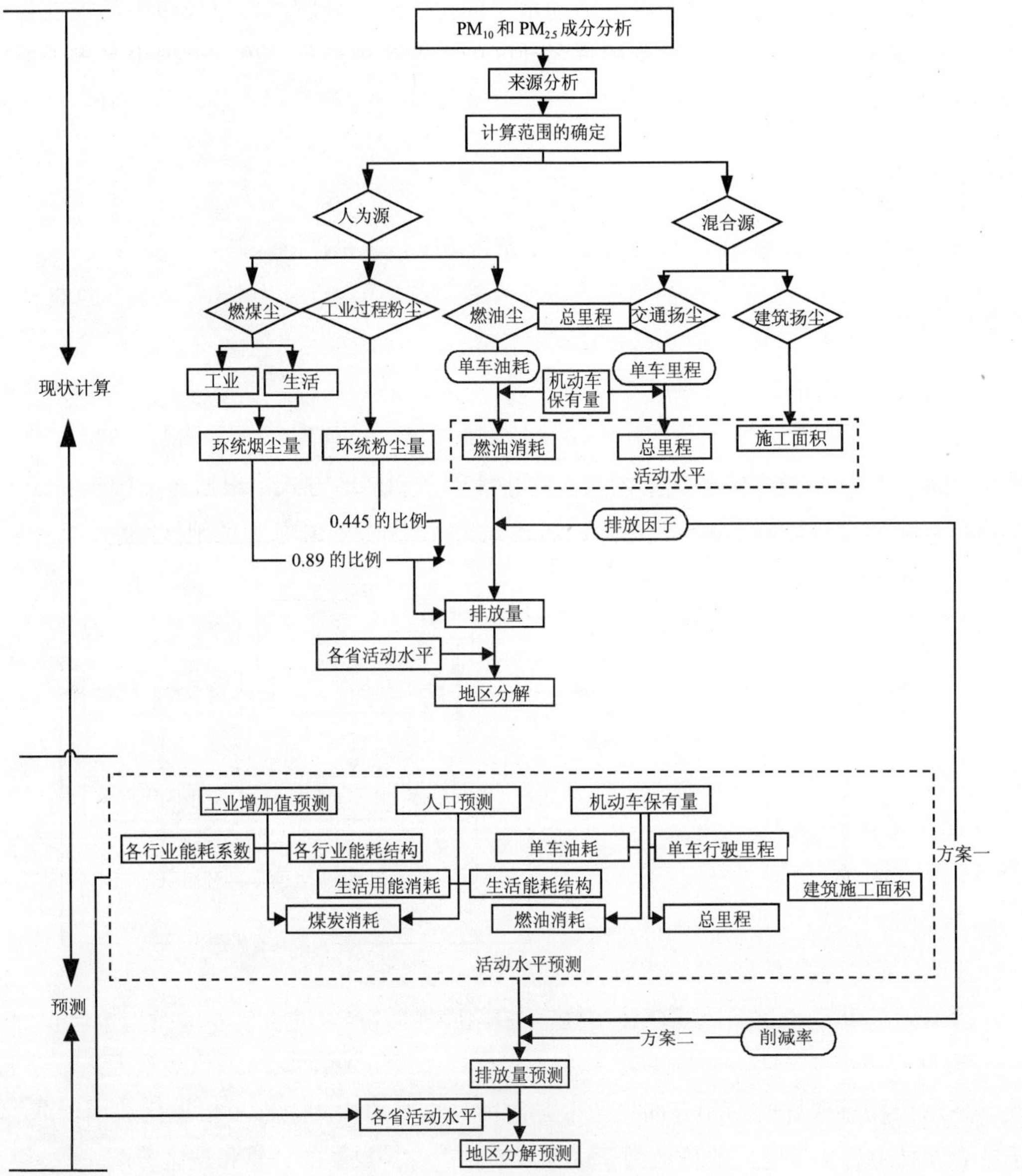

图 4-3　具体技术路线

在污染物产、排污量预测方面，主要是对活动水平的预测：首先进行工业增加值、人口预测，并进行各行业能源消耗系数和消耗结构的预测，通过工业增加值、消耗系数和结构系数得到燃煤尘的活动水平——工业煤炭消费量；通过预测人均煤炭消费系数，结合人口预测数据，得到燃煤尘的生活煤炭消费量。工业过程粉尘排放活动水平用单位增加值来衡量；通过预测机动车保有量，然后结合单车油耗和单车行驶里程，可以得到机动车燃油消耗和行驶的总里程，分别作为机动车尾气燃油尘和交通扬尘的活动水平。然后根据排放因子（方案一）计算或者基于社会和技术进步的调整后的排放因子或削减率（方案二）进行污染物排放量的计算，如果得到的是颗粒物，还要通过现状计算中的比例系数进行换算；通过 2001—2008 年建筑面积拟合得到预测建筑面积。

根据各来源活动水平占全国总活动水平的比例进行分解，即燃煤尘中的根据各地区的燃煤消费进行分解；工业过程根据各地区的工业产值进行分解；燃油尘和扬尘中的根据各地区机动车总数量进行分解；建筑扬尘通过各地建筑面积进行分解。

4.2.4 模型方法

1. 总模型

某一地区大气污染物排放量是该区域各类排放源污染物排放量的总和。它包括工业部门和人民生活过程中的各类化石燃料的燃烧，机动车或者其他一些活动产生的扬尘等等。式 4-1 表示某一源的排放量[137]：

$$EM=EF\cdot AC \tag{4-1}$$

式中，EM 表示排放量；EF 表示这一源的活动水平，如燃料用量、机动车行驶里程等等。AC 为污染物排放因子。

某一地区排放量为式 4-2 所示：

$$TEM=\sum[EF(i,j)\cdot AC(i,j)] \tag{4-2}$$

式中，TEM 为 VOCs 排放总量，i 代表不同的排放源，j 为排放的时间。可见排放清单的估计主要是确定排放源及其行为方式以及排放因子。各来源的污染物计算预测具体涉及的公式如下所示。

2. 现状计算

1）燃煤尘中的 PM_{10} 和 $PM_{2.5}$

烟尘产生和排放量在环境统计年鉴中可以查到。

根据有关研究，烟尘中 89% 为 PM_{10}，根据该比例可计算出 PM_{10} 排放量；PM_{10} 中 68% 为 $PM_{2.5}$，据此可以计算 $PM_{2.5}$ 的排放量。

（1）生活

$$QL_{PM_{10}}=QL_{SMOKE}\cdot C_{L10} \tag{4-3}$$

式中，$QL_{PM_{10}}$ 为生活燃煤 PM_{10} 排放量；QL_{SMOK} 为生活燃煤烟尘排放量；C_{L10} 为烟尘、PM_{10} 比例系数，取 0.89。

$$QL_{PM_{2.5}} = QL_{PM_{10}} \cdot C_{L2.5} \tag{4-4}$$

式中，$QL_{PM_{2.5}}$ 为生活燃煤 $PM_{2.5}$ 排放量；$QL_{PM_{10}}$ 为生活燃煤 PM_{10} 排放量；$C_{L2.5}$ 为 PM_{10}、$PM_{2.5}$ 比例系数，取 0.68。

（2）工业

$$QI_{PM_{10}} = QI_{SMOKE} \cdot C_{I10} \tag{4-5}$$

式中，$QI_{PM_{10}}$ 为工业燃煤 PM_{10} 排放量；QI_{SMOKE} 为工业燃煤烟尘排放量；C_{I10} 为比例系数，取 0.89。

$$QI_{PM_{2.5}} = QI_{PM_{10}} \cdot C_{I2.5} \tag{4-6}$$

式中，$QI_{PM_{2.5}}$ 为工业燃煤 $PM_{2.5}$ 排放量；$QI_{PM_{10}}$ 为工业燃煤 PM_{10} 排放量；$C_{I2.5}$ 为比例系数，取 0.68。

（3）总计

$$Q_{PM_{10}} = QL_{PM_{10}} + QI_{PM_{10}} \tag{4-7}$$

式中，$Q_{PM_{10}}$ 为燃煤 PM_{10} 排放总量；$QL_{PM_{10}}$ 为生活燃煤 PM_{10} 排放量；$QI_{PM_{10}}$ 为工业燃煤 PM_{10} 排放量。

$$Q_{PM_{2.5}} = QL_{PM_{2.5}} + QI_{PM_{2.5}} \tag{4-8}$$

式中，$Q_{PM_{2.5}}$ 为燃煤 $PM_{2.5}$ 排放总量；$QL_{PM_{2.5}}$ 为生活燃煤 $PM_{2.5}$ 排放量；$QI_{PM_{2.5}}$ 为工业燃煤 $PM_{2.5}$ 排放量。

2）工业过程粉尘中的 PM_{10} 和 $PM_{2.5}$

工业过程主要计算石油加工、化学工业、黑色金属冶炼、有色金属冶炼和非金属矿物制品几个重点行业工业过程粉尘的排放量。根据 PM_{10} 占粉尘量 44.5%的比例，可以计算 PM_{10} 的排放量。根据 $PM_{2.5}$ 占 PM_{10} 68%的比例，可以计算 $PM_{2.5}$ 的排放量。

$$QI_{i,PM_{10}} = QL_{i,DUST} \cdot C_{I10} \tag{4-9}$$

式中，$QI_{i,\ PM_{10}}$ 为工业行业 i 工业过程 PM_{10} 排放量；$QL_{i,\ DUST}$ 为行业 i 工业过程粉尘排放量；C_{I10} 为工业粉尘与 PM_{10} 换算比例系数，取 0.445；i 取 1，2，…，6，分别代表石油加工、化学工业、黑色金属冶炼、有色金属冶炼和非金属矿物制品和总的工业行业。

$$QI_{i,PM_{2.5}} = QI_{i,PM_{10}} \cdot C_{I2.5} \tag{4-10}$$

式中，$QI_{i,\ PM_{2.5}}$ 为工业 i 工业过程 $PM_{2.5}$ 排放量；$QI_{i,\ PM_{10}}$ 为工业 i 工业过程 PM_{10} 排放量；$C_{I2.5}$ 为工业过程 PM_{10} 与 $PM_{2.5}$ 换算比例系数，取 0.68，i 取 1，2，…，6，分别代表石油加工、化学工业、黑色金属冶炼、有色金属冶炼、非金属矿物制品和总的工业行业。

3）燃油尘中 PM_{10} 和 $PM_{2.5}$

燃油尘主要计算机动车（包括货车汽车、客车汽车、摩托车和火车）燃油 TSP 的排放量。排放量分别根据机动车尾气 TSP 的产污系数和排污系数与耗油量乘积计算。PM_{10} 和 $PM_{2.5}$ 的排放量根据不同车型的尾气 TSP 中含的 PM_{10} 和 $PM_{2.5}$ 比例进行计算。各车型的排放量相加得到机动车尾气 VOCs 排放总量。

（1）汽车

$$QC_{i,PM_{10}}=(FC_{i,TSP}\bullet(AC_i\bullet PC_i))\bullet CC_{i,PM10} \tag{4-11}$$

式中，$QC_{i,PM_{10}}$ 为车型 i 的 PM_{10} 排放量；$FC_{i,TSP}$ 为车型 i 的颗粒物排放因子；AC_i 为车型 i 年均行驶距离；PC_i 表示其保有量；$CC_{i,PM_{10}}$ 表示车型 i 的尾气颗粒物中包含 PM_{10} 的比例；i 表示不同类型的货车汽车或者客车汽车。

$$QC_{i,PM_{2.5}}=(FC_{i,TSP}\bullet(AC_i\bullet PC_i))\bullet CC_{i,PM_{2.5}} \tag{4-12}$$

式中，$QC_{i,PM_{2.5}}$ 为车型 i 的 $PM_{2.5}$ 排放量；$CC_{i,PM_{2.5}}$ 表示车型 i 的颗粒物中包含 $PM_{2.5}$ 的比例。

（2）摩托车

$$QM_{PM_{10}}=(FM_{TSP}\bullet(AM\bullet PM))\bullet CM_{PM_{10}} \tag{4-13}$$

式中，$QM_{PM_{10}}$ 为摩托车的 PM_{10} 排放量；FM_{TSP} 为摩托车的颗粒物排放因子；AM 为摩托车年均行驶距离；PM 表示其保有量；$CM_{PM_{10}}$ 表示摩托车的尾气颗粒物中包含 PM_{10} 的比例。

$$QM_{PM_{2.5}}=(FM_{TSP}\bullet(AM\bullet PM))\bullet CM_{PM_{2.5}} \tag{4-14}$$

式中，$QM_{PM_{2.5}}$ 为摩托车的 $PM_{2.5}$ 排放量；$CM_{PM_{2.5}}$ 为摩托车的颗粒物中包含 $PM_{2.5}$ 的比例。

（3）火车

$$QT_{PM_{10}}=(FT_{TSP}\bullet(AT\bullet PT))\bullet CT_{PM_{10}} \tag{4-15}$$

式中，$QT_{PM_{10}}$ 为火车的 PM_{10} 排放量；FT_{TSP} 表示火车的颗粒物排放因子；AT 为火车年均行驶距离；PT 表示火车保有量；$CT_{PM_{10}}$ 为火车的尾气颗粒物中包含 PM_{10} 的比例。

$$QT_{PM_{2.5}}=(FT_{TSP}\bullet(AT\bullet PT))\bullet CT_{PM_{2.5}} \tag{4-16}$$

式中，$QT_{PM_{2.5}}$ 为火车的 $PM_{2.5}$ 排放量；$CT_{PM_{2.5}}$ 表示火车的尾气颗粒物中包含 $PM_{2.5}$ 的比例。

（4）总计

$$Q_{PM_{10}}=\sum QC_{i,PM_{10}}+QM_{PM_{10}}+QT_{PM_{10}} \tag{4-17}$$

式中，$Q_{PM_{10}}$ 为机动车尾气 PM_{10} 排放总量；$QC_{i,PM_{10}}$ 为车型 i 汽车的 PM_{10} 排放总量；$QM_{PM_{10}}$ 为摩托车的 PM_{10} 排放总量；$QT_{PM_{10}}$ 为火车的 PM_{10} 排放总量。

$$Q_{PM_{2.5}} = \sum QC_{i,PM_{2.5}} + QM_{PM_{2.5}} + QT_{PM_{2.5}} \tag{4-18}$$

式中，$Q_{PM_{2.5}}$为机动车尾气 $PM_{2.5}$ 排放总量；$QC_{i,PM_{2.5}}$为车型 i 汽车的 $PM_{2.5}$ 排放总量；$QM_{PM_{2.5}}$为摩托车的 $PM_{2.5}$ 排放总量；$QT_{PM_{2.5}}$为火车的 $PM_{2.5}$ 排放总量。

4）机动车行驶过程中的扬尘中的 PM_{10} 和 $PM_{2.5}$

扬尘主要计算货车汽车、客车汽车和摩托车的扬尘 PM_{10} 和 $PM_{2.5}$ 的含量。排放量分别根据机动车扬尘中的 PM_{10} 和 $PM_{2.5}$ 排放因子与活动水平的乘积进行计算。各车型排放量相加得到总排放量。

（1）汽车

$$QC_{i,PM_{10}} = FC_{i,PM_{10}} \cdot (AC_i \cdot PC_i) \tag{4-19}$$

式中，$QC_{i,PM_{10}}$为车型 i 的 PM_{10} 排放量；$FC_{i,PM_{10}}$为车型 i 的 PM_{10} 排放因子；AC_i 为车型 i 年均油耗；PC_i 为其保有量。

$$QC_{i,PM_{2.5}} = FC_{i,PM_{2.5}} \cdot (AC_i \cdot PC_i) \tag{4-20}$$

式中，$QC_{i,PM_{2.5}}$为车型 i 的 $PM_{2.5}$ 排放量；$FC_{i,PM_{2.5}}$表示车型 i 的 $PM_{2.5}$ 排放因子。

（2）摩托车

$$QM_{PM_{10}} = FM_{PM_{10}} \cdot (AM \cdot PM) \tag{4-21}$$

式中，$QM_{PM_{10}}$为摩托车的 PM_{10} 排放量；$FM_{PM_{10}}$为摩托车的 PM_{10} 排放因子；AM 为摩托车年均行驶里程；PM 表示其保有量。

$$QM_{PM_{2.5}} = FM_{PM_{2.5}} \cdot (AM \cdot PM) \tag{4-22}$$

式中，$QM_{PM_{2.5}}$为摩托车的 $PM_{2.5}$ 排放量；$FM_{PM_{2.5}}$表示摩托车 $PM_{2.5}$ 排放因子。

（3）总量

$$Q_{PM_{10}} = \sum QC_{i,PM_{10}} + QM_{PM_{10}} \tag{4-23}$$

式中，$Q_{PM_{10}}$为机动车尾气 PM_{10} 排放总量；$QC_{i,PM_{10}}$为车型 i 汽车的 PM_{10} 排放总量；$QM_{PM_{10}}$为摩托车的 PM_{10} 排放总量。

$$Q_{PM_{2.5}} = \sum QC_{i,PM_{2.5}} + QM_{PM_{2.5}} \tag{4-24}$$

式中，$Q_{PM_{2.5}}$为机动车尾气 $PM_{2.5}$ 排放总量；$QC_{i,PM_{2.5}}$为车型 i 汽车的 $PM_{2.5}$ 排放总量；$QM_{PM_{2.5}}$为摩托车的 $PM_{2.5}$ 排放总量。

5）建筑扬尘中的 PM_{10} 和 $PM_{2.5}$

根据建筑 PM_{10} 排放系数和建筑面积进行计算。建筑扬尘分两种情况，一种是风蚀扬尘，另一种是作业扬尘。由于我国南北方气候差异较大，PM_{10} 和 $PM_{2.5}$ 排放因子不同，所以以秦岭-淮河为界，把全国的省级行政区大致分为干燥地区和湿润地区两类，分别进行计算。

（1）干燥地区

$$TN1_{PM_{10}} = FN1_{PM_{10}} \cdot AN \tag{4-25}$$

式中，$TN1_{PM_{10}}$ 为北方建筑风蚀扬尘 PM_{10} 排放量；$FN1_{PM_{10}}$ 为北方建筑风蚀扬尘 PM_{10} 排放因子；AN 为北方各省建筑面积之和；

$$TN2_{PM_{10}} = FN2_{PM_{10}} \cdot GN \tag{4-26}$$

式中，$TN2_{PM_{10}}$ 为北方建筑作业扬尘 PM_{10} 排放量；$FN2_{PM_{10}}$ 为北方建筑作业扬尘 PM_{10} 排放因子；GN 为北方各省建筑水泥和沙子消费重量。

（2）湿润地区

$$TS1_{PM_{10}} = FS1_{PM_{10}} \cdot AS \tag{4-27}$$

式中，$TS1_{PM_{10}}$ 为南方建筑风蚀扬尘 PM_{10} 排放量；$FS1_{PM_{10}}$ 为南方建筑风蚀扬尘 PM_{10} 排放因子；AS 为南方各省建筑面积之和；

$$TS2_{PM_{10}} = FS2_{PM_{10}} \cdot GS \tag{4-28}$$

式中，$TS2_{PM_{10}}$ 为南方建筑作业扬尘 PM_{10} 排放量；$FS2_{PM_{10}}$ 为南方建筑作业扬尘 PM_{10} 排放因子；GS 为南方各省建筑水泥和沙子消费重量。

（3）总计

$$T_{PM_{10}} = TN1_{PM_{10}} + TN2_{PM_{10}} + TS1_{PM_{10}} + TS2_{PM_{10}} \tag{4-29}$$

式中，$T_{PM_{10}}$ 为建筑扬尘排放总量；$TN_{PM_{10}}$ 为北方建筑扬尘排放总量；$TS_{PM_{10}}$ 为南方建筑扬尘排放总量。

$$T_{PM_{2.5}} = C_{PM_{2.5}} \cdot T_{PM_{10}} \tag{4-30}$$

式中，$T_{PM_{2.5}}$ 为建筑扬尘 $PM_{2.5}$ 排放量；$C_{PM_{2.5}}$ 为南方建筑扬尘 $PM_{2.5}$ 在 PM_{10} 中的比例系数。

3．预测思路

1）燃煤尘中的 PM_{10} 和 $PM_{2.5}$

分别对工业的各行业、生活及其他燃煤消耗产业进行工业增加值的预测，然后预测各自的能耗系数和不同产业能耗结构；进行各产业的燃煤消耗量的计算；然后进行烟尘产生量的计算。根据烟尘 89%为 PM_{10}、PM_{10} 中 68%为 $PM_{2.5}$ 的比例，计算 PM_{10} 和 $PM_{2.5}$ 的产生量。然后分两种方案进行预测：第一种是根据现有治理技术水平推测预测年份的治理水平，得出其削减率，然后计算排放量；第二种是假设进一步加强烟尘污染治理工作情况下的 PM_{10} 和 $PM_{2.5}$ 排放量。根据《国家“十二五”环保规划前期预测研究报告》，根据其中烟尘排放量的预测插值得到预测年份烟尘的排放量，根据上述公式进行 PM_{10} 和

$PM_{2.5}$的计算。

2）工业过程粉尘中的 PM_{10} 和 $PM_{2.5}$

分别计算石油加工、化学工业、黑色金属冶炼、有色金属冶炼和非金属矿物制品几个重点行业的工业增加值及单位增加值的粉尘产排污因子，然后相乘得到 2011—2020 年的粉尘产生量。据 PM_{10} 占粉尘量 44.5%的比例，可以计算 PM_{10} 的产生量。根据 $PM_{2.5}$ 占 PM_{10} 的 68%的比例，可以计算 $PM_{2.5}$ 的产生量。分两种方案对工业过程粉尘排放量进行预测：方案一是在现有治理趋势水平下的预测，方案二是假设进一步加大工业粉尘治理力度下的预测。根据《国家"十二五"环保规划前期预测研究报告》，根据其中烟尘排放量的预测插值得到预测年份烟尘的排放量，然后根据表 4-2 进行 PM_{10} 和 $PM_{2.5}$ 的计算。

3）燃油尘中 PM_{10} 和 $PM_{2.5}$

预测各机动车（包括货车汽车、客车汽车、摩托车和火车）保有量，假定各车型的车年均耗油量保持不变，计算各车型总耗油量（其中，火车的总耗油量=每万吨公里耗油×日产量×365×内燃机车保有量计算，分别对每万吨公里耗油、日产量和保有量进行预测）。根据我国机动车尾气排放控制情况，分两种情况对排放量进行预测，一种是根据机动车尾气新的排放标准执行时间和机动车平均使用年限估计预测年份尾气平均排放水平达到的标准；一种是在此基础上进行更加乐观的估计，假设在预测年份尾气平均排放水平达到更高标准。在设定标准的基础上，通过相应排放因子进行颗粒物排放量的计算，然后计算 PM_{10} 和 $PM_{2.5}$ 排放量。

4）机动车行驶扬尘中的 PM_{10} 和 $PM_{2.5}$

根据现状数据分别预测货车汽车、客车汽车和摩托车保有量及其年均行驶里程，计算得到各车型年总行驶里程，然后进行 PM_{10} 和 $PM_{2.5}$ 的计算。各车型产生量相加得到总排放量。

5）建筑施工扬尘中的 PM_{10} 和 $PM_{2.5}$

分别进行南北方的建筑面积和用料重量的预测，乘以南北方建筑风蚀扬尘和作业扬尘 PM_{10} 的排放因子，计算风蚀扬尘和作业扬尘中 PM_{10} 的排放量；根据 PM_{10} 计算 $PM_{2.5}$ 的排放量。

4．地区分解

根据各来源活动水平占全国总活动水平的比例进行分解。

$$\mathrm{QP}_{\mathrm{i,PM_{10}}} = Q_{\mathrm{i,PM_{10}}} \cdot L_{\mathrm{i}} / \sum L_{\mathrm{i}} \tag{4-31}$$

式中，$\mathrm{QP}_{\mathrm{i,PM_{10}}}$ 为 i 省/直辖市/自治区 PM_{10} 排放量；$Q_{\mathrm{i,PM_{10}}}$ 为全国 PM_{10} 总排放量；L_{i} 为 i 省/直辖市/自治区对应的活动水平；i 表示不同省份。

$$\mathrm{QP}_{\mathrm{i,PM_{2.5}}} = \mathrm{Q}_{\mathrm{i,PM_{2.5}}} \cdot L_{\mathrm{i}} / \sum L_{\mathrm{i}} \tag{4-32}$$

式中，$\mathrm{QP}_{\mathrm{i,PM_{2.5}}}$ 为 i 省/直辖市/自治区 $PM_{2.5}$ 排放量；$Q_{\mathrm{i,PM_{2.5}}}$ 为全国 $PM_{2.5}$ 总排放量；L_{i} 为 i 省/直辖市/自治区对应的活动水平；i 表示不同省份。

4.2.5 相关参数系数

1．不同排放源的行为方式

不同排放源的行为方式见表 4-1。

表 4-1 不同排放源的行为方式

源类型	具体源	行为方式及单位	源类型	具体源	行为方式及单位
汽车尾气	重型柴油货车	燃料消耗量/t	交通道路扬尘	轻型汽油货车	年总行驶里程/km
	中型柴油货车	燃料消耗量/t		微型汽油货车	年总行驶里程/km
	重型汽油货车	燃料消耗量/t		重型柴油客车	年总行驶里程/km
	轻型柴油货车	燃料消耗量/t		重型汽油客车	年总行驶里程/km
	轻型汽油货车	燃料消耗量/t		中型柴油客车	年总行驶里程/km
	微型汽油货车	燃料消耗量/t		中型汽油客车	年总行驶里程/km
	重型柴油客车	燃料消耗量/t		轻型柴油客车	年总行驶里程/km
	重型汽油客车	燃料消耗量/t		轻型汽油客车	年总行驶里程/km
	中型柴油客车	燃料消耗量/t		微型柴油客车	年总行驶里程/km
	中型汽油客车	燃料消耗量/t		微型汽油客车	年总行驶里程/km
	轻型柴油客车	燃料消耗量/t		摩托车	年总行驶里程/km
	轻型汽油客车	燃料消耗量/t	燃煤尘	工业各行业燃煤	燃煤消耗量/t
	微型柴油客车	燃料消耗量/t		生活燃煤	燃煤消耗量/t
	微型汽油客车	燃料消耗量/t		其他行业	燃煤消耗量/t
	摩托车	燃料消耗量/t	工业过程粉尘	石油加工及炼焦	工业产值/万元
	火车	燃料消耗量/t		化学工业	工业产值/万元
交通道路扬尘	重型柴油货车	年总行驶里程/km		非金属矿物制品业	工业产值/万元
	中型柴油货车	年总行驶里程/km		黑色金属冶炼	工业产值/万元
	重型汽油货车	年总行驶里程/km		有色金属冶炼	工业产值/万元
	轻型柴油货车	年总行驶里程/km	建筑扬尘	风蚀扬尘	建筑面积/m^2
				作业扬尘	用料重量/t

2．相关系数

1）机动车尾气产排污系数

机动车尾气颗粒物排放因子见表 4-2。单车年油耗情况见表 4-3，火车相关参数见表 4-4。

表 4-2　机动车尾气颗粒物排放因子[138]　　单位：kg/t

交通类型	燃料	无控制	欧Ⅰ	欧Ⅱ	欧Ⅲ	欧Ⅳ	欧Ⅴ	欧Ⅵ
重型货车	柴油	3	2.256	0.84	0.93	0.198	0.198	0.066
中型货车	柴油	3	2.256	0.84	0.93	0.198	0.198	0.066
	汽油	0.4	0.22	0.072	0.068	—	—	—
轻型货车	柴油	5.5	2.393	1.364	1.04	0.523	0.105	0.105
	汽油	0.25	0.138	0.138	0.045	0.045	0.043	0.04
微型货车	汽油	0.25	0.138	0.138	0.045	0.045	0.043	0.04
重型客车	柴油	3	2.256	0.84	0.93	0.198	0.198	0.066
	汽油	0.4	0.22	0.072	0.068	—	—	—
中型客车	柴油	3	2.256	0.84	0.93	0.198	0.198	0.066
	汽油	0.4	0.22	0.072	0.068	—	—	—
轻型客车	柴油	5.5	2.393	1.364	1.04	0.523	0.105	0.105
	汽油	0.25	0.138	0.138	0.045	0.045	0.043	0.04
微型客车	柴油	5.5	2.393	1.364	1.04	0.523	0.105	0.105
	汽油	0.25	0.138	0.138	0.045	0.045	0.043	0.04
摩托车	汽油	6	1.95	1.2	0.6	—	—	—
拖拉机	柴油	13.3	7.528	3.398	3.398	0.798	0.798	0.293
火车	柴油	3	3	3	3	3	3	3

表 4-3　单车年油耗情况[139]　　单位：t

汽油车	油耗	柴油车	油耗
小客车	1.5	轻型车	3.0
轻型车	3.5	中型车	7.0
中型车	7.0	重型车	8.0

假设摩托车年均行驶里程为 0.99 万公里，百公里油耗为 2.5L，每升汽油按 0.735kg 计算，则每辆摩托车年均油耗为 181.9kg。

表 4-4　火车相关参数[50，66，81]

年份	2002	2003	2004	2005	2006	2007	2008
内燃机车每万吨公里耗油/kg	25.9	25.4	25.0	24.6	24.3	24.6	24.9
货运机车日均产量/（万 t • km）	99.3	101.4	103.4	105.6	108.5	110.4	110.3
内燃机车单车油耗/t	938.7	940.1	943.5	948.2	962.3	991.3	1 002.46

火车单车年均油耗=每万吨公里耗油量（由于客车数量相对货车数量比较小，所以都按货车计算）×日均产量×365 天。

2）交通道路扬尘

根据文献《GIS 辅助的吴淞工业区铺设道路扬尘估算》中的实测数据交通道路扬尘排放因子作为交通道路扬尘 PM_{10} 和 $PM_{2.5}$ 排放因子。

表 4-5　不同车型交通道路扬尘排放系数[140，141]　　单位：g/VKT

污染物类型	$PM_{2.5}$	PM_{10}
排放因子	1.38	5.06

3）建筑扬尘

根据文献[142，143]的测量结果，平均计算得到北、南方建筑扬尘排放因子（以天津的结果表示干燥地区，以贵州的结果表示湿润地区）。

表 4-6　建筑扬尘排放系数　　单位：g/VKT

地区	对应扬尘类型	排放系数	
		PM_{10}	单位
湿润地区	风蚀扬尘	42.9	g/（m^2·月）
	作业扬尘	2.435	g/（t·次）
干燥地区	风蚀扬尘	329.8	g/（m^2·月）
	作业扬尘	18.7	g/（t·次）

4.3 排放清单

4.3.1 总量计算

1. 总量

通过对 PM_{10} 和 $PM_{2.5}$ 的几个主要来源：燃煤、工业过程、机动车尾气排放、交通道路扬尘、建筑扬尘的加和计算，得到总排放量。

（1）PM_{10}

图 4-4 为我国历年 PM_{10} 排放总量。从图中可以看出，2002—2008 年一直呈上升趋势，特别是 2005 年及以前上升比较快，2002 年为 2 225 万 t，2005 年上升到 2 795 万 t，4 年上升了 500 多万 t；2006 年以后上升速度较慢，到 2008 年为 3 054 万 t，比 2005 年增长了约 200 多万 t。由于 PM_{10} 排放总量巨大而且一直处于增长状态，所以应该针对各个来源对其进行总量控制，降低其对环境和人体健康的危害。

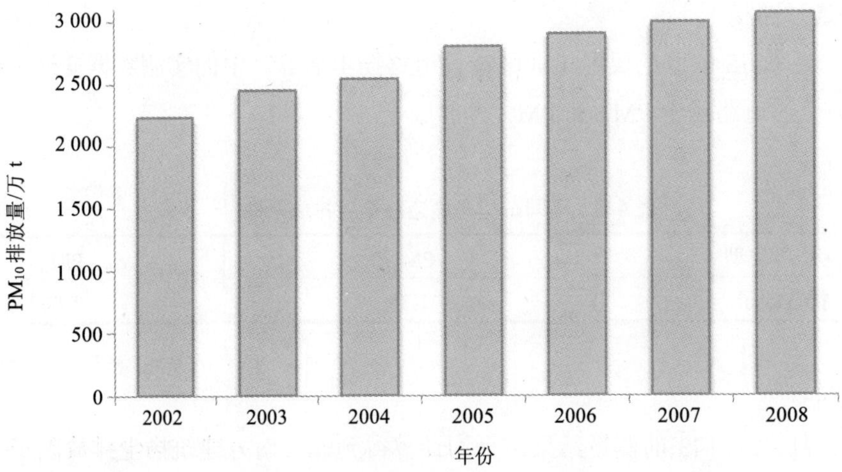

图 4-4　我国历年 PM_{10} 排放总量

（2）$PM_{2.5}$

我国历年 $PM_{2.5}$ 排放总量如图 4-5 所示。其排放规律与 PM_{10} 有所不同。首先，从 2002 年到 2005 年一直处于增长状态，2002 年为 1 181 万 t，2005 年增长到 1 393 万 t，4 年增长了 212 万 t；以后几年稍微有所下降。$PM_{2.5}$ 排放总量还是比较大，应该对排放量大特别是处于增长状态的扬尘排放予以重视。

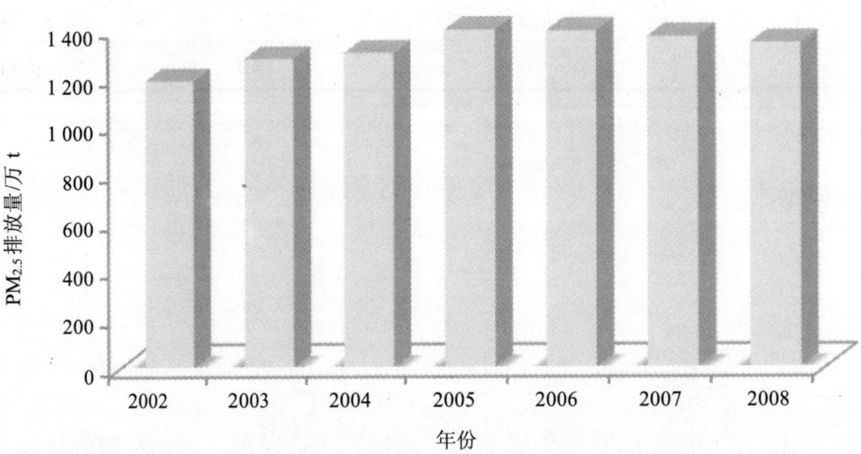

图 4-5　我国历年 $PM_{2.5}$ 排放总量

2. 各排放源的分析

（1）PM_{10}

图 4-6 为我国 PM_{10} 的几大来源的比较。从图中可以看出，排放总量比较大的两大来源为交通道路扬尘和燃煤尘。燃煤尘先增长后下降，其中 2002 年燃煤尘的排放量为 901 万 t，此后一直增长到 2005 年的 1 052 万 t，然后又一直下降，到 2008 年为 802 万 t。与之不同，交通道路扬尘 PM_{10} 排放量一直处于增长状态，2002 年为 522 万 t，2007 年增长到 1 038 万 t，超过燃煤尘，成为第一大源，到 2008 年交通扬尘排放量增长到 1 155 万 t；

第三大源为建筑扬尘，其排放量也是一直增长，2002 年为 358 万 t，2008 年增长到 798 万 t，增速明显。然后是工业过程粉尘中的 PM_{10}，与燃煤尘一样为先增加后减少的状态。相比而言，机动车尾气尘就非常小，历年不超过 40 万 t。可见，在我国控制 PM_{10} 排放总量，首先要控制交通扬尘和建筑扬尘排放，其次要加强燃煤尘排放总量削减。

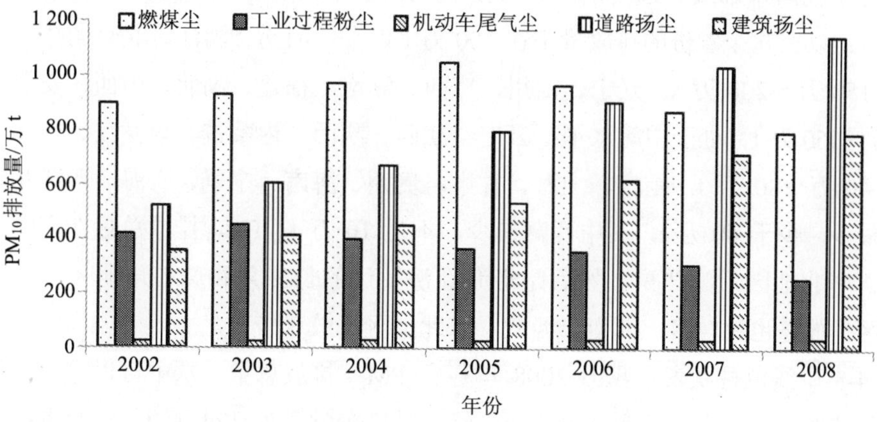

图 4-6 我国 PM_{10} 几大排放来源历年排放总量

（2）$PM_{2.5}$

图 4-7 为我国 $PM_{2.5}$ 的几大来源排放量比较。从中可以看出，排放总量比较大的两大来源依然为燃煤尘和交通道路扬尘。燃煤尘也是呈先上升后下降的状态，2002 年为 613 万 t，一直增长到 2005 年的 716 万 t，然后一直下降为 2008 年的 546 万 t；交通道路扬尘在 2007 年后超过工业过程粉尘成为第二大源，其 2002 年的排放量为 142 万 t，2007 年为 283 万 t，2008 年增长为 315 万 t；建筑扬尘排放一直增长；工业过程粉尘排放为先增长后下降的状态，2002 年为 285 万 t，2003 年稍微有所增长，然后到 2008 年一直下降到 177 万 t；机动车尾气尘相对较少。可见，在我国控制 $PM_{2.5}$ 的排放量，目前首先要控制的是燃煤尘，然后是一直增长的交通道路扬尘和建筑扬尘。

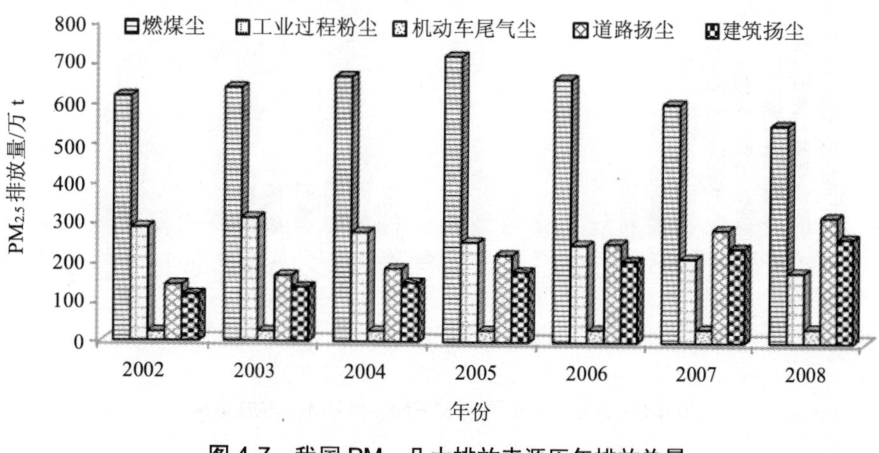

图 4-7 我国 $PM_{2.5}$ 几大排放来源历年排放总量

3. 地区分解

图 4-8 中深色柱状表示我国 2008 年各省 PM_{10} 排放总量。从中可以看出，排放量最大的省份为山东，达到 337 万 t，是唯一一个排放量达到 300 万 t 的省份；其次是广东省，为 280 万 t；然后是河北省，为 215 万 t；江苏省的排放量为 211 万 t，居第四位。这四个地区都位于我国东部或者东南沿海，分别代表山东半岛、珠三角地区、京津冀地区、长三角地区；以上几个省份的排放量都在 200 万 t 以上。河南、浙江、北京的排放量也比较大，为 150 万～200 万 t；辽宁、四川、广西、湖南、福建、湖北、山西、安徽的排放量为 80 万～150 万 t，处于中等水平；云南、江西、陕西、内蒙古、黑龙江、吉林、新疆、天津为 40 万～80 万 t；重庆、上海、甘肃、贵州、海南、宁夏、青海、西藏几个省份排放总量最少，少于 40 万 t，其中西藏最少，不足 10 万 t。PM_{10} 排放总量在空间上的分布规律为：华北地区最为严重，然后是沿海经济发达的长三角和珠三角地区，中部山西、两湖地区排放量也比较多；西南、西北、东北地区排放量较少。

图 4-8 中浅色柱状表示我国 2008 年各省 $PM_{2.5}$ 排放总量。从中可以看出，排放量最大的省份依然为山东省，达到 139 万 t；然后是广东省，为 124 万 t，河北省排放量居全国第三，为 94 万 t。江苏、河南、浙江的排放量也较多，为 60 万～100 万 t；北京、辽宁、四川、广西、湖南、福建排放总量处于中等水平，为 40 万～60 万 t；重庆、上海、甘肃、贵州、海南、宁夏、青海、西藏排放总量在 20 万 t 以下，其中西藏最少，仅为 1.5 万 t。与 PM_{10} 的地区分布规律类似，$PM_{2.5}$ 的分布规律也是在华北平原及其周边地区排放量最大，然后是长三角、珠三角地区，中部和西南、西北、东北地区排放量较少。

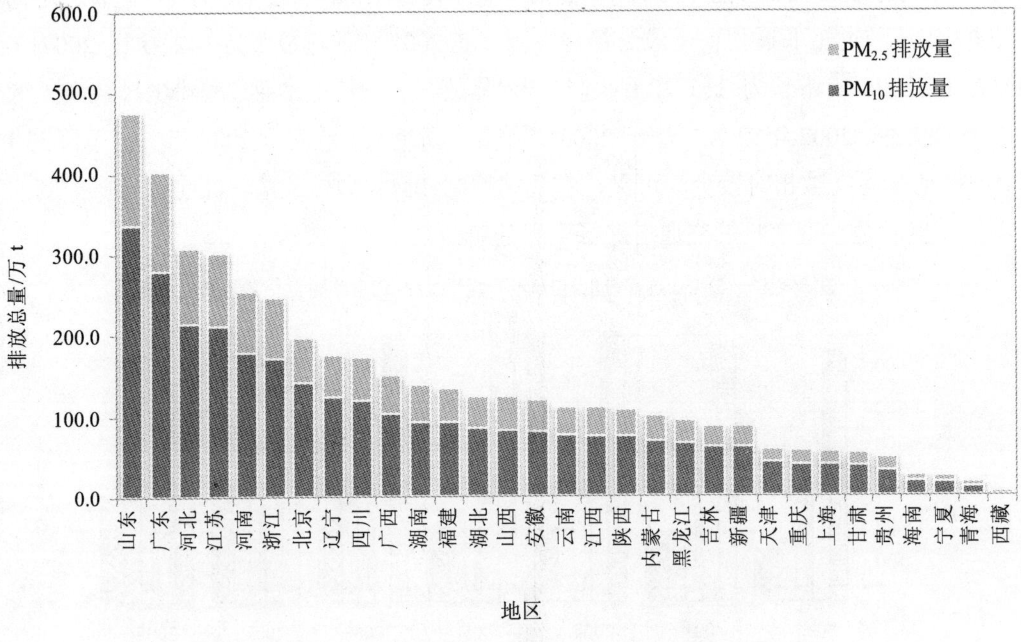

图 4-8 2008 年我国各省 PM_{10} 和 $PM_{2.5}$ 排放总量

4.3.2 燃煤尘的 PM_{10} 和 $PM_{2.5}$

通过统计可知我国 2001—2008 年燃煤烟尘排放情况，如表 4-7 所示。烟尘排放在 2001—2008 年为先上升后下降，2001 年为 1 069.8 万 t，2005 年为 1 182.5 万 t，以后几年持续下降，到 2008 年为 901.6 万 t。其中，工业排放占多数，2001 年其比例为 79.6%，2008 年的比例为 74%，有所降低。

表 4-7 我国历年烟尘排放情况① 单位：万 t

年份	2001	2002	2003	2004	2005	2006	2007	2008
总排放量	1 070	1 013	1 049	1 095	1 183	1 089	987	902
工业排放量	852	804	846	887	949	864	771	671
生活排放量	218	209	203	209	234	224	216	230.88

1. 总量

1）PM_{10}

通过计算可得我国 2001—2008 年燃煤排放的 PM_{10} 量。如图 4-9 所示，基本上先上升后下降。2002 年排放量为 901 万 t，比 2001 年的 952 万 t 有所降低，从 2002 年到 2005 年都呈现出上升状态，2005 年达到最大，为 1 052 万 t，2006 年以后逐渐降低，到 2008 年为 802 万 t。与全国总量趋势相一致的是工业燃煤 PM_{10} 排放量，也是从 2002 年开始增长，2005 年达到最大，为 769 万 t，成为拐点，此后排放量开始下降。由于我国经济总量一直处于快速增长状态，所以燃煤消耗也处于增长状态，其产生和排放的 PM_{10} 的量相应也增多。在“十一五”期间我国加大烟尘治理力度，所以在 PM_{10} 产生量增长的情况下其排放量逐渐降低。从图中还可以看出，生活燃煤 PM_{10} 排放量基本变化不大，从 2001 年的 193 万 t 缓慢增长到 2008 年的 205 万 t。

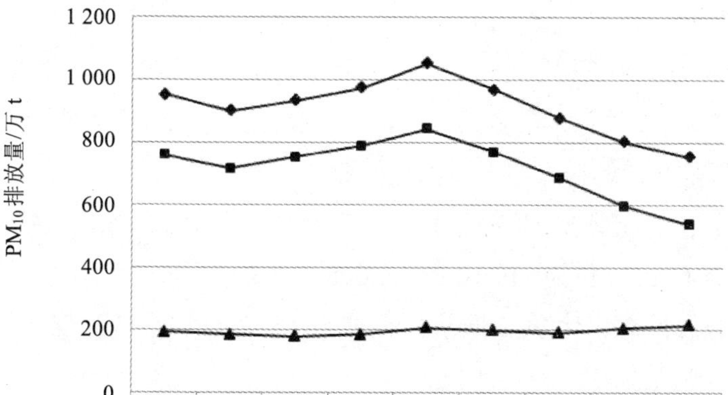

	2001	2002	2003	2004	2005	2006	2007	2008	2009
PM_{10} 排放总量	952	901	933	975	1 052	969	878	802	754.41
工业排放总量	758	716	753	789	845	769	686	597	537.88
生活排放总量	194	186	180	186	208	200	192	205	216.53

图 4-9 我国历年燃煤 PM_{10} 排放情况

① 资料来源：2005 年、2008 年《中国环境统计年报》。

2）$PM_{2.5}$

根据 PM_{10} 的排放量计算 $PM_{2.5}$ 的排放量。图 4-10 表示我国 $PM_{2.5}$ 排放情况。与 PM_{10} 的变化趋势相一致，$PM_{2.5}$ 也是呈现出先上升后下降的趋势。2002 年排放量为 612 万 t，比 2001 年的 647 万 t 有所降低，从 2002 年开始呈现出上升趋势，以 2005 年的 715.6 万 t 为拐点，2006—2008 年排放量逐渐降低，到 2008 年为 545.7 万 t。工业燃煤 $PM_{2.5}$ 排放量也是从 2002 年开始增长，2005 年达到最大，为 574 万 t，2006 年排放量开始下降。生活燃煤 $PM_{2.5}$ 呈现出缓慢上升趋势，2001 年为 131.9 万 t，2008 年为 139.7 万 t，比 2001 年增长 7.8 万 t。

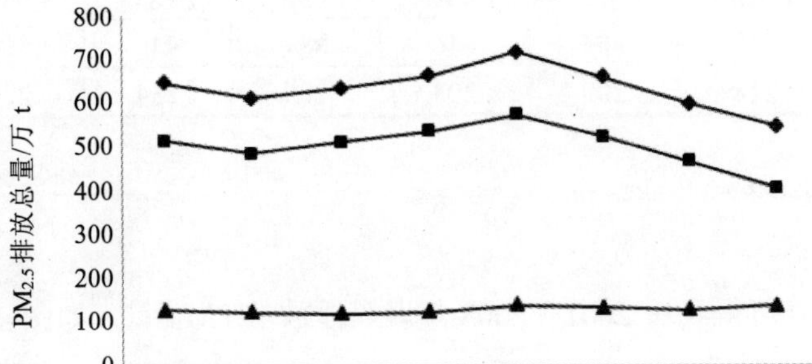

年	2001	2002	2003	2004	2005	2006	2007	2008
排放总量	647	613	635	663	716	659	597	546
工业历年排放总量	516	487	512	537	574	523	467	406
生活历年排放总量	132	126	123	126	141	136	130	140

图 4-10 我国历年燃煤 $PM_{2.5}$ 排放情况

2. 重点行业分析

1）PM_{10}

在工业行业，有 PM_{10} 的几个重点燃煤排放行业，如图 4-11 所示。电力行业排放量从 2001 年的 258 万 t 增长到 2005 年的 361 万 t，然后下降到 2008 年的 223 万 t，成为几个重点行业中 PM_{10} 排放总量最多的行业，历年排放一直为几个重点行业的 50%左右，这是因为目前电厂是我国燃料煤的主要消耗行业之一，其排放量和排放比例也以 2005 年为拐点，经历了先增大后降低的趋势。其次是非金属矿物制品行业，其排放量也比较大，2001 年为 116.18 万 t，2005 年为 119.15 万 t，2008 年下降为 87.8 万 t，占了几个重点行业的 20%左右。黑色金属冶炼、化学工业、石油加工、有色金属冶炼和煤炭开采行业占了这几个重点行业的 30%左右。

2）$PM_{2.5}$

表 4-8 是我国历年重点行业 $PM_{2.5}$ 排放总量结果。

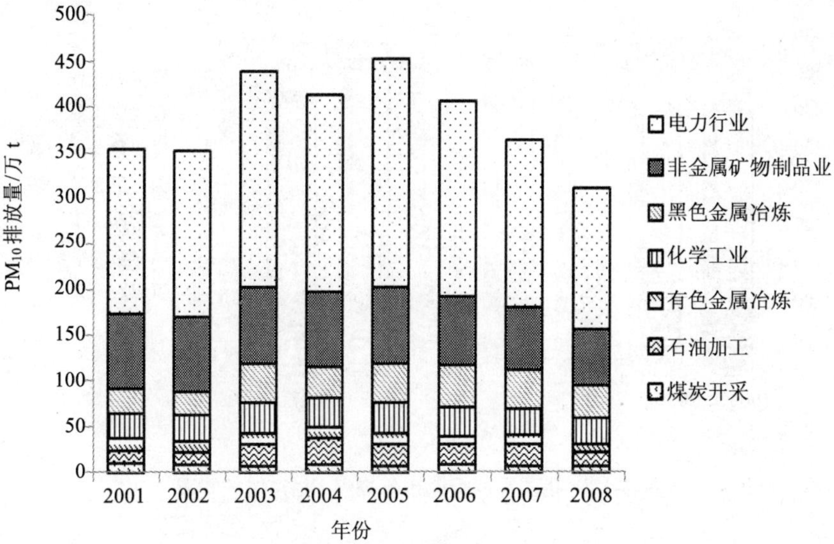

图 4-11　我国历年重点行业燃煤 PM_{10} 排放情况

表 4-8　我国历年重点行业 $PM_{2.5}$ 排放总量　　单位：万 t

年份	2001	2002	2003	2004	2005	2006	2007	2008
煤炭开采	10.22	7.71	6.62	8.16	6.62	7.38	5.57	6.05
非金属矿物制品业	14.35	12.41	11.63	12.15	11.63	9.08	9.31	8.16
石油加工	11.87	13.23	23.11	28.33	23.11	22.27	24.83	15.44
有色金属冶炼	26.20	28.37	32.41	30.73	32.41	30.93	28.96	28.41
黑色金属冶炼	26.94	24.03	41.93	32.65	41.93	44.00	41.15	34.52
化学工业	79.00	79.11	81.02	80.44	81.02	74.08	66.16	59.63
电力行业	175.34	176.99	230.50	210.96	245.23	209.82	179.98	151.52

在工业行业中，燃煤排放 $PM_{2.5}$ 的重点行业有电力、化学工业、黑色金属冶炼、有色金属冶炼、石油加工、非金属矿物制品业、煤炭开采几个行业，其历年燃煤 $PM_{2.5}$ 排放情况见图 4-12。其中，电力行业排放量最多，其次是化工行业，黑色金属冶炼行业也比较多，然后依次为有色金属冶炼、石油加工、非金属矿物制品业和煤炭开采几个行业，这几个行业大多以 2004 年或者 2005 年为拐点，其排放量先升后降。

电力行业从 2001 年的 175 万 t 增长到 2005 年的 245 万 t，2008 年下降为 152 万 t；化工行业 2001 年为 79 万 t，到 2005 年达到 81 万 t，然后下降，到 2008 年为 60 万 t；黑色金属冶炼行业在 2001 年较少，为 27 万 t，到 2006 年达到最大的 44 万 t，2008 年又降为 35 万 t。

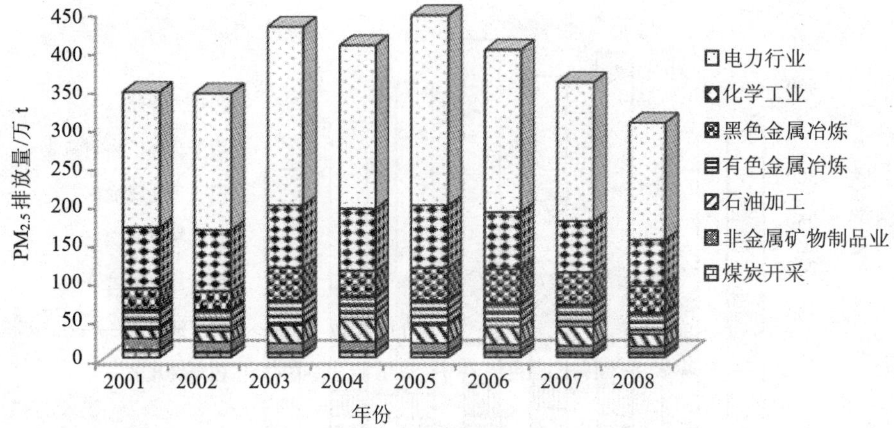

图 4-12　我国重点行业历年燃煤 $PM_{2.5}$ 排放情况

3．地区分析

图 4-13 中深色柱状是我国 2008 年各地燃煤尘 PM_{10} 排放量。从中可以看出，排放量最大的省份为广东省，达到 95 万 t，然后是山东省，为 80 万 t，江苏省为 64 万 t，也比较多。浙江、河北、河南、四川排放量也较多；广西、福建、北京、云南、湖北、湖南、安徽、江西、辽宁排放总量处于中等水平，为 20 万～40 万 t；山西、内蒙古、陕西、吉林、黑龙江、上海、新疆、天津、贵州排放总量为 10 万～20 万 t，相对较少；重庆、海南、甘肃、青海、西藏排放总量在 10 万 t 以下，相对最少。

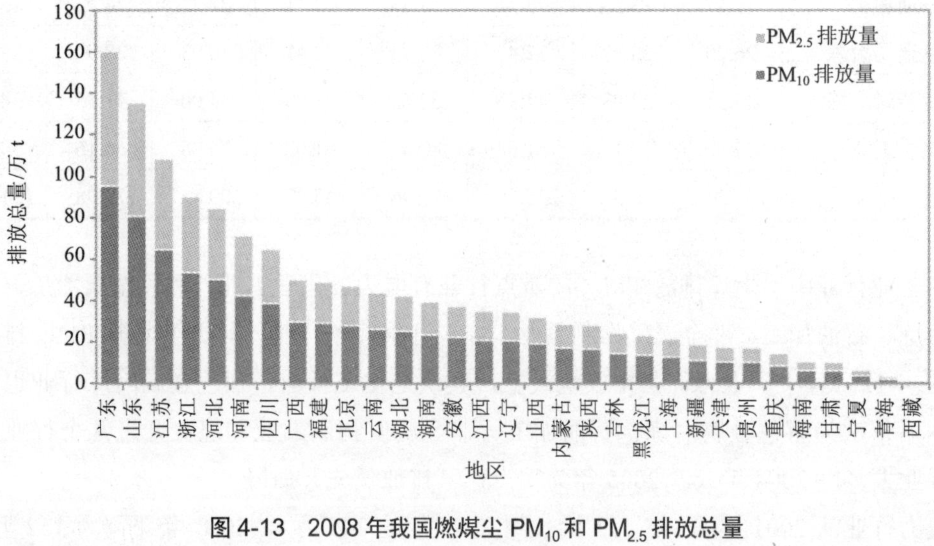

图 4-13　2008 年我国燃煤尘 PM_{10} 和 $PM_{2.5}$ 排放总量

图 4-13 中浅色柱状表示我国 2008 年各地燃煤尘 $PM_{2.5}$ 排放量，其规律与 PM_{10} 相似。排放量最大的三个省份分别为广东、山东、江苏，其排放量分别为 64.8 万 t、54.7 万 t、43.8 万 t。浙江、河北、河南、四川、广西排放总量相对也较多，为 20 万～40 万 t；福建、北京、云南、湖北、湖南、安徽、江西、辽宁、山西、内蒙古、陕西排放总量为 10 万～20

万 t，处于中等水平；吉林、黑龙江、上海、新疆、天津、贵州、重庆排放总量相对较少，为 5 万～10 万 t；海南、甘肃、宁夏、青海、西藏排放总量最少，不足 5 万 t，特别是西藏地区，不足 1 万 t。

4.3.3 工业过程粉尘中的 PM_{10} 和 $PM_{2.5}$

通过统计可知我国 2001—2008 年工业过程粉尘排放情况，如表 4-9 所示。工业粉尘总排放量在 2003 年达到最大，为 1 021 万 t，此后一直下降，到 2008 年为 585 万 t。其中，非金属矿物制品业排放量最多，占了几个重点行业的一半以上，其次是黑色金属冶炼，有色金属冶炼、化学工业、石油加工炼焦在几个重点行业中相对较少。

表 4-9 我国历年工业粉尘排放情况[①]　　单位：万 t

年份 行业排放量	2001	2002	2003	2004	2005	2006	2007	2008
总排放量	990.60	941.00	1 021.00	904.80	828.08	808.40	698.70	584.95
石油加工炼焦	7.25	7.43	21.51	15.30	18.84	18.20	20.83	21.51
化学工业	10.74	13.04	12.50	17.18	17.53	17.50	13.73	12.50
非金属矿物制品业	541.95	518.11	511.95	577.45	565.71	506.70	445.02	355.26
黑色金属冶炼	81.02	86.46	88.71	121.49	125.68	113.70	101.83	88.71
有色金属冶炼	17.43	16.05	8.51	18.99	18.71	14.10	10.69	8.51

1. 总量

1）PM_{10}

图 4-14 表示我国历年工业过程 PM_{10} 排放情况。从中可以看出，从 2001 年到 2008 年，工业过程排放的 PM_{10} 基本上呈下降趋势，从 2001 年的 440.8 万 t 下降到 2008 年的 260 万 t。但是 2003 年比较特殊，为 454 万 t，比 2002 年和 2004 年都高。

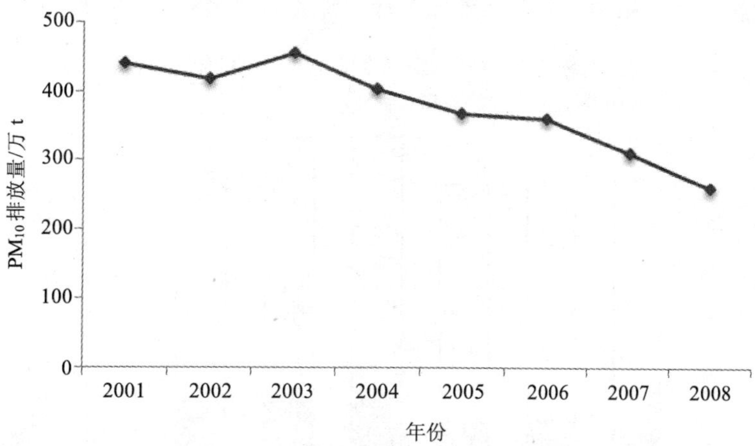

图 4-14 我国历年工业过程 PM_{10} 排放情况

① 资料来源：2005 年、2008 年《中国环境统计年报》。

2）$PM_{2.5}$

图 4-15 表示我国历年工业过程 $PM_{2.5}$ 排放情况。从中可以看出，从 2001—2008 年，工业过程排放的 $PM_{2.5}$ 基本上呈下降趋势。2001 年排放量为 230 万 t，2008 年为 158.46 万 t。2003 年比 2002 年和 2004 年都高，为 309 万 t，比较特殊。

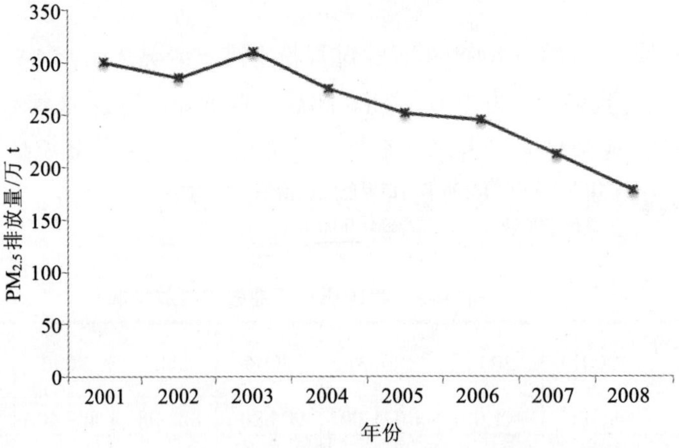

图 4-15　我国历年工业过程 $PM_{2.5}$ 排放情况

2. 重点行业分析

1）PM_{10}

在工业过程中，石油加工、化学工业、有色金属冶炼、黑色金属冶炼和非金属矿物制品行业都有较多粉尘和 PM_{10} 排放。如图 4-16 所示，非金属矿物制品行业在 2001 年为 241 万 t，在 2004 年排放总量最大，为 257 万 t，2008 年降为 158 万 t，其排放量最多，历年排放量占了几个重点行业的 50%以上。其次是黑色金属冶炼行业，其排放量在 2005 年达到最高值，为 56 万 t，2008 年降为 39 万 t，其历年排放量比非金属矿物制品行业少很多。有色金属冶炼、化学工业、石油加工行业排放量则比较少，各自历年不到 10 万 t。

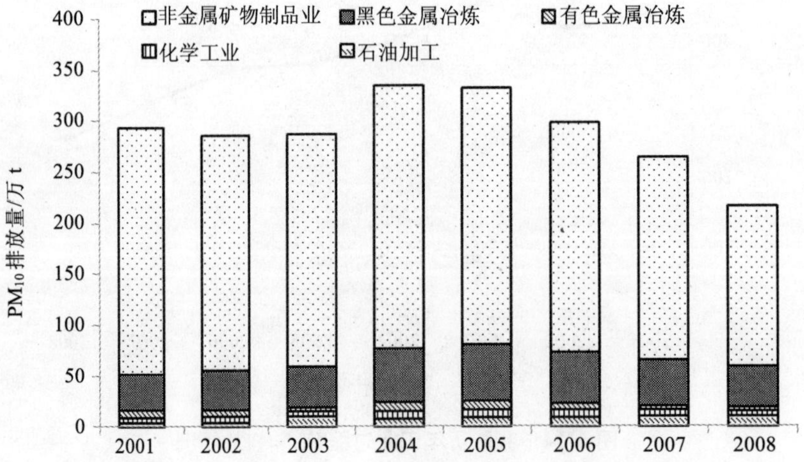

图 4-16　重点行业工业过程 PM_{10} 排放情况

2）$PM_{2.5}$

图 4-17 表示重点行业工业过程 $PM_{2.5}$ 排放量。从中可以看出，非金属矿物制品行业排放 $PM_{2.5}$ 的量最多，历年都超过了 100 万 t。而且 2001 年其排放量在几个重点行业中的比例超过了 80%，虽然这个比例随着排放量的逐年降低而降低，但是在 2008 年仍然占有 68%左右。其次是黑色金属冶炼行业，其排放量先增加后降低，从 2001 年的 24.52 万 t 增长到 2005 年的 38 万 t，然后降为 2008 年的 27 万 t，其比例也一直增长。有色金属冶炼、化学工业、石油加工行业的排放量相对较小。

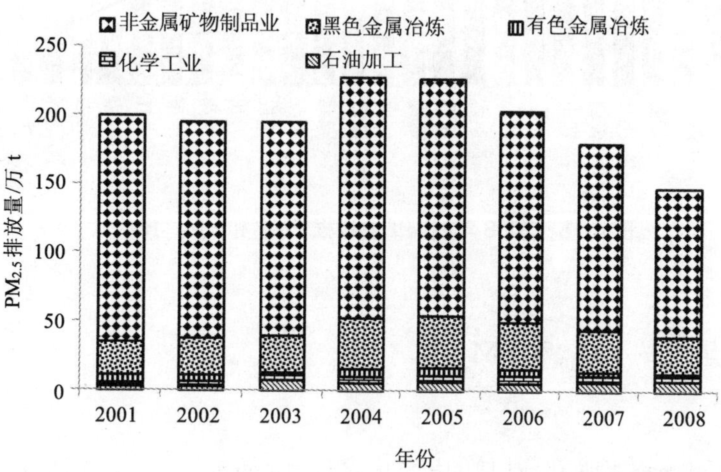

图 4-17　重点行业工业过程 $PM_{2.5}$ 排放量

3. 地区分析

图 4-18 是对我国 2008 年各地工业过程 PM_{10} 和 $PM_{2.5}$ 排放量的分解。从中可以看出，PM_{10} 排放量最大的地区为湖南省，其次是河北省和山西省，分别为 24.7 万 t、22.6 万 t、20.1 万 t。广西、安徽、江西、河南、辽宁、山东排放总量也较多，为 10 万～20 万 t；湖北、内蒙古、陕西、江苏、广东、新疆、福建、浙江、重庆、四川、贵州、云南、黑龙江排放总量为 5 万～10 万 t，处于中等水平；甘肃、青海、吉林、宁夏排放总量相对较少，为 1.5 万～5 万 t；北京、海南、上海、天津、西藏排放总量相对最少，不足 1.5 万 t。可见工业过程 PM_{10} 的各省分布规律：中部偏东的一些省份排放总量最高，其往东、往西的东部沿海和中部地区排放量相对较少，西藏、海南各省以及京津排放总量最少。

$PM_{2.5}$ 分布规律与 PM_{10} 相似：中部偏东的湖南、河北、山西、广西排放总量最高，在 10 万 t 以上；其往东、往西的东部沿海和中部地区排放量处于中等水平，为 6 万～10 万 t；西北、东北各省排放总量相对较少，为 1 万～6 万 t；京津沪、海南、西藏排放总量最低，不足 1 万 t。

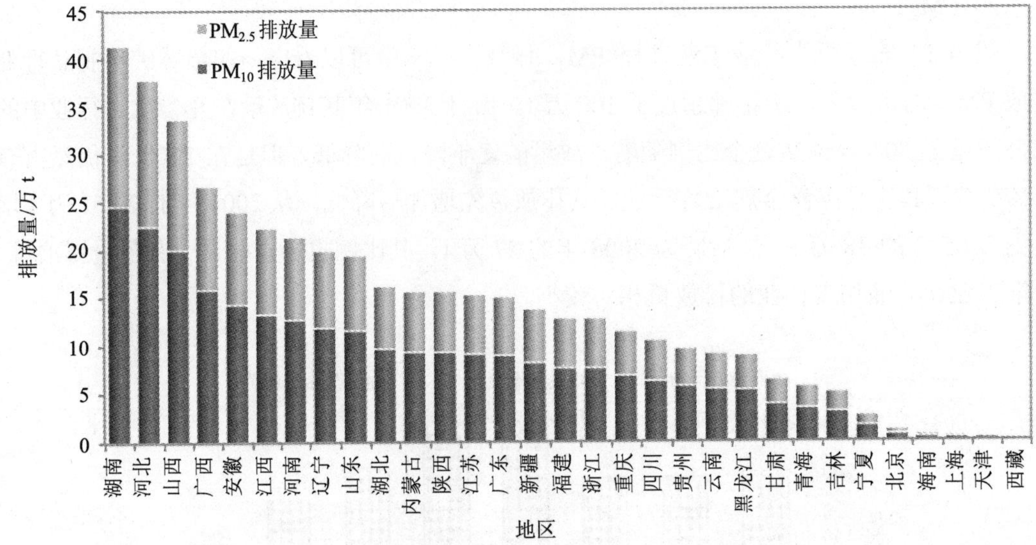

图 4-18　2008 年我国工业过程 PM_{10} 和 $PM_{2.5}$ 排放量

4.3.4 机动车尾气的 PM_{10} 和 $PM_{2.5}$

1. 总量

我国机动车数量逐年增长，排放的尾气中含有一定数量的 PM_{10} 和 $PM_{2.5}$。而且机动车种类不同，行驶单位公里排放的 PM_{10} 和 $PM_{2.5}$ 的量也不一样。表 4-10 为我国历年各种类机动车保有量的情况。历年摩托车数量大概占了一半，轻型客车数量也比较多，而且增长速度很快。

表 4-10　我国历年机动车保有量　　单位：万辆

机动车保有量＼年份		2002	2003	2004	2005	2006	2007	2008
重型货车	柴油	148	137	154	168	174	187	201
中型货车	总量	219	244	234	237	235	243	250
	柴油	144	161	155	156	156	161	165
	汽油	74	83	79	80	80	83	85
轻型货车	总量	361	391	426	485	532	587	645
	柴油	238	258	281	320	352	388	426
	汽油	122	133	144	164	181	199	219
微型货车	汽油	85	82	79	66	45	37	31
重型客车	总量	75	76	78	82	87	94	100
	柴油	61	62	63	67	71	76	82
	汽油	14	14	15	15	16	18	19
中型客车	总量	105	116	125	132	137	141	143
	柴油	85	94	101	107	111	114	116
	汽油	20	22	23	25	26	26	27
轻型客车	总量	790	1 017	1 249	1 618	2 083	2 646	3 271
	柴油	148	190	234	303	390	495	612
	汽油	642	827	1 015	1 316	1 694	2 152	2 659
微型客车	汽油	232	270	284	300	312	315	324
摩托车	汽油	5 052	5 870	62 908	7 502	8 051	8 623	8 863
火车（只计算内燃机车）		1.13	1.14	1.19	1.21	1.21	1.21	1.20

为了控制机动车对大气的污染，我国从 2000 年开始实施等同于欧 I 的机动车污染物排放标准，2004 年起在全国范围内开始实行等同于欧 II 的标准。2007 年和 2010 年车用燃料整体达到欧 III 和欧 IV 标准。《中国机动车污染防治年报 2010》中有各控制标准机动车 2009 年的保有量，由此可以推算我国 2002—2008 年各标准的机动车保有量所占比重，如表 4-11 所示。

表 4-11　我国各年份达到不同尾气控制标准的机动车保有量所占比重　单位：%

年份	欧 0 标准	欧 I 标准	欧 II 标准	欧 III 标准
2002	70.80	29.20	0.00	70.80
2003	61.00	39.00	0.00	61.00
2004	53.90	40.30	5.80	53.90
2005	46.00	34.40	19.70	46.00
2006	39.30	29.40	31.30	39.30
2007	33.30	24.90	34.20	33.30
2008	28.50	21.30	32.80	28.50

不同控制标准的机动车，其单位里程的污染物排放量不同，标准越严格，污染物的排放量越少。由此可以得出我国历年机动车尾气的 PM_{10} 和 $PM_{2.5}$ 排放量。

1）PM_{10}

图 4-19 为我国历年机动车尾气 PM_{10} 排放量，从中可以看出，我国机动车尾气排放的 PM_{10} 的量相对不是太大。2002 年的排放量为 25 万 t，以后逐渐增长，到 2008 年为 39 万 t。由于实施了机动车污染物排放控制，所以 PM_{10} 排放量的增长比机动车保有量的增长速度要慢一些。

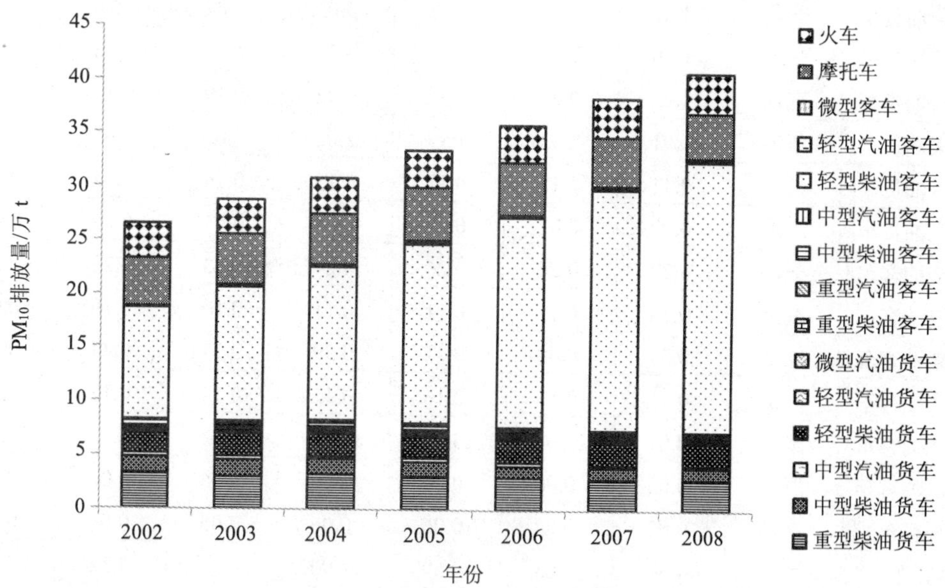

图 4-19　我国历年机动车尾气 PM_{10} 排放量

2）$PM_{2.5}$

图 4-20 为我国历年机动车尾气 $PM_{2.5}$ 排放量，从中可以看出，我国机动车尾气排放的 $PM_{2.5}$ 的量比 PM_{10} 的量稍微小一些，总量相差不是太大。2002 年排放 24 万 t，2008 年增长到 37 万 t。

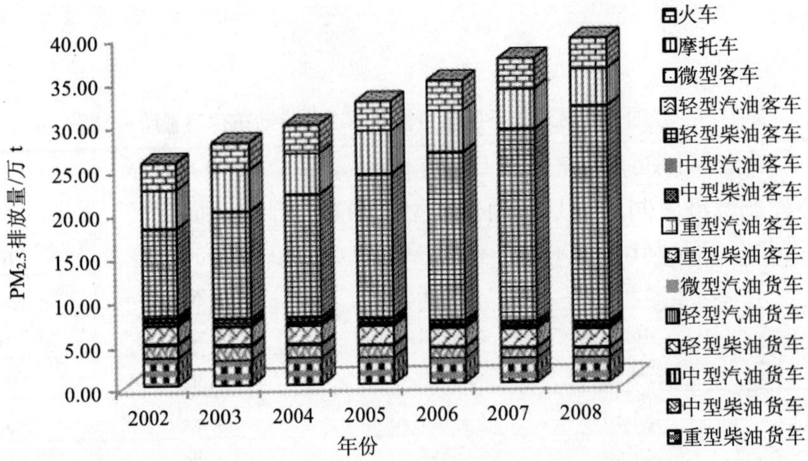

图 4-20　我国历年机动车尾气 $PM_{2.5}$ 排放量

2. 各种类机动车排放量

1）PM_{10}

表 4-12 为我国各种类机动车 PM_{10} 排放量。

表 4-12　各种类机动车 PM_{10} 排放量　　单位：万 t

机动车类型	燃油类型	2002	2003	2004	2005	2006	2007	2008
重型柴油货车	柴油	3.20	2.88	3.08	3.03	2.84	2.78	2.76
中型柴油货车	柴油	1.40	1.52	1.39	1.27	1.14	1.08	1.02
中型汽油货车	汽油	0.25	0.27	0.24	0.22	0.19	0.18	0.16
轻型柴油货车	柴油	1.91	1.93	1.97	2.02	2.02	2.01	2.01
轻型汽油货车	汽油	0.11	0.12	0.12	0.13	0.14	0.14	0.14
微型汽油货车	汽油	0.02	0.02	0.02	0.01	0.01	0.01	0.01
重型柴油客车	柴油	0.27	0.26	0.26	0.24	0.23	0.23	0.23
重型汽油客车	汽油	0.12	0.12	0.11	0.11	0.10	0.10	0.09
中型柴油客车	柴油	0.37	0.40	0.41	0.39	0.37	0.34	0.32
中型汽油客车	汽油	0.15	0.16	0.16	0.15	0.14	0.13	0.12
轻型柴油客车	柴油	10.01	12.04	13.82	16.18	18.93	21.72	24.43
轻型汽油客车	汽油	0.05	0.06	0.06	0.06	0.06	0.06	0.05
微型客车	汽油	0.05	0.06	0.06	0.06	0.06	0.06	0.05
摩托车	汽油	4.34	4.63	4.59	4.90	4.75	4.52	4.15
火车	柴油	3.09	3.11	3.26	3.35	3.40	3.49	3.51

从中可以看出，各种类型的机动车排放量都不是太大。其中，排放总量最大的为轻型柴油客车，2002 年为 10 万 t，2008 年增长到 24 万 t；其次是摩托车，2002 年排放量为 4.34 万 t，2008 年为 4.15 万 t，稍微有所下降；火车排放量也较多，2002 年为 3.09 万 t，2008 年为 3.51 万 t；轻型柴油货车和重型柴油货车排放量也比较多，2002 年分别为 1.91 万 t 和 3.2 万 t，2008 年达到 2.01 万 t 和 2.76 万 t。其他类型的排放量都较小。其中，重型柴油货车、中型柴油货车、中型汽油货车、微型汽油货车、重型柴油客车、中型柴油客车、中型汽油客车、摩托车排放量都基本处于下降趋势。除微型汽油货车保有量下降外，其他几种类型的保有量都为上升，之所以 PM_{10} 排放量会下降，主要是由于实行了机动车尾气排放控制标准限制。但是，由于轻型柴油客车排放量增长快，所以总体上机动车尾气排放的 PM_{10} 还是处于增长状态。

从中还可以看出，柴油车排放的 PM_{10} 比汽油车要多，所以对机动车的 PM_{10} 排放控制，应该重点针对柴油车进行。

2）$PM_{2.5}$

表 4-13 为我国各种类机动车 $PM_{2.5}$ 排放量。通过比较发现，各种类机动车 $PM_{2.5}$ 排放规律和 PM_{10} 基本相同，唯一不同的是各种类机动车排放的 $PM_{2.5}$ 的量比 PM_{10} 小。

表 4-13　各种类机动车 $PM_{2.5}$ 排放量　　单位：万 t

机动车类型	燃油类型	2002	2003	2004	2005	2006	2007	2008
重型柴油货车	柴油	3.04	2.73	2.92	2.87	2.7	2.64	2.62
中型柴油货车	柴油	1.33	1.44	1.32	1.2	1.08	1.02	0.97
中型汽油货车	汽油	0.14	0.15	0.13	0.12	0.11	0.1	0.09
轻型柴油货车	柴油	1.81	1.83	1.86	1.92	1.91	1.91	1.91
轻型汽油货车	汽油	0.06	0.06	0.07	0.07	0.08	0.08	0.08
微型汽油货车	汽油	0.01	0.01	0.01	0.01	0	0	0
重型柴油客车	柴油	0.25	0.25	0.24	0.23	0.22	0.22	0.21
重型汽油客车	汽油	0.07	0.06	0.06	0.06	0.05	0.05	0.05
中型柴油客车	柴油	0.35	0.38	0.39	0.37	0.35	0.32	0.31
中型汽油客车	汽油	0.08	0.09	0.09	0.08	0.08	0.07	0.06
轻型柴油客车	柴油	9.5	11.42	13.1	15.34	17.95	20.6	23.17
轻型汽油客车	汽油	0.03	0.03	0.03	0.03	0.03	0.03	0.03
微型客车	汽油	0.03	0.03	0.03	0.03	0.03	0.03	0.03
摩托车	汽油	4.08	4.35	4.31	4.61	4.46	4.25	3.9
火车	柴油	2.93	2.95	3.09	3.17	3.23	3.31	3.33

3．地区分析

图 4-21 是我国 2008 年各地机动车尾气的 PM_{10} 和 $PM_{2.5}$ 排放量。从中可以看出，PM_{10} 排放量在 2.5 万 t 以上的省份有广东省、山东省、江苏省、浙江省，分别为 4.85 万 t、

3.95 万 t、3.29 万 t、2.52 万 t；河北、河南、广西、四川、福建几个省份排放总量相对也比较多，为 1.5 万～2.5 万 t；湖北、云南、江西、湖南、安徽几个省份排放总量处于中等水平，为 1 万～1.5 万 t；北京、辽宁、山西、内蒙古、陕西、上海、吉林、新疆、黑龙江排放总量相对较少，为 0.5 万～1 万 t；贵州、重庆、天津、海南、甘肃、宁夏、青海、西藏排放总量相对最少，不足 0.5 万 t，其中青海、西藏最少，不足 0.1 万 t。从中可以看出，东部几个省份以及四川省机动车尾气排放量最高，中东部和东南部的一些省市排放量处于中等水平，西北、西南排放总量最少。

$PM_{2.5}$ 分布规律与 PM_{10} 相似，排放量最大的地区为广东、山东、江苏，分别为 4.57 万 t、3.72 万 t、3.10 万 t；浙江、河北、河南、四川、广西排放总量也比较多，为 1.5 万～2.5 万 t；福建、湖北、云南、江西、湖南、安徽排放总量为 1 万～1.5 万 t；北京、辽宁、山西、内蒙古、陕西、吉林、上海、新疆、黑龙江排放总量为 0.5 万～1 万 t；贵州、重庆、天津、海南、甘肃、宁夏、青海、西藏排放总量最低，不足 0.5 万 t。排放规律依然是东部和东南沿海各省市排放总量最高，中东部处于中等，西北、西南各省最低。

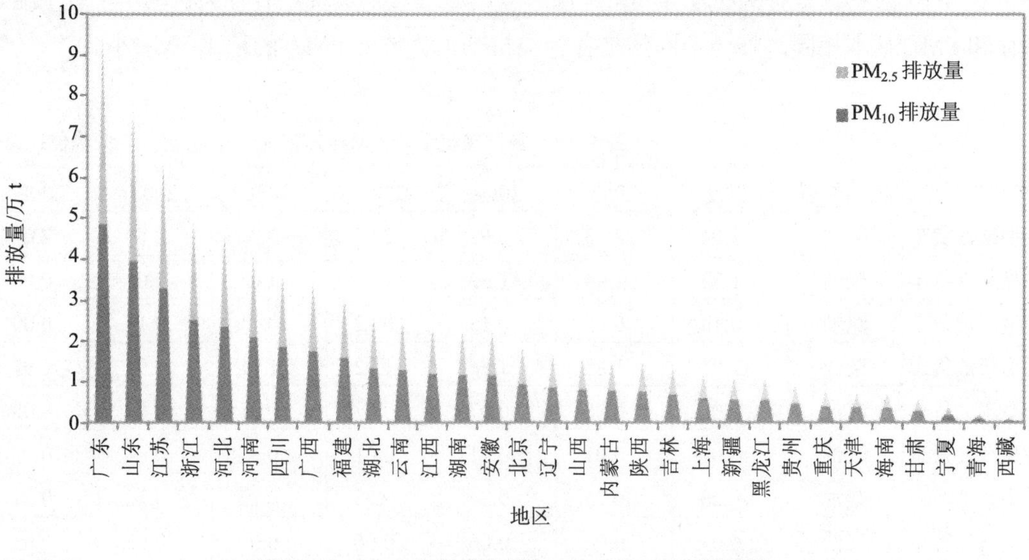

图 4-21　2008 年机动车尾气 PM_{10} 和 $PM_{2.5}$ 排放量

4.3.5 道路扬尘的 PM_{10} 和 $PM_{2.5}$ 的排放量

1. 总量

根据 VOCs 中机动车保有量和行驶里程的计算可知各类型机动车历年行驶的总里程如表 4-14 所示。从中可以看出，各种类型机动车行驶里程都呈现增长趋势，其中汽油客车增长幅度最大，翻了两番，摩托车的增长幅度也很大。柴油车增长速度较慢。通过计算得出机动车扬尘的 PM_{10} 和 $PM_{2.5}$ 排放量。

表 4-14　我国历年机动车行驶里程　　单位：亿 km

机动车类型	2002	2003	2004	2005	2006	2007	2008
汽油客车	2 737	3 479	4 190	5 295	6 679	8 415	10 247
柴油客车	457	493	529	567	604	648	675
轻型汽油货车	313	336	363	401	425	466	509
轻型柴油货车	609	655	708	781	827	907	991
重型柴油货车	1 143	1 204	1 246	1 320	1 356	1 463	1 536
摩托车	5 052	5 870	6 291	7 502	8 051	8 623	8 863

1）PM_{10}

如图 4-22 所示为我国历年机动车扬尘产生的 PM_{10} 的总量。从中可以看出，其排放总量相对较大，并且呈现逐年快速增长趋势。2002 年为 522 万 t，2008 年增长到 1 155 万 t，翻了一番。由于交通道路扬尘是无组织排放源，很难控制、搜集、处理，所以只能通过路面清洁、洒水等减少尘土扬起。

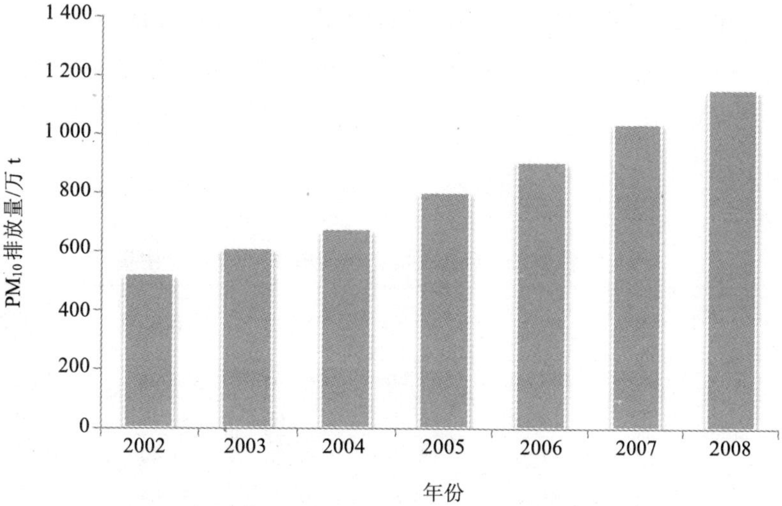

图 4-22　全国机动车扬尘 PM_{10} 排放总量

2）$PM_{2.5}$

从图 4-23 中可以看出，$PM_{2.5}$ 的排放总量比 PM_{10} 小很多，说明机动车扬尘产生的细颗粒物的比例相对较少。但是其排放总量也呈现出快速增长的状态，从 2002 年的 142 万 t 增长到 2008 年的 315 万 t，增长明显，应该严加控制。

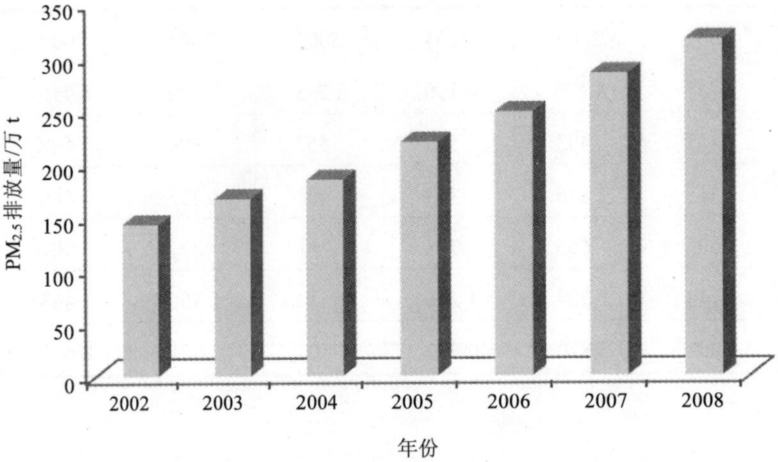

图 4-23　全国机动车扬尘 $PM_{2.5}$ 排放总量

2．各种类机动车排放分析

1）PM_{10}

表 4-15 为我国各类型机动车扬尘产生 PM_{10} 的量。从中可以看出，摩托车和汽油客车产生的量最多，并且增长速度很快，特别是汽油客车，从 2002 年的 138 万 t 增长到 2008 年的 519 万 t，成为机动车中的第一排放源。摩托车 2002 年产生量非常大，占总量的一半。虽然以后逐年增加，但是增长速度没有汽油客车的速度快。柴油大货车的量也比较大。但与其他几种类型排放量相比不大。

表 4-15　我国各类型机动车扬尘 PM_{10} 产生量　　单位：万 t

年份 机动车类型	2002	2003	2004	2005	2006	2007	2008
汽油客车	138.5	176.02	211.99	267.94	337.96	425.82	518.51
汽油小货车	23.1	24.95	26.78	28.69	30.56	32.78	34.16
柴油大客车	15.82	17.01	18.39	20.28	21.49	23.56	25.75
柴油小货车	30.81	33.13	35.8	39.5	41.85	45.88	50.13
柴油大货车	57.84	60.92	63.05	66.8	68.59	74.01	77.72
摩托车	255.62	297.03	318.32	379.61	407.36	436.3	448.48
合计	521.7	609.07	674.33	802.83	907.81	1 038.35	1 154.75

2）$PM_{2.5}$

表 4-16 为我国各类型机动车扬尘产生的 $PM_{2.5}$ 的量。其变化规律与 PM_{10} 类似，但是各种类机动车的排放量比 PM_{10} 要小很多。摩托车产生量在 2002 年为第一大源，以后此比例逐渐降低。汽油客车的增长速度很快，在 2008 年超过摩托车成为第一大源。2008 年各类型机动车产生量从大到小排序为：汽油客车、摩托车、柴油大货车、柴油小货车、汽油小货车、柴油大客车。

表 4-16　我国各类型机动车扬尘 $PM_{2.5}$ 产生量　　单位：万 t

机动车类型 \ 年份	2002	2003	2004	2005	2006	2007	2008
汽油客车	37.77	48.01	57.82	73.07	92.17	116.13	141.41
汽油小货车	6.3	6.81	7.3	7.82	8.33	8.94	9.32
柴油大客车	4.32	4.64	5.01	5.53	5.86	6.43	7.02
柴油小货车	8.4	9.04	9.76	10.77	11.41	12.51	13.67
柴油大货车	15.77	16.61	17.2	18.22	18.71	20.19	21.2
摩托车	69.71	81.01	86.81	103.53	111.1	118.99	122.31
合计	142.28	166.11	183.91	218.95	247.58	283.19	314.93

3. 地区分析

图 4-24 中深色柱状为我国 2008 年各地交通扬尘 PM_{10} 排放总量。从中可以看出，排放量最大的省份为广东省，达到 144 万 t，其次是山东省，为 117 万 t，居第三位的是江苏省，为 97 万 t；浙江省、河北省、河南省、四川省、广西壮族自治区排放量也较多，为 50 万～100 万 t；福建、湖北、云南、江西、湖南、安徽排放量为 30 万～60 万 t，处于中等水平；北京、辽宁、山西、内蒙古、陕西、吉林、上海、新疆、黑龙江排放总量为 15 万～30 万 t，相对较少；贵州、重庆、天津、海南、甘肃、宁夏、青海、西藏排放总量相对最少，西藏只有 1.36 万 t。道路扬尘 PM_{10} 分布规律为：东部、东南沿海地区以及四川省机动车尾气排放量最高，中东部和东南部的一些省市排放量处于中等水平，东北、西北、西南各省排放总量最少。

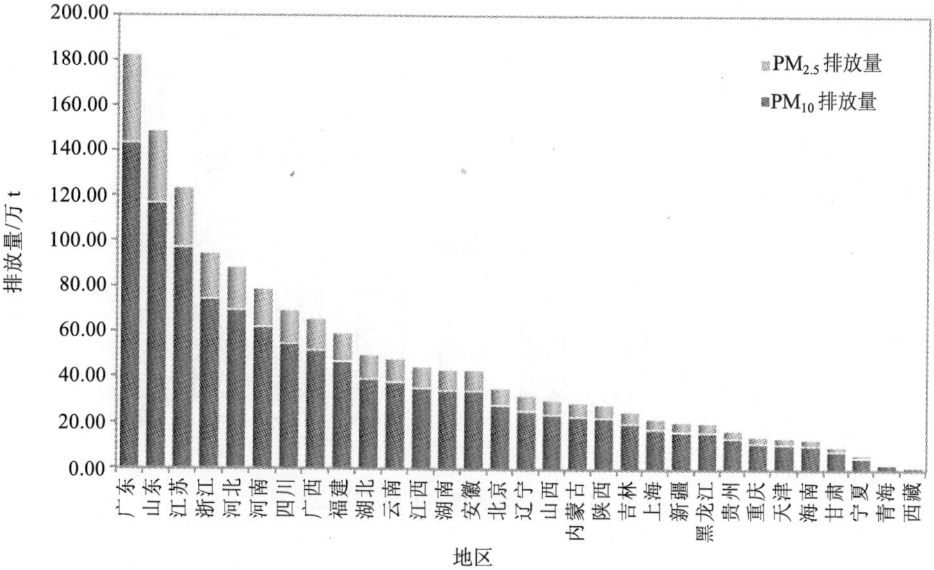

图 4-24　2008 年我国交通扬尘 PM_{10} 和 $PM_{2.5}$ 排放总量

图 4-24 中浅色柱状是我国 2008 年各地交通扬尘 $PM_{2.5}$ 的排放量。从中可以看出，排放量最大的地区为广东省，达到 39 万 t，山东省居第二名，排放量为 32 万 t；江苏、浙江的排放量也在 20 万 t 以上；河北、河南、四川、广西、福建、湖北、云南排放总量也

比较多，为 10 万～20 万 t；江西、湖南、安徽、北京、辽宁、山西、内蒙古、陕西、吉林处于中等水平，为 5 万～10 万 t；上海、新疆、黑龙江、贵州、重庆、天津、海南、甘肃、宁夏排放总量相对较少，为 1 万～5 万 t；青海、西藏排放总量相对最少，在 1 万 t 以下。其规律与 PM_{10} 的规律相类似。

4.3.6 建筑扬尘 PM_{10} 和 $PM_{2.5}$ 的排放量

1．总量

根据南方、北方建筑风蚀扬尘和作业扬尘的排放因子，以及我国历年建筑面积、堆料重量（这里主要计算水泥和沙，其重量比例按 1∶3 计算），可以计算南北方的风蚀扬尘和作业扬尘中 PM_{10} 和 $PM_{2.5}$ 的排放量。北方省份（干燥地区）选择北京、天津、河北、山西、内蒙古、辽宁、吉林、黑龙江、山东、河南、西藏、陕西、甘肃、青海、宁夏、新疆；南方省份（湿润地区）选择上海、江苏、浙江、安徽、福建、江西、湖北、湖南、广东、广西、海南、重庆、四川、贵州、云南。由此计算得到南方和北方历年建筑面积和作业堆料重量，进而计算得到 PM_{10}、$PM_{2.5}$ 的排放量。

1）PM_{10}

如图 4-25 所示为我国历年建筑扬尘产生 PM_{10} 的总量。从中可以看出，PM_{10} 排放总量相对比较大，并且呈现逐年快速增长趋势。2002 年为 317 万 t，2008 年增长到 798 万 t，为 2002 年的 2 倍还多。其中，北方干燥地区的排放量比湿润地区大很多，前者历年都为后者的 3 倍以上。

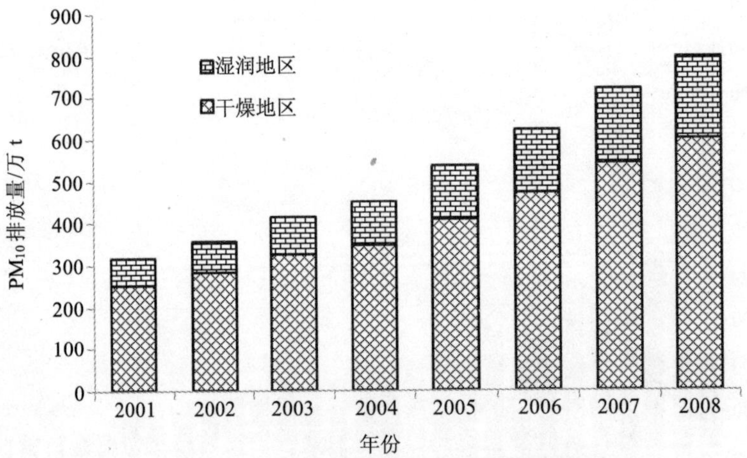

图 4-25　全国建筑扬尘 PM_{10} 排放总量

2）$PM_{2.5}$

图 4-26 为全国建筑扬尘 $PM_{2.5}$ 排放总量，从中可以看出，$PM_{2.5}$ 的排放总量比 PM_{10} 小很多，但是其排放总量也呈现出快速增长的状态，2002 年为 104 万 t，2008 年增长到 262 万 t，增长明显，应该严加控制。

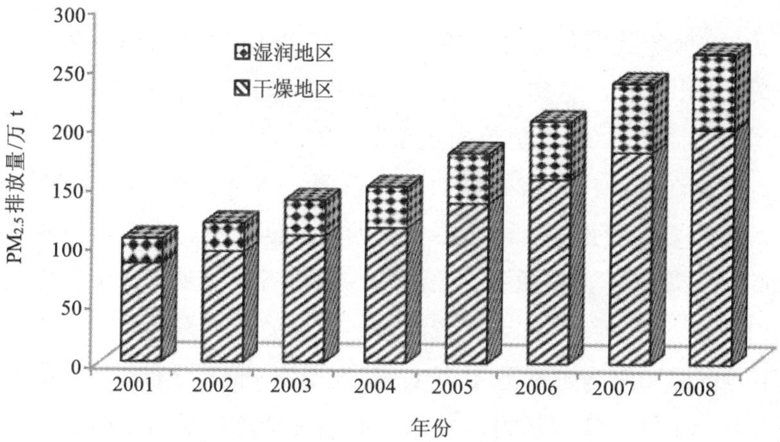

图 4-26　全国建筑扬尘 $PM_{2.5}$ 排放总量

2．风蚀和作业排放分析

1）PM_{10}

表 4-17 为我国干燥地区和湿润地区风蚀扬尘和作业扬尘 PM_{10} 产生的量。从中可以看出，无论是干燥地区还是湿润地区，风蚀扬尘 PM_{10} 占绝大多数，作业扬尘 PM_{10} 相对很小。从中还可以看出，干燥地区的风蚀扬尘和作业扬尘 PM_{10} 的量都比湿润地区多很多，而湿润地区的建筑面积和堆料重量都比干燥地区多，这说明不同地区气候等因素对建筑扬尘影响很大。

表 4-17　我国建筑扬尘 PM_{10} 产生量　　单位：万 t

		2001 年	2002 年	2003 年	2004 年	2005 年	2006 年	2007 年	2008 年
干燥地区	风蚀	252.58	283.20	325.57	346.74	410.47	472.47	543.10	602.02
	作业	0.29	0.33	0.38	0.40	0.47	0.48	0.47	0.68
湿润地区	风蚀	64.10	74.16	91.18	105.19	128.21	149.70	177.50	194.81
	作业	0.05	0.06	0.08	0.09	0.11	0.13	0.14	0.17

2）$PM_{2.5}$

表 4-18 为我国建筑风蚀扬尘和作业扬尘产生 $PM_{2.5}$ 的量。其变化规律与 PM_{10} 类似，但是各种类的排放量比 PM_{10} 要小很多。无论干燥地区还是湿润地区风蚀扬尘都比作业扬尘大很多。

表 4-18　我国建筑扬尘 $PM_{2.5}$ 产生量　　单位：万 t

		2001 年	2002 年	2003 年	2004 年	2005 年	2006 年	2007 年	2008 年
干燥地区	风蚀	83.11	93.18	107.12	114.09	135.05	155.45	178.69	198.08
	作业	0.1	0.11	0.12	0.13	0.16	0.16	0.15	0.22
湿润地区	风蚀	21.09	24.4	30	34.61	42.18	49.25	58.4	64.1
	作业	0.02	0.02	0.03	0.03	0.04	0.04	0.05	0.06

3. 地区分析

图 4-27 为 2008 年我国各地建筑扬尘 PM_{10} 和 $PM_{2.5}$ 排放总量。从中可以看出，排放量最大的省份为山东省，达到 124 万 t，其次是北京市，高达 84 万 t，居第三位的是河北省，为 71 万 t；2008 年建筑扬尘在 50 万 t 以上的还有辽宁省、河南省。江苏省、浙江省、黑龙江省、广东省、陕西省、新疆、吉林省、天津市的排放总量为 20 万～50 万 t，比较多；甘肃省、内蒙古、山西省、四川省、重庆市、湖北省的排放量为 10 万～20 万 t；湖南省、安徽省、上海市、福建省、宁夏、云南省排放量为 5 万～10 万 t，相对较少；江西省、广西、青海省、贵州省、西藏和海南省排放量都不大，在 5 万 t 以下，西藏和海南省不足 1 万 t。建筑扬尘 PM_{10} 分布规律与前面几种来源的排放分布有很大的不同，其规律为：华北平原最为严重，然后是西北内陆和东北平原地区，南部湿润地区和西南地区排放量相比北方而言较少，但是广东、江浙地区排放量稍大。华北及其附近的山东、北京、河北、河南排放量大，一方面是因为这些省市建筑活动水平比较高，另一方面是因为这些地区气候干燥，风沙多，使得建筑扬尘排放因子高。北部内蒙古高原和西北内陆地区排放量比较大，主要是与其干燥气候有关。广东、江苏、浙江在我国属于湿润地区，但是排放量也比较大，主要是因为其建筑活动水平高。

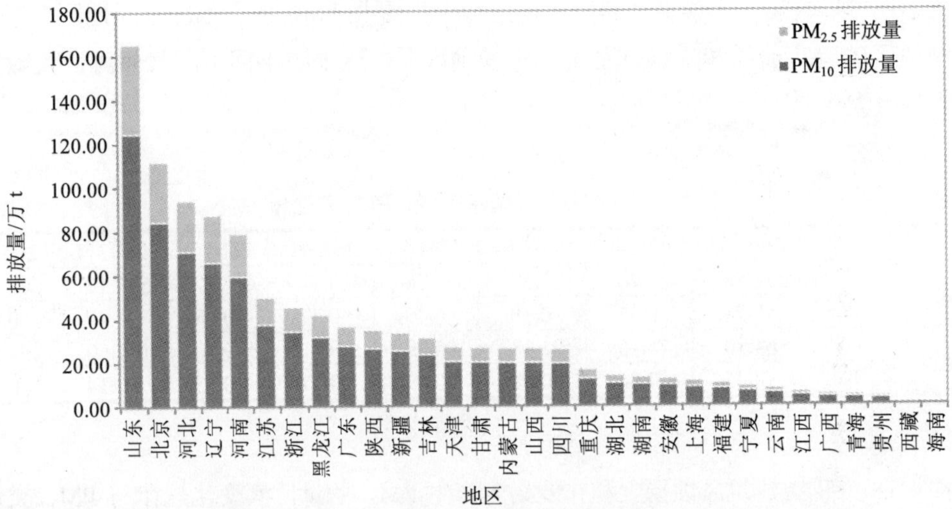

图 4-27　2008 年我国建筑扬尘 PM_{10} 和 $PM_{2.5}$ 排放总量

从图 4-27 中可以看出，$PM_{2.5}$ 排放量居首位的是山东省，是唯一一个超过 30 万 t 的省份。排放量在 10 万～20 万 t 的省市有北京、河北、辽宁、河南、江苏、浙江、黑龙江，都属于排放量比较多的地区；广东、陕西、新疆、吉林、天津、甘肃、内蒙古、山西、四川排放量为 5 万～10 万 t；重庆、湖北、湖南、安徽、上海、福建、宁夏排放量为 2 万～5 万 t，相对较少；云南、江西、广西、青海、贵州、西藏、海南排放量都在 2 万 t 以下。$PM_{2.5}$ 排放总量较多的地区大部分在我国北部，排放量较少的地区主要分布在南部和西南地区。

4.4 预测结果

4.4.1 总量预测

在 2001—2008 年现状分析的基础上，对预测年份 2011、2013、2015、2020 年各排放源的活动水平进行预测，然后分两种情景方案对各来源的 PM_{10} 和 $PM_{2.5}$ 排放总量进行预测，第一种情景方案是根据现有排放水平或者现有排放水平趋势进行外推，为保守预测；第二种情景方案是假设未来我国会采取比较严厉的控制措施或者污染物削减技术取得进步，在此条件下进行预测。

1. 总量

1）方案一：根据现有排放趋势外推

（1）PM_{10}

图 4-28 为根据现有趋势外推得到的各排放源的 PM_{10} 排放量。从图中可以看出，PM_{10} 排放总量一直呈上升趋势，2011 年为 3 751 万 t，2013 年为 4 187 万 t，2015 年为 4 701 万 t，2020 年则达到 6 328 万 t，十年间上升了 2 570 万 t。

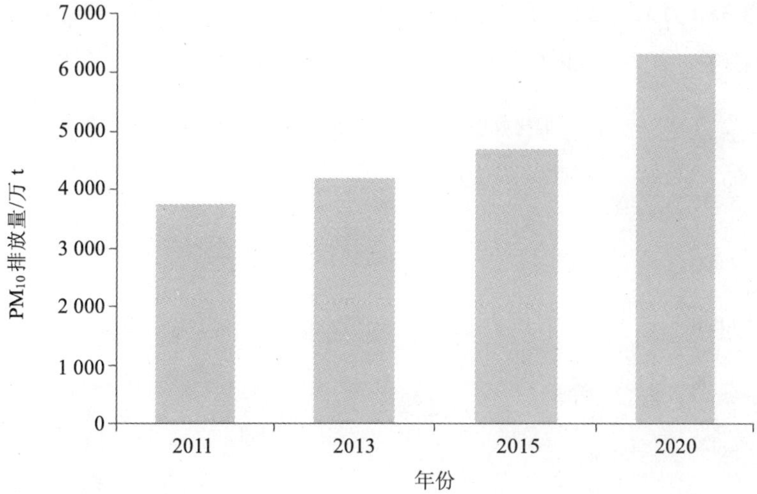

图 4-28 在方案一下我国预测年份 PM_{10} 排放总量

（2）$PM_{2.5}$

图 4-29 为 $PM_{2.5}$ 的排放量。从图中可以看出，$PM_{2.5}$ 排放总量一直呈上升趋势，2011 年为 1 558 万 t，2013 年为 1 657 万 t，2015 年为 1 775 万 t，2020 年则达到 2 138 万 t，上升幅度比 PM_{10} 要小很多。

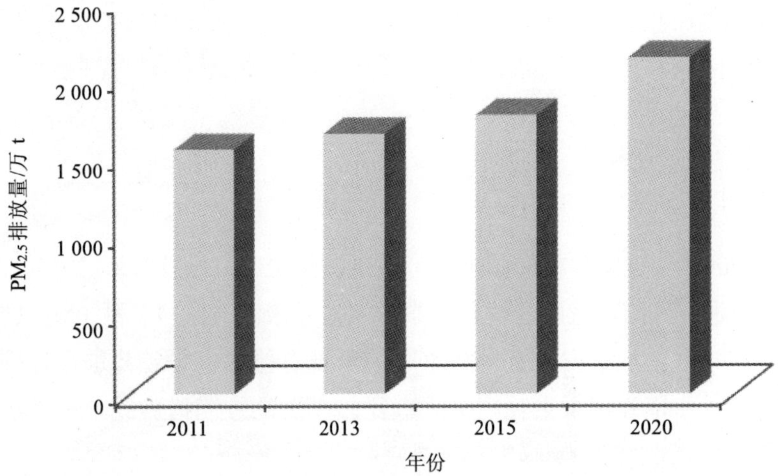

图 4-29 在方案一下我国预测年份 $PM_{2.5}$ 排放总量

2）方案二：加强控制条件下的预测

（1）PM_{10}

图 4-30 为加强控制条件下得到的各排放源的 PM_{10} 排放量。从图中可以看出，在加强控制的条件下，我国 PM_{10} 排放总量在“十二五”期间呈现出小幅上升，“十三五”有所减少，“十三五”末的 2020 年排放量比 2015 年小很多。2011、2013、2015、2020 年的排放量分别为：3 380 万 t、3 526 万 t、3 631 万 t、2 826 万 t。与方案一相比，方案二的 PM_{10} 排放总量要小很多，2020 年少了 3 500 万 t，占方案一 2020 年排放总量的一半以上。

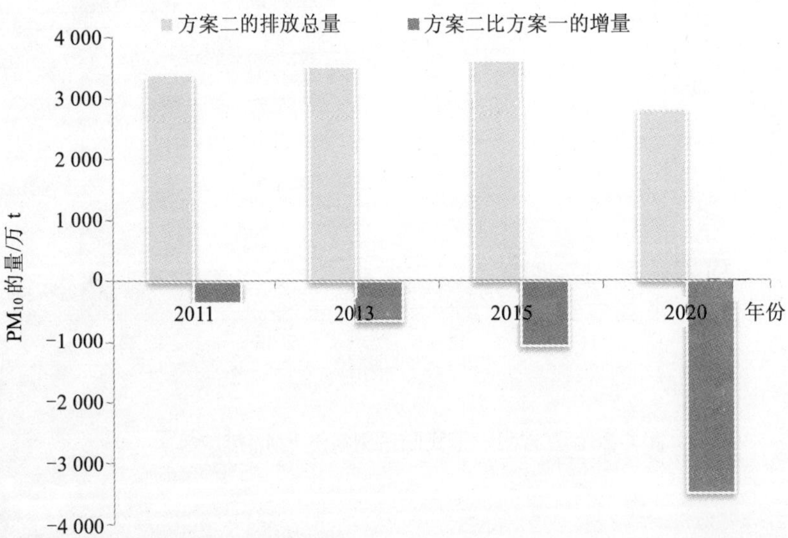

图 4-30 在方案二下我国预测年份 PM_{10} 排放总量及与方案一相比的增量

（2）$PM_{2.5}$

图 4-31 为 $PM_{2.5}$ 的排放量。从图中可以看出，$PM_{2.5}$ 排放总量从 2011 年到 2013 年有所增长，从 1 411 万 t 增长到 1 426 万 t，2015 年稍有所减少。随着“十三五”期间控制

措施的进一步加强，出现了明显的下降趋势，2020 年比 2015 年减少 318 万 t。与方案一相比，方案二的排放量也减少很多，其中 2011 年减少 249 万 t，2013 年减少 309 万 t，2015 年减少 405 万 t，2020 年减少 1 015 万 t，占方案一 2020 年排放量的 50%以上。

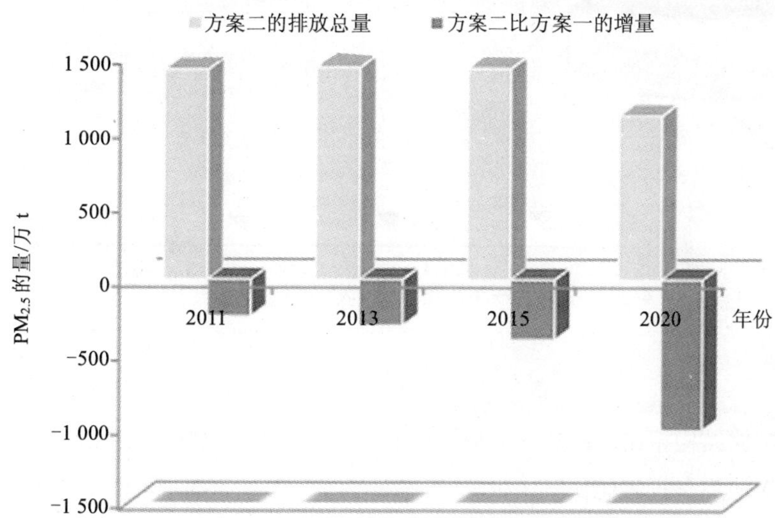

图 4-31　在方案二下我国预测年份 $PM_{2.5}$ 排放总量及比方案一的增量

2．各排放来源对比

1）方案一：根据现有趋势外推

（1）PM_{10}

图 4-32 为预测年份不同来源 PM_{10} 排放情况对比。从几幅图可以看出，交通道路扬尘排放在几大源中比例最大，历年都在 40%以上，而且呈逐渐上升趋势，2011 年为 45.1%，2020 年上升到 70.4%；其次是建筑扬尘排放，不过其比例是逐渐降低的，2011 年为 24%，2020 年下降为 16.4%；燃煤排放下降更为迅速，2011 年的比例为 20%，比建筑扬尘少 4%，2020 年下降为 9.2%，比建筑扬尘少 8%，居几种来源的第三位；2011 年工业过程排放比例在 10%左右，以后逐年下降，2020 年的比例为 3%；汽车尾气排放量最小，各个年份的值都在 1%左右。

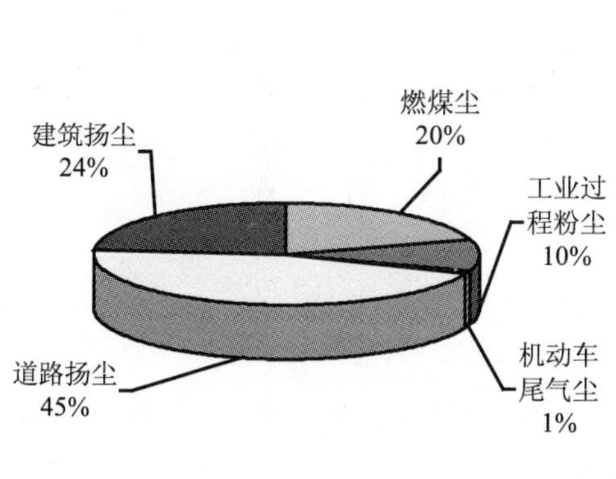

（a）2011 年

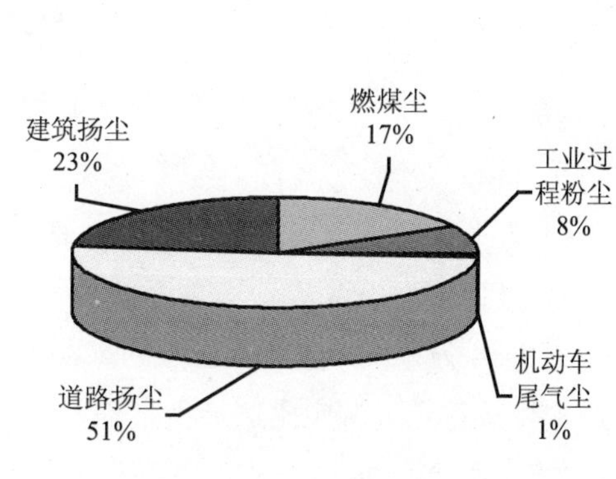

（b）2013 年

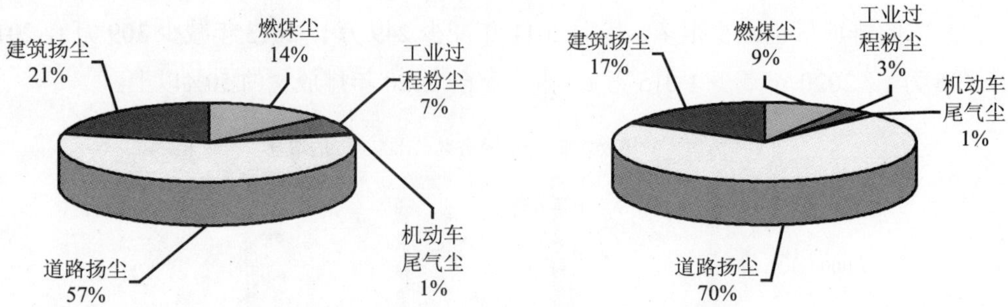

（c）2015 年　　（d）2020 年

图 4-32　在方案一下我国预测年份 PM_{10} 排放来源构成

（2）$PM_{2.5}$

与 PM_{10} 排放结构相比，$PM_{2.5}$ 的结构稍有区别，交通道路扬尘的比例虽然最大，但是没有 PM_{10} 的交通道路扬尘比例高，2011 年的值为 35.3%，2020 年的值为 56.8%。燃煤排放的比例居于第二，但是一直下降，2011 年为 29%，2020 年下降为 19%，下降幅度比较明显。建筑扬尘所占比例也较大，2011 年为 19%，2020 年为 16%。工业过程粉尘中的 $PM_{2.5}$ 所占比例一直减少，2011 年为 16%，2020 年降为 6%。

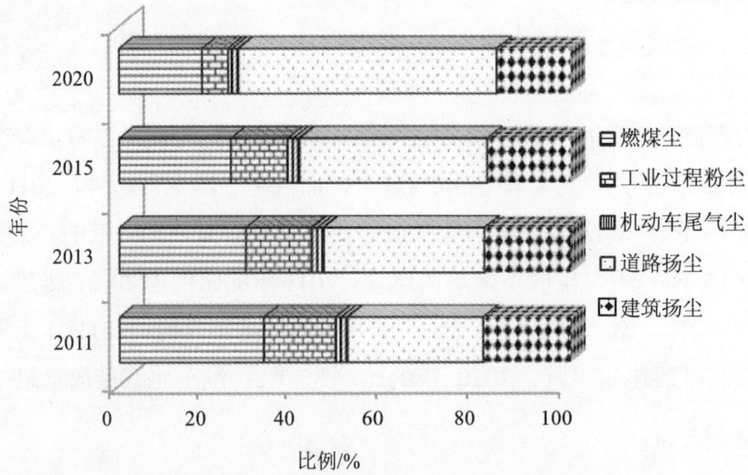

图 4-33　在方案一下我国预测年份 $PM_{2.5}$ 排放来源构成

2）方案二：加强控制条件下的预测

（1）PM_{10}

图 4-34 为方案二预测年份不同来源 PM_{10} 排放情况对比。从几幅图可以看出，交通道路扬尘排放在几大源中比例最大，而且呈先增长后下降的趋势，2011 年为 44.5%，2015 年增长到 53.1%，2020 年有所下降，为 52%；其次是建筑扬尘排放，2011 年为 25%，2013 年和 2015 年都有所下降，2020 年又上升到 25%；燃煤尘所占的比例也是逐渐下降的，从

2011 年的 19.9%下降到 2020 年的 16.2%；工业过程排放比例从 2011 年的 9%下降到 2020 年的 5%，汽车尾气排放量最小，各个年份都在 1%左右。与方案一相比，方案二中交通道路扬尘排放比例更低一些，建筑扬尘和燃煤尘排放比例更高一些。其他几种类型排放的比例变化不大。

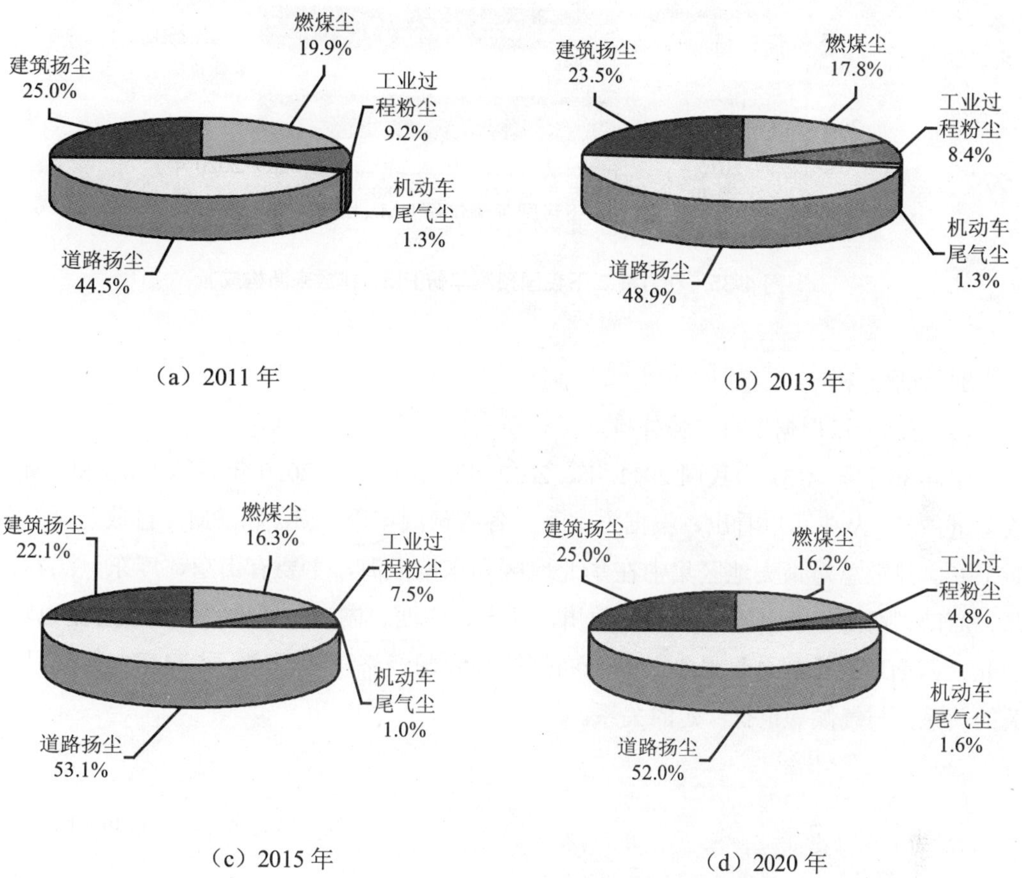

（a）2011 年　（b）2013 年　（c）2015 年　（d）2020 年

图 4-34　在方案二下我国预测年份 PM_{10} 排放来源构成

（2）$PM_{2.5}$

$PM_{2.5}$ 交通道路扬尘和燃煤尘的比例较大，2011 年分别为 29.1%和 33.2%，2015 年分别为 37.0%和 29.0%，交通道路扬尘超过燃煤尘成为第一大源，2020 年分别为 36.4%和 30.4%。交通道路扬尘比例基本上是增大的，燃煤尘排放的比例基本上是减少的。2020 年几种来源的比例排序为：交通道路扬尘、燃煤尘、建筑扬尘、工业过程粉尘和机动车尾气尘。与方案一相比，方案二的交通道路扬尘比例不是特别高，与燃煤尘比例大小相差不大。

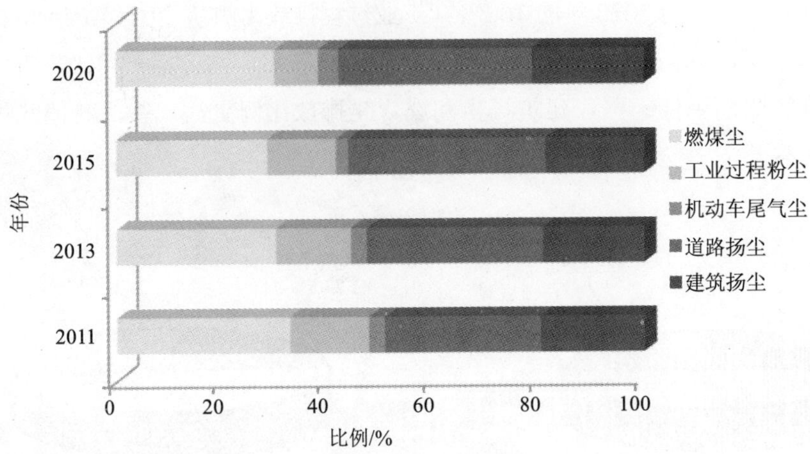

图 4-35　在方案二下我国预测年份 $PM_{2.5}$ 排放来源构成

3．地区分析

1）方案一：根据现有趋势外推

图 4-36 和图 4-37 为我国 2011 年、2013 年、2015 年、2020 年各地 PM_{10} 和 $PM_{2.5}$ 排放总量预测。从中可以看出，根据方案一，各省预测年份 PM_{10} 和 $PM_{2.5}$ 排放总量都在不断上升。排放总量最大地区集中在华北地区和东南沿海，主要有山东、广东、江苏、河北、河南、浙江、北京等，其次，四川、辽宁、广西、湖南、福建等省排放总量也较大；西北、西南地区排放总量最少。其分布规律与我国经济发达程度、人口密集程度呈正相关的关系，与气候等也有一定的关系。

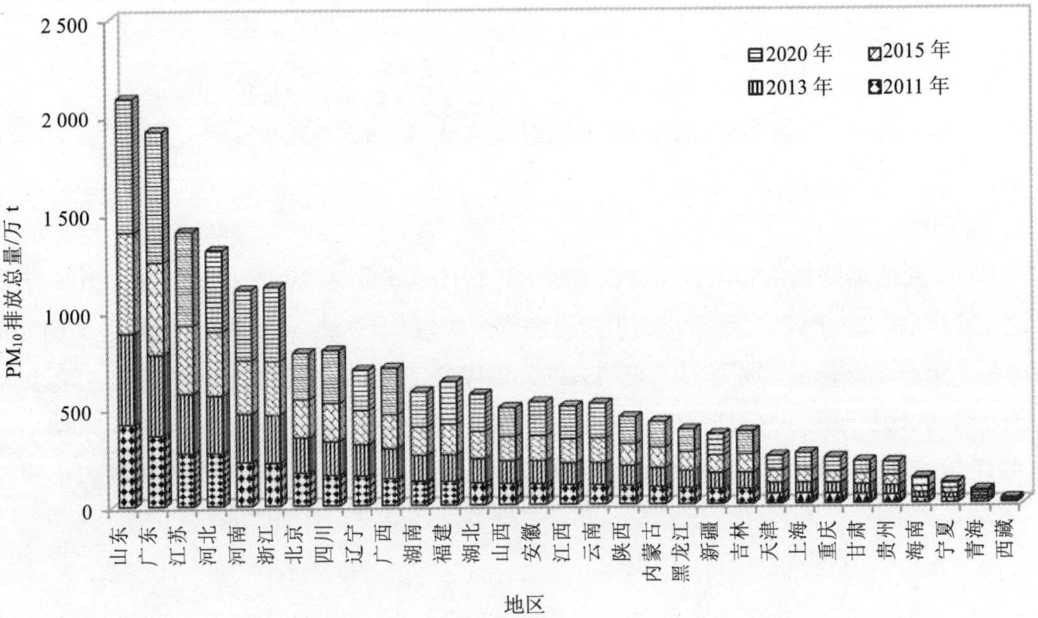

图 4-36　在方案一下我国各省 PM_{10} 排放总量预测

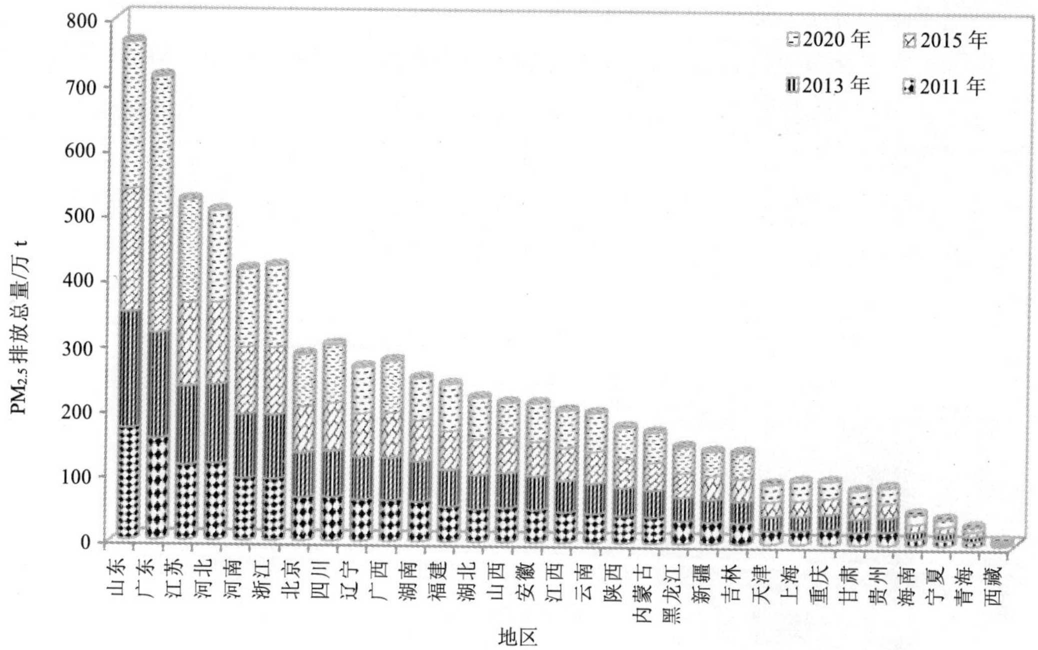

图 4-37　在方案一下我国各省历年 $PM_{2.5}$ 排放总量预测

其中，2011 年 PM_{10}、$PM_{2.5}$ 排放总量最大的省份都为山东省，分别为 423 万 t 和 169 万 t；其次是广东省，分别为 366 万 t 和 154 万 t；居第三位的是江苏省，分别为 273 万 t 和 144 万 t；排放量最少的省份为西藏自治区，PM_{10} 和 $PM_{2.5}$ 分别为 4.33 万 t 和 1.82 万 t，次少的是青海省，分别为 14.84 万 t 和 7.19 万 t，然后是宁夏回族自治区，分别为 21.94 万 t 和 9.18 万 t。

2013 年 PM_{10}、$PM_{2.5}$ 排放总量最大的省份都为山东省，分别为 466 万 t 和 179 万 t；其次是广东省，分别为 414 万 t 和 163 万 t；居第三位的是江苏省，分别为 306 万 t 和 121 万 t；排放量最少的省份为西藏自治区，PM_{10} 和 $PM_{2.5}$ 分别为 4.78 万 t 和 1.90 万 t，次少的是青海省，分别为 15.68 万 t 和 7.3 万 t，然后是宁夏回族自治区，分别为 23.9 万 t 和 9.55 万 t。

2015 年 PM_{10}、$PM_{2.5}$ 排放总量最大的省份都为山东省，分别为 517.58 万 t 和 189 万 t；其次是广东省，分别为 472 万 t 和 175 万 t；居第三位的是江苏省，分别为 347 万 t 和 129 万 t；排放量最少的省份为西藏自治区，PM_{10} 和 $PM_{2.5}$ 分别为 5.34 万 t 和 2.01 万 t，次少的是青海省，分别为 16.52 万 t 和 7.33 万 t，然后是宁夏回族自治区，分别为 26.14 万 t 和 9.97 万 t。

2020 年 PM_{10}、$PM_{2.5}$ 排放总量最大的省份都为山东省，分别为 683 万 t 和 225 万 t；其次是广东省，分别为 669 万 t 和 218 万 t；居第三位的是江苏省，分别为 481 万 t 和 158 万 t；排放量最少的省份为西藏自治区，PM_{10} 和 $PM_{2.5}$ 分别为 7.22 万 t 和 2.41 万 t，次少的是青海省，分别为 18.42 万 t 和 6.93 万 t，然后是宁夏回族自治区，分别为 33.12 万 t 和 11.22 万 t。

2）方案二：加强控制条件下的预测

从图 4-38 和图 4-39 可以看出，根据方案二，各省预测年份 PM_{10} 和 $PM_{2.5}$，排放总量比方案一小一些，特别是 2015 年和 2020 年，减少幅度较大。从各省的变化趋势来看，基本上在“十二五”期间 PM_{10} 排放总量是上升的，“十三五”期间有所降低。$PM_{2.5}$ 也是在前几年有所上升，后几年有所下降。排放总量最大地区集中在华北地区和东南沿海，处于中等水平的省市集中在东北、华北和长江中游部分地区，西北、西南地区排放总量最少。

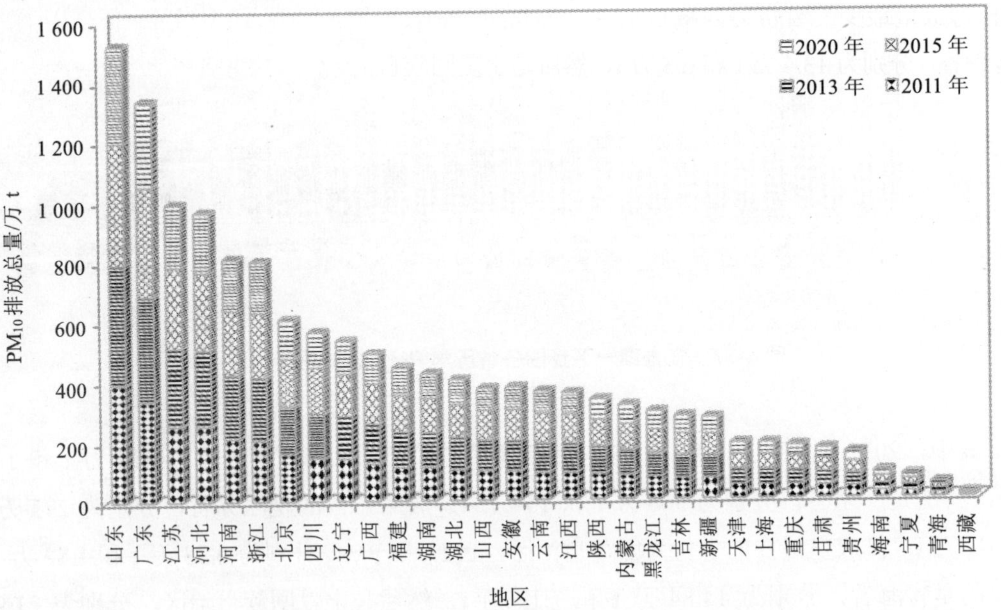

图 4-38 在方案二下我国各省历年 PM_{10} 排放总量预测

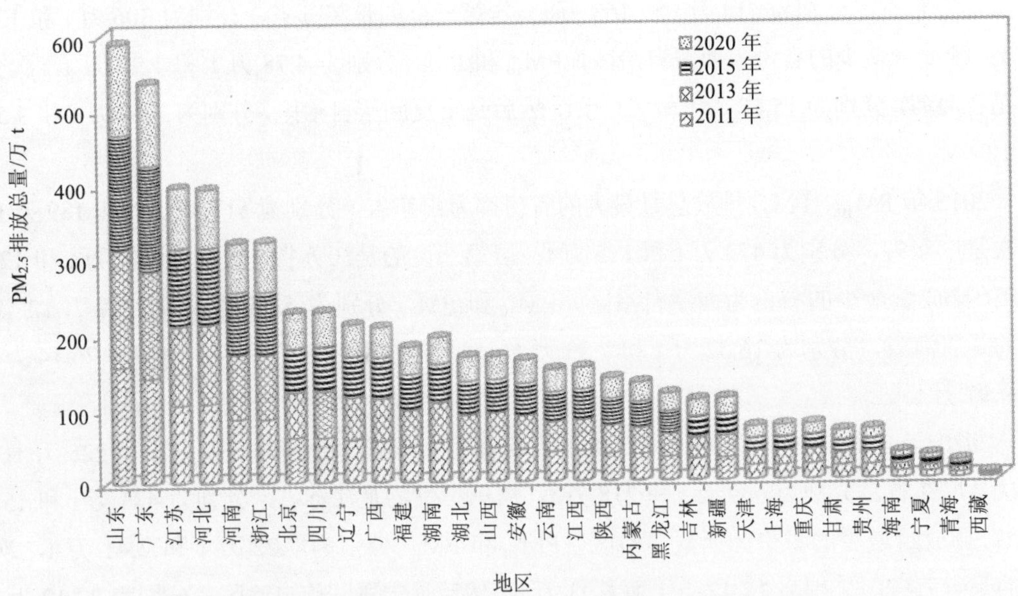

图 4-39 在方案二下我国各省历年 $PM_{2.5}$ 排放总量预测

其中，2011 年 PM_{10}、$PM_{2.5}$ 排放总量最大的省份都为山东省，分别为 388 万 t 和 156 万 t；其次是广东省，分别为 332 万 t 和 141 万 t；居第三位的是江苏省，分别为 248 万 t 和 104 万 t；排放量最少的省份为西藏自治区，PM_{10} 和 $PM_{2.5}$ 分别为 3.96 万 t 和 1.68 万 t，次少的是青海省，分别为 13.35 万 t 和 6.43 万 t，然后是宁夏回族自治区，分别为 20.03 万 t 和 8.39 万 t。

2013 年 PM_{10}、$PM_{2.5}$ 排放总量最大的省份都为山东省，分别为 400 万 t 和 156 万 t；其次是广东省，分别为 350 万 t 和 143 万 t；居第三位的是江苏省，分别为 261 万 t 和 105 万 t；排放量最少的省份为西藏自治区，PM_{10} 和 $PM_{2.5}$ 分别为 4.1 万 t 和 1.68 万 t，次少的是青海省，分别为 13.4 万 t 和 6.3 万 t，然后是宁夏回族自治区，分别为 20.5 万 t 和 8.34 万 t。

2015 年 PM_{10}、$PM_{2.5}$ 排放总量最大的省份都为山东省，分别为 406 万 t 和 154 万 t；其次是广东省，分别为 364 万 t 和 141 万 t；居第三位的是江苏省，分别为 269 万 t 和 104 万 t；排放量最少的省份为西藏自治区，PM_{10} 和 $PM_{2.5}$ 分别为 4.19 万 t 和 1.65 万 t，次少的是青海省，分别为 13.18 万 t 和 6 万 t，然后是宁夏回族自治区，分别为 20.65 万 t 和 8.14 万 t。

2020 年 PM_{10}、$PM_{2.5}$ 排放总量最大的省份都为山东省，分别为 323 万 t 和 122 万 t；其次是广东省，分别为 281 万 t 和 110 万 t；居第三位的是江苏省，分别为 209 万 t 和 81 万 t；排放量最少的省份为西藏自治区，PM_{10} 和 $PM_{2.5}$ 分别为 3.31 万 t 和 1.3 万 t，次少的是青海省，分别为 9.56 万 t 和 4.11 万 t，然后是宁夏回族自治区，分别为 16.2 万 t 和 6.25 万 t。

从方案一和方案二的对比结果来看，PM_{10} 排放总量在采取较为严格的控制措施的情况下，比现有控制水平有一定的减少，特别是 2015 年和 2020 年减少的幅度较大，其中 2020 年减少的幅度超过 50%。$PM_{2.5}$ 也有同样结果。

4.4.2 燃煤尘的 PM_{10} 和 $PM_{2.5}$ 排放量

1. 总量

根据《国家“十二五”环保前期预测研究报告》，分两种情况对燃煤尘排放的 PM_{10} 和 $PM_{2.5}$ 进行预测。一种方案为根据现有治理趋势和管理水平的外推，另一种方案为加强对烟尘污染治理，设定削减比例进行计算。

1）方案一：根据现有趋势的外推

（1）PM_{10}

通过计算可得我国预测年份燃煤排放的 PM_{10} 总量。如图 4-40 所示，总量呈现一直下降的趋势。2020 年排放量比 2011 年有明显的降低，2011 年为 749 万 t，到 2020 年只有 587 万 t。与全国总量趋势相一致的是工业燃煤 PM_{10} 排放量，从 2011 年的 729 万 t 下降为 2020 年的 578 万 t。从图中还可以看出，生活燃煤 PM_{10} 排放量也是趋于比较明显的减少状态。从 2011 年的 20 万 t 下降到 2020 年的 9 万 t。

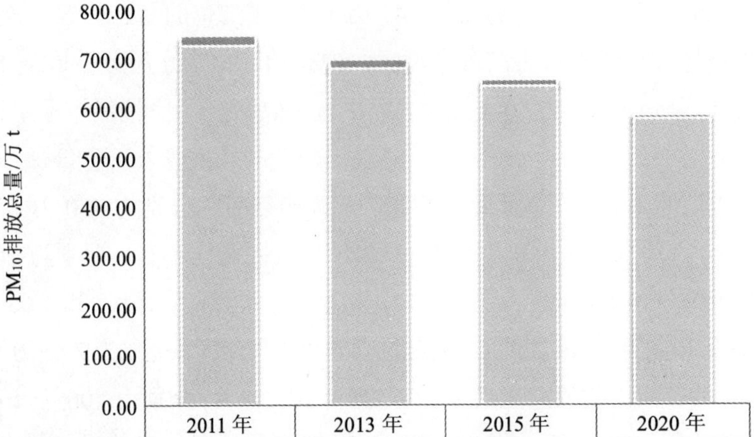

	2011 年	2013 年	2015 年	2020 年
生活及其他	20.29	15.91	13.00	9.17
工业合计	728.57	682.03	645.44	577.51

图 4-40　我国历年燃煤 PM_{10} 排放情况

（2）$PM_{2.5}$

通过 PM_{10} 可以计算我国预测年份燃煤排放的 $PM_{2.5}$ 的量。如图 4-41 所示，排放总量呈现一直下降的趋势。2011 年排放总量为 509 万 t，到 2020 年只有 399 万 t，比 2011 年有明显的下降。工业燃煤 $PM_{2.5}$ 排放量与全国总量趋势相一致，从 2011 年的 495 万 t 下降为 2020 年的 393 万 t。从图中还可以看出，生活燃煤 PM_{10} 排放量也是趋于比较明显的减少状态。从 2011 年的 14 万 t 下降到 2020 年的不到 6 万 t。

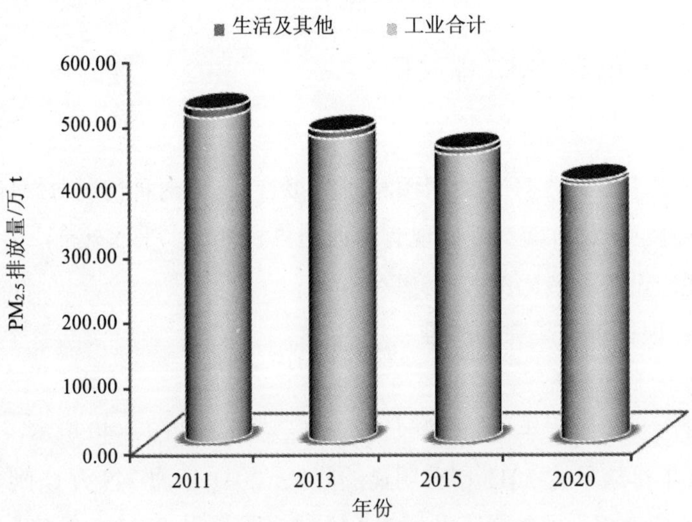

图 4-41　我国历年燃煤 $PM_{2.5}$ 排放情况

2）方案二：根据削减比例计算

（1）PM_{10}

通过比例削减计算可得我国预测年份燃煤排放的 PM_{10} 的量。如图 4-42 所示，总量呈现快速下降的趋势。2020 年排放量比 2011 年有明显的降低，2011 年为 674 万 t，到 2020 年只有 469 万 t。工业燃煤 PM_{10} 排放量存在相同趋势，从 2011 年的 656 万 t 下降为 2020 年的 462 万 t。生活燃煤 PM_{10} 排放量也是趋于比较明显的减少状态，从 2011 年的 18 万 t 下降到 2020 年的 7 万 t。

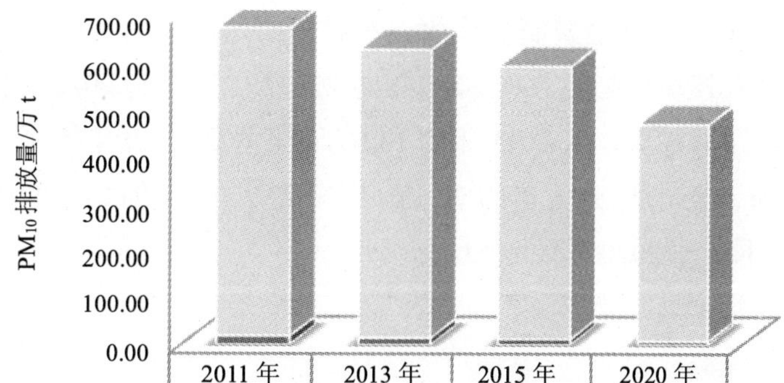

	2011 年	2013 年	2015 年	2020 年
工业合计	655.71	613.83	580.90	462.01
生活及其他	18.26	14.32	11.70	7.33

图 4-42　我国历年燃煤 PM_{10} 排放情况

（2）$PM_{2.5}$

通过 PM_{10} 计算得到我国预测年份燃煤排放的 $PM_{2.5}$ 的量。如图 4-43 所示，排放总量呈现下降趋势。2011 年排放总量为 468 万 t，到 2020 年只有 335 万 t，比 2011 年有明显的下降。工业燃煤 $PM_{2.5}$ 排放量与全国总量趋势相一致，从 2011 年的 456 万 t 下降为 2020 年的 330 万 t。生活燃煤 $PM_{2.5}$ 排放量也是趋于比较明显的减少状态，从 2011 年的 12 万 t 下降到 2020 年的 5 万 t。

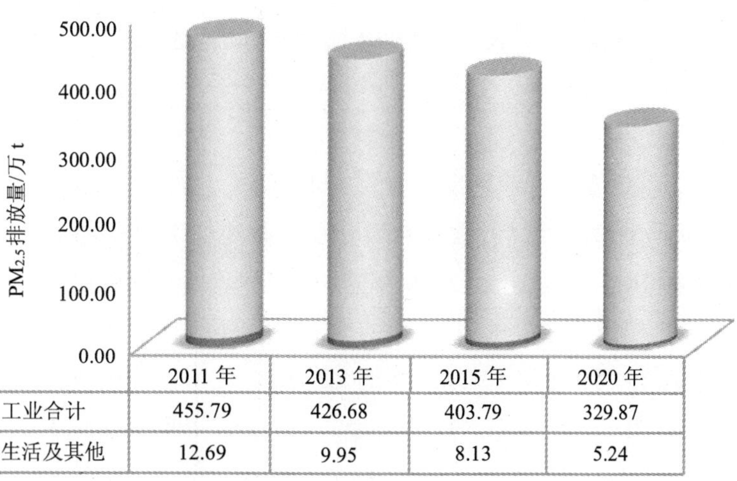

	2011 年	2013 年	2015 年	2020 年
工业合计	455.79	426.68	403.79	329.87
生活及其他	12.69	9.95	8.13	5.24

图 4-43　我国历年燃煤 $PM_{2.5}$ 排放情况

两种方案比较，除生活源，$PM_{2.5}$ 总排放量和工业 $PM_{2.5}$ 排放量的排放趋势大体没有太大的差别，只是数值上有些差距。方案二的结果比方案一总体上要小一些，但是生活源排放量比方案一小得较多。

2．重点行业分析

1）方案一：根据现有趋势外推

（1）PM_{10}

通过计算可得我国预测年份重点行业燃煤排放 PM_{10} 的量。如图 4-44 所示，排放量最大的是电力行业，其次是非金属制品行业，然后分别是石油加工业和化工行业。其中电力行业的排放量呈缓慢增长趋势，从 2011 年的 229 万 t 上升到 2020 年的 314 万 t；非金属制品行业呈快速下降趋势，从 2011 年的 132 万 t 下降到 2020 年的 38 万 t；石油加工行业也是呈快速下降趋势，从 2011 年的 92 万 t 下降到 2020 年的 34 万 t；化工行业也是从 2011 年的 82 万 t 下降到 2020 年的 62 万 t。

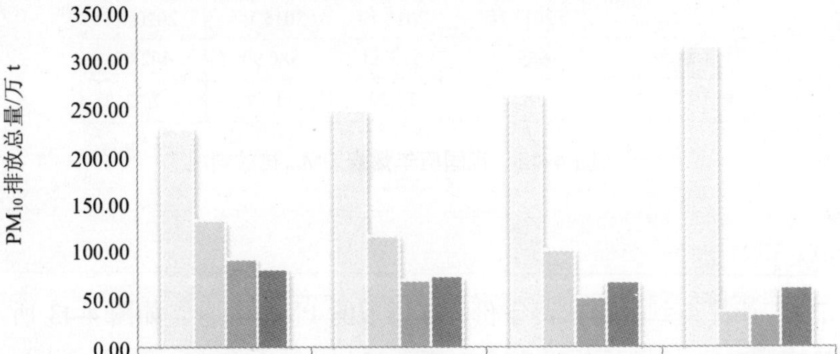

	2011 年	2013 年	2015 年	2020 年
电力行业	228.98	247.70	264.80	314.54
非金属制品业	132.43	116.61	100.89	37.64
石油加工业	92.33	69.88	52.47	33.92
化工行业	81.88	73.90	68.81	62.16

图 4-44　我国历年重点行业燃煤 PM_{10} 排放情况

（2）$PM_{2.5}$

与 PM_{10} 相似，我国重点行业燃煤排放的 $PM_{2.5}$ 的量。如图 4-45 所示。排放量最大的是电力行业，其次是非金属制品行业，然后分别是石油加工业和化工行业。电力行业的排放量从 2011 年的 146 万 t 上升到 2020 年的 207 万 t，上升速度较慢；其他三个行业呈快速下降趋势，非金属制品行业从 2011 年的 85 万 t 下降到 2020 年的 24.8 万 t；石油加工行业从 2011 年的 59 万 t 下降到 2020 年的 22 万 t；化工行业从 2011 年的 52 万 t 快速下降到 2020 年的 41 万 t。

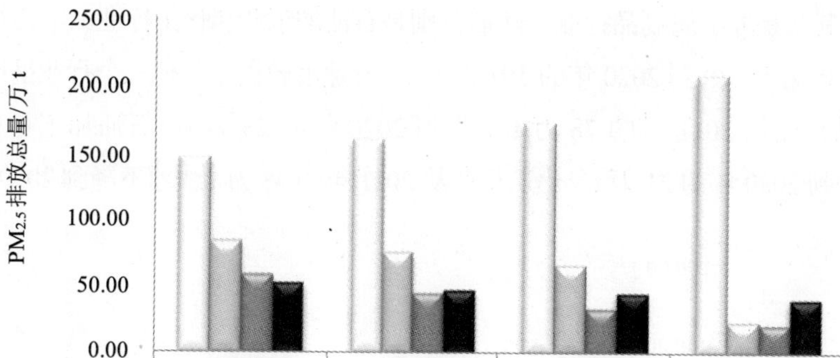

	2011 年	2013 年	2015 年	2020 年
电力行业	146.25	160.13	172.82	207.26
非金属制品业	84.58	75.39	65.84	24.80
石油加工业	58.97	45.17	34.25	22.35
化工行业	52.30	47.78	44.90	40.96

图 4-45　我国历年重点行业燃煤 $PM_{2.5}$ 排放情况

2）方案二：根据削减比例计算

（1）PM_{10}

图 4-46 为我国预测年份重点行业燃煤排放 PM_{10} 的量。排放量最大的是电力行业，其次是非金属制品行业，然后分别是石油加工业和化工行业。其中电力行业的排放量从 2011 年的 206 万 t 上升到 2020 年的 251 万 t，呈现增长的趋势，但是增长速度不快；非金属矿物制品业呈快速下降趋势，从 2011 年的 119 万 t 下降到 2020 年的 30 万 t；石油加工行业也是呈现快速下降趋势，从 2011 年的 83 万 t 下降到 2020 年的 27 万 t；化工行业从 2011 年的 74 万 t 快速下降到 2020 年的 50 万 t。

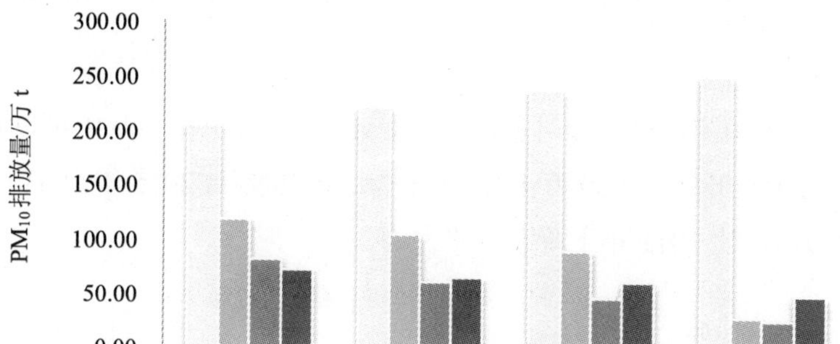

	2011 年	2013 年	2015 年	2020 年
电力行业	206.08	222.93	238.32	251.63
非金属制品业	119.19	104.95	90.80	30.11
石油加工业	83.10	62.89	47.23	27.14
化工行业	73.69	66.51	61.93	49.73

图 4-46　我国历年重点行业燃煤 PM_{10} 排放情况

（2）$PM_{2.5}$

我国重点行业燃煤排放的 $PM_{2.5}$ 的量如图 4-47 所示。与 PM_{10} 相似，排放量最大的是电力行业，其次是非金属制品行业，然后分别是石油加工业和化工行业。电力行业的排放量从 2011 年的 135 万 t 上升到 2020 年的 191 万 t，上升速度较慢；其他三个行业呈快速下降趋势，非金属制品行业从 2011 年的 78 万 t 下降到 2020 年的 23 万 t；石油加工行业从 2011 年的 54 万 t 下降到 2020 年的 21 万 t；化工行业从 2011 年的 48 万 t 快速下降到 2020 年的 38 万 t。

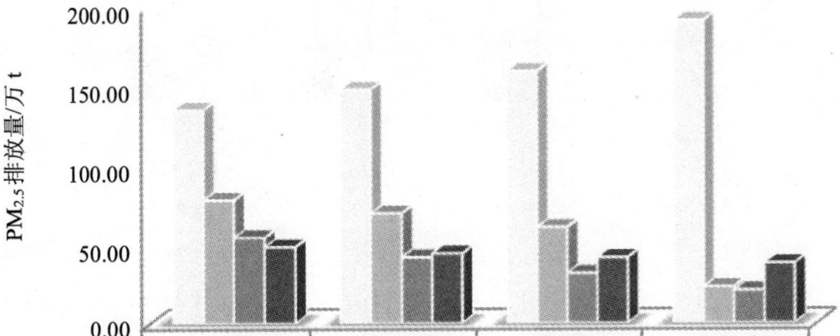

	2011 年	2013 年	2015 年	2020 年
电力行业	134.55	147.32	158.99	190.68
非金属制品业	77.82	69.36	60.57	22.82
石油加工业	54.26	41.56	31.51	20.57
化工行业	48.11	43.95	41.31	37.68

图 4-47 我国历年重点行业燃煤 $PM_{2.5}$ 排放情况

4.4.3 工业过程粉尘的 PM_{10} 和 $PM_{2.5}$ 排放量

1. 总量

1）方案一：根据现有趋势外推

（1）PM_{10}

图 4-48 为我国预测年份工业过程产生的 PM_{10} 的排放总量。从中可以看出，其总量呈逐渐下降趋势，2011 年为 364.89 万 t，2013 年为 355.08 万 t，2015 年为 331.30 万 t，到 2020 年只有 188.26 万 t，比 2011 年下降了一半左右。

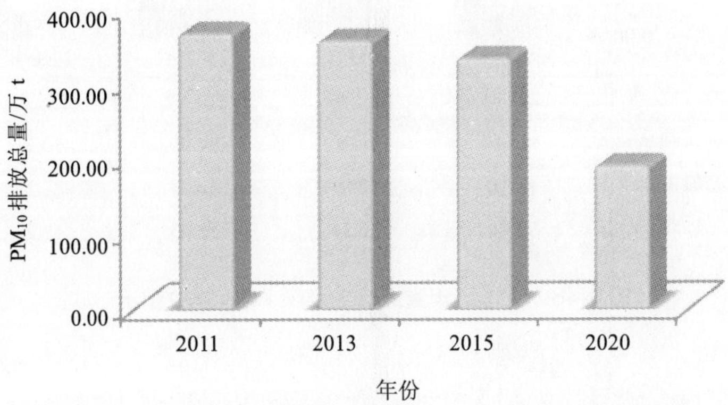

图 4-48 在方案一下我国预测年份工业过程 PM_{10} 排放总量

（2）$PM_{2.5}$

图 4-49 为我国预测年份工业过程产生的 $PM_{2.5}$ 的排放总量。与 PM_{10} 比较，其总量少一些，而且也呈逐渐下降趋势，2011 年为 248 万 t，2013 年为 241 万 t，2015 年为 225 万 t，到 2020 年只有 128 万 t，也比 2011 年下降了一半左右。

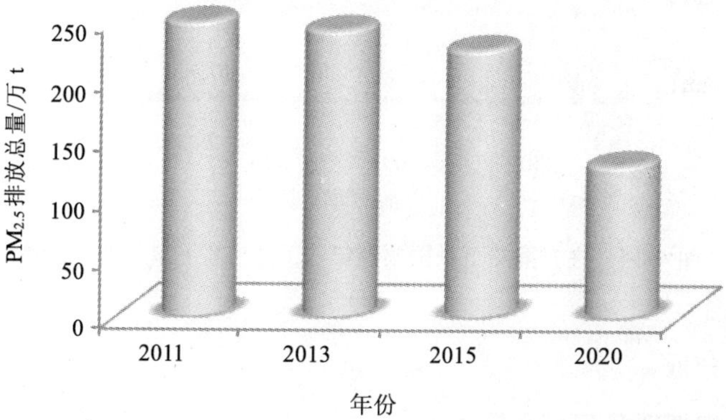

图 4-49　在方案一下我国预测年份工业过程 $PM_{2.5}$ 排放总量

2）方案二：根据削减比例计算

（1）PM_{10}

图 4-50 为方案二下我国预测年份工业过程产生的 PM_{10} 的排放总量。与方案一比较，历年排放总量减少，而且也呈逐渐下降趋势，2011 年为 312 万 t，2013 年为 297 万 t，2015 年为 271 万 t，到 2020 年只有 134 万 t，比 2011 年下降了一半还多。

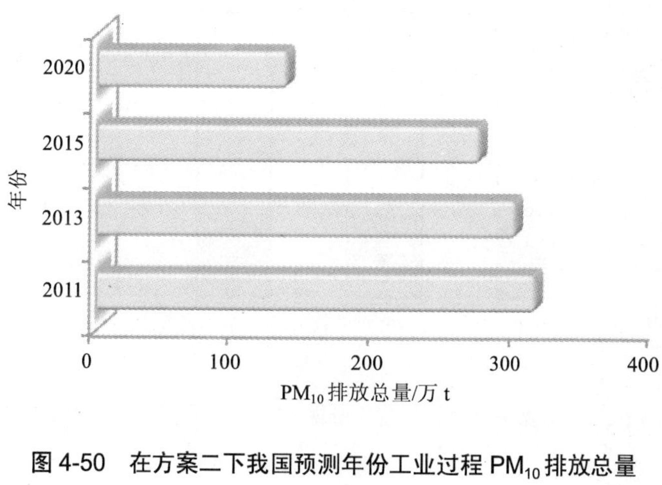

图 4-50　在方案二下我国预测年份工业过程 PM_{10} 排放总量

（2）$PM_{2.5}$

图 4-51 为方案二下我国预测年份工业过程产生的 $PM_{2.5}$ 的排放总量。与方案一比较，历年排放总量少一些，2011 年为 212 万 t，2013 年为 202 万 t，2015 年为 184 万 t，下降幅度不大，到 2020 年只有 91 万 t，比 2015 年下降了一半还多，减少速度很快。

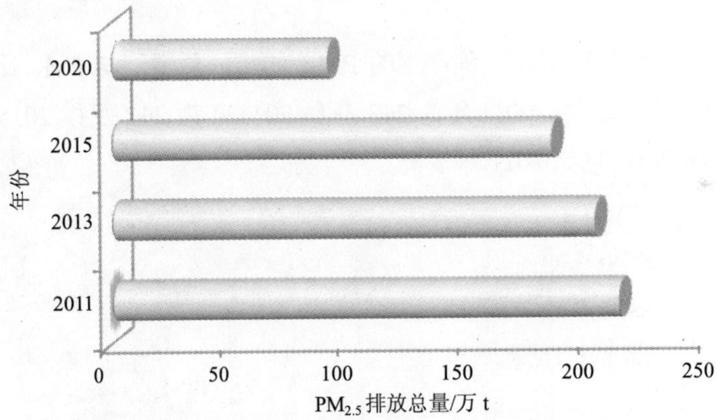

图 4-51　在方案二下我国预测年份工业过程 $PM_{2.5}$ 排放总量

2. 重点行业分析

1）方案一：根据现有趋势外推

（1）PM_{10}

通过计算得到我国预测年份重点行业工业过程的 PM_{10} 排放量。如图 4-52 所示，几个行业排放总量基本上都呈现下降趋势。排放总量从大到小分别为：非金属制品行业、黑色金属冶炼业、有色金属冶炼、化工行业和石油加工及炼焦行业。其中，非金属制品行业的排放比其他行业要大很多，大概为几个行业总量的 2/3。除化工行业外，其他几个行业 2020 年的排放总量比 2011 年都要削减 1/2 左右。

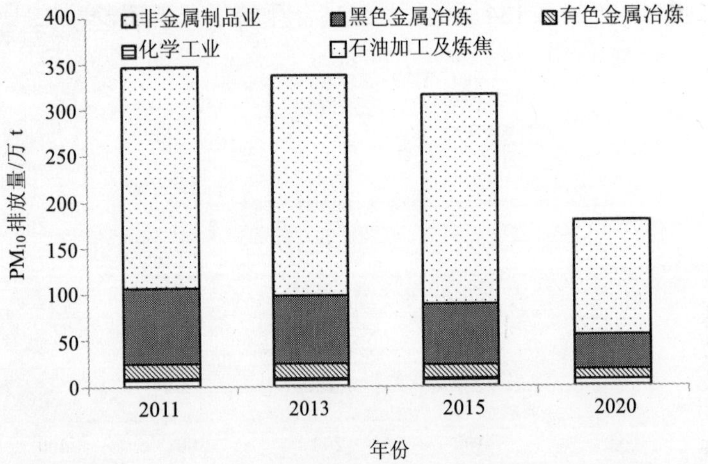

图 4-52　在方案一下我国预测年份重点行业工业过程 PM_{10} 排放总量

（2）$PM_{2.5}$

我国重点行业工业过程 $PM_{2.5}$ 排放量如图 4-53 所示。与 PM_{10} 相似，排放量最大的是非金属制品行业，其次是黑色金属冶炼行业，然后分别是有色金属冶炼和化工行业，石油加工及炼焦行业最少。非金属制品行业的排放量从 2011 年的 163 万 t 下降到 2020 年的 128 万 t；其他几个行业也呈下降趋势，黑色金属冶炼行业从 2011 年的 56 万 t 下降到 2020

年的 26 万 t;有色金属冶炼从 2011 年的 11 万 t 下降到 2020 年的 6 万多 t;化工行业从 2011 年的不到 4 万 t 上升到 2015 年的 4 万多 t，到 2020 年下降到 3 万多 t；石油加工及炼焦行业从 2011 年的 1 万多 t 下降到 2020 年的不到 1 万 t。

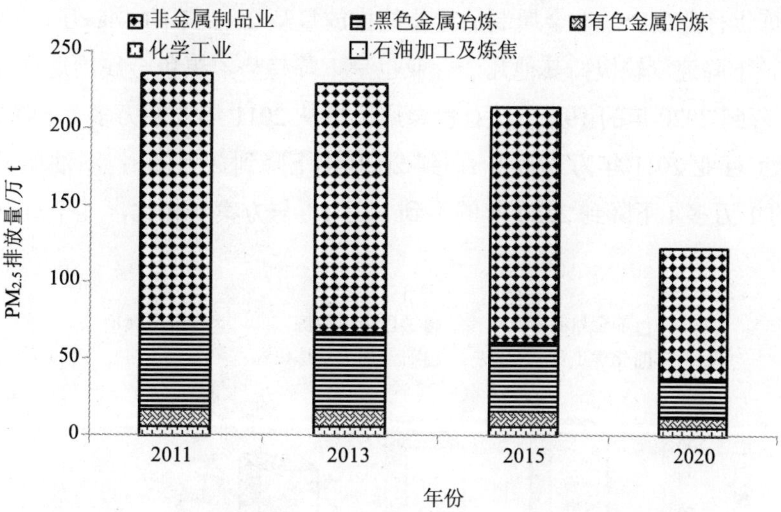

图 4-53　在方案一下我国预测年份重点行业工业过程 $PM_{2.5}$ 排放总量

2）方案二：根据削减比例计算

（1）PM_{10}

在方案二下我国重点行业工业过程的 PM_{10} 排放量与方案一相类似，排放量最大的是非金属制品行业，其次是黑色金属冶炼行业，然后分别是有色金属冶炼和化工行业，石油加工及炼焦行业最少。非金属制品行业的排放量从 2011 年的 205 万 t 下降到 2020 年的 134 万 t，下降速度较快；其他几个行业也呈下降趋势，黑色金属冶炼行业从 2011 年的 70 万 t 下降到 2020 年的 27 万 t；有色金属冶炼从 2011 年的 13 万 t 下降到 2020 年的 7 万多 t；化工行业从 2011 年的不到 5 万 t 上升到 2020 年的 3 万多 t；石油加工及炼焦行业从 2011 年的 2 万多 t 下降到 2020 年的 1 万 t。

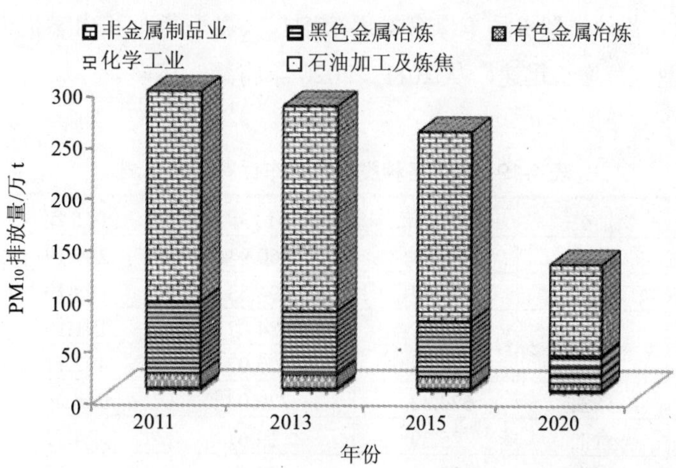

图 4-54　在方案二下我国预测年份重点行业工业过程 PM_{10} 排放总量

（2）$PM_{2.5}$

我国重点行业工业过程的 $PM_{2.5}$ 排放量如图 4-55 所示。与 PM_{10} 相似，排放量最大的是非金属制品行业，其次是黑色金属冶炼行业，然后分别是有色金属冶炼、化工行业，石油加工及炼焦行业最少。非金属制品行业的排放量从 2011 年的 140 万 t 下降到 2020 年的 140 万 t，下降速度较快；其他几个行业也呈下降趋势，黑色金属冶炼行业从 2011 年的 48 万 t 下降到 2020 年的 19 万 t；有色金属冶炼从 2011 年的 9 万多 t 下降到 2020 年的 4 万多 t；化工行业 2011 年为 3 万多 t，到 2020 年下降到 2 万多 t；石油加工及炼焦行业从 2011 年的 1 万多 t 下降到 2020 年的不到 1 万 t。与方案一相比，几个重点行业整体都有所下降。

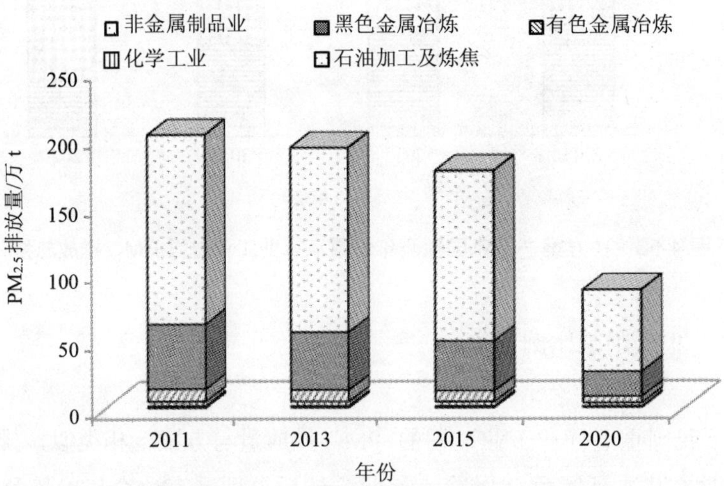

图 4-55　在方案二下我国预测年份重点行业工业过程 $PM_{2.5}$ 排放总量

4.4.4 机动车尾气的 PM_{10} 和 $PM_{2.5}$ 排放量

根据现有各种类型机动车保有量，回归拟合预测 2011、2013、2015、2020 年的保有量如表 4-19 所示。各种类型机动车保有量逐渐增长（微型货车和内燃机火车除外），特别是轻型货车、轻型客车增长迅速，从 2011—2020 年将翻一倍多。

表 4-19　我国各种类型机动车保有量的预测

机动车种类	燃油类型	2011 年	2013 年	2015 年	2020 年
重型货车	柴油	236.67	260.93	285.19	345.84
中型货车	汽油	90.87	94.53	98.19	107.33
	柴油	176.95	184.07	191.19	209.00
轻型货车	汽油	320.88	400.07	492.11	778.41
	柴油	624.82	779.04	958.26	1 515.75
微型货车	汽油	25.39	19.61	14.72	5.04
重型客车	汽油	24.01	28.62	34.09	51.54
	柴油	104.41	124.42	148.19	224.07

机动车种类	燃油类型	2011 年	2013 年	2015 年	2020 年
中型客车	汽油	28.11	28.81	29.39	30.56
	柴油	122.22	125.24	127.79	132.85
轻型客车	汽油	4 986.54	6 939.56	9 254.53	16 625.47
	柴油	1 146.96	1 596.18	2 128.65	3 824.06
微型客车	汽油	346.04	355.05	362.67	377.77
摩托车	汽油	9 654.64	10 052.10	10 388.14	11 053.88
火车（内燃机车）	柴油	1.12	1.12	1.02	0.88

1. 总量

1）方案一：在现有控制标准下的预测

根据排放现状中的分析，我国 2004 年起在全国范围内开始实行等同于欧Ⅱ的标准，2007 年和 2010 年车用燃料整体达到欧Ⅲ和欧Ⅳ标准，假设未来 10 年都实行欧Ⅳ标准不变。《机动车强制报废标准规定（征求意见稿）》客货车、两轮摩托车使用年限大部分为 10 年，少数为 8 年或 15 年，私人小轿车没有使用年限限制，假定机动车报废年限为 10 年，则可以推测 2011、2013、2015、2020 年我国机动车符合各类控制标准的比例，如表 4-20 所示。

表 4-20　各控制标准的机动车占保有量的比例预测　　单位：%

年份＼标准	欧 0	欧Ⅰ	欧Ⅱ	欧Ⅲ	欧Ⅳ
2011	10.3	19.6	24.3	40.3	5.5
2013	6.4	14.8	18.3	37.9	22.5
2015	3.4	11.5	14.3	31	39.8
2020	0	2.1	8.4	24.8	64.7

（1）PM_{10}

图 4-56 为我国 2011、2013、2015、2020 年机动车尾气 PM_{10} 排放总量预测结果。从图中可以看出，虽然欧 0、欧Ⅰ和欧Ⅱ标准的车逐渐报废，但是机动车保有量逐年增长速度很快，所以其排放的 PM_{10} 的量预计将会逐渐升高，计算结果大概从 2011 年的 44.5 万 t 升高到 2020 年的 54.1 万 t，增长比较明显。

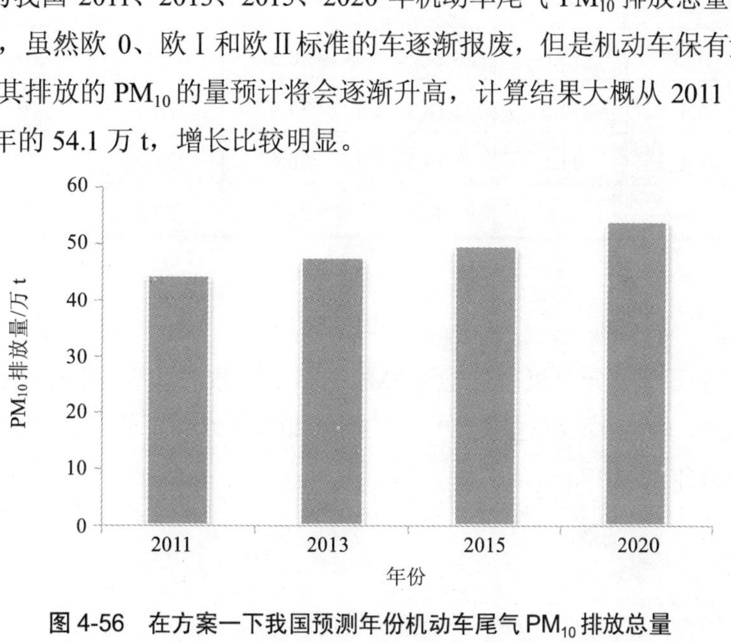

图 4-56　在方案一下我国预测年份机动车尾气 PM_{10} 排放总量

（2）$PM_{2.5}$

图 4-57 为我国 2011、2013、2015、2020 年机动车尾气 $PM_{2.5}$ 排放总量预测结果。从图中可以看出，其 $PM_{2.5}$ 排放量比 PM_{10} 少一些，而且也是逐渐增长，2011 年为 42 万 t，2013 年为 45 万 t，2015 年为 47 万 t，2020 年为 51 万 t。

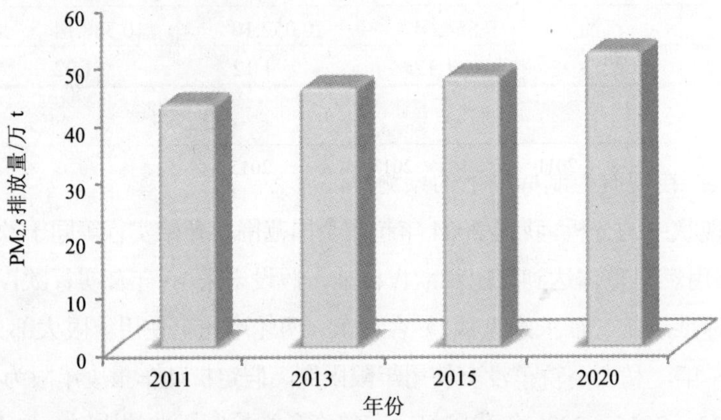

图 4-57　在方案一下我国预测年份机动车尾气 $PM_{2.5}$ 排放总量

2）方案二：采取更为严格的控制标准

在原有控制标准的基础上，假设 2015 年推行欧Ⅴ标准，2020 年或以后推行欧Ⅵ标准，则各控制标准内机动车保有量的比例见表 4-21。

表 4-21　我国加强机动车尾气排放控制下的各标准机动车保有量的比例　　单位：%

年份＼标准	欧 0	欧Ⅰ	欧Ⅱ	欧Ⅲ	欧Ⅳ	欧Ⅴ	欧Ⅵ
2011	10.3	19.6	24.3	40.3	5.5	0	10.3
2013	6.4	14.8	18.3	37.9	22.5	0	6.4
2015	3.4	11.6	14.3	36.6	31.2	2.9	3.4
2020	0	2.1	8.4	24.2	27.8	32.9	4.6

（1）PM_{10}

图 4-58 为我国预测年份机动车尾气 PM_{10} 排放总量数据。从图中可以看出，采取严格的尾气控制措施，PM_{10} 排放总量在 2015 年和 2020 年比方案一有明显的减少。2015 年削减 27.8%，2020 年削减 17.6%。

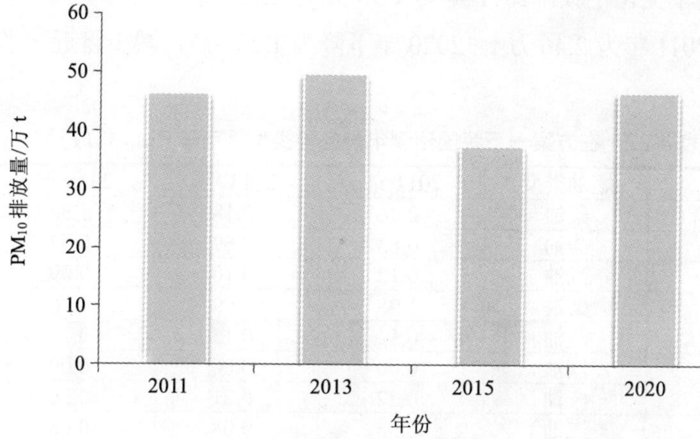

图 4-58　在方案二下我国预测年份机动车尾气 PM_{10} 排放总量

（2）$PM_{2.5}$

从图 4-59 可以看出，采取严格控制措施的话，机动车尾气 $PM_{2.5}$ 排放总量也是在 2011 年和 2013 年没有变化，但是在 2015 年和 2020 年有比较明显的减少。2015 年减少 13 万 t，2020 年减少 9 万 t。

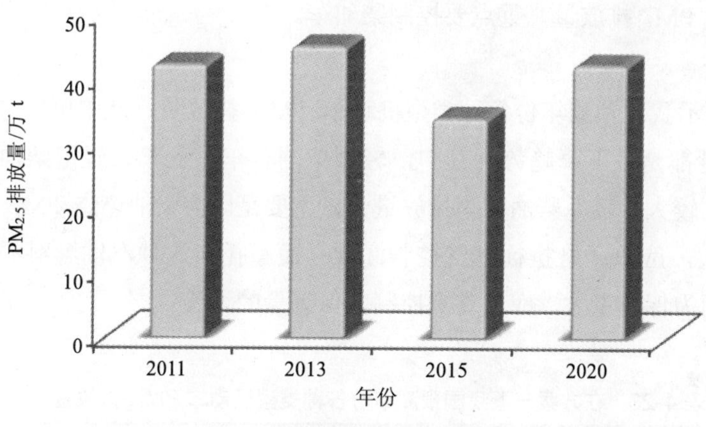

图 4-59　在方案二下我国预测年份机动车尾气 $PM_{2.5}$ 排放总量

2．不同类型机动车排放量分析

1）方案一：根据现有控制标准预测

（1）PM_{10}

表 4-22 为我国预测年份各类型机动车 PM_{10} 排放量。除轻型柴油货车、轻型汽油货车、重型汽油客车、轻型柴油客车和火车外，其他类型机动车排放量都是呈减少趋势，但是减少幅度不是很大。

所有类型机动车中，轻型柴油客车历年排放量都是最大的，其次是火车，居第三位的是轻型柴油货车，然后是重型柴油货车。轻型柴油客车排放量最多，增长也最多，从 2011 年的 30.72 万 t 增长到 2020 年的 42.96 万 t。火车从 2011 年的 5.1 万 t 增长到 2020 年的 5.7

万 t。轻型柴油货车变化不大，2011 年为 1.98 万 t，2020 年为 2.01 万 t。重型柴油货车排放量一直下降，2011 年为 2.46 万 t，2020 年下降为 1.28 万 t，减少将近一半。

表 4-22　在方案一下我国预测年份各种类型机动车 PM_{10} 排放量　单位：万 t

机动车类型	燃油类型	2011 年	2013 年	2015 年	2020 年
重型柴油货车	柴油	2.46	2.18	1.88	1.28
中型柴油货车	柴油	0.83	0.69	0.57	0.35
中型汽油货车	汽油	0.12	0.10	0.09	0.08
轻型柴油货车	柴油	1.98	1.99	1.98	2.01
轻型汽油货车	汽油	0.14	0.15	0.16	0.18
微型汽油货车	汽油	0.00	0.00	0.00	0.00
重型柴油客车	柴油	0.22	0.21	0.20	0.17
重型汽油客车	汽油	0.08	0.08	0.08	0.09
中型柴油客车	柴油	0.26	0.21	0.17	0.10
中型汽油客车	汽油	0.08	0.07	0.06	0.05
轻型柴油客车	柴油	30.72	34.58	37.32	42.96
轻型汽油客车	汽油	0.04	0.03	0.03	0.02
微型客车	汽油	0.04	0.03	0.03	0.02
摩托车	汽油	2.48	1.98	1.62	1.07
火车	柴油	5.10	5.27	5.44	5.70

排放量比较大的类型，除摩托车（保有量比较多）外，其他类型都是柴油车，可见控制机动车尾气 PM_{10} 排放量，重点要控制柴油车。

（2）$PM_{2.5}$

表 4-23 表示我国预测年份各种类型机动车 $PM_{2.5}$ 排放量。从中可以看出，大多数类型机动车排放量都是呈下降趋势。其中，轻型柴油客车、火车、轻型柴油货车、重型柴油货车排放量比较大。轻型柴油客车排放量大，主要是因为柴油燃烧 $PM_{2.5}$ 排放因子大，其保有量并不大，应该严格执行尾气控制标准；而摩托车这种汽油燃料的机动车排放量较大，主要是因为保有量大，应该重点控制其保有量的增长。

表 4-23　在方案一下我国预测年份各种类型机动车 $PM_{2.5}$ 排放量　单位：万 t

机动车类型	燃油类型	2011 年	2013 年	2015 年	2020 年
重型柴油货车	柴油	2.34	2.07	1.78	1.21
中型柴油货车	柴油	0.78	0.66	0.54	0.33
中型汽油货车	汽油	0.07	0.06	0.05	0.04
轻型柴油货车	柴油	1.88	1.89	1.88	1.91
轻型汽油货车	汽油	0.08	0.08	0.09	0.10
微型汽油货车	汽油	0.00	0.00	0.00	0.00
重型柴油客车	柴油	0.21	0.20	0.19	0.16
重型汽油客车	汽油	0.04	0.04	0.05	0.05
中型柴油客车	柴油	0.24	0.20	0.16	0.09
中型汽油客车	汽油	0.05	0.04	0.03	0.03
轻型柴油客车	柴油	29.14	32.79	35.40	40.75
轻型汽油客车	汽油	0.02	0.02	0.02	0.01
微型客车	汽油	0.02	0.02	0.02	0.01
摩托车	汽油	2.33	1.86	1.52	1.01
火车	柴油	4.83	5.00	5.16	5.40

2）方案二：采取更为严格的控制标准

（1）PM_{10}

表 4-24 为在更为严格的标准下我国预测年份各种类型机动车 PM_{10} 排放量。其基本规律与方案一类似。历年排放量最大的是轻型柴油客车，然后是火车等。

表 4-24 在方案二下我国预测年份各种类型机动车 PM_{10} 排放量 单位：万 t

机动车类型	燃油类型	2011 年	2013 年	2015 年	2020 年
重型柴油货车	柴油	2.46	2.18	1.29	1.25
中型柴油货车	柴油	0.83	0.69	0.39	0.34
中型汽油货车	汽油	0.12	0.10	0.07	0.08
轻型柴油货车	柴油	1.98	1.99	1.44	1.59
轻型汽油货车	汽油	0.14	0.15	0.13	0.18
微型汽油货车	汽油	0.00	0.00	0.00	0.00
重型柴油客车	柴油	0.22	0.21	0.14	0.16
重型汽油客车	汽油	0.08	0.08	0.06	0.09
中型柴油客车	柴油	0.26	0.21	0.12	0.10
中型汽油客车	汽油	0.08	0.07	0.05	0.05
轻型柴油客车	柴油	30.72	34.58	27.12	33.94
轻型汽油客车	汽油	0.04	0.03	0.02	0.02
微型客车	汽油	0.04	0.03	0.02	0.02
摩托车	汽油	2.48	1.98	1.31	1.07
火车	柴油	5.10	5.27	3.64	5.70

（2）$PM_{2.5}$

从表 4-25 中可以看出，除重型汽油客车、轻型柴油客车、火车外，各种类型机动车 $PM_{2.5}$ 排放量逐渐减少。其中排放量最大的是轻型柴油客车；然后是火车、轻型柴油货车。汽油车中排放量相对较大的是摩托车，但是其排放量下降比较快。对机动车尾气 $PM_{2.5}$ 的控制可以针对排放量大、呈增长趋势的类型进行重点控制。

表 4-25 在方案二下我国预测年份各种类型机动车 $PM_{2.5}$ 排放量 单位：万 t

机动车类型	燃油类型	2011 年	2013 年	2015 年	2020 年
重型柴油货车	柴油	2.34	2.07	1.23	1.19
中型柴油货车	柴油	0.78	0.66	0.37	0.32
中型汽油货车	汽油	0.07	0.06	0.04	0.04
轻型柴油货车	柴油	1.88	1.89	1.37	1.51
轻型汽油货车	汽油	0.08	0.08	0.07	0.10
微型汽油货车	汽油	0.00	0.00	0.00	0.00
重型柴油客车	柴油	0.21	0.20	0.13	0.15
重型汽油客车	汽油	0.04	0.04	0.04	0.05
中型柴油客车	柴油	0.24	0.20	0.11	0.09
中型汽油客车	汽油	0.05	0.04	0.03	0.03
轻型柴油客车	柴油	29.14	32.79	25.73	32.19
轻型汽油客车	汽油	0.02	0.02	0.01	0.01
微型客车	汽油	0.02	0.02	0.01	0.01
摩托车	汽油	2.33	1.86	1.23	1.01
火车	柴油	4.83	5.00	3.45	5.40

4.4.5 交通道路扬尘的 PM_{10} 和 $PM_{2.5}$ 排放量

这部分主要对机动车行驶里程进行预测，由于在 VOCs 交通排放部分已经进行了预测，所以直接根据其预测值进行计算。

1. 总量

1）方案一：根据现有排放水平预测

（1）PM_{10}

图 4-60 为我国预测年份交通道路扬尘产生的 PM_{10} 排放总量。从中可以看出，排放总量呈现比较明显的上升趋势。2011 年为 1 693 万 t，2013 年为 2 144 万 t，两年时间增长 450 万 t，2015 年为 2 684 万 t，比 2013 年增长了 540 万 t，到 2020 年增长到 4 456 万 t，比 2011 年增长了 2 300 万 t。这个量非常大，可见，如果按照现有水平不加以控制，随着我国机动车数量的迅速增加，交通道路扬尘污染问题会非常严重。

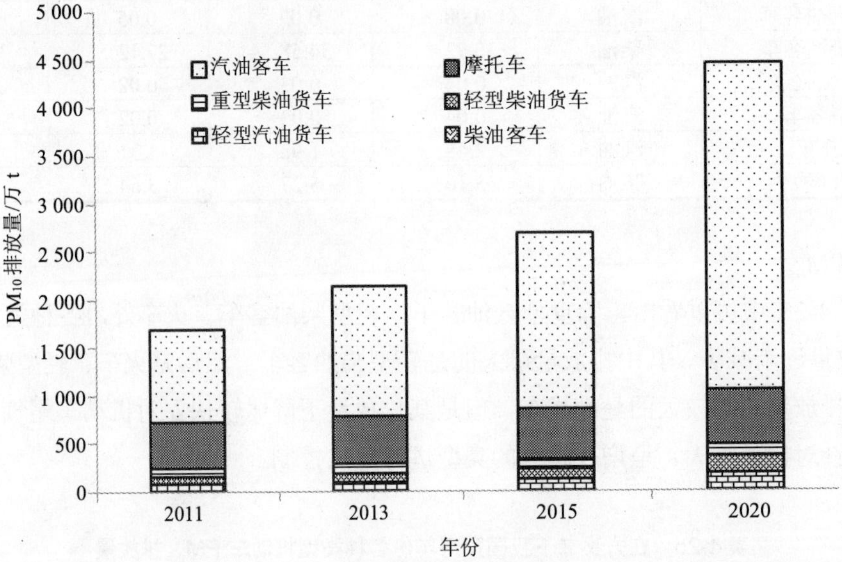

图 4-60 在方案一下我国预测年份交通道路扬尘 PM_{10} 排放总量

（2）$PM_{2.5}$

图 4-61 为我国预测年份交通道路扬尘产生的 $PM_{2.5}$ 排放总量，从图中可以看出 $PM_{2.5}$ 排放总量也呈现比较明显的上升趋势。2011 年为 462 万 t，2013 年为 585 万 t，2015 年为 732 万 t，2020 年增长为 1 215 万 t，比 2015 年增长了将近 500 万 t，比 2011 年增长了 750 万 t。由于 $PM_{2.5}$ 对人体健康影响更大，而且交通扬尘是最大的排放源，所以应该采取一些行之有效的措施减排。

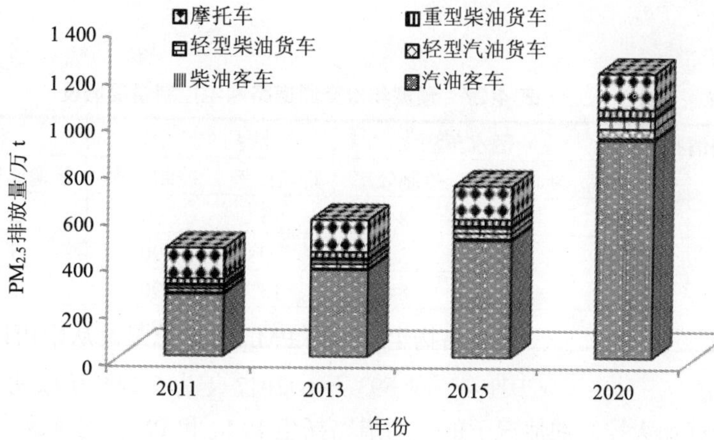

图 4-61　在方案一下我国预测年份交通道路扬尘 $PM_{2.5}$ 排放总量

2）方案二：提高交通道路清洁程度

影响道路交通扬尘的因素很多，有道路本身清洁程度、道路两侧植被状况，空气湿度等环境要素，机动车本身的类型、重量、速度、车轮清洁程度等。要控制交通道路扬尘 PM_{10} 和 $PM_{2.5}$ 的排放，主要应该从交通道路入手，降低尘土含量或者降低其排放因子。具体方法很多，有道路铺装、道路清扫、道路除尘等等。另外，减少机动车轮携带的灰尘、控制车速、植被绿化等也可以起到减少道路扬尘的作用。不同方法的可行性和控制效果不同。

表 4-26　交通道路扬尘控制措施效率①　　单位：%

控制措施	PM_{10} 控制效率
道路清扫	4～26
减少从未铺装区域带入的尘土	40～80
路面上的尘土尽快去除	90
洒水	84

本报告主要从环卫工人道路清扫、使用道路清扫车进行道路除尘、清洗机动车的轮胎几个方面进行考虑。由于没有相关统计数据，所以假设：人工除尘方面，由于我国幅员辽阔，道路里程很大，所以只能对一些城市主干道进行人工清扫，所以 2011 年比 2008 年新增 6%的道路，加大人工清扫力度，以后每年再增 2%，“十二五”后每年增加 3%；清扫车、洒水车比人工除尘效率更高，也更方便，但是对设备的成本要求也高，假设为控制交通扬尘 2011 年比 2008 年有 5%的交通主干道路（车流量大的道路）加大清扫机车除尘和洒水作业，以后每年新增 2%，“十二五”后每年增加 4%；每年机动车轮胎清洗也比较方便，但是如果全部都要清洗会影响通行，所以此项措施执行率可能也不会太高，假设 2011 年清洗轮胎的机动车比 2008 年增加 3%，以后每年增加 1%。则各预测年份控

① 樊守斌，阎宝林，黄玉虎，等. 北京交通扬尘排放及污染控制研究. 北京绿色奥运环境保护技术与发展.

制情况如表 4-27 所示。

表 4-27　预测年份交通道路除尘控制情况假设　　单位：%

年份	道路清扫		洒水车洒水		清扫车除尘		轮胎清洗	
	新增比例	控制效率	新增比例	控制效率	新增比例	控制效率	新增比例	控制效率
2011	6	15	5	84	5	90	3	50
2013	10	15	9	84	9	90	5	50
2015	14	15	13	84	13	90	7	50
2020	29	15	33	84	33	90	12	50

由此可以计算加大控制的情况下的交通道路扬尘 PM_{10} 和 $PM_{2.5}$ 的排放。

（1）PM_{10}

图 4-62 表示加强控制条件下我国预测年份交通道路扬尘产生的 PM_{10} 排放总量。从中可以看出，2011—2015 年排放总量还是呈现比较明显的上升，2011 年为 1 504 万 t，2013 年为 1 722 万 t，两年时间增长 200 多万 t，2015 年接近 2 000 万 t，比 2013 年增长了 200 万 t，假设“十三五”期间采取更大的控制力度的话，增长势头会得到有效遏制，甚至到 2020 年出现总量下降的情况，根据表 4-27 的假设，2020 年的交通扬尘 PM_{10} 排放量为 1 470 万 t，比 2015 年减少了 400 多万 t，与 2011 年的水平相当。

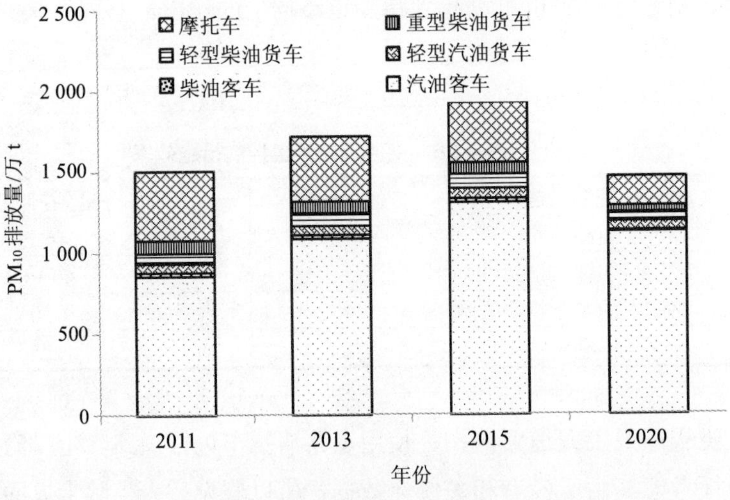

图 4-62　在方案二下我国预测年份交通道路扬尘 PM_{10} 排放总量

（2）$PM_{2.5}$

从图 4-63 可以看出，采取表 4-27 控制措施的话，我国预测年份交通道路扬尘产生的 $PM_{2.5}$ 排放总量在“十二五”和“十三五”期间也是先增加后减少。2011 年为 410 万 t，2013 年为 470 万 t，2015 年为 526 万 t，2020 年下降到 400 万 t。与方案一对比，方案二在预测年份的排放总量都要小很多，特别是 2015 年和 2020 年。

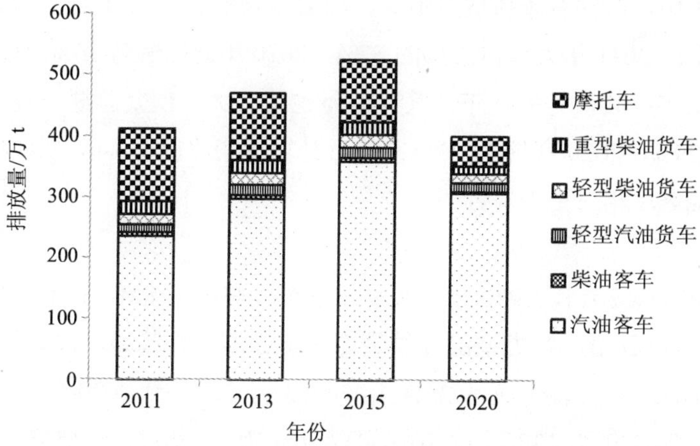

图 4-63　在方案二下我国预测年份交通道路扬尘 $PM_{2.5}$ 排放总量

2. 不同类型机动车排放分析

1）方案一：根据现有排放水平预测

（1）PM_{10}

表 4-28 和图 4-64 表示我国 2011、2013、2015、2020 年各种类型机动车行驶扬尘 PM_{10} 排放量及比例。从中可以看出，各类型的排放量都是呈逐渐上升趋势，特别是汽油小客车增长幅度较大。

表 4-28　在方案一下我国预测年份不同种类机动车扬尘 PM_{10} 排放量　　单位：万 t

年份 机动车类型	2011	2013	2015	2020
柴油客车	26.01	28.6	31.27	38.03
轻型汽油货车	57.73	72.57	90.52	150.28
轻型柴油货车	72.57	90.72	112.54	182.94
重型柴油货车	87.07	94.38	101.95	122.11
摩托车	483.64	503.55	520.38	553.73
汽油客车	965.72	1 354.04	1 827.83	3 409.28

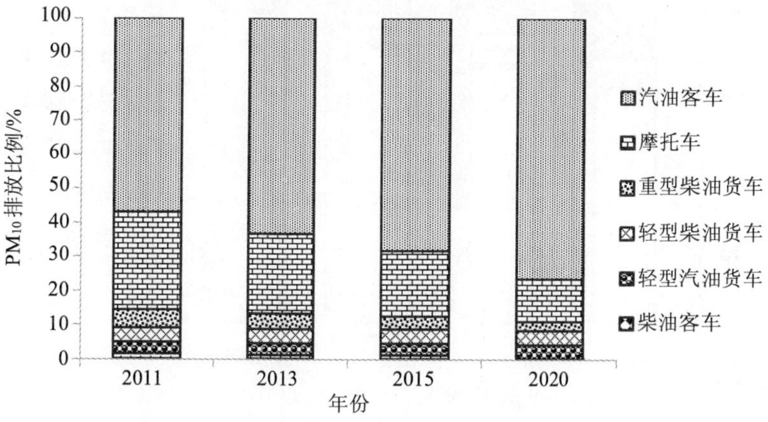

图 4-64　在方案一下我国预测年份不同种类机动车扬尘 PM_{10} 排放比例

各类型机动车中，汽油客车排放量最大，而且增长迅速，2011 年为 966 万 t，2020 年增长到 3 409 万 t，2011 年大概占总量的 57%，2020 年此比例为 76%，这主要是因为汽油客车的保有量最多；其次是摩托车，其排放量也比较大，但是总量一直下降，2011 年占总量的比例为 29%，2020 年降为 12%；然后是轻型柴油货车，但是其排放量较少；轻型柴油货车和柴油客车相对更少。

（2）$PM_{2.5}$

我国 2011、2013、2015、2020 年各类型机动车行驶扬尘 $PM_{2.5}$ 排放量如表 4-29 和图 4-65 所示。从中可以看出，各类型的排放量都是呈逐渐上升趋势。排放量最大的两类是汽油客车和摩托车。其中汽油客车从 2011 年的 263 万 t 增长到 2020 年的 930 万 t，摩托车增长速度不快，2011 年为 132 万 t，2020 年为 151 万 t。其次是轻型柴油货车，从 2011 年的不到 20 万 t 增长到 2020 年的 50 万 t。汽油客车、摩托车、轻型柴油货车、轻型汽油货车、重型柴油货车、柴油客车 2020 年排放比例分别为 76.5%、12.4%、4.1%、3.4%、2.7%、0.9%。主要还是要控制汽油客车的排放量。

表 4-29 在方案一下我国预测年份不同种类机动车扬尘 $PM_{2.5}$ 排放量　　单位：万 t

机动车类型＼年份	2011	2013	2015	2020
柴油客车	7.09	7.8	8.53	10.37
轻型汽油货车	15.74	19.79	24.69	40.99
轻型柴油货车	19.79	24.74	30.69	49.89
重型柴油货车	23.75	25.74	27.8	33.3
摩托车	131.9	137.33	141.92	151.02
汽油客车	263.38	369.28	498.5	929.8

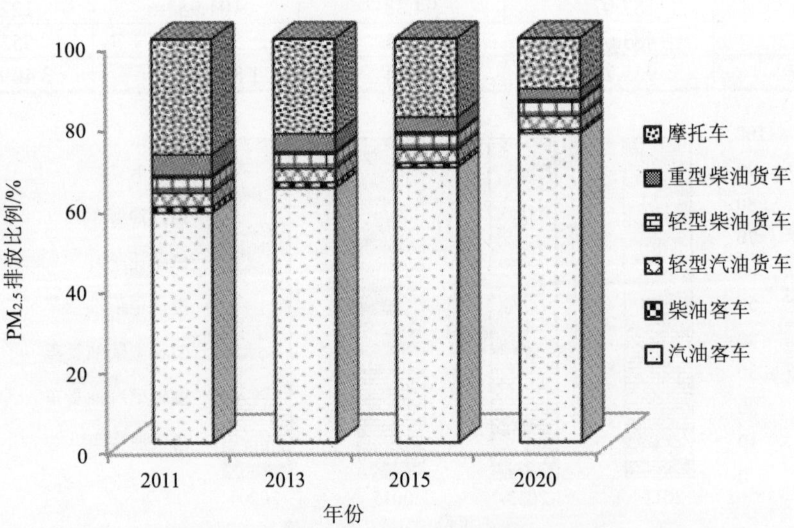

图 4-65 在方案一下我国预测年份不同种类机动车扬尘 $PM_{2.5}$ 排放比例

2）方案二：提高交通道路清洁程度

（1）PM_{10}

表 4-30 为我国 2011 年、2013 年、2015 年、2020 年各类型机动车行驶扬尘 PM_{10} 排放量。从中可以看出，“十二五”期间汽油客车、轻型汽油货车、轻型柴油货车的排放量都是上升的，“十三五”期间都有不同程度下降。其他几种类型的排放量在“十二五”和“十三五”期间都是不断下降的。

表 4-30　在方案二下我国预测年份不同种类机动车扬尘 PM_{10} 排放量　　单位：万 t

机动车类型＼年份	2011	2013	2015	2020
汽油客车	858.53	1 087.84	1 312.02	1 124.38
柴油客车	23.13	22.98	22.45	12.54
轻型汽油货车	51.32	58.31	64.98	49.56
轻型柴油货车	64.51	72.88	80.78	60.34
重型柴油货车	77.41	75.82	73.18	40.27
摩托车	429.96	404.55	373.53	182.62

各类型机动车中，汽油客车排放量最大，而且“十二五”期间增长迅速，2011 年为 859 万 t，2015 年增长到 1 312 万 t，2020 年下降到 1 124 万 t。2011 年汽油客车大概占总量的 57%，2015 年的比例为 68%，2020 年此比例增长到为 76%，这主要是因为汽油客车的保有量最多；其次是摩托车，其排放量也比较大，但是总量一直下降，2011 年占总量的比例为 29%，2015 年的比例为 19%，2020 年降为 12%，下降幅度较大；然后是轻型柴油货车，但是其排放量较少；轻型柴油货车和柴油客车相对更少。

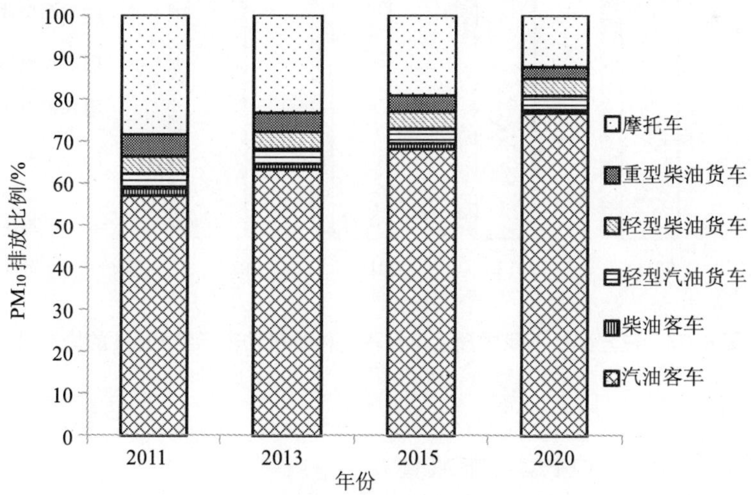

图 4-66　在方案二下我国预测年份不同种类机动车扬尘 PM_{10} 排放比例

（2）$PM_{2.5}$

在采取一定道路清洁措施后，我国 2011、2013、2015、2020 年各类型机动车行驶扬

尘 $PM_{2.5}$ 排放量如表 4-31 和图 4-67 所示。从中可以看出，“十二五”期间轻型汽油货车、轻型柴油货车和汽油客车的排放量都在不断增多，特别是汽油客车，2011 年为 234 万 t，到 2015 年增长到 358 万 t，2020 年有所下降，为 306 万 t。柴油客车、重型柴油货车、摩托车都有不同程度的下降，其中摩托车下降最多，2011—2020 年下降了 60 多万 t。2020 年几种类型的机动车扬尘 $PM_{2.5}$ 排放量从大到小的顺序为：汽油客车、摩托车、轻型柴油货车、轻型汽油货车、重型柴油货车和柴油客车，所占比例分别为 76.5%、12.4%、4.1%、3.4%、2.7%、0.8%。

表 4-31　在方案二下我国预测年份不同种类机动车扬尘 $PM_{2.5}$ 排放量　　单位：万 t

机动车类型 \ 年份	2011	2013	2015	2020
汽油客车	234.14	296.68	357.82	306.65
柴油客车	6.31	6.27	6.12	3.42
轻型汽油货车	14	15.9	17.72	13.52
轻型柴油货车	17.59	19.88	22.03	16.46
重型柴油货车	21.11	20.68	19.96	10.98
摩托车	117.26	110.33	101.87	49.81

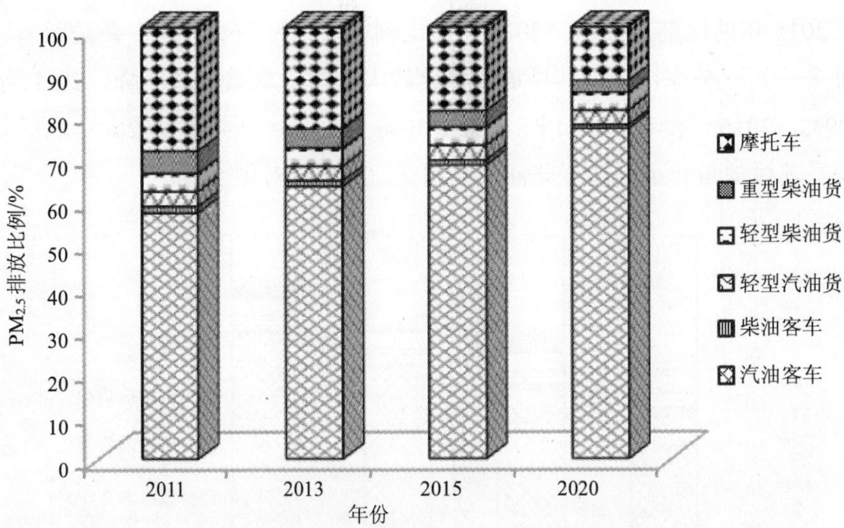

图 4-67　在方案二下我国预测年份不同种类机动车扬尘 $PM_{2.5}$ 的排放量

4.4.6 建筑扬尘的 PM_{10} 和 $PM_{2.5}$ 排放量

进行建筑扬尘 PM_{10} 和 $PM_{2.5}$ 排放量的预测首先要预测有关建筑活动水平，然后与排放因子相乘得到结果。这里分两种情况进行，一种是按现有排放水平进行，一种是在加强建筑扬尘控制下的预测。建筑活动水平的预测是分别对湿润地区和干燥地区的建筑面积和用料重量进行回归模拟。

1. 总量

1）方案一：根据现有排放水平预测

（1）PM_{10}

图 4-68 表示我国预测年份建筑扬尘产生的 PM_{10} 排放总量。从中可以看出，排放总量不断增多。2011 年为 900 万 t，2013 年为 943 万 t，2015 年为 977 万 t，到 2020 年增长到 1 042 万 t，比 2011 年增长了 142 万 t。可见，如果按照现有水平不加以控制，随着我国房地产业和基础建设的发展，建筑扬尘产生量会越来越多，严重影响我国大气环境。

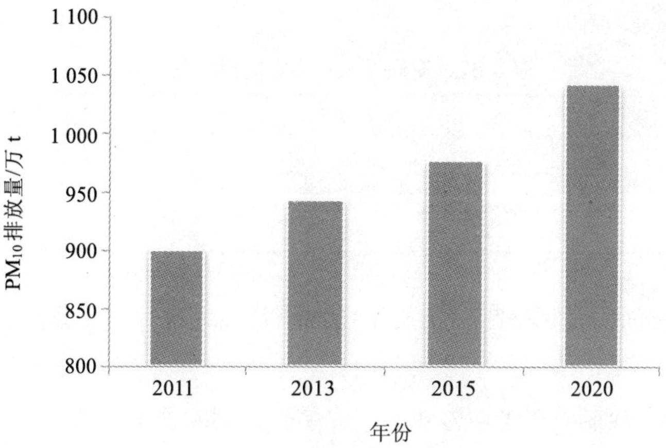

图 4-68　在方案一下我国预测年份建筑扬尘 PM_{10} 排放总量

（2）$PM_{2.5}$

从图 4-69 可以看出，我国预测年份建筑扬尘产生的 $PM_{2.5}$ 排放总量也呈现比较明显的上升趋势。2011 年为 296 万 t，2013 年为 310 万 t，2015 年为 321 万 t，2020 年增长为 343 万 t，增长速度不大。

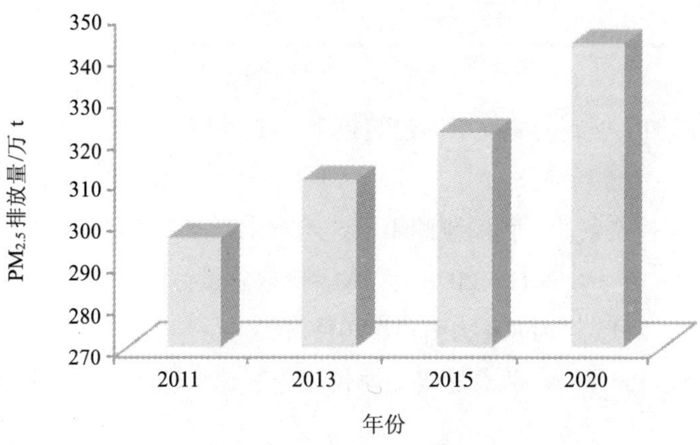

图 4-69　在方案一下我国预测年份建筑扬尘 $PM_{2.5}$ 排放总量

2）方案二：严格扬尘控制措施

建筑扬尘排放受到施工场地现场条件、施工周围气象条件、施工工艺、施工强度、污染控制措施等[144]多方面的影响。对建筑扬尘的控制，可以通过在工地周围设置围栏、防溢座，对堆料覆盖防尘布、防尘网、喷洒覆盖剂或者进行封闭、半封闭堆放[145]，施工道路硬化、作业车辆及时清洗，施工空地绿化等等措施①。由于目前缺少各类建筑扬尘控制措施效率数据，所以借鉴交通扬尘非铺装道路（与建筑扬尘一样都为无组织排放源）控制措施的效率，假设相同控制措施下，非铺装道路与建筑扬尘控制效率相同，表 4-32 为樊守斌等人研究非铺装道路扬尘控制措施的效率。

表 4-32　交通建筑扬尘控制措施效率②

排放源种类	控制措施	PM_{10}控制效率/%
非铺装道路	洒水	10～74
	化学抑尘剂	84
	铺装	＞90

本文从以下方面假设越来越多的施工场地经常性地进行以下扬尘控制措施：洒水，是比较简易可行的控制措施之一，假设 2011 年比 2008 年新增 5%的工地洒水控尘措施，以后每年再增 3%，控制效率平均为 40%；化学抑尘剂的使用，假设 2011 年比 2008 年新增 5%的工地使用抑尘剂，以后每年增加 2%，控制效率为 84%；道路硬化、增设围栏等由于没有相关数据可做参考，这里不予考虑。各预测年份控制情况如表 4-33 所示。

表 4-33　预测年份建筑除尘控制情况假设　　单位：%

年份	洒水		清扫车除尘	
	新增比例	控制效率	新增比例	控制效率
2011	5	40	5	84
2013	11	40	9	84
2015	17	40	13	84
2020	32	40	23	84

由此可以计算加大控制的情况下的建筑扬尘 PM_{10} 和 $PM_{2.5}$ 的排放。

（1）PM_{10}

图 4-70 为加强控制条件下我国预测年份建筑扬尘产生的 PM_{10} 排放总量。从中可以看出，在加强控制的条件下，2011—2020 年 PM_{10} 排放总量持续下降。2011 年为 844 万 t，2013 年为 830 万 t，2015 年为 804 万 t，比 2011 年减少了 40 万 t。2020 年为 708 万 t，比 2015 年减少了将近 100 万 t。随着建筑工地扬尘控制越来越严厉，建筑扬尘 PM_{10} 排放量也越来越少。

① 《城市扬尘污染防治技术规范》.
② 樊守斌，阎宝林，黄玉虎，等. 北京交通扬尘排放及污染控制研究. 北京绿色奥运环境保护技术与发展.

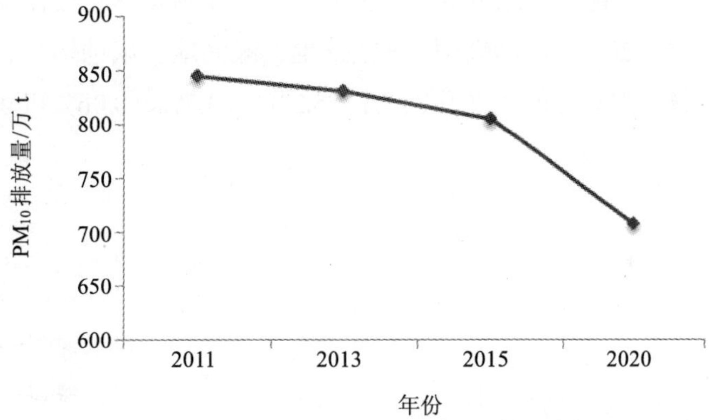

图 4-70　在方案二下我国预测年份建筑扬尘 PM_{10} 排放总量

（2）$PM_{2.5}$

图 4-71 为我国预测年份建筑扬尘产生的 $PM_{2.5}$ 排放总量，由图可见 $PM_{2.5}$ 排放总量呈下降趋势。2011 年为 278 万 t，2013 年下降为 273 万 t，2015 年为 264 万 t，稍有下降；2020 年为 233 万 t。与方案一对比，方案二的排放总量有很大降低，2011 年比方案一减少 6.2%，2013 年减少 12%，2015 年减少 17.7%，2020 年减少 32%。

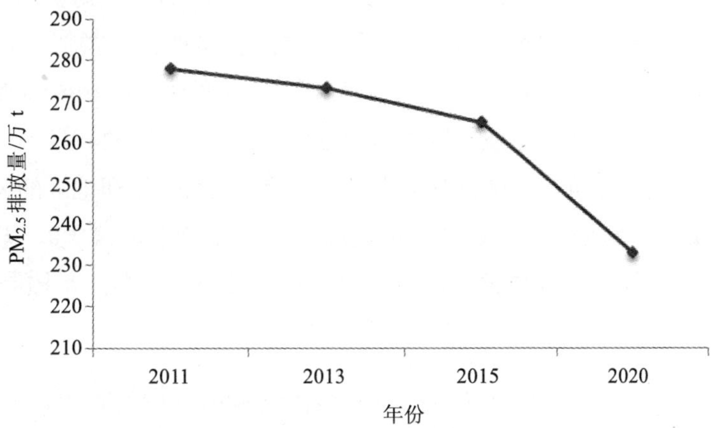

图 4-71　在方案二下我国预测年份建筑扬尘 $PM_{2.5}$ 排放总量

2．风蚀和作业排放预测

1）方案一：根据现有排放水平预测

（1）PM_{10}

图 4-72 为我国 2011、2013、2015、2020 年湿润地区和干燥地区的风蚀扬尘和作业扬尘 PM_{10} 排放量。从中可以看出，在现有排放水平条件下，随着建筑施工面积的增大和堆料的增多，不同地区类型的扬尘排放量都呈上升趋势。其中，干燥地区的排放量比湿润地区要多很多，其 2011 年风蚀扬尘 PM_{10} 排放量为 682 万 t，湿润地区为 218 万 t，不足干燥地区的 1/3；2020 年干燥地区风蚀扬尘 PM_{10} 排放量增长到 784 万 t，湿润地区为 258

万 t，相差比较大。作业扬尘差距也很大，而且无论是干燥地区还是湿润地区，风蚀扬尘都比作业扬尘大很多。2020 年干燥地区风蚀扬尘、湿润地区风蚀扬尘、干燥地区作业扬尘、湿润地区作业扬尘占总量的比例分别为：75.2%、24.7%、0.06%和 0.01%。

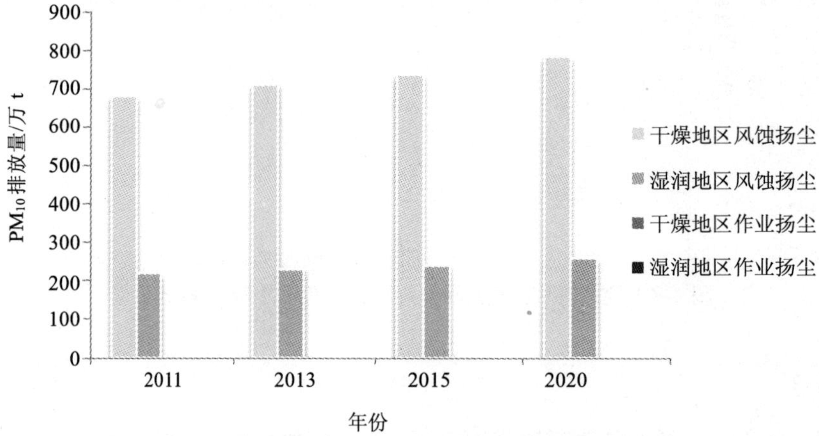

图 4-72　在方案一下我国预测年份建筑扬尘 PM_{10} 排放量

（2）$PM_{2.5}$

我国 2011、2013、2015、2020 年湿润地区和干燥地区的风蚀扬尘和作业扬尘 $PM_{2.5}$ 排放量如图 4-73 所示。从中可以看出，与交通道路扬尘的情况类似，建筑扬尘 $PM_{2.5}$ 的排放量比 PM_{10} 小很多，这说明由于风等外界扰动产生的无组织排放源排放的 $PM_{2.5}$ 比 PM_{10} 要少很多。排放量最大的干燥地区的风蚀扬尘，2011 年为 224 万 t，2020 年增长为 258 万 t，占计算的几种建筑扬尘排放总量的 75%以上。然后是湿润地区的风蚀扬尘，2011 年为 72 万 t，2020 年为 85 万 t，占总量的比例分别为 24.2%和 24.7%。无论是干燥地区还是湿润地区的作业扬尘排放与风蚀扬尘排放相对都较小。主要还是控制建筑工地的风蚀扬尘。

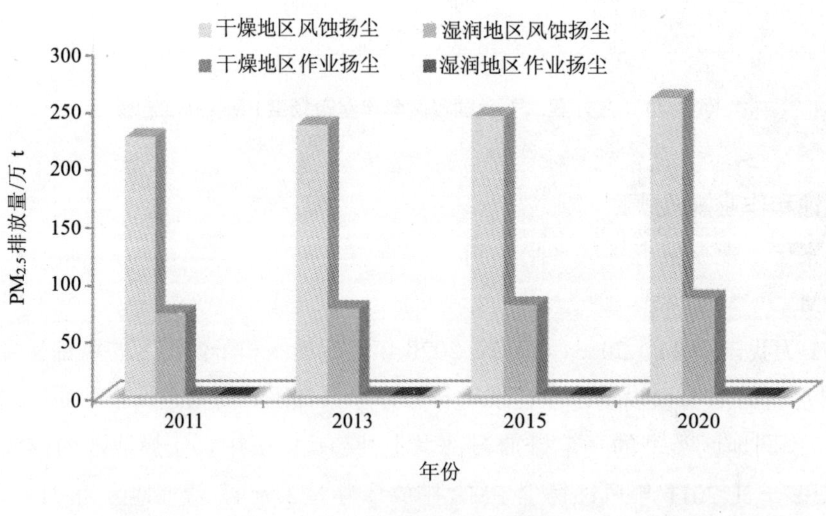

图 4-73　在方案一下我国预测年份建筑扬尘 $PM_{2.5}$ 排放量

2）方案二：严格扬尘控制措施

（1）PM_{10}

图 4-74 为采取一定控制措施后，我国预测年份建筑扬尘 PM_{10} 排放情况。不论是湿润地区还是干燥地区，其风蚀扬尘和作业扬尘排放量都是逐渐下降的。干燥地区风蚀扬尘从 2011 年的 639 万 t 下降到 2020 年的 532 万 t，湿润地区风蚀扬尘从 2011 年的 204 万 t 下降到 2020 年的 175 万 t，干燥地区作业扬尘从 2011 年的 0.51 万 t 下降到 2020 年的 0.43 万 t，湿润地区作业扬尘从 2011 年的 0.13 万 t 下降到 2020 年的 0.12 万 t，都有不同程度的下降。

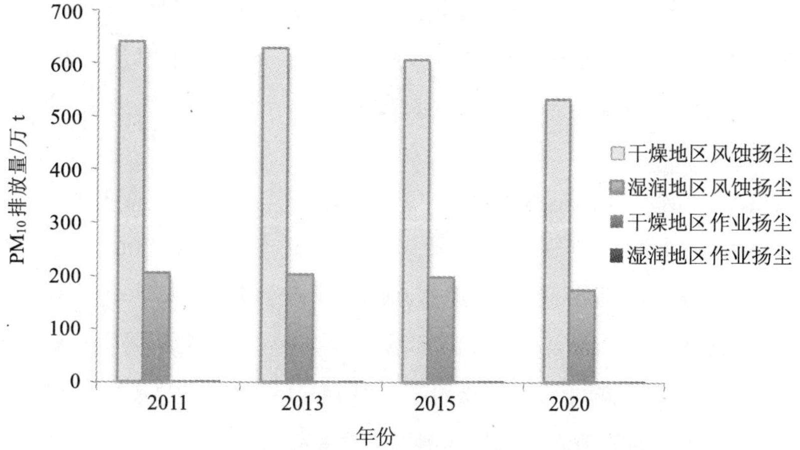

图 4-74 在方案二下我国预测年份建筑扬尘 PM_{10} 排放量

（2）$PM_{2.5}$

在采取一定措施后，我国 2011、2013、2015、2020 年干燥、湿润地区的风蚀扬尘和作业扬尘 $PM_{2.5}$ 排放量如图 4-81 所示。从中可以看出，各类型的排放量都是逐渐减少的，其中干燥地区风蚀扬尘减少最多，从 2011 年的 210 万 t，减少到 2020 年为 175 万 t，减少 35 万 t；湿润地区风蚀扬尘在 2011 年 67 万 t 的基础上减少了 10 万 t，到 2020 年为 57 万 t；干燥地区作业扬尘从 2011 年到 2020 年共减少 0.02 万 t，湿润地区减少 0.005 万 t。历年 $PM_{2.5}$ 排放量还是以风蚀扬尘为主，作业扬尘排放量相对较小。

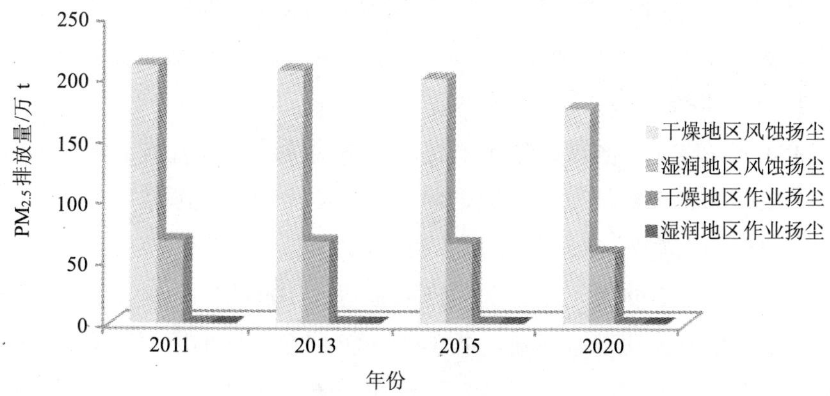

图 4-75 在方案二下我国预测年份建筑扬尘 $PM_{2.5}$ 的排放量

4.5 结论建议

4.5.1 主要结论

1）对我国 PM_{10}、$PM_{2.5}$ 的排放清单现状分析的主要结论

（1）从 PM_{10}、$PM_{2.5}$ 排放总量来看，我国 PM_{10} 排放总量较大，且呈逐年增长的趋势，但是增长速度逐渐变缓。2002 年排放总量为 2 225 万 t，持续增长到 2008 年 3 054 万 t，年均增长率为 5.42%。我国 $PM_{2.5}$ 排放总量较大，2002—2008 年前几年增长速度比较快，后几年稍微有所降低。2002 年为 1 181 万 t，2005 年增长为 1 393 万 t，2008 年为 1 336 万 t。

（2）从 PM_{10}、$PM_{2.5}$ 各排放来源看，交通道路扬尘、建筑扬尘和燃煤尘是 PM_{10} 的几个排放量比较大的来源。燃煤尘排放量呈先增后减态势，从 2002 年的 901 万 t，增长到 2005 的 1 052 万 t，然后又下降到 2008 年的 802 万 t；其占比重也呈下降趋势，从 2002 的 40.5%下降为 2008 年 26.3%。道路扬尘 PM_{10} 排放量则呈持续增长的态势，从 2002 年的 521 万 t 持续增长到 2008 年的 1 154 万 t，年均增长率超过 14%；其所占比重也由 2002 年的 23.4%增长到 2008 年的 37.8%。建筑扬尘排放也是呈比较快的增长，2002 年为 358 万 t，到 2008 年增长到 780 万 t、所占比例由 16%增长到 26%，增长较快，增长率为 14.2%。工业过程总量相对不是太大，2008 年下降到 260 万 t，年均减少 8.28%。相比而言，机动车尾气尘就非常小，历年不超过 40 万 t。从 $PM_{2.5}$ 来源看，2002—2008 年燃煤尘为最主要的来源，2002 年为 613 万 t，占几种来源总量的一半以上，一直增长，到 2005 年为 716 万 t，占几种来源的比例为 51%，以 2005 年为拐点，一直减少，到 2008 年为 546 万 t，所占比例为 41%。交通道路扬尘 $PM_{2.5}$ 排放量也比较大，且呈持续增长趋势，从 2002 年的 142 万 t 持续增长到 2008 年的 315 万 t，年均增长 14.2%。然后是建筑扬尘排放，也是一直增长，2002 年为 118 万 t，2008 年为 262 万 t，年均增长 14.3%。工业过程排放在 2002 年仅次于燃煤排放，但是处于不断下降态势，2008 年下降为 177 万 t，年均减少 7.6%。机动车尾气尘相对较少，但是随着机动车保有量的增加而增长，2008 年达到 36 万 t。可见，我国 PM_{10}、$PM_{2.5}$ 总量控制应以交通道路扬尘和燃煤尘为主。

（3）从 PM_{10}、$PM_{2.5}$ 地区排放分布来看，2008 年我国 PM_{10} 排放量较大的地区基本上分布在华北地区和东部经济发达地区，向西北、西南内陆逐渐减少。排放量最大的省份为山东省，达到 300 多万 t，其次是广东省和河北省，分别为 280 万 t 和 215 万 t，这 3 个省份的排放量都在 200 万 t 以上。而排放量超过 100 万 t 的省份以中部省份及靠近中部的省份为主，依次为江苏、河南、浙江、北京、辽宁、四川、广西等。甘肃、贵州、海南、宁夏、青海、西藏较少，不足 40 万 t，西藏最少，不足 5 万 t。从 $PM_{2.5}$ 来看，排放量最大的省份依然为山东省，达到 139 万 t；其次是广东省和河北省，分别为 123

万 t 和 94 万 t。而江苏、河南、浙江、北京几个省市排放总量也相对较高，在 55 万 t 以上。海南、宁夏、青海、西藏排放总量最低，在 10 万 t 以下，其中西藏最少，仅为 1.5 万 t。其分布规律与 PM_{10} 相类似。

2）对 2011—2020 年我国 PM_{10}、$PM_{2.5}$ 排放量预测分析的主要结论

（1）从 PM_{10}、$PM_{2.5}$ 排放总量来看，根据现有排放趋势预测，我国 PM_{10} 排放总量巨大，而且增长速度很快。2011、2013、2015、2020 年 PM_{10} 排放总量分别为 3 751 万 t、4 187 万 t、4 701 万 t 和 6 328 万 t，年均增长率为 6.0%。如果加大控制力度，PM_{10} 排放总量增长速度在“十二五”期间趋缓，“十三五”期间有所下降。2015、2020 年分别为 3 631 万 t 和 2 826 万 t，“十二五”期间年均增长率为 1.8%。从 $PM_{2.5}$ 来看，根据现有排放趋势预测，我国 $PM_{2.5}$ 排放总量一直处于增长状态，2011、2013、2015、2020 年分别为 1 558 万 t、1 657 万 t、1 775 万 t 和 2 138 万 t。“十二五”期间的增长率为 1.5%，2015—2020 年期间的增长率为 3.8%。如果加大控制力度，$PM_{2.5}$ 排放总量从 2011—2013 年为增长的，2011 年为 1 411 万 t，2013 年为 1 426 万 t，2015 年下降到 1 420 万 t，2020 年下降到 1 102 万 t。与现有趋势预测相比，2015 年 $PM_{2.5}$ 排放总量削减 11.2%，2020 年削减 35.9%。

（2）从 PM_{10}、$PM_{2.5}$ 各排放来源看，交通道路扬尘、建筑扬尘和燃煤尘仍然是 PM_{10}、$PM_{2.5}$ 的主要来源。在加强控制的条件下，交通道路扬尘 PM_{10} 排放所占比重最大，从 2011 年的 44.5%逐渐增长到 2015、2020 年的 53.1%和 52.0%。建筑扬尘排放比例居第二位，2011 年为 25.0%，2013 年为 23.5%，2015 年为 22.1%，2020 年为 25.0%。燃煤排放为第三大排放源，但是所占比重呈下降趋势，从 2011 年的 19.9%逐渐下降为 2015、2020 年的 16.3%和 16.2%。工业过程排放比例下降也比较快，2015、2020 年分别为 7.5%和 4.8%。尾气排放比例一直比较小，历年不足 3%。从 $PM_{2.5}$ 来看，在加强控制的条件下，$PM_{2.5}$ 燃煤尘和交通道路扬尘的比例依然最大。燃煤尘的比例一直呈下降状态，2011 年为 33.2%，2020 年降为 30.4%；交通道路扬尘基本处于增长趋势，2011、2013、2015、2020 年分别为 29.1%、32.9%、37.0%和 36.4%，在 2013 年交通道路扬尘超过燃煤尘，成为 $PM_{2.5}$ 的第一大源。建筑扬尘排放比例比燃煤尘和交通道路扬尘小，但是历年也在 20%左右。工业过程排放比例也有减少，尾气排放历年仍只有 3%左右。

（3）从 PM_{10}、$PM_{2.5}$ 地区排放分布来看，在加大控制力度的条件下，PM_{10}、$PM_{2.5}$ 排放总量最大地区仍集中于华北地区和东部沿海，处于中等排放水平的省市集中在东北、华北和长江中游地区，西北、西南地区排放总量最少。其中，PM_{10} 排放量最大的省份为山东省、广东省、江苏省，2015 年排放总量分别为 406 万 t、364 万 t、269 万 t；2020 年分别为 323 万 t、281 万 t、209 万 t。排放量最少的是西藏、青海和宁夏，2015、2020 年排放量合计仅为 38.02 万 t 和 29.04 万 t。从 $PM_{2.5}$ 来看，排放量最大的省份依然为山东省、广东省和江苏省，2015 年排放总量分别为 154 万 t、141 万 t、104 万 t，2020 年排放总量分别为 122 万 t、110 万 t、81 万 t，而排放量最少的三个省份同为西藏、青海、宁夏三省区，2015、2020 年排放量合计仅为 15.79 万 t 和 11.66 万 t。

4.5.2 政策建议

1）完善现有空气质量标准，强化$PM_{2.5}$浓度限制和标准化控制

目前我国空气质量标准中只有 PM_{10} 的浓度限制，而缺乏危害性更大的 $PM_{2.5}$ 的浓度限制标准。同时，PM_{10} 的限值标准与欧美等发达国家相比也略偏高。因此，建议在参照发达国家标准的基础上，进一步完善 PM_{10} 的浓度限制标准，使其与现阶段及未来我国经济、环境发展目标相适应。同时建议增加 $PM_{2.5}$ 空气质量控制标准，不断强化 $PM_{2.5}$ 浓度限制，从而在技术标准上为实现PM_{10}、$PM_{2.5}$排放总量削减目标提供支持和依据。

2）建立覆盖全国的PM_{10}和$PM_{2.5}$监测体系，启动其总量削减的专项规划

目前，我国各地区PM_{10}和$PM_{2.5}$监测体系并不完善，仅有部分地区具有PM_{10}和$PM_{2.5}$的监测能力，因此，建议建立覆盖全国范围的PM_{10}、$PM_{2.5}$的监测网络体系，不断提升两类污染物的监测水平和监测质量，基本实现两类 PM 污染物动态监测和动态模拟。同时，加大两类污染物控制力度，在环境规划中增加PM_{10}、$PM_{2.5}$相关规划内容，制定削减目标和重点行业排放限制，尽快实现PM_{10}和$PM_{2.5}$排放总量的减少。

3）加大对重点地区PM_{10}和$PM_{2.5}$的控制力度，实现区域联防联控

应对排放量较大的重点区域加大控制力度，在“十二五”、“十三五”及大气联防联控等大气污染防治规划中，应对排放量较大的东、中部地区，尤其是长三角、珠三角、京津冀等经济圈地区实现区域PM_{10}、$PM_{2.5}$的总量控制，主要以广东、山东、江苏、浙江等东部沿海省份及上海、北京等特大城市为重点控制区域，从监测能力建设、体制机制创新等方面给予政策倾斜和资金投入，积极探索大气PM_{10}、$PM_{2.5}$区域联防联控协作机制。

4）继续加强燃煤和工业过程的排放控制

对PM_{10}、$PM_{2.5}$的治理应从其根源上入手，在4大排放源中，燃煤排放总量虽然呈下降趋势，但是总量仍然很大，同时工业过程排放量所占比重也相对较大，因此应该继续加大对燃煤和工业过程 PM_{10} 和 $PM_{2.5}$ 的排放治理力度。对于重污染的电力、矿物制品、金属冶炼、煤炭加工等行业进行重点治理。对于除尘设备，尽量采用除尘效率较高的静电除尘和布袋除尘。

5）加大对道路扬尘的控制

鉴于交通道路扬尘 PM_{10} 和 $PM_{2.5}$ 在总量中的比例呈越来越严重的趋势，应该加大对其的控制力度。加大国省干线公路养护管理，加强县乡公路综合整治，加强道路施工作业扬尘控制，具体有：保持道路清洁，及时除去道路上的积尘；对交通主干道进行洒水、喷洒抑尘剂等，减少扬尘；在一些主干道建立绿化带并进行维护；对于一些交通流量大的非铺装道路进行铺装或者硬化；对携带尘土多的机动车及时进行除尘；对于一些环境敏感并且积尘多或者作业施工路段进行限速，等等。

6）加大对建筑扬尘的控制

提高认识，把建筑扬尘控制作为城市大气管理的一项重要工作；加大对建筑等扬尘

污染危害和防治措施的宣传；严格执行《城市扬尘污染防治技术规范》，各地建立防治城市扬尘污染的标准，并建立有效的监管机制，严格执行①。对于施工单位来说，应该科学合理组织施工：在施工现场增设围栏；施工内部裸露部分进行覆盖或者洒水、喷洒抑尘剂；对于施工控制进行植被绿化；对于堆料进行封闭或者半封闭处理；施工道路进行硬化，施工设备进行清洗等等②。

① http://www.cn-hw.net/html/34/200910/11888_2.html。
② 城市扬尘污染防治技术规范。

第 5 章　电子垃圾产排量现状评估分析与趋势预测

5.1 研究背景

电子垃圾是指达到使用寿命、丧失其原有功能后报废了的各类电子电器产品，是一类具有较大环境污染风险且含有较多利用价值的固体废物。包括家电、电脑、通讯器材、数码产品，以及光盘、电池、充电器等各种配件。电子垃圾一般都含有大量有毒有害物质以及多种重金属元素，如果处置不当，将会造成巨大的环境污染和资源浪费。

进入 21 世纪，随着工业化和科学技术的发展以及居民消费结构的变化，全球电子垃圾数量升幅惊人，每年世界各国生产的电子垃圾废料达 2 000 万～5 000 万 t，现在电子垃圾已占全球城市固体垃圾的 5%左右。近十几年来，我国作为经济快速增长的发展中国家、电子电器产品生产和消费大国，电子电器产品的消费水平增长速度明显快于全球平均水平。目前，我国已经进入电子电器产品更新、淘汰的高峰期。据 2008 年环境保护部统计，我国电子电器产业年增长速度连续 10 年平均超过 20%，仅 2008 年的电子垃圾年产量就为 111 万 t。另外，在联合国环境署（UNEP）2010 年发布的报告[146]中也指出，我国目前的电子垃圾产量已达到约 230 万 t，成为仅次于美国的世界第二大电子垃圾制造国（美国为 300 万 t）。据 UNEP 初步预测，到 2020 年，我国的电视机产生的电子垃圾将比 2007 年高 1.5～2 倍，旧电脑产生的电子垃圾也将增至 2007 年的 4 倍，而手机电子垃圾的增长更惊人，竟比 2007 年高 7 倍。

同时，随着时代的进步，电子垃圾的种类也将发生很大变化。生活质量提高和科学技术进步促使电脑、手机、数码产品等新型电子产品的消费量骤增，相比以家用电器为主的传统电子垃圾，产品更新换代快，重金属等有毒有害物质成分含量高的新型电子消费品将成为我国未来电子垃圾，尤其是毒害性更大的电子垃圾的主要来源。以手机为例，2009 年我国手机产量达到 6 亿部、国内销售量达 1.6 亿部，国内用户大概平均一年半左右就更换一次手机。同时，随着 3G 移动网络的大力推广以及小灵通网络逐渐停止服务等都将使得越来越多的手机通讯设备被淘汰更新，手机正在成为增长最快的电子垃圾。

电子垃圾对环境健康的巨大危害已经引起国家相关部门重视。2011 年 1 月 1 日，《废弃电器电子产品回收处理管理条例》正式颁布施行，体现了我国政府加大电子垃圾管理力度和防范电子垃圾环境危害风险的决心。目前，在基础数据方面，我国还缺乏可靠的电子垃圾产生和处理处置情况的统计数据，并且对手机、数码相机以及便携式电脑等新型电子垃圾的发展变化情况没有足够的重视。因此，本报告以家用电器、电脑和数码产品为主要研究对象，以相关电子产品生产、消费统计资料为数据来源，在对各类电子垃圾产生和处置利用现状进行系统分析以及充分考虑电子产品未来发展趋势的基础上，采用较为合理的电子垃圾产生量估算模型，定量化预测目标年份我国及各省份电子垃圾产生、处置利用情况，从而为国家有关部门正确认识电子垃圾发展趋势，快速甄别电子垃圾产生、处置及利用中存在的相关问题，为制定合理的电子垃圾污染防治措施、政策以及法律法规提供决策支持。

5.2 思路方法

5.2.1 产生来源

目前，我国的电子垃圾主要来源于三个方面：一是来源于政府机关、企业和家庭的各类废旧电子产品，这是我国电子垃圾的最主要来源，约占所有电子垃圾产生量的 90%；二是来源于电子产品生产过程产生的各类废弃物。随着我国逐渐成为世界重要的电子产品（尤其是电子元器件）生产大国，这类电子垃圾的绝对数量也越来越大。但这类电子垃圾主要由生产厂家自行回收利用，较少流入社会；三是来源于国外的“洋电子垃圾”。这些电子垃圾主要通过合法的进口①或非法的走私进入我国。受经济利益驱动，这类电子垃圾主要集中于沿海地区（如广东贵屿镇）用于提炼贵重金属，其处置方式大都简单粗放，从而造成巨大的资源浪费和严重的环境污染，特别是重金属污染十分严重。目前，我国已经成为世界电子垃圾的主要处理场所之一。

5.2.2 研究范围

1）对象范围

由于缺乏相应统计数据，本报告主要的研究对象是第一类电子垃圾，即来源于政府机关、企业和家庭的各类废旧电子产品。主要包括家电（包括电视机、电冰箱、空调、洗衣机等），电脑及耗材设备（主要指打印机）、数码类产品（手机、数码相机、手持视听设备）等。其中电脑包括台式电脑和笔记本电脑两类，手持视听设备主要包括 MP3、MP4、电子书等（图 5-1）。

2）时间范围

本研究对电子垃圾产生量的预测包括 2011—2015 年、2016—2020 年两个阶段。其中主要为 2011 年、2013 年、2015 年、2020 年 4 个预测目标年份，以 2009 年为基准年份。

3）区域范围

主要包括中国大陆 31 个省、直辖市以及自治区，不包括港、澳、台地区。

① 海关进口目录为第七类废弃物——废杂五金。

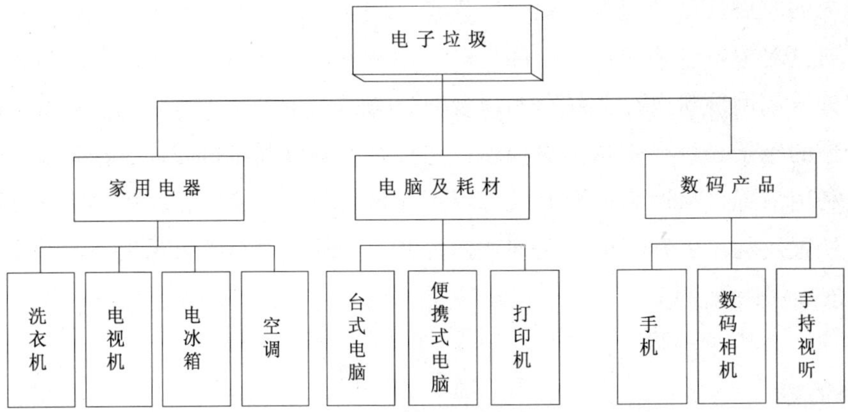

图 5-1　电子垃圾类型划分示意图

5.2.3 技术路线

由于电子垃圾是电子产品达到使用寿命后的废弃物，因此，在预测电子垃圾的产生量时需要首先预测电子产品在我国的销售量，然后通过合理地设定电子产品寿命、重量以及收集处置利用情况，计算目标年份内我国及各省份电子垃圾的产生量、处置量、资源化利用量和堆放量，预测思路及技术路线见图 5-2：

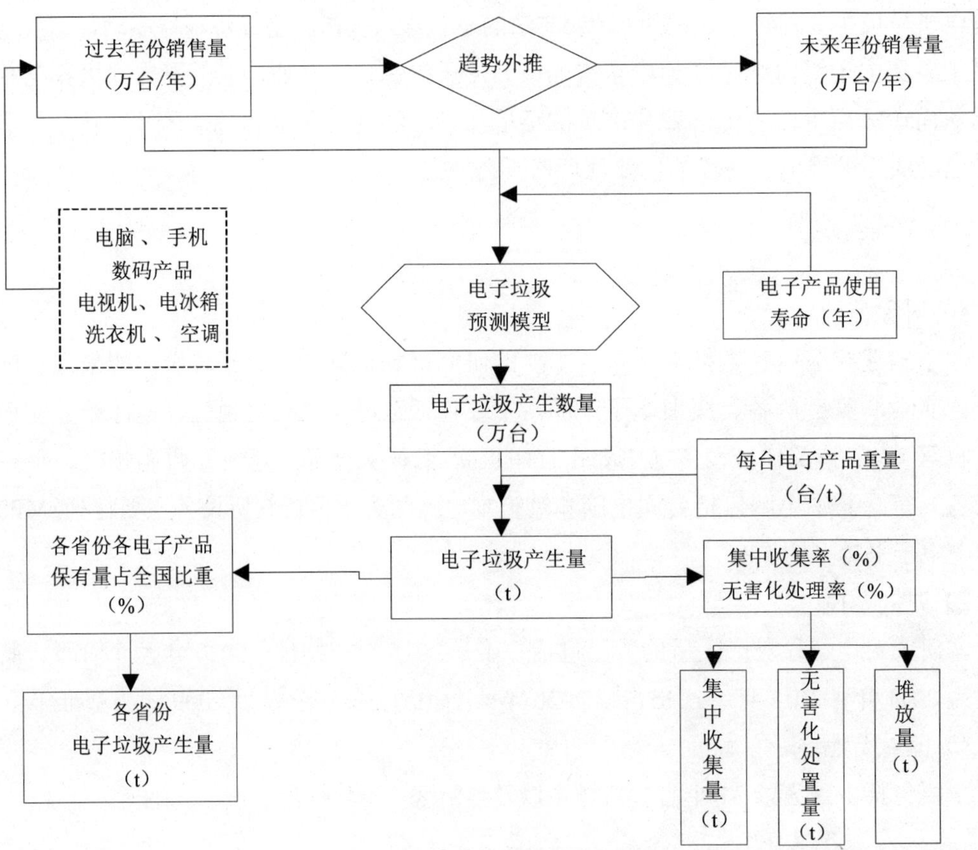

图 5-2　电子垃圾预测思路及技术路线

具体预测技术路线和步骤：

（1）预测全国电子产品销售量。通过查阅《中国电子工业年鉴》、《中国电子信息产业统计年鉴》以及《中国统计年鉴》、《中国海关统计年鉴》等资料获得上述电子产品 1996—2009 年的生产量及进出口量，用生产量减去出口量加上进口量即可获得该电子产品国内销售量。根据电子产品未来发展趋势，分别对不同电子产品未来销售量进行预测，获得目标年份各电子产品的销售量。

（2）预测全国电子垃圾产生数量。根据上述各电子产品的使用寿命，通过电子垃圾预测模型计算目标年份各类电子产品报废数量，即电子垃圾产生量。其中各电子产品的使用寿命和平均重量可采用中国家用电器研究所等研究机构的估计值和实际测算值。

（3）预测全国电子垃圾产生重量。分别用各类电子垃圾产生数量乘以其平均重量即可获得目标年份各类电子垃圾的产生重量。其中各电子产品的平均重量可采用中国家用电器研究所等研究机构的估计值和实际调查值。

（4）预测各省份电子垃圾的产生量。假设各省份各类电子垃圾的产生量占全国电子垃圾总产生量的比例与各省份各类电子电器产品的保有量占全国各类电子电器产品的总保有量的比例相同，则可以将目标年份电子垃圾的产生量分配到各省份，求得各省份电子垃圾的产生量。其中各省份各类电子电器产品的保有量可根据《中国统计年鉴》中的每百户居民耐用消费品保有量乘以各省居民户数求得。

（5）预测全国及各省份电子垃圾处置利用及堆放量。根据我国电子垃圾相关规划设定目标年份我国电子垃圾集中收集率、无害化处置率以及资源化利用率等情景方案，从而求得目标年份全国及各省份电子垃圾的集中收集量、无害化处置量、资源化利用量以及堆放量等。

5.2.4 模型方法

预测电子垃圾产生量的模型国外已有较多研究[147]。本报告使用的电子垃圾产生量测算模型是根据电子电器产品的销量数据和平均寿命期来估算电子垃圾产生量。其主要基于以下假设：首先，假设出售的电子电器产品在到达寿命期之前一直被消费者使用，一旦到达寿命期则完全报废；其次，以德国相关研究报告显示[148]为依据，合理假设各类电子电器产品的寿命期按不同的比例围绕平均寿命呈正态分布；最后，假设各类电子产品的寿命期和重量保持不变。

（1）电子垃圾产生数（重）量的模型方程式为

$$G_{ki}=\sum_{j>0}^{n}S_{ij}\times P_j\text{；}\quad i=2011,2012,\cdots,2020 \tag{5-1}$$

$$W_{ki}=G_{ki}\times W_k\text{；}\quad i=2011,2012,\cdots,2020 \tag{5-2}$$

式中，G_{ki} 为第 k 种电子电器产品第 i 年的报废数量，即电子垃圾产生量；W_{ki} 为第 k 种电子电器产品第 i 年的报废重量；S_{ij} 为从第 i 年算起 j 年前该电子电器产品的国内销售量；P_j 为该电子电器产品使用 j 年报废的百分比；n 为该电子电器产品的最长寿命期；W_k 为第 k 种电子电器产品平均重量。

（2）各省份电子垃圾产生数（重）量的模型方程式为

$$\overset{\text{provi}}{G}_{kip}=G_{ki}\times R_{kip}\;;\quad i=2011,2012,\cdots,2020 \tag{5-3}$$

$$\overset{\text{provi}}{W}_{kip}=\overset{\text{provi}}{G}_{kip}\times W_{k}\;;\quad i=2011,2012,\cdots,2020 \tag{5-4}$$

式中，$\overset{\text{provi}}{G}_{kip}$为$p$省份第$k$种电子电器产品第$i$年的电子垃圾产生数量；$\overset{\text{provi}}{W}_{kip}$为$p$省份第$k$种电子电器产品第$i$年的电子垃圾产生重量；$R_{kip}$为$p$省份第$k$种电子产品第$i$年保有量占全国总保有量的比例；$p$为代表我国31个省份。

（3）电子垃圾集中收集、无害化处置、资源化利用及堆放量模型方程式为

$$\overset{\text{Recyc}}{G}_{i}=\sum_{k=1}^{n}G_{ki}\times \text{REC}_{i}\;;\quad n=10,\quad i=2011,2012,\cdots,2020 \tag{5-5}$$

$$\overset{\text{Clea}}{G}_{i}=\overset{\text{Recyc}}{G}_{i}\times \text{CLE}_{i}\;;\quad i=2011,2012,\cdots,2020 \tag{5-6}$$

$$\overset{\text{Utiliz}}{G}_{i}=\overset{\text{Clea}}{G}_{i}\times \text{UTIL}_{i}\;;\quad i=2011,2012,\cdots,2020 \tag{5-7}$$

$$\overset{\text{Stack}}{G}_{i}=\sum_{k=1}^{n}G_{ki}-\overset{\text{Clea}}{G}_{i}\;;\quad i=2011,2012,\cdots,2020 \tag{5-8}$$

式中，$\overset{\text{Recyc}}{G}_{i}$为第$i$年电子垃圾集中收集量；$\overset{\text{Clea}}{G}_{i}$为第$i$年电子垃圾无害化处置量；$\overset{\text{Utiliz}}{G}_{i}$为第$i$年电子垃圾资源化利用量；$\overset{\text{Stack}}{G}_{i}$为第$i$年电子垃圾堆放量；$G_{ki}$为第$k$种电子电器产品第$i$年的报废数量；$REC_i$为第$i$年电子垃圾集中收集率；$CLE_i$为第$i$年电子垃圾无害化处置率；$UTIL_i$为第$i$年电子垃圾资源化利用率。

5.2.5 相关系数

1. 电子产品平均寿命期及平均重量

主要电子产品使用寿命期和重量见表5-1。

表5-1 主要电子产品使用寿命期和重量

种类	平均寿命期（a）	平均重量（kg）	种类	平均寿命期（a）	平均重量（kg）
洗衣机	8～14	40	台式电脑	5～7	30
电冰箱	8～12	55	便携电脑	4～6	3
空调	8～14	50	数码相机	4～6	0.25
电视机	8～10	30	手持视听	3～5	0.2
打印机	5～7	20	手机	2～4	0.2

备注：电子电器平均寿命和平均重量是综合了中国家用电器研究院的估计值①、UNEP、EPA的研究报告[146, 147, 149]、国内相关研究[147, 150-152]及目前市场上各类知名品牌电子电器产品的使用手册。其中数码产品（包括充电器和电池）的平均寿命和重量是根据目前市场上主要品牌产品的平均值估算得到。

① http://www.cheari.com/。

2. 电子产品的报废年限分布

主要电子产品报废年限分布见表 5-2。

表 5-2　主要电子产品报废年限分布　　单位：%

产品种类＼年限	8 年	9 年	10 年	11 年	12 年	13 年	14 年
电视机	8	16	26	26	16	8	—
洗衣机	8	12	18	24	18	12	8
空调	8	12	18	24	18	12	8
电冰箱	8	16	26	26	16	8	—
产品种类＼年限	1 年	2 年	3 年	4 年	5 年	6 年	7 年
台式电脑	—	—	—	—	20	60	20
便携电脑	—	—	—	25	50	25	—
打印机	—	—	—	—	20	60	20
手机	—	25	50	25	—	—	—
数码相机	—	—	—	25	50	25	—
手持视听	—	—	25	50	25	—	—

3. 电子垃圾处置利用系数

根据有关规划，未来我国将不断加强电子垃圾回收网络体系建设，大力发展专业化电子垃圾处置利用新兴产业，进一步完善电子垃圾相关法律法规。因此，预计到 2015 年，我国电子垃圾的集中收集率、无害化处置率以及资源化利用率将分别达到 85%、88%、66%；到 2020 年，分别达到 95%、98%、80%。因此，对电子垃圾未来的处理情况设定两个方案：方案一是指在现状处理处置水平稳定增长状况下的电子垃圾的处置利用发展状况，即对电子垃圾的现有处理处置水平通过趋势外推预测未来电子垃圾收集率、处置率和资源化利用率；方案二是指根据相关规划和强化处理处置手段，即在强制政策引导和管理情况下我国未来电子垃圾收集、处置、利用及堆放状况。

4. 各省份目标年份电子垃圾产生量占全国总产生量比例

假设各省份目标年份各类电子垃圾的产生量占全国比例与各省份各类电子电器产品的保有量占全国比例相同。各省份 2009 年电子产品保有量占全国比例可以根据《2010 年中国统计年鉴》中的每百户居民耐用消费品保有量乘以各省居民户数求得，并假设目标年份这一比例与 2009 年该比例相同。

5.3 产排量现状

5.3.1 电子垃圾现状评估

1. 总产生量分析

表 5-3 是我国 2006—2009 年电子垃圾产生量结果，包括数量和重量。

从电子垃圾产生数量来看，家用电器、电脑和数码产品等三大类电子垃圾产生数量都呈快速增长趋势。2006—2009 年电子垃圾产生总数量分别是 1.68 亿台、2 亿台、2.58 亿台和 3.17 亿台，年均增长率达 23.5%（表 5-4），4 年间增长了近 1 倍。其中家用电器共增加了 1 588 万台（图 5-3），年均增长率为 10.4%。电脑及打印设备共增加了 1 146 万台，年均增长率为 30.4%，增长了 1 倍多，是增长最快的电子垃圾，其中便携电脑增长速度最快，增长了 4.8 倍。数码产品共增加了 1.21 亿台，年均增长率为 27.6%，增长了 1 倍多。其中以手持视听设备增长速度最快，4 年间增长了 47 倍多。

表 5-3　我国 2006—2009 年电子垃圾产生量现状

	分类		2006 年	2007 年	2008 年	2009 年
电子垃圾产生数量/万台	家用电器	洗衣机	854	895	923	1 180
		电冰箱	947	1 005	1 072	940
		电视机	692	771	878	3 126
		空调	2 116	2 380	2 726	1 095
		小计	4 608	5051	5 599	6 342
	电脑及打印设备	台式电脑	538	740	1 037	989
		便携电脑	34	89	197	523
		打印机	367	454	483	574
		小计	940	1 283	1 717	2 086
	数码产品	手机	10 424	12155	16 051	19 772
		数码相机	800	1250	15 73	1 848
		手持视听	37	261	859	1 752
		小计	11 261	13 666	18 483	23 372
	总计		16 808	20 000	25 800	31 800
电子垃圾产生重量/万 t	家用电器	洗衣机	37.86	40.19	42.90	47.20
		电冰箱	46.95	49.24	50.77	51.72
		电视机	63.47	71.39	81.77	93.78
		空调	34.58	38.57	43.91	54.76
		小计	182.87	199.39	219.35	247.46
	电脑及打印设备	台式电脑	16.15	22.21	31.12	29.67
		便携电脑	0.10	0.27	0.59	1.57
		打印机	7.35	9.07	9.66	11.47
		小计	23.60	31.56	41.37	42.71
	数码产品	手机	2.08	2.43	3.21	3.95
		数码相机	0.20	0.31	0.39	0.46
		手持视听	0.01	0.05	0.17	0.35
		小计	2.29	2.80	3.78	4.77
	总计		208.76	233.75	264.50	294.94

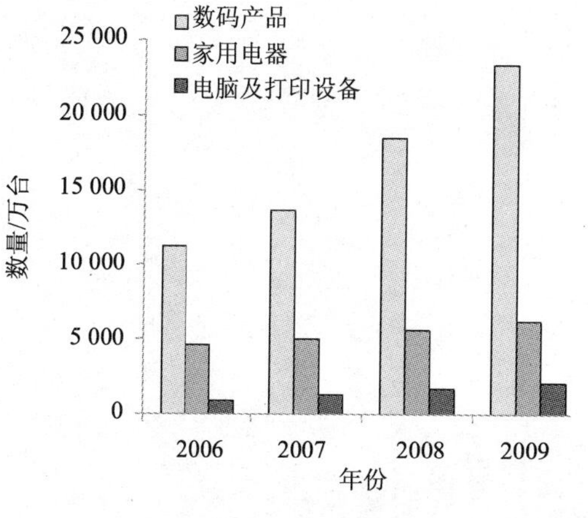

图 5-3　各类电子垃圾产生数量

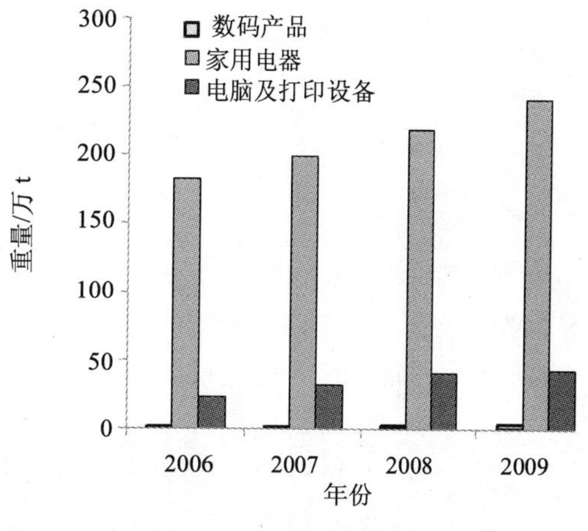

图 5-4　各类电子垃圾产生重量

表 5-4　我国 2006—2009 年电子垃圾产生量年均增长率比较　　单位：%

	家用电器	电脑及打印设备	数码产品	全部
电子垃圾数量	10.4	30.4	27.6	23.5
电子垃圾重量	10.6	21.9	27.6	12.2

从电子垃圾产生重量来看，三大类电子垃圾产生重量也同样呈快速增长趋势。2006—2009 年电子垃圾产生总重量分别是 209 万 t、234 万 t、265 万 t 和 295 万 t，年均增长率为 12.2%（见表 5-4）。其中家用电器共增加了 64 万 t（图 5-4），年均增长率为 10.6%，虽然家用电器电子垃圾增长速度要低于其他两种，但家用电器是产生量和增长绝对量最大的电子垃圾；电脑及打印设备共增加了 19.1 万 t，年均增长率为 21.9%，增长了 0.8 倍多，其中便携电脑从 2006 年 0.1 万 t 增长到 2009 年的 1.57 万 t，增长了 15.7 倍；数码产品共增加了 2.5 万 t，年均增长率为 27.6%，增长了 1 倍多，手持设备同样是增长速度最快的电子垃圾类型。相对电子垃圾产生数量来看，电子垃圾产生重量年均增长率较低。从全世界来看，我国属于电子垃圾产生重量增长速度较快的国家之一。

2. 各省市产生量分析

1）电子垃圾总量分布

图 5-5、图 5-6 为各省份 2006—2009 年电子垃圾产生量核算结果，主要包括数量和重量。可以看出，各省份的电子垃圾产生数量和重量都随时间变化呈急剧增长的态势。

从全国 31 个省份电子垃圾产生数量分布现状来看（见图 5-5），2006 年电子垃圾产生总数量超过 1 500 万台的省份只有广东，为 1 812 万台；超过 800 万台的省份依次包括山东、江苏、浙江、河南以及四川 5 省。而产生数量少于 100 万台的省份有 3 个，其中西藏最少仅为 8 万台，其次是青海和宁夏，分别为 47 万台和 54 万台。其中产生数量最多的广东与最少的西藏的比例为 226∶1。

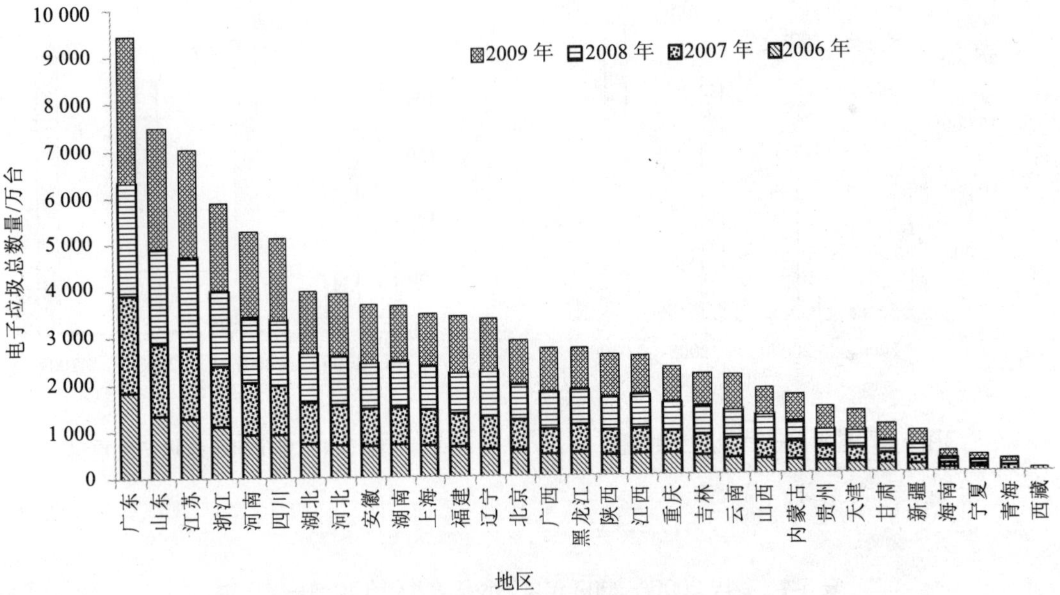

图 5-5 各省份历年电子垃圾产生数量现状

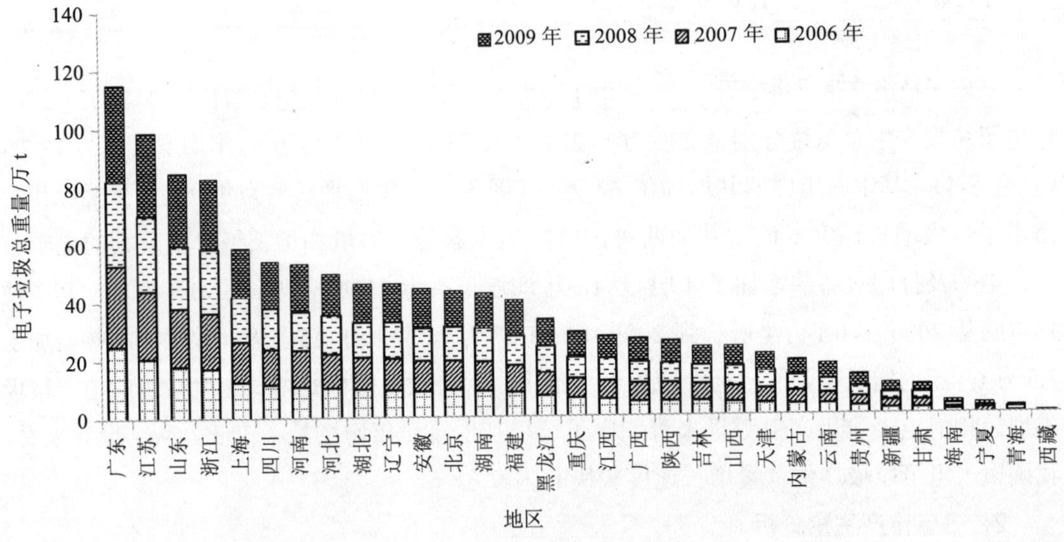

图 5-6 各省份历年电子垃圾产生重量现状

到 2009 年，总数量超过 1 500 万台的省份已经有 6 个，广东依然最多，达到 3 117 万台，其次是山东、江苏、浙江、河南以及四川 5 省。而中东部剩余省份也都超过了 800 万台，大致形成河北—广西分界线。产生数量少于 100 万台的省份仅剩西藏和青海两个省份，分别为 18 万台和 91 万台。产生数量最多的 3 个省份与最少的 3 个省份比例为 33∶1。

从各省份电子垃圾产生重量分布现状来看（见图 5-6），2006 年电子垃圾产生总重量超过 23 万 t 的省份只有广东，为 25.18 万 t，超过 18 万 t 的省份仅有江苏，超过 10 万 t 的省份有 8 个。而产生总重量少于 2 万 t 的省份有 4 个，其中西藏最少，仅为 0.11 万 t，其次是青海、宁夏和海南，分别为 0.58 万 t、0.7 万 t 和 0.87 万 t。产生重量最多的广东与最少的西藏的比例为 228∶1。

至 2009 年，总重量超过 23 万 t 的省份已经有 4 个，广东依然最多，达到 33.46 万 t，其次是江苏、山东、浙江，分别为 28.51 万 t、24.85 万 t 和 24.1 万 t。超过 10 万 t 的省份达到 14 个，已占到全国的一半。产生重量少于 2 万 t 的省份依然是西藏、青海、宁夏和海南 4 省。产生重量最多的 4 省与最少的 4 省之比为 33∶1。

2）家用电器电子垃圾分布

从各省份家用电器电子垃圾分布现状来看（见图 5-7），2006 年家用电器电子垃圾产生总重量超过 20 万 t 的省份是广东，为 22 万 t。超过 15 万 t 的省份依次是江苏、山东和浙江，分别是 18.42 万 t、15.78 万 t、15.17 万 t，超过 10 万 t 的省份有 6 个。而产生总重量少于 2 万 t 的省份有 6 个，其中西藏最少仅为 0.11 万 t，其次是青海、宁夏、海南、新疆和甘肃。至 2009 年，总重量超过 20 万 t 的省份已经有 4 个，广东依然最多，达到 28 万 t，后面依次是江苏、山东、浙江，分别为 24.84 万 t、20.87 万 t 和 20.59 万 t。超过 10 万 t 的省份达到 14 个，除四川外其他属于中东部省份。产生数量少于 2 万 t 的省份依然是西藏、青海、宁夏和海南 4 个省。

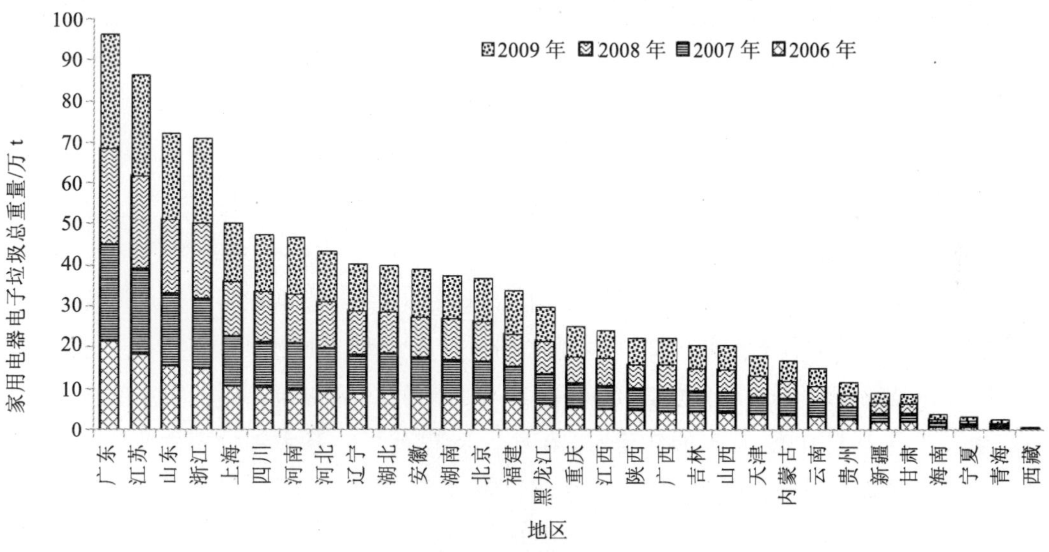

图 5-7　各省份历年家用电器电子垃圾产生重量现状

3）电脑及打印设备电子垃圾分布

从各省份电脑及打印设备电子垃圾分布现状来看（见图 5-8），2006 年电脑及打印设备电子垃圾产生总重量超过 2 万 t 的省份是依然是广东，为 2.34 万 t。超过 1.5 万 t 的省份依次是江苏、山东和浙江，分别是 1.98 万 t、1.96 万 t、1.85 万 t，超过 1 万 t 的省份有 6 个，增加了北京和上海 2 个直辖市。而产生总重量少于 0.3 万 t 的省份有 8 个，其中西藏地区几乎为零，除青海、宁夏、海南、新疆和甘肃之外，内蒙古和云南产生量也较少。根据电子产品寿命可以往回推算出 2001 年左右，我国西部地区电脑普及率还处于相对较低的水平。

至 2009 年，总重量超过 2 万 t 的省份已经有 5 个，广东依然最多，达到 5.28 万 t，除江苏、山东、浙江外，上海也加入 2 万 t 的行列。超过 1 万 t 的省份达到 13 个，除四川、河南外，其他都属于东部沿海发达省份。产生数量少于 0.3 万 t 的省份下降为 4 个，依然是西藏、青海、宁夏和海南 4 省。

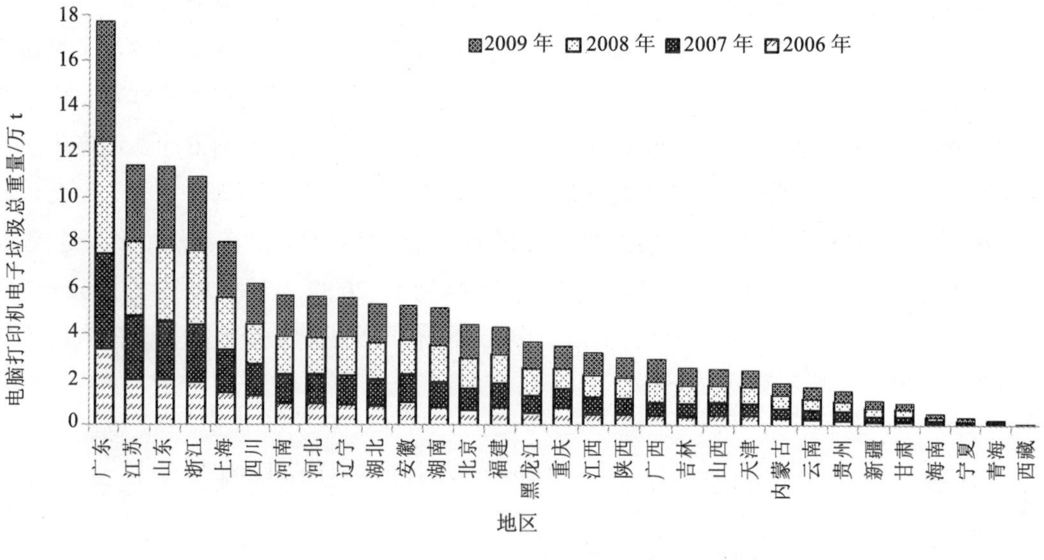

图 5-8 各省份历年电脑及打印设备电子垃圾产生重量现状

4）数码产品电子垃圾分布

从各省份数码产品电子垃圾分布现状来看（见图 5-9），2006 年数码产品电子垃圾产生总重量都较少，没有超过 0.25 万 t 的省份，广东虽最多也仅为 0.24 万 t。超过 0.15 万 t 的省份是江苏、山东，分别是 0.18 万 t、0.16 万 t，超过 0.1 万 t 的省份有 7 个。而产生总重量少于 0.05 万 t 的省份有 10 个，除贵州外，基本都位于西北地区。这与西北地区人口较少有较大关系。至 2009 年，总重量超过 0.25 万 t 的省份已经有 6 个，广东最多，为 0.46 万 t，其他 5 个省份都是人口和经济大省，以手机为主的数码产品经过 2003 年销售量剧增后，纷纷于 2006 年达到淘汰期。超过 0.1 万 t 的省份已快速增加到 21 个。产生数量少于 0.05 万 t 的省份仅剩 4 个，依然是西藏、青海、宁夏和海南 4 省。

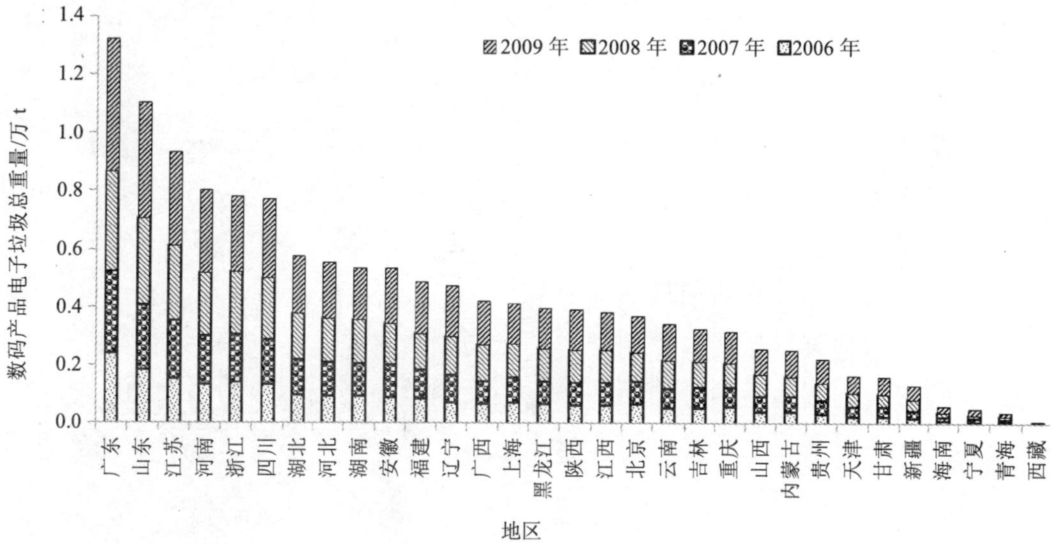

图 5-9　各省份历年数码产品电子垃圾产生重量现状

3. 处置利用与堆放量分析

从电子垃圾处置利用情况来看，我国 2009 年电子垃圾集中收集率为 55%，集中收集量为 162 万 t；无害化处置率为 65%，无害化处置量为 105 万 t，仅为总产生量的 36%；资源化利用率为 49%，资源化利用量为 52 万 t，仅为总产生量的 18%左右。而电子垃圾堆放量却高达 190 万 t，占总产生重量的 64%，大量电子垃圾资源化利用率较低，被堆放或抛弃将对环境构成严重威胁。

从各省份电子垃圾堆放情况来看（见图 5-10），我国 2009 年电子垃圾堆放量超过 10 万 t 的省份有 7 个，依次是广东、山东、江苏、浙江、上海、河南和四川，基本上是中东部沿海地区经济和人口大省，同样也是电子垃圾产生量最多的省份。堆放量少于 1 万 t 的是西藏、青海、宁夏和海南，基本都属于欠发达地区，也是人口稀少的主要省份。可以看出，在目前的处置利用状况下，无论从集中收集量还是堆放量情况来看，中东部地区（尤其是沿海省份及直辖市）电子垃圾处置情况都十分严峻，大量电子垃圾没有得到有效处置处理，其造成的巨大环境隐患令人堪忧。

5.3.2 电子垃圾管理存在的问题

上述对我国电子垃圾产生及堆放情况现状的分析可以看出，目前我国电子垃圾面临较为严峻的形势，从总量上来看，2006—2009 年 4 年间电子垃圾产生总量均呈快速增长的趋势，仅 2009 年，我国电子垃圾产生总数量已高达 3.18 亿台，比重最大的是数码产品类的手机，为 1.98 亿台；电子垃圾产生总重量为 295 万 t，比重最大的是家用电器，为 247 万 t。

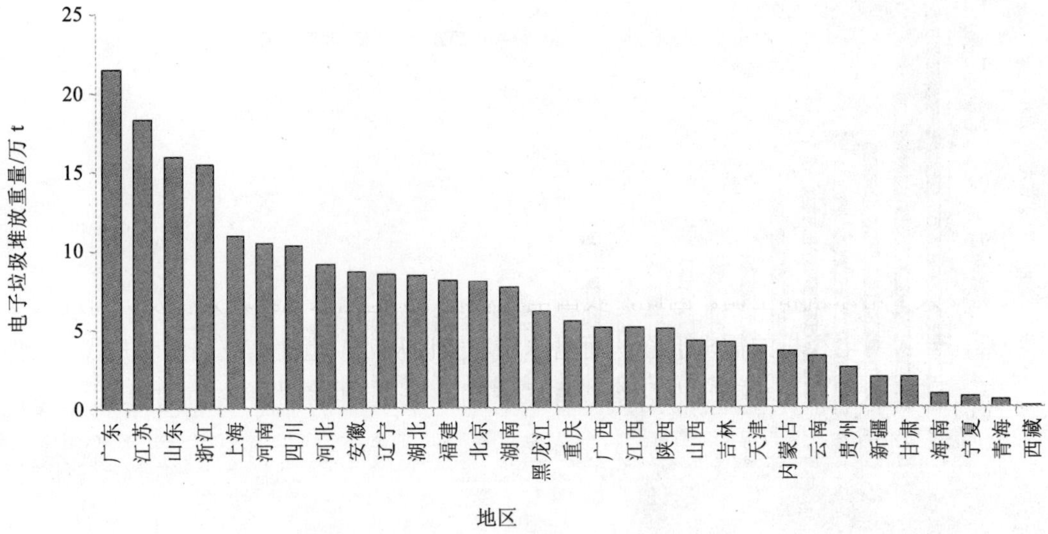

图 5-10　2009 年各省市电子垃圾堆放重量

从各省份分布情况来看，电子垃圾产生量大多集中于东部沿海发达区域，如广东、山东、江苏、浙江等区域，而西部欠发达区域产生量相对较少，这充分表现了电子垃圾产生量的区域分布不均衡性。从处理处置情况来看，我国 2009 年电子垃圾集中收集率为 55%，集中收集量为 162 万 t；无害化处置率为 65%，无害化处置量为 105 万 t，仅为总产生量的 36%；资源化利用率为 49%，资源化利用量为 52 万 t，仅为总产生量的 18%左右。而电子垃圾堆放量却高达 190 万 t，占总产生重量的 64%，加上 2009 年之前的未处置的电子垃圾，我国目前有可能有数百万 t（初步估计大于 500 万 t）电子垃圾没有得到无害化处置，这不但造成极大的环境破坏的风险，而且也是对资源的极大浪费。

目前，我国虽然已经出台多部电子垃圾管理相关的法律法规，但大多缺乏较强的执行力。对电子垃圾的收集回收缺乏力度，电子垃圾回收管理体系还有待完善。电子垃圾综合利用率较低，电子垃圾二次污染不容忽视。另外，大量“洋电子垃圾”流入我国，海关监管能力较弱。据相关研究统计，全世界数量惊人的电子垃圾，80%被运到亚洲，其中 90%被丢弃在我国。某些唯利是图的商家从国外走私进口洋电子垃圾，对其进行拆解回收，其处理手段较为落后，不但使从业者的健康受损，而且对周边环境产生了严重的污染。

5.4 预测结果

5.4.1 产品销售量预测

主要包括目标年份各类电子产品国内销售量的预测，其结果如下：

1. 家用电器

四大类家电 1996—2009 年的国内销售量如图 5-11 所示。从增长速度来看，四大类家用电器国内销售量都呈现不断增长的趋势。电冰箱和空调增长速度相对较快，近 10 年（2000—2009 年）年均增长率分别为 15.27%和 16.46%；洗衣机和电视机增长速度相对较慢，近 10 年年均增长率分别为 11.57%和 8.27%。这主要由家用电器产品的普及率和功能实用性所决定。很明显，对于大多数居民，尤其是农村居民来说，电视机从实用性来说要大于电冰箱和空调。因此，我国电视机在 20 世纪末已经较为普及。而进入 21 世纪后，居民对电视机的需求下降，而电冰箱和空调从 21 世纪初开始随着居民收入的不断提高其需求量不断提高。从国内销售量来看，空调和电视机相对较高，2009 年分别为 5 707 万台和 7 116 万台，而洗衣机和电冰箱相对较低，2009 年仅分别为 3 572 万台和 3 405 万台。

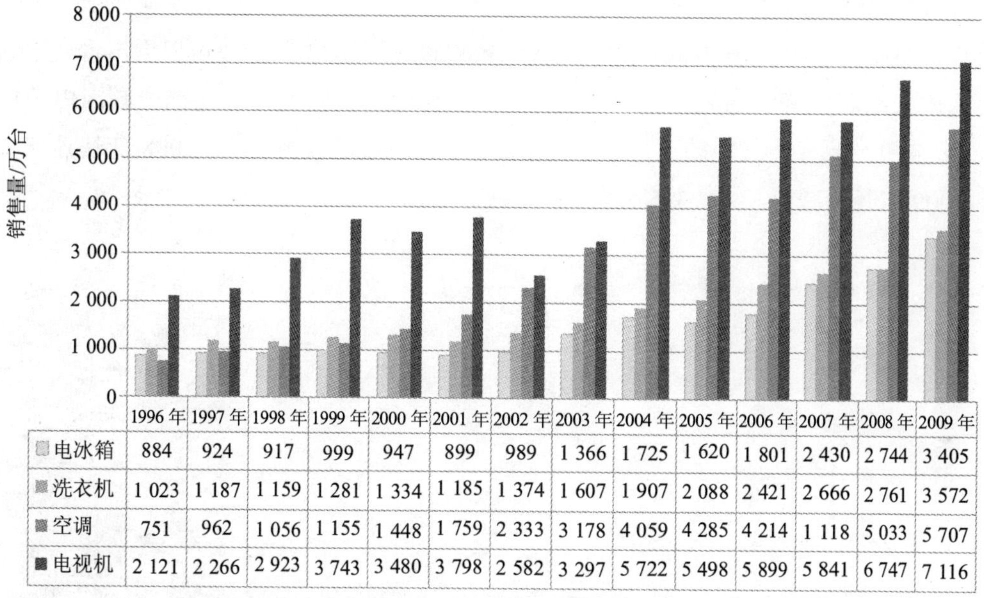

	1996 年	1997 年	1998 年	1999 年	2000 年	2001 年	2002 年	2003 年	2004 年	2005 年	2006 年	2007 年	2008 年	2009 年
电冰箱	884	924	917	999	947	899	989	1 366	1 725	1 620	1 801	2 430	2 744	3 405
洗衣机	1 023	1 187	1 159	1 281	1 334	1 185	1 374	1 607	1 907	2 088	2 421	2 666	2 761	3 572
空调	751	962	1 056	1 155	1 448	1 759	2 333	3 178	4 059	4 285	4 214	1 118	5 033	5 707
电视机	2 121	2 266	2 923	3 743	3 480	3 798	2 582	3 297	5 722	5 498	5 899	5 841	6 747	7 116

图 5-11　我国 1996—2009 年家用电器国内销售量[153，154]

数据来源：《2009 年中国统计年鉴》、《1996—2008 中国海关统计年鉴》。

随着未来我国城市化进程不断加快，居民收入水平不断提高，电器产品更新换代速度也不断加快，家电下乡的实施将促进农村电器消费市场的繁荣，未来我国四大类家用电器的国内销售量还将持续增加。但各类电器增长速度并不一致，由于电视机普及率已经较高，未来增长速度将趋缓；而电冰箱、洗衣机和空调增长速度将快于电视机。因此，预测“十二五”期间我国电冰箱、洗衣机、空调、电视机的国内销售量年均增长率分别为 5%、5%、6%、4%；“十三五”期间都降至 3%左右，则未来 10 年我国四大家电国内销售量如表 5-5 所示。

表 5-5　目标年份我国家用电器国内销售量预测　　单位：万台

年份	电冰箱	洗衣机	空调	电视机	合计
2010	3 575	3 750	6 050	7 400	20 775
2011	3 753	3 938	6 413	7 696	21 800
2012	3 941	4 135	6 797	8 004	22 877
2013	4 138	4 342	7 205	8 324	24 009
2014	4 345	4 559	7 638	8 657	25 199
2015	4 562	4 787	8 096	9 004	26 449
2016	4 699	4 930	8 339	9 274	27 242
2017	4 840	5 078	8 589	9 552	28 059
2018	4 985	5 230	8 846	9 838	28 899
2019	5 135	5 387	9 112	10 134	29 768
2020	5 289	5 549	9 385	10 438	30 661

2. 电脑及打印设备

我国 1999—2009 年电脑和打印机的国内销售量如图 5-13 所示。可以看出台式电脑呈现快速增长而后下降的趋势，而便携电脑则呈现持续增长的趋势，便携电脑国内销售量于 2008 年开始高于台式电脑。打印设备国内销售量在经过 2007 年、2008 年快速增长之后在 2009 年开始减少，为 2 315 万台。

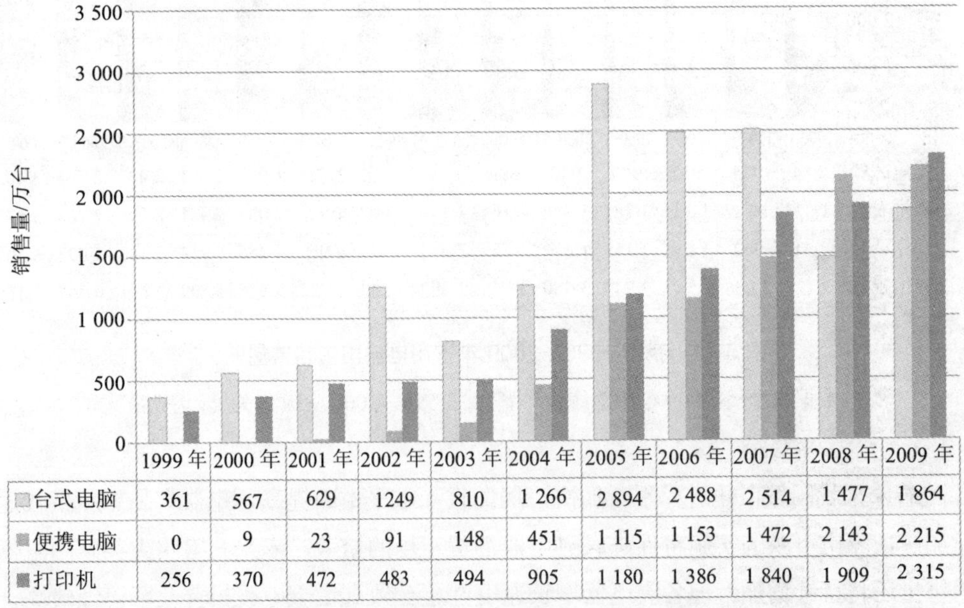

	1999 年	2000 年	2001 年	2002 年	2003 年	2004 年	2005 年	2006 年	2007 年	2008 年	2009 年
台式电脑	361	567	629	1249	810	1 266	2 894	2 488	2 514	1 477	1 864
便携电脑	0	9	23	91	148	451	1 115	1 153	1 472	2 143	2 215
打印机	256	370	472	483	494	905	1 180	1 386	1 840	1 909	2 315

图 5-12　1999—2009 年我国电脑及打印机国内销售量[155, 156]

数据来源：根据《2000—2003 中国电子工业年鉴》、《2004—2009 中国电子信息产业统计年鉴》相关数据整理。

电脑及打印机的国内销售量变化与电子信息技术的快速发展有着密切关系。由于科学技术的不断进步，便携电脑的性能和质量也不断提高，消费者也更加倾向于携带方便、性能优良的便携电脑。预计类似于 iPad 的便携触摸平板电脑将是未来便携电脑的发展趋势。因此，预测未来 10 年便携电脑年国内销售量将不断增长，年均增长率将达到 8%；而未来随着科技的进步，家用电视机将实现上网、影音播放等诸多台式电脑的功能，便携电脑也将不断替代传统台式电脑，因此，台式电脑未来的国内销售将受到一定的影响。但随着我国农村居民生活条件的改善以及家电下乡等国家政策的推动，台式电脑在农村市场的销售将不断增长。同时，由于办公自动化的发展，我国企业和政府事业单位对台式电脑的需求量将不断增加。综合以上因素，预测未来 10 年我国台式电脑的国内销售量将保持缓慢增长，年均增长率为 5%左右。打印机作为办公耗材是企事业单位办公必不可少的设备，随着未来我国办公自动化的发展以及企业数量和规模不断扩大，预测未来打印机国内销售量将呈现平稳增长的趋势，年均增长率为 4%。未来 10 年我国电脑及打印机国内销售量预测值如表 5-6 所示。

表 5-6 目标年份我国电脑及打印机国内销售量预测 单位：万台

年份	台式电脑	便携电脑	打印机	合计
2010	1 957	2 392	2 408	6 757
2011	2 055	2 583	2 504	7 142
2012	2 158	2 790	2 604	7 552
2013	2 266	3 013	2 709	7 988
2014	2 379	3 254	2 817	8 450
2015	2 498	3 514	2 930	8 942
2016	2 623	3 795	3 047	9 465
2017	2 754	4 099	3 169	10 022
2018	2 892	4 427	3 295	10 614
2019	3 036	4 781	3 427	11 244
2020	3 188	5 164	3 564	11 916

3. 数码产品

1999—2009 年我国各类数码产品的国内销售量如图 5-13 所示。可以看出，手机作为最主要的通讯设备，自 1999 年起国内销售量呈快速增长趋势，到 2007 年国内销售量达到 2.1 亿部，年均增长率达 35.7%；之后两年受 2007 年经济危机影响，增长率呈下降趋势，但总量仍十分巨大，2009 年手机国内销售量仍然高达 1.6 亿部。数码相机国内销售量从 2004 年开始呈快速增长趋势，到 2009 年已高达 6 795 万台，年均增长率为 26.6%。MP3、MP4 等手持视听设备从 2002 年在我国开始大量销售，依次经过了快速增长和逐渐下降的发展趋势，2009 年国内销售量仅为 1 810 台，比 2008 年少 2 000 万台，这主要与手机功能不断丰富，逐渐与手持视听设备同质化有较大关系。

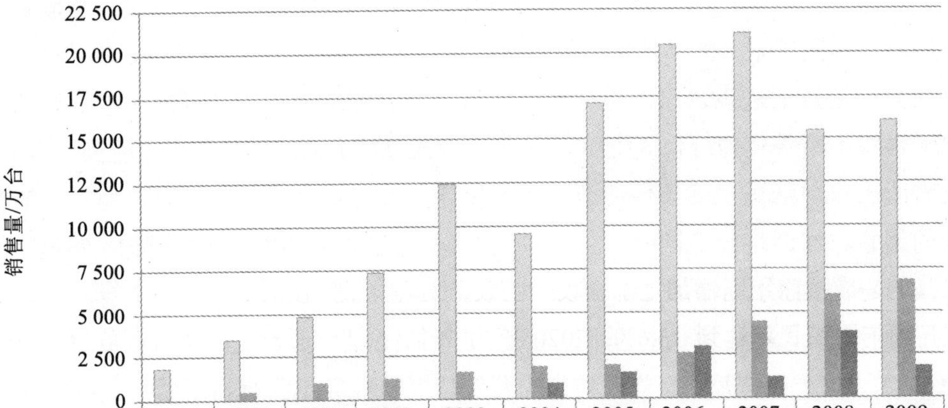

	1999	2000	2001	2002	2003	2004	2005	2006	2007	2008	2009
手机	1 836	3 465	4 851	7 334	12 407	9 547	17 118	20 421	21 127	15 470	16 054
数码相机	0	500	1 000	1 200	1 600	1 893	2 008	2 611	4 424	5 943	6 795
手持视听	0	10	30	42	35	933	1 533	3 008	1 261	3 805	1 810

图 5-13　1999—2009 年我国数码产品国内销售量[155, 156]

数据来源：《2000—2003 中国电子工业年鉴》、《2004—2009 中国电子信息产业统计年鉴》。

随着未来我国居民收入不断提高以及手机、数码相机等数码产品价格趋于平民化，未来我国数码产品的销售量将呈现较快增加的趋势。目前手机已经成为我国居民主要的通讯工具，随着科技不断进步，手机功能将不断增强，手机更新换代也将不断加快，居民手机保有量也将不断增加。因此，预测“十二五”期间我国手机国内销售量将持续增长，年均增长率达到 8%，从而使居民手机保有量趋于饱和；“十三五”期间我国手机国内销售量将保持缓慢增长的趋势，年均增长率为 6%。随着未来技术的发展，以及手机功能的加强，数码相机的国内销售量将呈现先增长后下降的趋势，预计“十二五”期间年均增长率为 6%，“十三五”期间为 3%。同理，预计手持视听设备国内销售量将呈现缓慢下降的趋势，预计年均增长率“十二五”期间为－1%，“十三五”期间－3%。未来 10 年我国数码产品国内销售量预测值如表 5-7 所示。

表 5-7　目标年份我国各类数码产品销售量预测值　　单位：万台

年份	手机	数码相机	手持视听	合计
2010	17 339	7 203	1 792	26 334
2011	18 726	7 635	1 774	28 135
2012	20 224	8 093	1 757	30 074
2013	21 842	8 578	1 739	32 159
2014	23 589	9 093	1 722	34 404
2015	25 476	9 639	1 704	36 819
2016	27 005	9 928	1 653	38 586
2017	28 625	10 226	1 604	40 455
2018	30 343	10 532	1 556	42 431
2019	32 163	10 848	1 509	44 520
2020	34 093	11 174	1 464	46 731

5.4.2 电子垃圾预测

1. 总产生量预测

我国目标年份各类电子垃圾产生数量和重量的详细预测结果如表 5-8 所示。

从电子垃圾产生的数量来看（图 5-14），到 2015 年达到 4.8 亿台，“十二五”年均增长率为 7.1%；2020 年达到 6.8 亿台，“十三五”年均增长率为 7.2%；分别是 2009 年的 1.5 倍和 2.1 倍。其中家用电器的电子垃圾产生数量呈现先快后慢的趋势，2015 年为 1.2 亿台，“十二五”年均增长率达到 13.6%；2020 年为 2 亿台，“十三五”年均增长率为 10%；电脑及耗材电子垃圾的增长速度也呈现先快速增长后增长缓慢的趋势，2015 年为 6 452 万台，“十二五”呈现持续快速增长，年均增长率达到 20%左右；2020 年为 8 716 万台，“十三五”增长较为缓慢，年均增长率仅为 6%左右；数码产品电子垃圾目标年份基本呈现持续缓慢增长的趋势，2015 年产生量为 3 亿台，“十二五”年均增长率为 3.8%；2020 年增加到 4 亿台，“十三五”年均增长率为 6.4%左右，这其中以手机类电子垃圾的增长为主。

表 5-8　目标年份我国各类电子垃圾产生量（数量和重量）

	类别		2009 年	2011 年	2013 年	2015 年	2020 年
电子垃圾产生数量/万台	家用电器	电冰箱	940	981	1 238	1 650	3 364
		洗衣机	1 180	1 291	1 491	1 886	3 346
		空调	1 095	1 610	2 545	3 653	5 629
		电视机	3 126	3 402	3 770	5 062	7 193
		合计	6 342	7 284	9 043	12 252	19 532
	电脑及打印设备	台式电脑	989	2 487	2 301	1 805	2 380
		便携电脑	523	1 209	2 023	2 395	3 518
		打印机	574	1 166	1 763	2 253	2 818
		合计	2 086	4 863	6 088	6 452	8 716
	数码产品	手机	19 772	17 031	17 364	20 254	28 650
		数码相机	1 848	2 914	5 776	7 209	9 575
		手持视听	1 752	2 334	2 304	1 774	1 654
		合计	23 372	22 278	25 445	29 237	39 878
	总计		31 800	34 425	40 576	47 941	68 126
电子垃圾产生重量/万 t	家用电器	电冰箱	51.7	54.0	68.1	90.7	185.0
		洗衣机	47.2	51.7	59.6	75.4	133.8
		空调	54.8	80.5	127.2	182.7	281.5
		电视机	93.8	102.1	113.1	151.9	215.8
		合计	247.5	288.2	368.0	500.7	816.1
	电脑及打印设备	台式电脑	29.7	74.6	69.0	54.2	71.4
		便携电脑	1.6	3.6	6.1	7.2	10.6
		打印机	11.5	23.3	35.3	45.1	56.4
		合计	42.7	101.6	110.4	106.4	138.3
	数码产品	手机	4.0	3.4	3.5	4.1	5.7
		数码相机	0.5	0.7	1.4	1.8	2.4
		手持视听	0.4	0.5	0.5	0.4	0.3
		合计	4.8	4.6	5.4	6.2	8.5
	总计		294.9	394.3	483.8	613.3	962.9

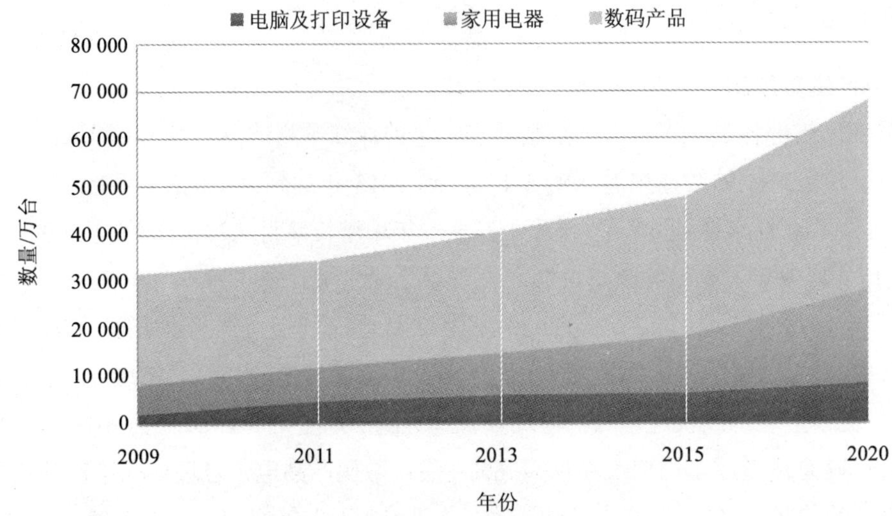

图 5-14　目标年份各类电子垃圾产生数量

从各类电子垃圾产生数量所占比例来看（见图 5-15），未来 10 年家用电器电子垃圾所占比例将持续缓慢增长，从 2009 年的 20%分别增长到 2015 年、2020 年的 26%和 29%；电脑及耗材电子垃圾所占比例呈先快速增长后不断下降的趋势，从 2009 年的 7%快速增长到 2013 年 15%，而后又下降到 2015 年 13%，并保持到 2020 年；数码产品电子垃圾所占比例呈不断下降的趋势，由 2009 年 74%下降到 2015 年 61%，而后又下降到 2020 年 59%，这主要是由于未来科技不断进步，手机娱乐功能不断增强，从而使得相机和手持视听设备销售量不断减少引起的。

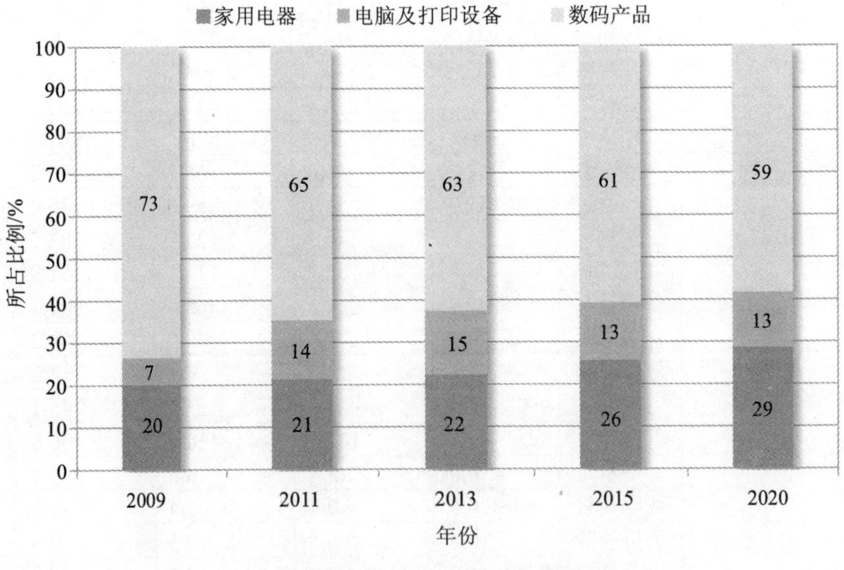

图 5-15　目标年份各类电子垃圾产生数量所占比例

从各类电子垃圾产生总重量来看（见图 5-16），2009 年我国各类电子垃圾产生总重量为 294 万 t，到 2015 年、2020 年分别达到 613 万 t 和 962 万 t，“十二五”、“十三五”期间年均增长率分别达到 13%和 9.4%，每年大约增加 60 万 t。家用电器电子垃圾产生重量呈持续快速增长趋势，2015 年比 2009 年增加了 1 倍多，达到 501 万 t，“十二五”增长速度为 12.5%；2020 年达到了 816 万 t，“十三五”增长速度为 10.3%。电脑及打印设备电子垃圾的增长速度也呈现先快速增长后增长缓慢的趋势，2015 年比 2009 年增加了近 2 倍，达 110 万 t，“十二五”增长速度达到 16.4%；2020 年为 138 万 t，“十三五”增长速度仅为 5.4%，这主要源于自 2008 年起台式电脑所占比例不断缩小，便携电脑数量所占比例不断增大。数码产品电子垃圾目标年份基本呈现持续平稳增长的趋势，由 2009 年 4.8 万 t，分别增加到 2015 年的 6.2 万 t 和 2020 年 8.5 万 t，“十二五”和“十三五”年均增长率分别为 4.5%和 6.4%，相对于家用电器和电脑，数码产品电子垃圾总重量较小，增长也较为缓慢。

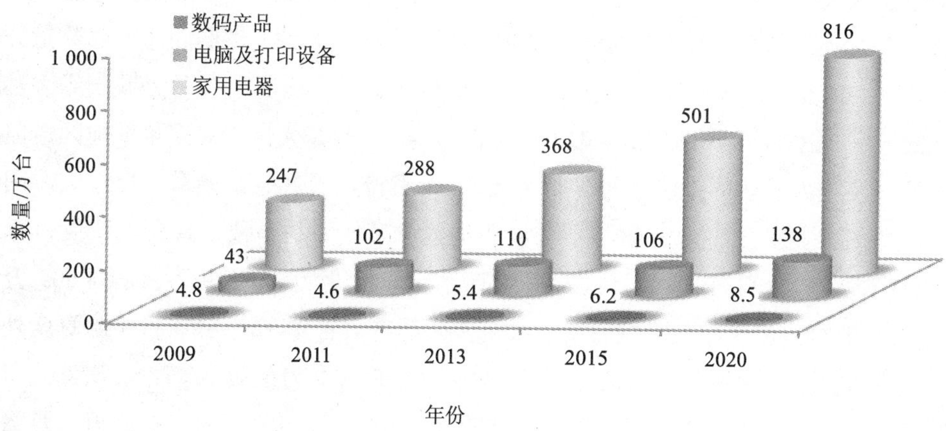

图 5-16　目标年份各类电子垃圾产生重量

从各类电子垃圾产生重量所占比例来看（图 5-17），未来 10 年家用电器电子垃圾所占比例将呈现先下降后增长的趋势，从 2009 年的 83.9%下降到 2015 年的 81.6%，再增长到 2020 年的 84.8%；电脑及打印设备电子垃圾所占比例呈先快速增长后不断下降的趋势，从 2009 年的 14.5%快速增长到 2013 年 25.8%，而后又下降到 2015 年 17.3%，最后降到 2020 年 14.4%；数码产品电子垃圾所占比例呈持续下降的趋势，由 2009 年 1.6%下降到 2015 年的 1%，而后又下降到 2020 年 0.9%。

2. 各省份产生量分布情况预测

预测结果表明，随着我国居民生活水平的不断提高，从而带动电子产品销售量的不断增长，以及电子产品更新换代的周期缩短，各省份电子垃圾的产生量在未来 10 年内基本上保持不断增长的趋势。

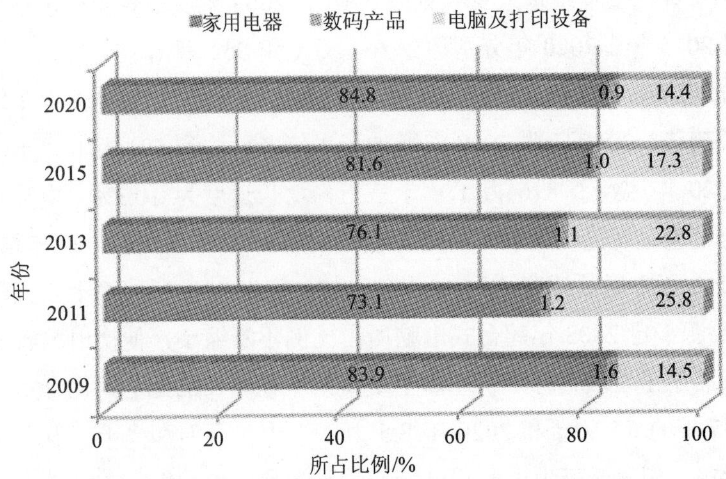

图 5-17 目标年份各类电子垃圾产生重量所占比例

从电子垃圾“十二五”产生总数量及其分布情况来看（见图 5-18、图 5-19），广东、山东、江苏、浙江和河南是产生量最大的前 5 个省份，“十二五”期间总产生数量分别为 2.12 亿台、1.66 亿台、1.53 亿台、1.29 亿台和 1.07 亿台。这 5 个省份是我国经济发展水平最高的地区（2009 年我国省份 GDP 排名前 5 名），也是人口相对聚集的地区。巨大的人口基数以及较为发达的经济水平使得上述 5 个省份电子产品销售量十分巨大，同时也是电子垃圾的主要产生省份。而电子垃圾产生数量最低的是西藏、青海、宁夏、海南、新疆，总产生数量分别为 280 万台、1 309 万台、1 811 万台、2 229 万台和 4 605 万台，这 5 个省份的特点主要包括人口较少、经济欠发达等。首先在该 5 省份中除海南外都属于西部欠发达地区，除新疆外其他 5 省 2009 年 GDP 排名为最后 5 名；其次，人口都较少，2009 年该 5 省人口数分别为 290 万、557 万、625 万、864 万和 2 159 万，是除直辖市以外人口最少的省份，因此电子垃圾产生数量也最少。

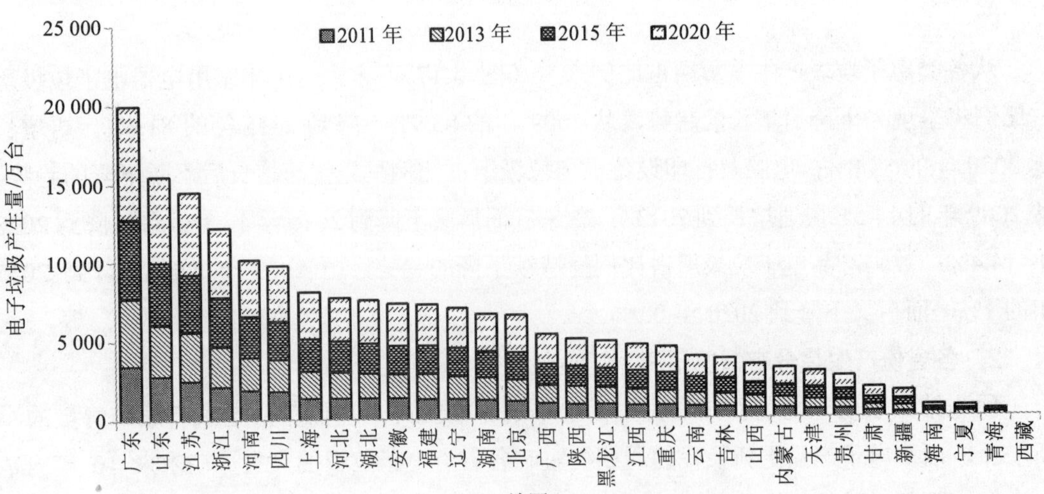

图 5-18 目标年份电子垃圾产生数量

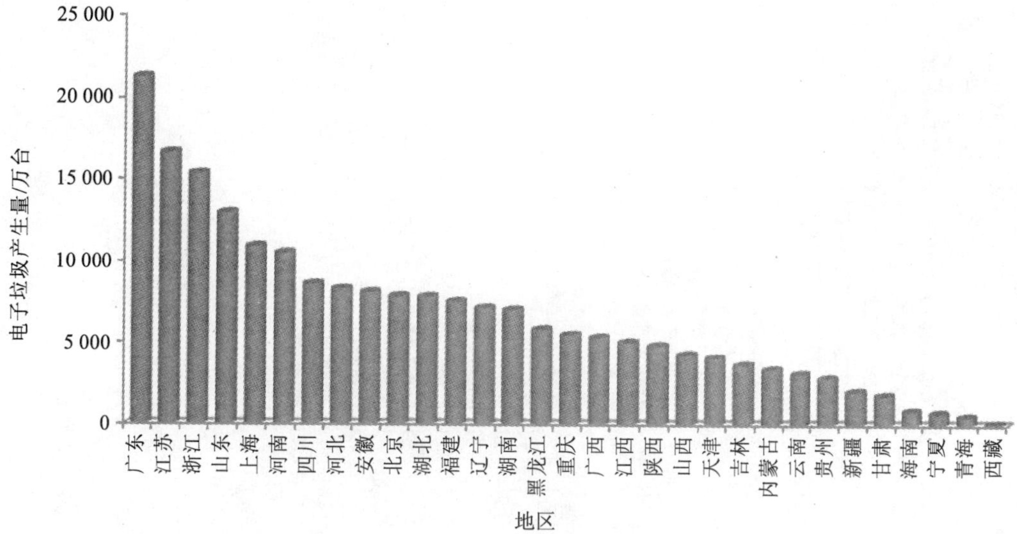

图 5-19　“十二五”期间电子垃圾产生总数量

从电子垃圾“十二五”期间产生总重量及其分布情况来看（见图 5-20、图 5-21），广东、江苏、浙江、山东和上海是产生量最大的前 5 个省份，“十二五”期间总产生重量分别为 278 万 t、225 万 t、196 万 t、195 万 t 和 140 万 t。这 5 个省份是我国经济发展水平最高的地区（除上海外其他 4 省份是 2009 年我国省份 GDP 排名前四），也是人口相对聚集的地区，同时也是城市化较高的省份。上海之所以在电子垃圾产生总重量替代河南成为前五名，在于上海地区电子垃圾（家用电器、电脑）产生重量要多于河南。而电子垃圾产生重量最低的是西藏、青海、宁夏、海南、甘肃，总产生重量分别为 1 万 t、5.6 万 t、8 万 t、10 万 t 和 21 万 t。除甘肃替代了新疆外，其他省份与电子垃圾数量产生量后五名相同。

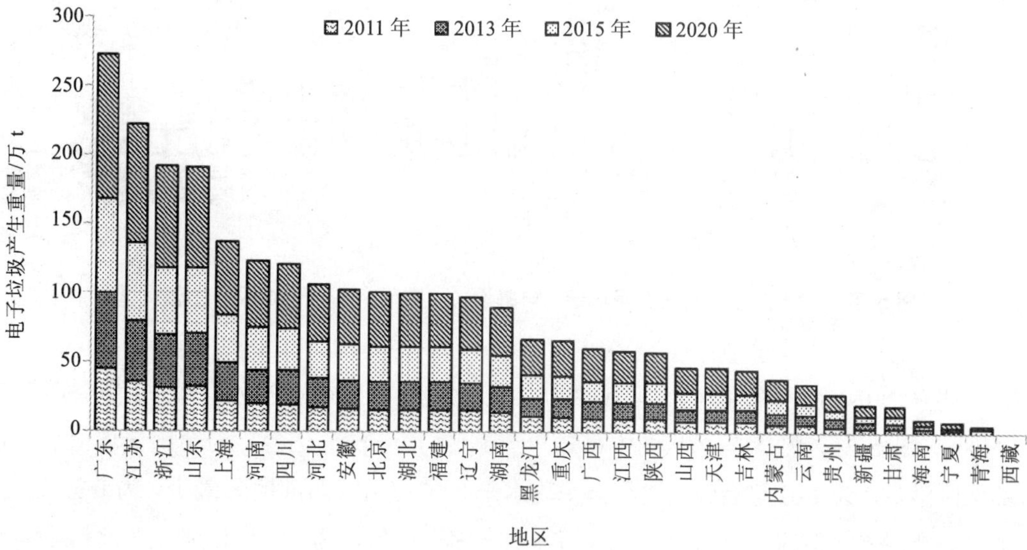

图 5-20　目标年份电子垃圾产生重量

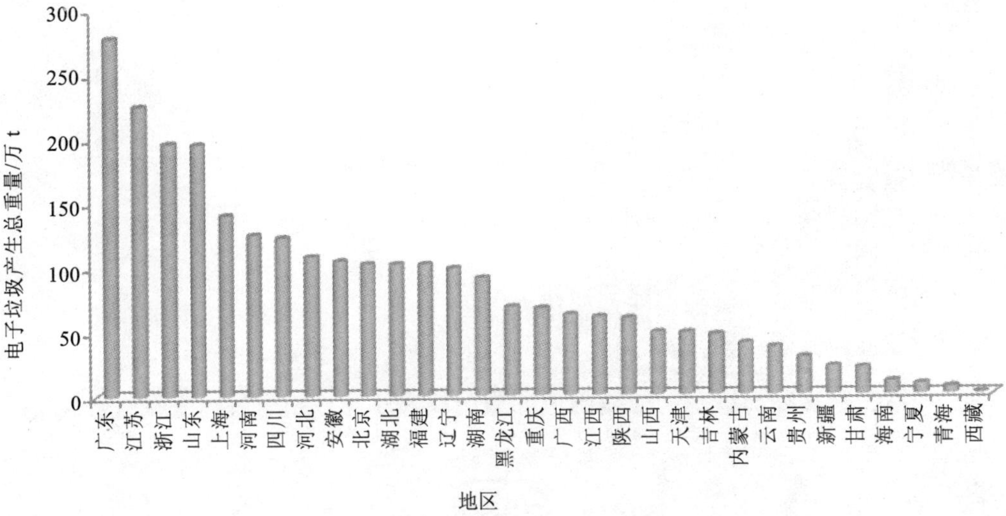

图 5-21 “十二五”期间电子垃圾产生总重量

家用电器、电脑及数码产品电子垃圾各省份“十二五”期间总重量分布情况如图 5-22 所示，各类电子垃圾产生量分布情况与全部电子垃圾产生量分布情况大致相同，在此不再赘述。

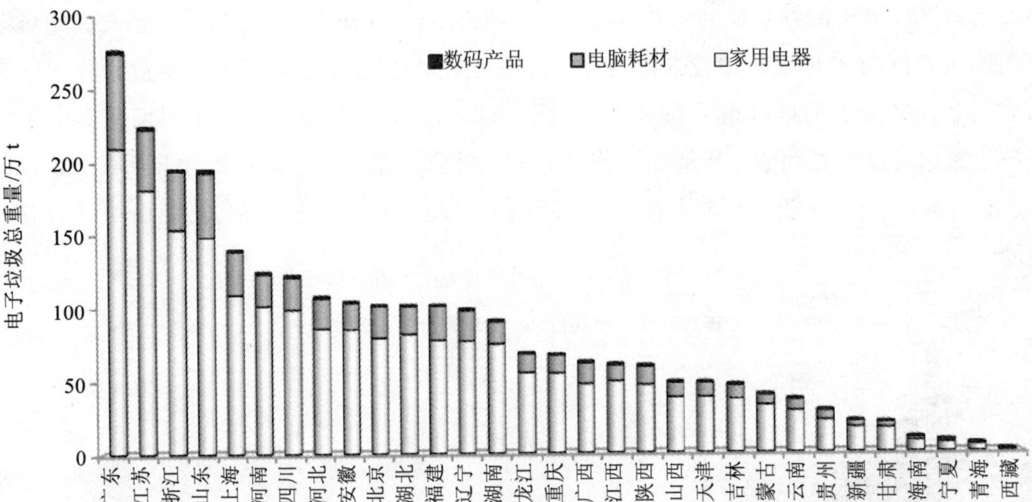

图 5-22 “十二五”期间家用电器、电脑设备、数码产品电子垃圾产生总重量

对比东、中、西及东北 4 大区域“十二五”期间电子垃圾总数量和总重量各区域产生强度①见图 5-23、图 5-24。从图中可知，全国平均为 0.66 亿台。与全国平均值相比，东部地区最多，为 1.02 亿台，超过全国平均水平 0.36 亿台；西部地区最少，为 0.35 亿台，几乎仅为全国平均值的一半；中部地区略高于全国平均值，为 0.71 亿台；东北地区略低

① 各区域电子垃圾产生强度=区域电子垃圾总产生重量÷该区域内省份个数

于全国平均值，为 0.56 亿台。各区域之间比较，东部是西部的 3 倍左右，是中部地区的 1.5 倍左右，是东北地区的 2 倍左右。

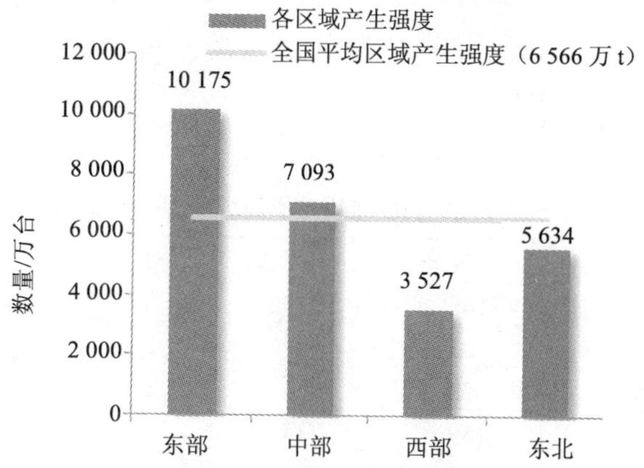

图 5-23　“十二五”期间电子垃圾总数量区域产生强度

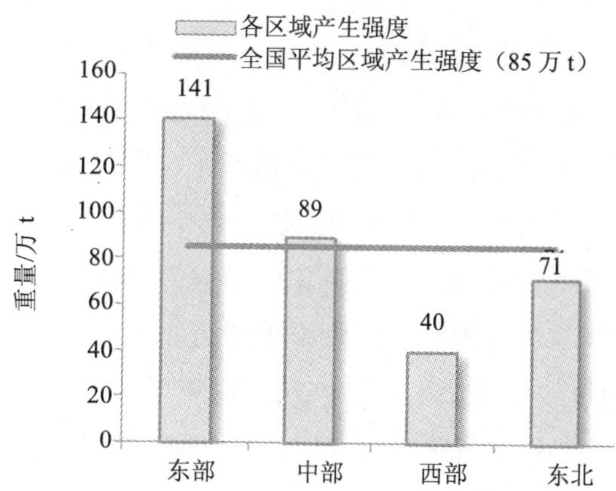

图 5-24　“十二五”期间电子垃圾总重量区域产生强度

从电子垃圾总重量各区域产生强度来看，全国平均产生强度为 85 万 t。与全国平均值相比，东部地区依然最多，为 141 万 t，超过全国平均水平 52 万 t；西部地区最少，为 40 万 t，比全国平均值的一半还少；中部地区基本与全国平均值持平，为 89 万 t；东北地区略低于全国平均值，为 71 万 t。各区域之间比较，东部几乎是西部的 3.5 倍，是中部的 1.58 倍，是东北地区的 2 倍。

可以看出，“十二五”期间我国电子垃圾产生量和强度主要集中于东、中部地区，这与东、中部地区经济发展水平和人口数量有较为密切关系。而西部和东北地区社会经济和生活水平的发展速度虽在“十二五”期间超过东中部，但由于经济发展基础还较为薄弱、城镇人口还较少、居民生活水平与东部还有较大的差距，因此电子垃圾产生总量也要远低于中东部地区，尤其是东部沿海发达地区。

3. 处置及利用情况预测

1）全国

通过设置不同的情景方案对目标年份我国电子垃圾处理处置及利用、堆放情况进行情景模拟，从而获得目标年份我国电子垃圾的集中收集量、无害化处置量及资源化利用量以及堆放量等预测结果，详见表 5-9。

表 5-9 目标年份电子垃圾处理处置情况预测　　单位：万 t

情景	参数	2009 年	2011 年	2013 年	2015 年	2020 年
方案一	集中收集量	162	237	314	429	770
	无害化处置量	105	161	226	322	655
	资源化利用量	52	84	125	184	426
	堆放量	189	233	257	291	308
方案二	集中收集量	162	276	387	521	915
	无害化处置量	105	199	302	459	896
	资源化利用量	52	111	187	312	717
	堆放量	189	196	182	155	66

方案一是基于目标年份采用现行的电子垃圾处理处置政策不变的假设，即不采取较为严厉和有针对性的电子垃圾约束政策的情况下电子垃圾的处理处置情况，方案二是根据我国相关规划采用较为严厉的约束政策和法规情况下电子垃圾的处理处置情况。

从方案一结果可知，到 2015 年，我国电子垃圾集中收集量为 429 万 t，较 2009 年增加了 267 万 t，集中收集率将达到 70%；无害化处置量为 322 万 t，较 2009 年增加了 217 万 t，无害化处置率达到 75%；资源化利用量为 184 万 t，较 2009 年增加了 132 万 t，资源化利用率达到 57%；而堆放量为 291 万 t，较 2009 年增加了 102 万 t，堆放率将从 64%下降为 48%左右。而到 2020 年，集中收集量将达到 770 万 t，较 2009 年增加了 608 万 t，集中收集率将达到 80%；无害化处置量将达到 655 万 t，较 2009 年增加了 550 万 t，无害化处置率达到 85%；资源化利用量为 426 万 t，较 2009 年增加了 374 万 t 之多，资源化利用率达到 65%；而堆放量为 308 万 t，较 2009 年增加 119 万 t，堆放率将从 64%下降为 32%左右。可以看出虽然方案一情景下电子垃圾堆放率呈持续下降趋势，但随着电子垃圾产生量的持续急剧增加，堆放量也将呈持续增加的趋势。

从方案二结果可知，到 2015 年，我国电子垃圾集中收集量为 521 万 t，较 2009 年增加了 359 万 t，集中收集率将达到 85%；无害化处置量为 459 万 t，较 2009 年增加了 353 万 t，无害化处置率达到 88%；资源化利用量为 312 万 t，较 2009 年增加了 260 万 t，资源化利用率达到 68%；而堆放量为 155 万 t，较 2009 年减少了 35 万 t，堆放率将从 64%下降为 25%左右。到 2020 年，我国电子垃圾集中收集量为 915 万 t，较 2009 年增加了 753 万 t，集中收集率将达到 95%；无害化处置量为 896 万 t，较 2009 年增加了 791 万 t，无害化处置率达到 98%；资源化利用量为 717 万 t，较 2009 年增加了 665 万 t 之多，资源化利用率达到 80%；而堆放量仅为 66 万 t，较 2009 年减少 123 万 t，仅为 2009 年的 35%，堆放率也从 64%下降为 7%左右。可以看出通过采用严厉政策和法规约束条件下（方案二），我国未来 10 年电子垃圾堆放率和堆放量都将呈持续下降的趋势，从而实现废弃电子垃圾的减量化、无害化以及资源化，达到减少环境污染，消除环境隐患的目的。

进一步对比两个情景方案可以看出（图 5-25），到 2015 年，在方案二的集中收集率、无害化处置率、资源化利用率分别比方案一高 15%、13%、11%的情况下，集中收集量、无害化处置量、资源化利用量将分别比方案一多 92 万 t、137 万 t、128 万 t、而堆放量将少 137 万 t。到 2020 年，这一趋势将更加明显，在集中收集率、无害化处置率、资源化利用率分别比方案一高 15%、13%、15%的情况下，集中收集量、无害化处置量、资源化利用量将分别比方案一多 144 万 t、242 万 t、292 万 t，而堆放量将少 137 万 t。集中收集量将多 144 万 t，无害化处置量将多 242 万 t，资源化利用量将多 292 万 t，堆放量将少 242 万 t。通过以上分析表明在持续提高处置利用率的情况下，将使得更多的电子垃圾实现集中收集、无害化处置以及资源化利用，更少的电子垃圾废弃和堆放，最大限度地减少环境风险隐患。因此，我国未来如果能够制定、实施更加严厉的电子垃圾政策和法规，可以对电子垃圾的处理、处置及利用状况产生较为积极的影响，将有效遏制电子垃圾不断恶化的趋势，并且这种影响会随时间推移而更加深刻。

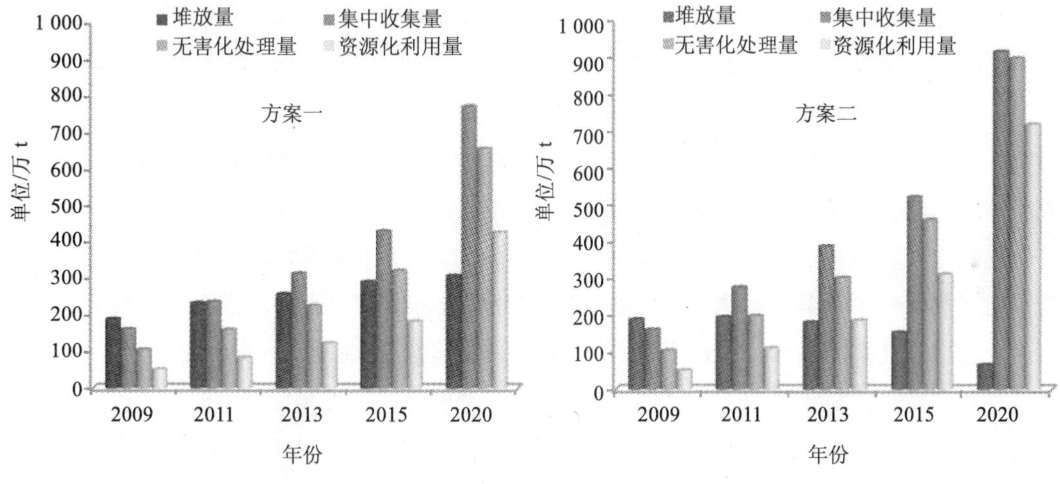

图 5-25　不同方案情景下电子垃圾处置及利用情况

2）各省市

从各省份电子垃圾堆放量整体情况来看，方案一情景下各年份各省市堆放量都将高于方案二情景下。从“十二五”各省份电子垃圾堆放分布情况来看（图 5-26），广东、江苏、浙江、上海、河南和四川是“十二五”期间电子垃圾产生量最多的省份，同样也是堆放量最多的省份。对比两个处置利用情景方案可以看出，方案二情景下上述省份“十二五”期间电子垃圾堆放量将分别比方案一情景下少 40 万 t、32 万 t、28 万 t、28 万 t、20 万 t、18 万 t、18 万 t。

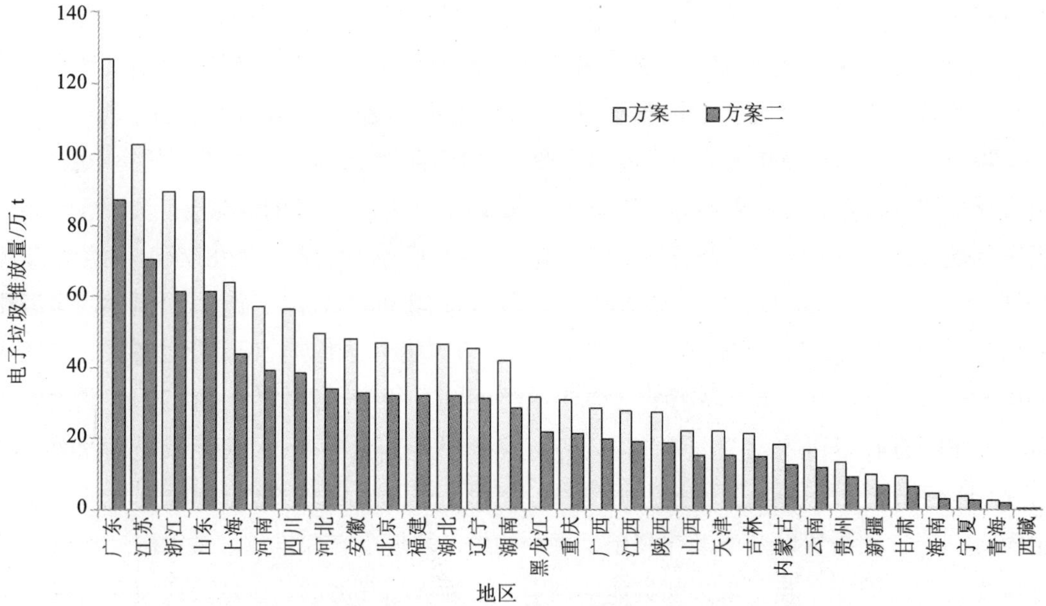

图 5-26 不同情景方案下“十二五”期间电子垃圾堆放重量比较

3）各区域

从“十二五”期间各区域电子垃圾堆放分布情况来看（图 5-27），东部地区是“十二五”期间电子垃圾堆放量最多的区域，占我国“十二五”期间电子垃圾堆放总量的 50%左右，比其他三个区域电子垃圾堆放总量之和还要多；中、西部地区电子垃圾堆放量都接近 20%，大致仅为东部地区的 40%左右；东北地区电子垃圾堆放量最少，仅为全国总量的 8%，为中、西部地区的 40%，仅为东部地区的 15%左右。上述电子垃圾堆放量分布趋势表明，目前我国电子垃圾堆放情况也存在着各区域总量分布严重不均衡状况，这与各区域的产生量和处置利用效率等具有较大相关性。对比两个情景方案可以看出，方案二情景下各区域电子垃圾堆放量都比方案一情景下要少，其中，东部地区差别最大，要少 200 万 t；中、西部以及东北地区分别要少 76 万 t、68 万 t、31 万 t。可见，在方案二下，即执行较为严厉的法规及治理措施情景下，各区域“十二五”期间电子垃圾堆放量要明显少于方案一情景下，因此也表明了对电子垃圾采取积极的治理措施对各区域电子垃圾治理进程的明显效果。

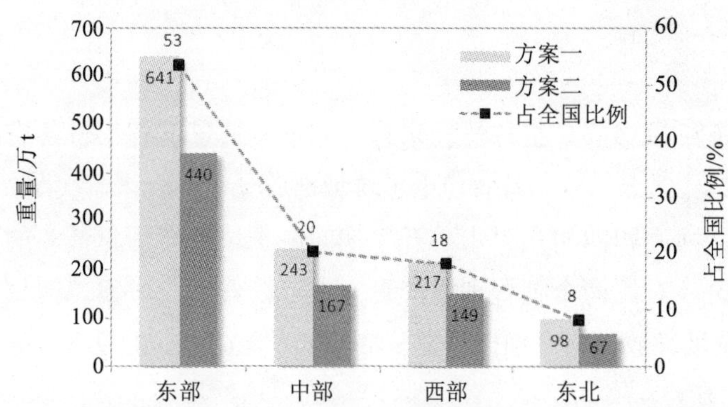

图 5-27 不同情景方案下“十二五”期间各区域电子垃圾堆放重量比较

5.5 结论建议

5.5.1 主要结论

（1）从电子垃圾产生的总数量来看，2009 年我国各类电子垃圾产生总数量为 3.2 亿台，“十二五”期间年均增长率为 7.1%；2020 年达到 6.8 亿台，“十三五”期间年均增长率为 7.2%；分别是 2009 年的 1.5 倍和 2.1 倍。平均每年大约增加 3 273 万台。其中家用电器的电子垃圾产生数量呈现先快后慢的趋势，2015 年为 1.2 亿台，“十二五”期间年均增长率达到 13.6%；2020 年为 2 亿台，“十三五”期间年均增长率为 10%；电脑及耗材电子垃圾的增长速度也呈现先快速增长后增长缓慢的趋势，2015 年为 6 452 万台，“十二五”期间呈现持续快速增长，年均增长率达到 20%左右；2020 年为 8 716 万台，“十三五”期间增长较为缓慢，年均增长率仅为 6%左右；数码产品电子垃圾目标年份基本呈现持续缓慢增长的趋势，2015 年产生量为 3 亿台，“十二五”期间年均增长率为 3.8%；2020 年增加到 4 亿台，“十三五”期间年均增长率为 6.4%左右，这其中以手机类电子垃圾的增长为主。

就各类电子垃圾产生数量所占比例来看，未来 10 年家用电器电子垃圾所占比例将持续缓慢增长，从 2009 年的 20%分别增长到 2015 年、2020 年的 26%和 29%；电脑及耗材电子垃圾所占比例呈先快速增长后不断下降的趋势，从 2009 年的 7%快速增长到 2013 年 15%，而后又下降到 2015 年 13%，并保持到 2020 年；数码产品电子垃圾所占比例呈不断下降的趋势，由 2009 年 74%下降到 2015 年 61%，而后又下降到 2020 年 59%，这主要是由于未来科技不断进步，手机娱乐功能不断增强，从而使得相机和手持视听设备销售量不断减少引起的。

（2）从各类电子垃圾产生总重量来看，2009 年我国各类电子垃圾产生总重量为 295 万 t，到 2015 年、2020 年分别达到 613 万 t 和 962 万 t，“十二五”、“十三五”期间年均增长率分别达到 13%和 9.4%，每年大约增加 60 万 t。其中家用电器电子垃圾产生重量呈持续快速增长趋势，2015 年、2020 年分别达到 501 万 t 和 816 万 t，“十二五”、“十三五”期间年均增长率分别达到 12.5%和 10.3%。电脑及打印设备电子垃圾的增长速度也呈现先快速增长后增长缓慢的趋势，2015 年、2020 年分别达到 110 万 t 和 138 万 t，“十二五”、“十三五”期间年均增长率分别达到 16.4%和 5.4%。数码产品电子垃圾基本呈现持续平稳增长的趋势，由 2009 年 4.8 万 t，分别增加到 2015 年、2020 年的 6.2 万 t 和 8.5 万 t，“十二五”和“十三五”年均增长率分别为 4.5%和 6.4%，相对于家用电器和电脑，数码产品电子垃圾总重量较小，增长也较为缓慢。

从各类电子垃圾产生重量所占比例来看，未来 10 年家用电器电子垃圾所占比例将呈现先下降后增长的趋势，从 2009 年的 83.9%下降到 2015 年的 81.6%，再增长到 2020 年 84.8%；电脑及打印设备电子垃圾所占比例呈先快速增长后不断下降的趋势，从 2009 年的 14.5%快速增长到 2013 年 25.8%，而后又下降到 2015 年 17.3%，最后降到 2020 年 14.4%；

数码产品电子垃圾所占比例呈持续下降的趋势，由 2009 年 1.6%下降到 2015 年的 1%，而后又下降到 2020 年 0.9%。

（3）从电子垃圾“十二五”期间产生总数量及其分布情况来看，广东、山东、江苏、浙江和河南是产生量最大的前 5 个省份，“十二五”期间总产生数量分别为 2.12 亿台、1.66 亿台、1.53 亿台、1.29 亿台和 1.07 亿台。这与该 5 个省份经济发展水平和人口数量有较大关系。而电子垃圾产生数量最低的是西藏、青海、宁夏、海南、新疆，总产生数量分别为 280 万台、1 309 万台、1 811 万台、2 229 万台和 4 605 万台，这主要与该 5 个省份人口较少、经济欠发达等因素有较大关系。

从电子垃圾未来 10 年产生重量及其分布情况来看，广东、江苏、浙江、山东和上海是产生量最大的前 5 个省份，“十二五”期间总产生重量分别为 278 万 t、225 万 t、196 万 t、195 万 t 和 140 万 t。这与该 5 个省份经济发展水平最高、人口数量以及城市化发展水平等因素有较大关系。上海之所以在电子垃圾产生总重量替代河南成为前五，在于上海地区（重量）较重的电子垃圾（家用电器、电脑）要多于河南。而电子垃圾产生重量最低的是西藏、青海、宁夏、海南、甘肃，总产生重量分别为 1 万 t、5.6 万 t、8 万 t、10 万 t 和 21 万 t。除甘肃替代了新疆外，其他省份与电子垃圾数量产生量后五名相同。

（4）从目标年份我国电子垃圾的集中收集量、无害化处置量及资源化利用量情况来看，方案一情景下，到 2015 年，我国电子垃圾集中收集量、无害化处置量、资源化利用量以及堆放量将分别达到为 429 万 t、322 万 t、184 万 t、291 万 t，其中堆放率将从 2009 年的 64%下降为 48%左右；到 2020 年，集中收集量、无害化处置量、资源化利用量以及堆放量将分别增加到 770 万 t、655 万 t、426 万 t、308 万 t，而堆放率将从 2015 年的 48%下降为 32%左右。可以看出虽然方案一情景下电子垃圾堆放率呈持续下降趋势，但随着电子垃圾产生量的持续急剧增加，堆放量也将呈持续增加的趋势。

方案二情景下，到 2015 年我国电子垃圾集中收集量、无害化处置量、资源化利用量以及堆放量将分别为 521 万 t、459 万 t、312 万 t、155 万 t，其中堆放量较 2009 年减少了 35 万 t，堆放率将从 64%下降为 25%左右；到 2020 年，集中收集量、无害化处置量、资源化利用量以及堆放量分别为 915 万 t、896 万 t、717 万 t、66 万 t，其中堆放量较 2009 年减少 123 万 t，仅为 2009 年的 35%，堆放率也从 64%下降为 7%左右。可以看出通过采用严厉政策和法规约束条件下（方案二），我国未来 10 年电子垃圾堆放率和堆放量都将呈持续下降的趋势，从而实现废弃电子垃圾的减量化、无害化以及资源化，达到减少环境污染，消除环境隐患的目的。

因此，我国未来如果能够制定、实施更加严厉的电子垃圾政策和法规，会对电子垃圾的处理处置及利用状况产生较为积极的影响，将有效遏制电子垃圾不断恶化的趋势，并且这种影响会随时间推移而更加深刻。

5.5.2 政策建议

通过上述电子垃圾未来产生量预测结果可知，伴随我国居民生活水平不断提高，电子产品更新换代速度加快，未来 10 年我国电子垃圾产生量呈快速增长的趋势。然而，目前我国无论在电子垃圾的收集回收方面，还是在电子垃圾的无害化处置、资源化利用方面还存在许多不足，例如法律制度和相应标准、配套政策不健全；尚未建立起规范有效的回收体系；能力建设有待加强，缺乏正规处理企业参与等。虽然电子垃圾看似被大量回收，但是由于缺乏完善的回收渠道，以及不正规的处置操作，使这些电子垃圾很难真正实现环保、合理的再利用。如何妥善处置电子垃圾，并将其作为一种新的资源加以有效利用，变废为宝，已成为未来我国电子垃圾处理处置的主要问题。因此，必须从无害化着手，从资源化着眼，合理有效地开展电子垃圾处理和处置工作，本研究提出未来电子垃圾处理处置问题的一些建议[157-162]。

1）加大电子垃圾的收集回收力度，建立和完善电子垃圾回收管理体系

长期以来，走街串巷的个体收购者充当了电子垃圾回收市场的生力军，有大约 90%的电子垃圾被他们收走。非正规回收企业大多用简单、原始、落后的回收处理工艺，在我国目前还没有建立正规的电子垃圾回收物流体系的情况下，虽然在一定程度上他们促进了电子垃圾的资源循环再利用，但部分由于相关法规政策缺失、行政监管乏力和回收处理装置工艺原始落后等情况导致了资源浪费、地区生态环境恶化等。近些年来，由于国家政策引导，我国电器和电子产品生产厂家、经销商也通过“以旧换新”等方式实现废旧电器、电子产品的回收，同时我国许多城市都颁布了相应的法律法规以及建立电子垃圾回收体系，但由于回收费用和方便程度等问题，收效不尽理想。因此，需要不断加强电子垃圾的回收力度，在回收费用和便利程度方面进行合理优化，同时需要借鉴国外先进经验，建立正规的电子垃圾回收管理体系。

首先，可以在各地区环保部门下设立“电子垃圾管理中心”机构。其主要职责包括：承担电子垃圾直接回收的业务责任，不但接受诸如家用电器、电脑、手机等具有回收价值的电子垃圾，而且包括诸如废旧电池等无回收价值电子垃圾，从而解决一些危险电子垃圾回收无门的问题；负责联系生产厂商、废品回收企业以及专业化电子垃圾处理企业，构建电子垃圾由废品回收企业—电子垃圾处理企业—生产厂商的电子垃圾处理链条，实现电子垃圾从收集到处理再到再利用的“一条龙”流转模式。

其次，在电子垃圾回收模式上还可以利用市场，鼓励诸如“电子垃圾回收超市”等专业化回收企业的建立。同时需建立消费者与销售商、处理商回收费用关系，即销售商在出售电子产品时，将用于垃圾处理的费用包含在产品价格当中，消费者在产品报废后将产品返还给销售商，从而获得原来包含在价格当中的用于垃圾处理的费用，也就是先交押金再取回。而销售商则从垃圾卖给处理场中获得回报，垃圾处理场则通过对资源的二次开发获得收益。

最后，充分利用现有人力资源，将个体回收者和废品回收站纳入电子垃圾回收管理体系。鉴于我国目前电子垃圾回收市场上活跃的个体收购大军和非正规回收单位，在建立正规的电子垃圾回收管理体系时，不能一味地强调他们存在的负面作用，只有因势利导，化弊为利，通过强化管理，使其纳入到正规电子垃圾回收体系当中。

2）建立政府、生产者、消费者责任分担制度，共同承担处理处置责任

按照“谁污染谁治理”的原则，家电制造商应承担主要责任，进口商、零售商是受益者，政府机构和消费者是使用者，也应承担次要责任。

对生产者而言，需大力推行“生产者延伸责任制”下的企业跟踪回收模式。所谓“生产者延伸责任原则”是生产者不仅要对生产过程中产生的环境污染负责任，还必须对其产品废弃后的处置承担一定责任，即通过把生产者的责任延伸到产品生命周期的各个阶段，尤其是产品的回收和最终处理阶段，从源头减轻产品对生态环境的影响与破坏。对生产商而言，不仅要考虑产品生产过程中采用清洁生产工艺，从源头减少电子垃圾产生量，也要求在产品设计过程中考虑产品能够全部或大部分回收利用，同时，生产者还需加强电子产品生产所使用材料信息，公开产品或者设备所含铅、汞、镉、六价铬、多溴联苯（PBB）、多溴二苯醚（PBDE）等有毒有害物质，以及不当利用或者处置可能对环境和人类健康影响的信息，产品或者设备废弃后以环境无害化方式利用或者处置的方法提示。

对消费者而言，电子垃圾的回收处理依赖于全民意识的提高和社会公众的参与，包括把电子垃圾分类存放并送到专用回收点、缴纳电子垃圾处理税等。

对政府而言，需建立更加合理的电子垃圾处理处置管理体系，明确生产者、销售者以及消费者的责任，并通过建立法律法规将这种责任落实到位。例如在电子生产企业不参与垃圾回收的情况下，应以“电子垃圾处理税”等税收形式承担电子垃圾的处理费用；专门建立废弃电器电子产品处理基金，用于废弃电器电子产品回收处理费用的补贴，并将其纳入国家和地方财政预算管理等等。同时，政府部门作为电子垃圾的主要产生者应建立“统一收集处置政府报废办公设备”体制，对政府机构、教科研等事业单位制定电子垃圾回收目标，建立单位负责人电子垃圾回收责任制度，充分利用政府采购的信息管理系统，跟踪并保证这些公共机构的电子垃圾的安全处理处置。

3）积极培育电子垃圾循环利用产业，推进电子垃圾资源化产业示范基地

政府应该提供优惠政策促进电子垃圾循环利用产业化。地方政府根据各自行政区的电子垃圾产生情况及种类组成，对切实可行的电子垃圾回收、处理技术开发和研究，在资金、税收、市场和技术服务等方面给予优惠政策；对于制造商回收、再利用旧电子产品，以及处理技术的研发等行为给予优惠政策，如按照回收处理量给予一定的补贴，政府为处理技术研发提供资金支持等并将研究成果共享并进行市场化推广。对于投资电子垃圾循环利用产业的企业或个人，政府除进行补贴之外，可在企业成立之初采取税收减免和出让土地使用权等优惠政策，以鼓励和扶持企业的发展壮大。这些鼓励政策一方面可以与现有法律法规体系互为补充，使最大量的电子垃圾进入循环经济体系，另一方面可以激发电子垃圾生产或处理企业热情，将电子垃圾循环利用产业逐步推向市场化。

同时，可以尝试在电子垃圾产生量较为集中地区，如珠三角、长三角以及京津地区建立电子垃圾资源化产业示范基地，将电子垃圾收集企业、处理企业和资源需求企业以及科研院所紧密联系在一起，实现示范基地内电子垃圾从回收到处理再到资源化利用“零

距离”，实现电子垃圾的最大化利用。

4）深入贯彻实施电子垃圾回收处理许可证制度，依法取缔违规企业

电子垃圾种类多、数量大，客观上给回收、分选和处理造成了一定的困难，而在我国部分地区电子垃圾处理过程极不规范，这是造成环境污染的根本原因。规范电子垃圾处理过程应从规范回收处理企业和个人入手，选择处理技术水平和处理能力较大的一家或数家企业，由地方环保部门发放“电子垃圾回收处理许可证”并进行监督，在回收处理企业存在违规操作或处理技术不达标的情况下环保部门有权收回“电子垃圾回收处理许可证”。回收处理许可证制度可与生产者延伸责任制相结合。电子产品生产商拥有电子产业领域的前沿技术，在相关电子垃圾的回收、处理与再利用技术方面也拥有比较优势，能够采用最节约成本和最先进的处理与再利用技术，因而也能够实现电子垃圾的最有效利用。电子产品生产商在参与电子垃圾回收与处理过程之前，应在有关环保部门的技术评估后取得“电子垃圾回收处理许可证”，方可投资电子垃圾循环利用产业。对于没有获得证书的电子企业，建议由其缴纳电子垃圾排放税，而其电子产品生产所造成的电子垃圾则由获得证书的企业进行回收处理，并把所缴纳的电子垃圾排放税作为回收处理企业的补贴。电子垃圾回收处理许可证制度也适用于投资电子垃圾循环利用产业的其他类型企业或个人。

5）完善电子垃圾防治法律法规，加大执行力度

国外包括韩国、日本、欧盟在内的许多国家和地区都对电子、电器生产回收制定了相关环保条例。如欧盟《关于报废电子电器设备指令》已经全面实施，日本于 2006 年出台了《家用电器回收法》和《JEITA/JEMA 产品回收协议》，韩国也颁布了《促进节约和回收资源行动》。美国对电子垃圾的回收已有相关法律规定，如在纽约市，将充电电池扔进垃圾桶是违法行为；在纽约州，无线服务供应商（类似中国移动、联通等）必须负责从单位用户手里回收 10 个旧手机或为回收者免费运送等。

我国政府目前也意识到了电子垃圾对未来经济、社会和环境的长远影响，开始着手制定与完善法规政策，并在浙江、青岛、天津等地建设电子垃圾示范工程。如信息产业部联合发改委等七部门制定的《电子信息产品污染控制管理办法》于 2007 年 3 月实施，开启我国实施电子信息产品污染源头控制的先河；同年，发改委也与相关部门联合出台了《废旧家电及电子产品回收处理条例》，加大了电子垃圾回收处理环节的管理力度；2008 年 2 月 1 日，由环保部制定的《电子废物污染环境防治管理办法》正式施行，较为明确了从事电子垃圾拆解、利用、回收的企业市场准入制度等环境保护方面的法律规定；2011 年 1 月 1 日国务院颁布的《废弃电器电子产品回收处理管理条例》也正式实施。

虽然我国已经初步具备了电子垃圾回收处理管理相关法律条例，但存在“多龙治水”带来的监管和执行力度较弱，部门之间协调较难等问题。因此，需要进一步完善电子垃圾处理的法律法规体系，进一步明确环保、发改、工信、商务等部门的责任和义务，最终采取法律手段确保电子垃圾的循环利用，促进电子垃圾资源循环利用的产业化和市场化。

6）严厉打击电子垃圾走私，严格控制“洋”电子垃圾入境

“洋垃圾”主要指某些不法企业或个人采取走私或在合法进口产品中夹带等方式进入我国的垃圾，以电子垃圾为主。据调查，“洋垃圾”大多流入浙江台州和广东潮汕地区，又以广东省贵屿镇为最大的电子垃圾流入地，而“洋垃圾”的主要输出国则为美国和日本。尽管我国早在1991年就签署了《巴塞尔公约》，禁止电子垃圾的越境转移和非法处置，但受利益驱使，每年仍约有占全球总量70%的电子垃圾被运往我国。中国变成了“世界电子垃圾处理厂”并非危言耸听。

因此，控制国外电子垃圾进入我国，既要从源头上减少电子垃圾的非法流入，由国内外交部门与有关国家进行磋商或作为联合打击跨国走私的内容之一，并充分利用WTO规则，对国外相关企业采取经济性惩罚手段，如实行非法进口电子垃圾企业黑名单制度等，或依照有关国际法进行索赔，又要依法整顿海关秩序，防止国外厂商在进口商品过程中夹带电子垃圾。此外，整顿国内从回收到处理等各个环节的电子垃圾流通市场，打击非法流入我国的电子垃圾，既有助于落实生产者延伸责任制，又有利于促进国内电子垃圾循环利用产业的健康发展，因而也是控制电子垃圾国际转移问题的有效途径。

7）加大宣传力度，提高公众电子垃圾回收意识

电子垃圾回收利用系统中，电子垃圾的流向起始于消费者用户。因此，电子垃圾的产生与处理和消费者的意识有极大的关系。可以预见，在公众树立起与环境保护相协调的价值观和消费观，承担起更多的环境保护义务后，必将对我国电子垃圾回收利用体系形成巨大的正向推动力。因此，要加大循环经济意识和电子垃圾回收利用的舆论宣传力度，使循环经济意识成为我国环境保护的主流意识，促进自觉收集生活电子垃圾的行为在全社会得到广泛普及，这也是加快我国电子垃圾循环利用产品发展的重要对策。

总之，电子垃圾具有污染性和资源性的双重特征，既是一种污染物，更是一种不断增长的潜在性资源，在按照循环经济理念处理电子垃圾时，应借鉴国外一些国家成熟的经验与做法，如日本、德国等。考虑到我国实际国情，在完善立法，强化监管电子垃圾的前提下，明确相关利益者的权利和义务，由政府、企业和消费者三方参与，建设电子垃圾综合回收利用网络体系。在解决了技术和资金瓶颈的前提下，贯彻循环经济理念，把电子垃圾纳入地区循环经济发展体系，并制定完善的法律法规体系和地方性鼓励政策，为我国电子垃圾循环利用产业发展提供法律保障，实施生产者延伸责任制和电子垃圾回收许可证制度。这不仅可最大限度地避免环境污染，可实现电子垃圾的循环利用，而且对于我国目前实现可持续发展资源节约型社会和循环经济社会无疑具有重要意义。

第 6 章　城镇生活污泥产排量现状评估分析与趋势预测

6.1 研究背景

改革开放后，随着我国城市化进程加快、人口不断增长以及居民生活水平不断提高，城市居民生活污水产生量日渐增加，我国污水处理厂建设规模也不断增加。截至 2009 年，全国投运城市污水处理厂共计 2 192 座，全年处理生活污水共 225 亿 t，城镇生活污水处理率达到 63.3%①（图 6-1）。随着我国城市化进程的不断加快，未来年份生活污水的产生量还将逐年增加，仍需有更多的污水处理厂建设和投入运行，这将直接导致污水处理的副产物——污水污泥的产生量随之剧增。

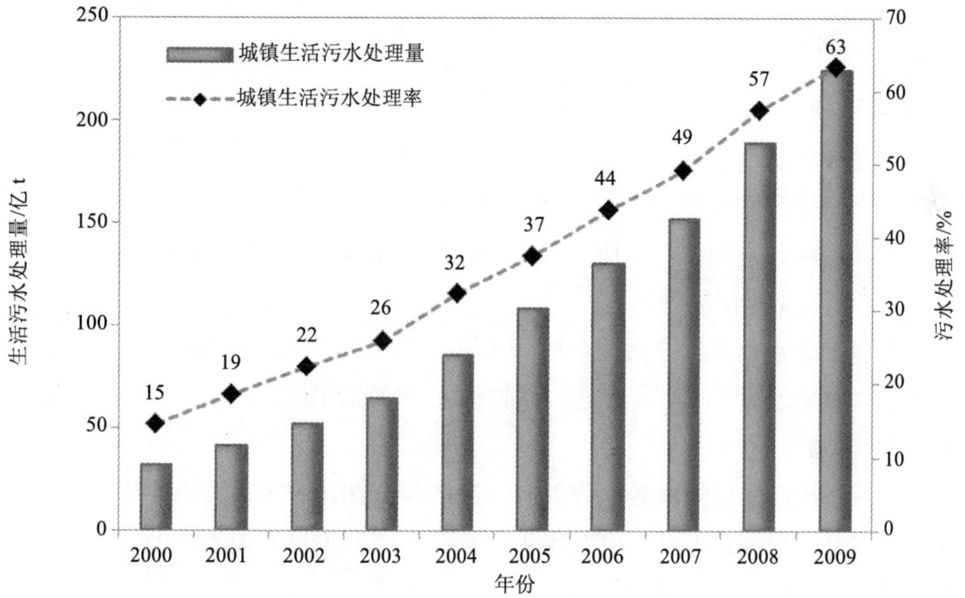

图 6-1　2000—2009 年我国城镇生活污水处理量和处理率

污泥又称污水污泥，是指城市污水处理净化时产生的副产物，是由有机物质、病原物、无机颗粒、重金属等难降解的有机污染物等组成的极其复杂的非均质体（介于液体

① 数据来源：《2008 年中国城市建设统计年鉴》。

和固体之间的浓稠物）。污泥不同于其他的固体废物，一方面，污泥中含有铜、铝、锌、铬、汞等重金属和多氯联苯、二噁英、放射性元素、有机污染物以及大量微生物和病原物，如不加以妥善处理和处置，将造成污泥堆放和排放区周围环境严重的二次污染。在许多地区，污水处理厂已成为污染大户，大量未经处理的污泥任意堆放和排放对环境造成了新的污染。另一方面，污泥又可作为一种资源进行综合利用。污泥有机物含量极高，氮、磷、钾等营养成分丰富，综合肥力高于农家肥，具有增加土壤肥力，防止土地板结，增强土壤后续使用功能，利用开发价值很高；同时污泥中所含的有机物是有效的生物能源，干燥的污泥可以进行燃烧产生热能。如何将产量巨大、含水率高、成分复杂的污泥进行妥善、安全地处理，使其无害化、减量化，最终达到资源化将成为目前我国亟待解决的问题。

因此，有必要科学预测未来我国城镇污泥产生量的发展和变化趋势，合理推测其对我国未来生态环境造成的污染及资源化利用情况，从而为相关部门实施污泥污染防治及综合利用政策以及规划提供定量化支持。同时也有助于我国建立较为完善的污泥管理和处置体系，不断创造和改进污泥处理工艺和规模，避免处理能力不足而导致的污泥乱堆乱排带来的二次污染。

6.2 思路方法

6.2.1 研究范围

1）对象范围

污泥的种类很多，根据其来源一般将其分为市政污泥、管网污泥、河湖污泥以及工业污泥等，而市政污泥也称生活污泥，主要指来自污水处理厂和自来水厂的污泥，也是数量最大的一类污泥。因此，本研究预测的对象为城镇污水处理厂处理污水后产生的市政污泥，不考虑其他类型的污泥。

根据污泥的含水率不同，污泥一般分为干、湿两种形式，干污泥是指不含水的固体污泥，本研究中如无特别注明，均是指含水率为 80%的湿污泥。

2）时间范围

本研究对污泥产生量的预测包括 2011—2015 年、2016—2020 年两个阶段。其中主要为 2011 年、2013 年、2015 年、2020 年 4 个预测点，以 2009 年为基准年。

3）区域范围

主要包括中国大陆 31 个省、直辖市以及自治区，不包括港、澳、台地区。

6.2.2 技术路线

由于城镇生活污泥主要是城镇生活污水处理过程中产生的，因此，本研究通过对目标年份我国城镇生活污水产生量以及城镇生活污水处理率的合理预测和情景分析来确定目标年份城镇污泥产生量以及处置情况。其预测思路如图 6-2 所示。

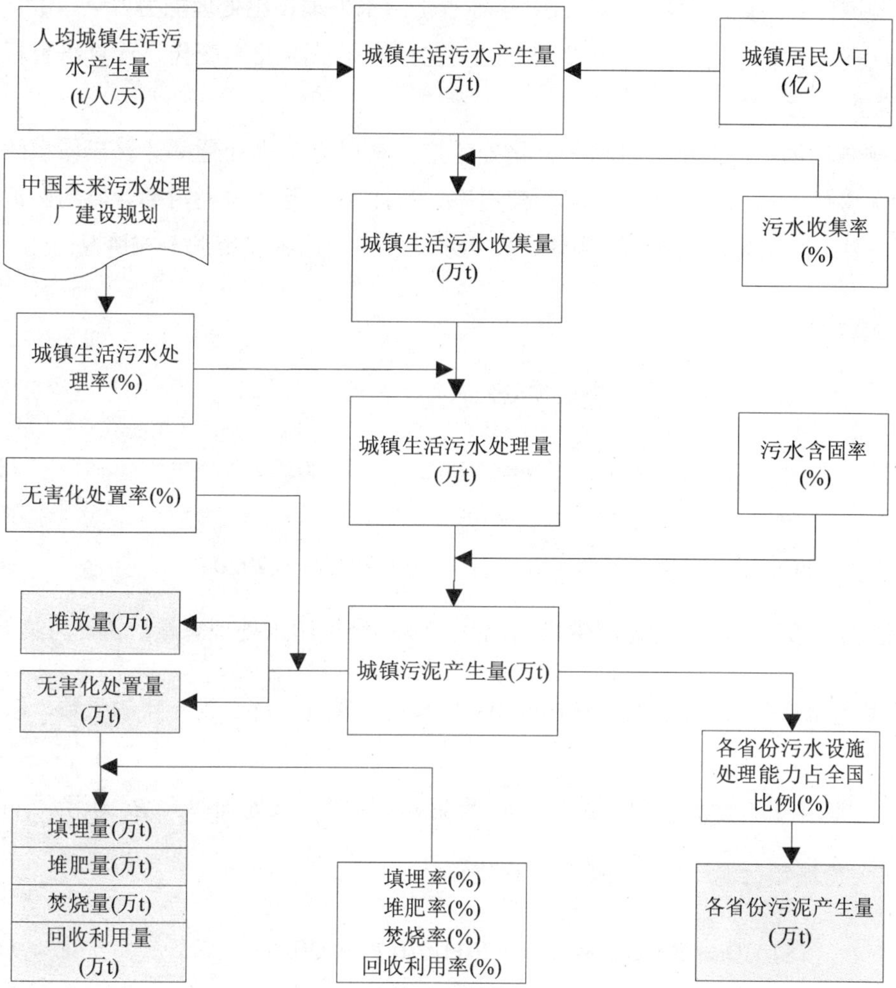

图 6-2　城镇污泥预测思路示意图

城镇生活污泥预测步骤：

（1）预测城镇污水产生量。首先对我国目标城镇人均生活污水产生量进行合理预测，然后预测我国目标年份城镇人口规模，继而相乘获得目标年份我国城镇污水产生量。

（2）预测城镇污水收集量。根据我国目前城镇污水管道收集情况，合理设定目标年份污水收集率，从而获得城镇生活污水收集量，即收集到污水处理厂的污水量。

（3）预测城镇污水处理量。根据目标年份城镇污水处理率可计算出目标年份城镇污水处理量。其中，目标年份城镇污水处理率是根据国家“十二五”期间及相关规划中污水处理设施建设情况做出的合理设定。

（4）预测城镇污泥产生量。根据城镇生活污水含固率计算目标年份城镇污泥产生量。

本研究通过计算 2006—2009 年我国城镇生活污水含固率，并取历年平均数（0.323‰）作为我国城镇生活污水含固率全国平均值。

（5）预测各省污泥产生量。以 2009 年各省份污水处理设施处理能力占全国的比例作为各省份污泥产生量的比例，并假设这个比例在目标年份不发生变化，计算出目标年份各省份污泥产生量。

（6）预测城镇污泥的堆放量和无害化处置量。利用无害化处置率计算出城镇污泥的堆放量和无害化处置量。利用填埋率、焚烧率、堆肥率以及回收利用率计算出污泥的填埋量、焚烧量、堆肥量以及回收利用量，并初步计算出全国各省市的分布情况。

6.2.3 模型方法

1）目标年份城镇生活污泥产生量预测公式

$$\mathrm{SLUD}_i = W_i \times \overset{\mathrm{solid}}{R_i}\ ;\quad i = 2011, 2012, \cdots, 2020\ ; \tag{6-1}$$

$$W_i = \overset{\mathrm{urban}}{\mathrm{POP}_i} \times pw_i \times Q_{year} \times \overset{\mathrm{collect}}{R_i} \times \overset{\mathrm{Treat}}{R_i}\ ;\quad i = 2011, 2012, \cdots, 2020\ ; \tag{6-2}$$

式中，SLUD_i 为第 i 年城镇污泥产生量；W_i 为第 i 年城镇污水处理总量；Pw_i 为第 i 年城镇居民人均污水产生量；$\overset{\mathrm{urban}}{POP_i}$ 为第 i 年我国城镇人口规模；Q_{year} 为一年的天数，取常数 365 天；$\overset{\mathrm{collect}}{R_i}$ 为第 i 年城镇污水收集率；$\overset{\mathrm{Treat}}{R_i}$ 为第 i 年城镇污水处理率；$\overset{\mathrm{solid}}{R_i}$ 为污水含固率。

2）各省份城镇污泥产生量的模型方程式

$$\overset{\mathrm{provi}}{\mathrm{SLUD}_i} = \mathrm{SLUD}_i \times R_{pi}\ ;\quad i = 2011, 2012, \cdots, 2020\ ; \tag{6-3}$$

式中，$\overset{\mathrm{provi}}{\mathrm{SLUD}_i}$ 为 p 省份第 i 年城镇生活污泥产生量；R_{pi} 为 p 省份第 i 年污水处理能力占全国的比例；p 为代表我国 31 个省份。

3）城镇污泥无害化处置量和堆放量模型方程式

$$\overset{\mathrm{dispose}}{\mathrm{SLUD}_i} = \mathrm{SLUD}_i \times \overset{\mathrm{disp}}{R_i}\ ;\quad i = 2011, 2012, \cdots, 2020\ ; \tag{6-4}$$

$$\overset{\mathrm{stack}}{\mathrm{SLUD}_i} = \mathrm{SLUD}_i - \overset{\mathrm{dispose}}{\mathrm{SLUD}_i}\ ;\quad i = 2011, 2012, \cdots, 2020\ ; \tag{6-5}$$

式中，$\overset{\mathrm{dispose}}{\mathrm{SLUD}_i}$ 为第 i 年城镇污泥无害化处置量；$\overset{\mathrm{stack}}{\mathrm{SLUD}_i}$ 为第 i 年城镇污泥堆放量；$\overset{\mathrm{disp}}{R_i}$ 为第 i 年城镇污泥无害化处置率。

6.2.4 相关系数

1. 城镇污水收集率及处理率

城镇污水收集率是指城镇居民排放的污水经过城市污水管网系统被污水处理厂收集的比例。目前我国各地区城镇污水收集率差距较大，北京、上海以及各省省会城市污水收集率较高，可以达到 85%左右，甚至更好；而其他中小城市，尤其是落后地区小城镇污水收集率较低，有的仅为 60%左右，甚至更低。2009 年全国城镇平均污水集中收集率估计为 80%左右。随着我国城市化发展水平的不断提高，预计未来城镇污水收集管网设施将不断完善，污水收集率将不断提高，到 2020 年城镇污水收集率将达到 95%。

根据“十二五”环境保护规划以及全国城镇污水处理及再生利用设施建设“十二五”规划指导思路，确定城镇生活污水处理率 2009 年为 63%①，2011 年为 65%，2015 年为 75%，到 2020 年最终达到 80%。

表 6-1　城镇污水收集率预测参数值

参数	2009 年	2011 年	2013 年	2015 年	2020 年
城镇污水收集率	80%	84%	87%	90%	95%
城镇污水处理率	63%	65%	70%	75%	80%

2. 城镇生活污水含固率

污水的含固率是污水中所含有的溶解性固体（DS）和悬浮固体（SS）的总和，也就是单位重量的污水中不溶于水的物质的重量占污水总量的百分数。其测定方法为污水在 105℃下烘干得到的固体重量除以烘干前污水总重。生活污水的含固率在各个地区并不相同，这与用水量、生活习惯以及环保意识等有较为密切的关系。由于没有实测数据，本研究将每年我国城镇生活污泥产生量与污水处理量的比值作为当年城镇生活污水含固率②。通过计算获得近三年（2006—2008 年）我国城镇生活污水含固率分别为 0.351‰、0.303‰、0.316‰，最终取三个值的平均数（0.323‰）作为我国城镇生活污水含固率全国平均值。

3. 城镇污泥堆放量预测参数值

2009 年我国城镇污泥无害化处理处置率约为 20%，其中，土地化利用（堆肥）、卫生填埋、无害化焚烧和回收利用量的比例为 35%、50%、10%、5%。预计到 2015 年和 2020 年，随着城镇污泥危害问题得到更多关注，城镇污泥无害化处置率将不断提高。假设我国城镇污泥处理处置水平在现有基础上稳步提升情景下（方案一），到 2015 年和 2020 年城镇污泥处置率将分别达到 40%、60%；假设未来我国由于采取了更加严格的城镇污泥管理措施，加大了城镇污泥治理力度，在城镇污泥无害化利用技术研究方面取得较大成

① 数据来源：《2009 年中国环境统计年报》。
② 数据来源：《2006-2008 年中国城市建设统计年鉴》。

果情景下（方案二），到 2015 年和 2020 年城镇污泥处置率达到 50%、75%。

其中，两个情景方案的污泥处置利用方式基本一致，即堆肥和卫生填埋等低效处置利用方式所占比重不断下降，焚烧和回收利用量等高效处置利用方式所占比重将逐渐提高。因而，到 2011 年两种方案下的 4 类处理方式所占比重分别为 30%、45%、15%、10%，到 2015 年将进一步达到 25%、42%、18%、15%，到 2020 年将达到 23%、36%、21%、20%。随着无害化处置率的不断提高，堆放率将逐渐下降，方案一从 2009 年的 80%下降至 2020 年的 40%，方案二从 2009 年的 80%下降到 2020 年 25%。

4．各省份污水处理量占全国的比例

在本研究中，预测各省份目标年份污泥产生量，首先需要预测目标年份各省份城镇污水处理量，本研究将《2009 年中国环境统计年报》中的各省份污水处理量占全国的比例作为目标年份各省份污水处理量分配，并将这一比例作为各省份污泥产生量分配权重，从而在预测出目标年份全国污泥产生总量时计算获得各省份目标年份污泥产生量。

6.3 产排量现状

6.3.1 城镇污泥现状评估

1．总量分析

从图 6-3 可以看出，随着我国城镇人口的增加以及污水处理率的不断提高，我国 2006—2009 年 4 年间城镇污泥（湿）的产生量呈不断增长的趋势，从 2006 年的 1 676 万 t 相继增长到 1 934 万 t、2 339 万 t 和 2 742 万 t，年均增长率达到 17.8%，4 年间增长了 0.64 倍。

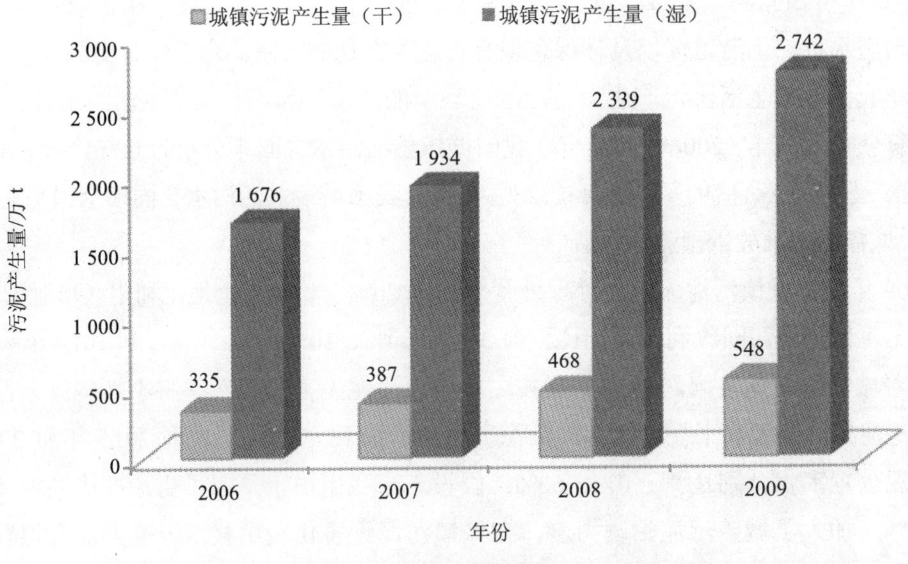

图 6-3　2006—2009 年我国城镇污泥产生量现状

从各省份分布情况来看（图 6-4），我国各省份城镇污泥产生量也相应呈增长趋势，2006 年城镇污泥产生总量超过 150 万 t 的省份有 3 个，其中广东最多，为 230 万 t，其次为上海和江苏，分别为 174 万 t 和 152 万 t。超过 100 万 t 的省份共有 5 个，除上述 3 个省份外还有山东和北京，分别达 133 万 t 和 109 万 t。而产生量少于 10 万 t 的省份是青海和贵州，分别为 3.3 万 t 和 5.6 万 t。其中产生数量最多的 3 个省份与最少的 3 个省份的比例为 27∶1。到 2009 年，城镇污泥产生总量超过 150 万 t 的省份已经有 5 个省份，广东依然最多，达到 283 万 t，除广东外还包括江苏、山东、上海、浙江 4 个省份。而中东部其余省份也都超过了 100 万 t，大致形成广西—河北分界线。产生数量少于 10 万 t 的省份仅剩下青海省，为 6 万 t。产生数量最多 3 个省份与最少 3 个省份比例为 19∶1。

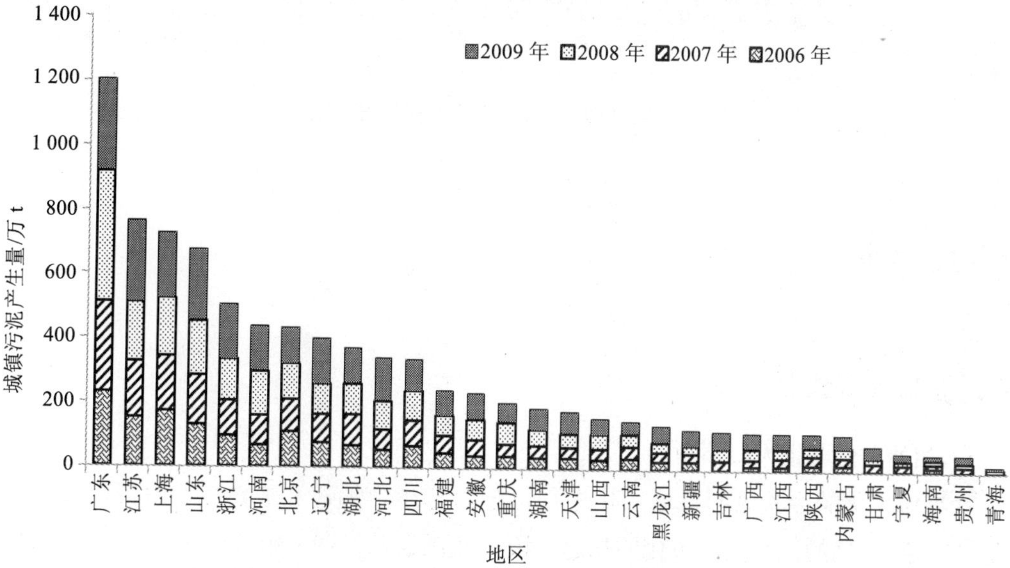

图 6-4　各省份历年城镇污泥产生量现状分布

2. 处理处置现状

从城镇污泥处置利用情况来看，我国 2009 年产生的 2 742 万 t 城镇污泥中，无害化处置量仅为 548 万 t，仅为总产生量的 20%左右。这其中，用于土地化利用（堆肥）的为 192 万 t，占总处置量的 35%；用于卫生填埋的为 274 万 t，大约占总处置量的 50%；而用于焚烧和回收利用量仅分别为 55 万 t 和 27 万 t，仅占总处置量的 10%和 5%左右。然而，大约 2 200 万 t 的城镇污泥没有得到无害化处置，占总产生量的 80%左右。目前，大量城镇污泥被随意堆放或抛弃，甚至未经处理就与生活垃圾一起填埋，这不但会对生态环境，尤其是土壤构成严重威胁，同时，也造成了资源上的巨大浪费。

从各省份城镇污泥堆放量分布情况来看（见图 6-5），城镇污泥堆放量超过 200 万 t 的省份有 2 个，分别是广东和江苏，堆放量分别为 226 万 t、203 万 t。而超过 100 万 t 的省份共 8 个，基本上是中东部地区经济和人口大省，同样也是城镇污泥产生量最多的省份。而堆放量少于 20 万 t 的是青海、海南、宁夏和贵州，基本都属于欠发达地区，也是人口稀少的主要省份，产生量较少的地区也造成了堆放量较少。

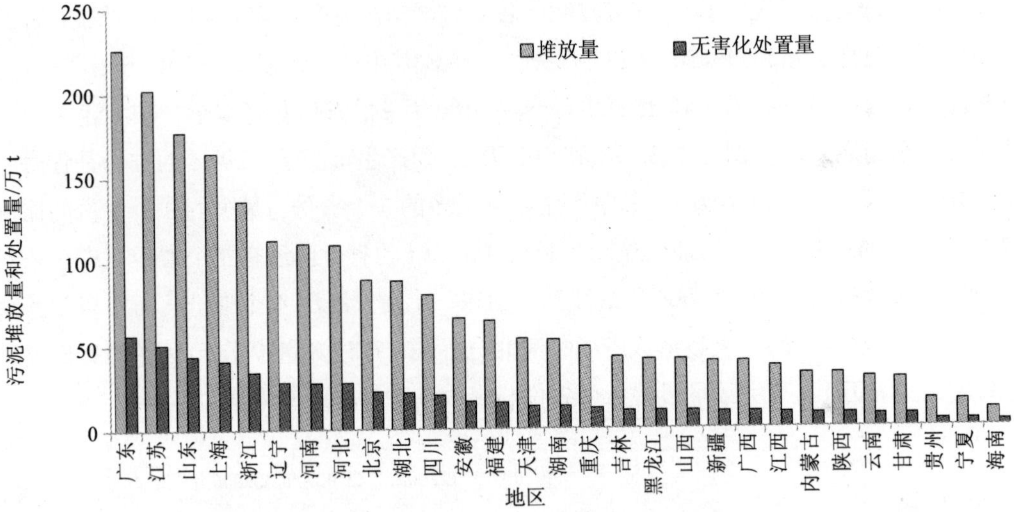

图 6-5　2009 年各省市污泥处置与堆放情况

6.4 预测结果

6.4.1 基础数据预测

1. 目标年份城镇人口预测

世界城市化的经验表明，城市化进程可分为起步、加速和成熟三个阶段，其中城市化从 30%到 70%的过程是城市化的加速阶段。我国自从 1996 年城市化率达到 30.48%以来，1996—2009 年城市化率年均提高 1.24%，到 2009 年城市化率达到 46.6%，我国未来 10 年将处于城市化加速发展阶段。当前，随着重庆、石家庄在内的我国多省份地区户籍制度和农村土地制度改革的不断推进，2010 年我国城市化率有望达到 49%。"十二五"期间，我国城市化水平估计将呈现快速增长趋势，大约每年提高 1.5 个百分点；"十三五"期间，城市化水平增长速度将趋于减缓，将保持每年提高 0.8 个百分点的水平上。预计 2020 年我国总人口将达到 14.5 亿左右，城市化率将达到 60%左右，城镇人口将达到 8.7 亿左右，具体结果如表 6-2 所示①。

表 6-2　全国人口及城市化率预测参数值

指标	单位	2009 年	2011 年	2013 年	2015 年	2020 年
总人口	亿人	13.6	13.8	14.0	14.1	14.5
城镇化率	%	47	51	53	56	60
城镇人口	亿人	6.3	7.0	7.4	7.9	8.7

① 《中共中央国务院关于全面加强人口和计划生育工作统筹解决人口问题的决定》（2007）指出，"十一五"期末，全国人口总量（不含香港、澳门特别行政区和台湾省）控制在 13.6 亿人以内；到 2020 年，人口总量控制在 14.5 亿人左右。

2. 城镇人均生活污水产生量预测

人均生活污水产生量也称为生活污水产生系数，通常指城镇居民每人每天产生的污水量，单位是 L/（人·d），其与城镇人均用水量有密切关系，城镇人均生活污水产生量=城镇人均用水量×城镇生活耗水率①。

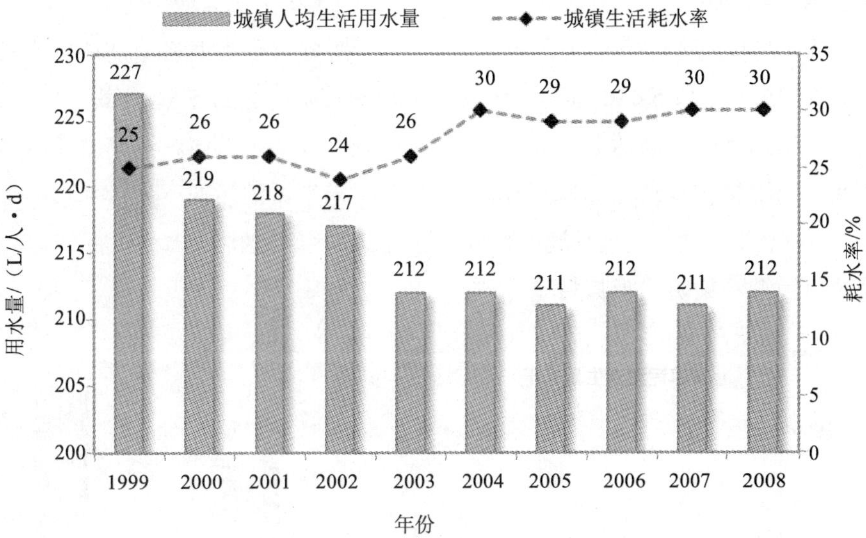

图 6-6　历年城镇生活耗水率及人均用水量②

图 6-6 为历年城镇生活耗水率及人均用水量。如图所示，我国城镇居民人均日用水量（含公共用水）从 1999 年的 227 L/d 逐渐下降到 2003 年的 212 L/d 后基本保持不变。城镇生活耗水率从 1999 年的 25%逐渐上升到 2004 年的 30%后便基本维持在 30%左右了。随着我国水资源逐渐匮乏、居民节水意识的提高、阶梯水价政策的实施以及水资源利用效率的不断提高，据此推测未来 10 年我国居民人均日用水量将呈现逐年减少的趋势，从 2009 年 212 L/d 降到 2015 年 206 L/d，再到 2020 年的 200 L/d 左右。我国城镇生活耗水率在 2011—2020 年期间，将仍然维持在 30%，基本上保持不变。因此，我国城镇人均污水产生量也将呈现逐年下降的趋势，如表 6-3 所示。

表 6-3　城镇人均生活污水产生量预测参数值

参数	单位	2009 年	2011 年	2013 年	2015 年	2020 年
城镇人均日用水量	L/（人·d）	212	210	208	206	200
城镇居民耗水率	%	30	30	30	30	30
城镇人均污水产生量	L/（人·d）	148	147	146	144	140

① 耗水率=消耗量占用水量的百分比。
② 数据来源：《1999—2009 年中国水资源公报》。

6.4.2 城镇污泥预测

1. 总产生量预测

目标年份我国城镇污泥产生量预测结果如图 6-7 所示。

结果显示，到 2011 年、2013 年、2015 年以及 2020 年我国城镇生活（干）污泥将分别达到 665 万 t、775 万 t、905 万 t 和 1 090 万 t，换算为湿污泥将分别达到 3 326 万 t、3 873 万 t、4 525 万 t 和 5 450 万 t。10 年间年均增长率将达到 5.6%，其中“十二五”期间增长较快，年均增长率高达 8.2%，而到“十三五”期间，城镇污泥产生量将逐渐减少，年均增长率大约维持在 3.8%。但由于在“十二五”末期城镇污泥产生量基数已十分巨大，因此即使“十三五”期间年均增长速度趋缓，但到 2020 年城镇污泥产生量将高达 5 700 万 t，我国未来城镇污泥污染防治形势将十分严峻。

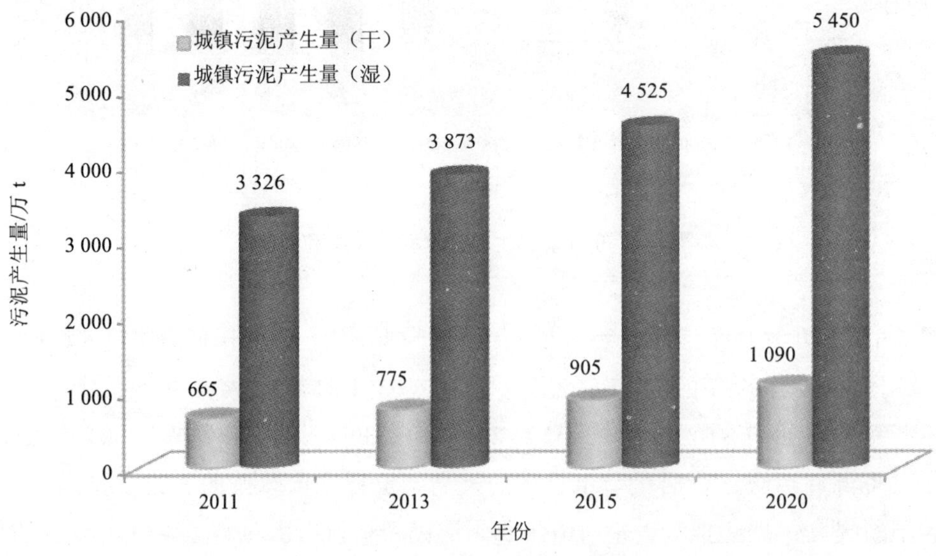

图 6-7 目标年份城镇污泥产生量预测

2. 各省份产生量分布情况预测

目标年份及“十二五”期间我国各省份城镇污泥产生量预测结果如图 6-8 所示。结果显示，随着我国未来城镇化率和污水处理率不断提高，城镇污泥作为副产物之一将不断增加，各省份城镇污泥的产生量在未来 10 年内也基本上保持不断增长的趋势。按照城镇污泥“十二五”期间总产生量来看（见图 6-9），广东、江苏、山东、上海和河南是产生量最大的前 5 个省份，总产生量分别为 2 650 万 t、1 683 万 t、1 447 万 t 和 1 227 万 t、1 215 万 t。这 5 个省份都属于东、中部地区，是我国城市化率较高的地区，也是人口相对聚集的地区，而最低的是青海、海南、宁夏、贵州、甘肃，总产生量分别为 47 万 t、103 万 t、115 万 t、134 万 t 和 148 万 t，这 5 个省份除海南外都属于西部地区，人口较少，城市化率也处于较低水平，同时缺乏足够的污水处理设施。前 5 个省份与后 5 个省份在“十二五”期间污泥产生总量比例为 15∶1。可见，我国“十二五”期间城镇污泥存在巨大的区域分布不均衡性，东部沿海及人口较多的区域污泥产生量相对较多，而西部及东北地区由于人口较少，污水收集、处理设施较为落后，从而污泥产生量也相对较少。

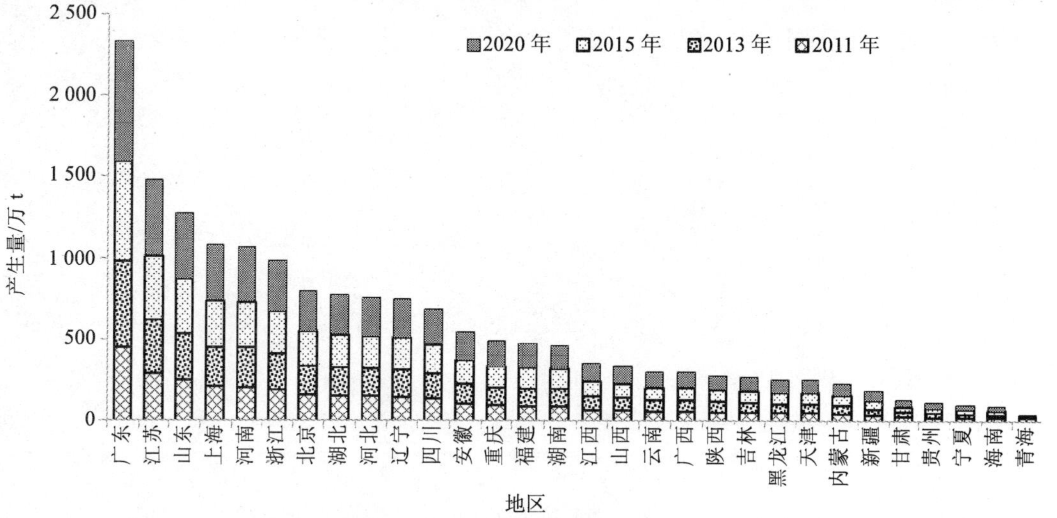

图 6-8　各省市目标年份污泥产生量

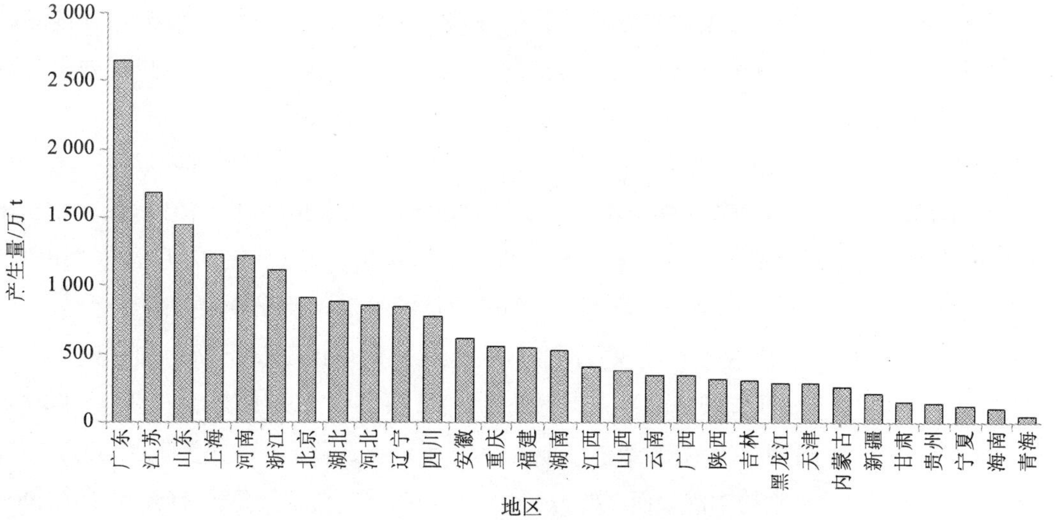

图 6-9　“十二五”期间污泥产生总量

对比东、中、西部及东北地区“十二五”期间城镇生活污泥区域产生强度[①]（见图 6-10）可知，“十二五”期间，全国城镇生活污泥区域产生强度为 651 万 t。与全国平均值相比，东部地区污泥区域产生强度最大，达到 1 082 万 t，几乎是全国平均水平的 2 倍；而西部地区污泥区域产生强度则最少，仅为 295 万 t，几乎仅仅达到全国平均水平的 45%；中部地区基本与全国平均水平持平，为 670 万 t；东北地区与全国平均值有一定差距，为 480 万 t。各区域之间比较，东部是西部的 3.7 倍左右，是中部地区的 1.6 倍左右，是东北地区的 2.3

① 城镇生活污泥区域产生强度=各区域城镇生活污泥总产生量÷该区域内省份个数

倍左右。可以看出，“十二五”期间，我国城镇生活污泥产生总量主要集中于东、中部地区，这与东、中部地区快速的经济和城镇发展有较为密切关系。而西部和东北地区经济发展和城镇化速度虽然会呈现快速发展的趋势，但是其在经济发展基础、城镇人口较少、污水处理能力等方面与其他地区相比还都处于较低的地位，因此污泥产生总量也较少。

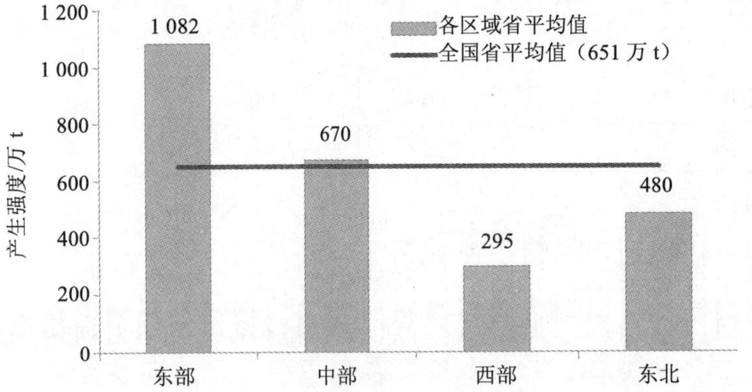

图 6-10 “十二五”期间城镇生活污泥区域产生强度比较

3．处置及利用情况预测

通过设置不同的情景方案对目标年份我国城镇污泥处理处置及堆放情况进行预测，从而获得目标年份我国城镇污泥无害化处置总量和堆放、填埋、焚烧以及回收利用各类处置量和堆放量。

1）全国

表 6-4 是方案一计算结果，在方案一的情景假设下，我国 2011 年、2013 年、2015 年和 2020 年所产生的城镇污泥中无害化处置量将分别达到 898 万 t、1 317 万 t、1 810 万 t 以及 3 270 万 t，这其中以填埋和堆放为主，但随着技术进步以及环境保护政策标准提高，未来污泥代替标准煤焚烧取暖发电以及回收利用等方式所占比例将不断增加。到“十二五”末期，即 2015 年，我国城镇污泥无害化处置量将达到 1 810 万 t，占总产生量的 40%，这其中 471 万 t 用于堆肥，占处置量的 26%；760 万 t 用于填埋，占处置量的 42%；326 万 t 用于焚烧，占处置量的 18%；而 290 万 t 用于回收利用，占处置量的 16%。可以看出，到 2015 年，城镇污泥低效处置量（堆肥、填埋）仍占总处置量的 68%；而高效处置量（焚烧、回收利用）仅占总处置量的 32%，我国污泥处置仍以低效处置为主。到“十三五”末期，即 2020 年，我国城镇污泥无害化处置量将达到 3 270 万 t，占总产生量的 60%，这其中 752 万 t 用于堆肥，占处置量的 23%；1 177 万 t 用于填埋，占处置量的 36%；687 万 t 用于焚烧，占处置量的 21%；而 654 万 t 用于回收利用，占处置量的 20%。可以看出，到 2020 年，城镇污泥低效处置量（堆肥、填埋）下降为占总处置量的 59%；而高效处置量占总处置量的比例将上升为 41%，我国污泥处置仍以低效处置为主。而污泥堆放量将呈现倒“U”形发展趋势，从 2011 年的 2 428 万 t 逐渐增长到 2015 年的 2 715 万 t，而后持续下降到 2020 年的 2 180 万 t（图 6-11、图 6-12）。

表 6-4　方案一情景下各种无害化处置情况预测　　单位：万 t

参数	2011 年	2013 年	2015 年	2020 年
无害化处置量	898	1 317	1 810	3 270
其中：堆肥量	269	369	471	752
填埋量	404	579	760	1 177
焚烧量	135	211	326	687
回收利用量	90	158	290	654
堆放量	2 428	2 557	2 715	2 180

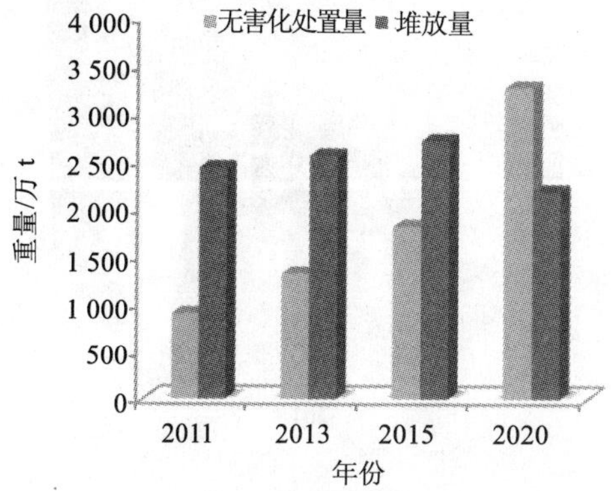

图 6-11　方案一情景下无害化处置和堆放情况

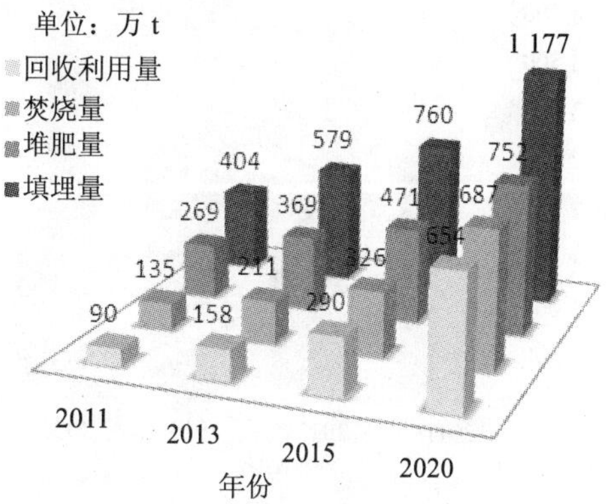

图 6-12　方案一情景下各种无害化处置情况

表 6-5 是情景方案二的计算结果，在方案二的情景假设下，我国 2011 年、2013 年、2015 年和 2020 年的污泥无害化处置量分别为 998 万 t、1 549 万 t、2 262 万 t 以及 4 087 万 t，其中依然以填埋和堆放为主，但随着技术进步、环境保护政策标准提高，未来将污泥代替标准煤焚烧取暖发电以及回收利用等方式所占比例将不断增加，基本与方案一一致。到“十二五”末期，即 2015 年，我国城镇污泥无害化处置量将达到 2 262 万 t，占总产生量的 50%，这其中 588 万 t 用于堆肥；950 万 t 用于填埋；407 万 t 用于焚烧；而 362 万 t 用于回收利用。由于各类处置方式占总处置量比例与方案一相同，则 2015 年我国污泥处置仍以低效处置为主，但由于总处置量高于方案一，则各类型处置量也都高于方案一。到“十三五”末期，即 2020 年，我国城镇污泥无害化处置量将达到 4 087 万 t，占总产生量的 75%，这其中 940 万 t 用于堆肥；1 471 万 t 用于填埋；858 万 t 用于焚烧；而 817 万 t 用于回收利用。到 2020 年，城镇污泥低效处置量达 2 411 万 t，较方案一高出 482 万 t；而高效处置量将增加为 1 675 万 t，较方案一高出 334 万 t。我国污泥处置仍以低效处置为主。而污泥堆放量将呈现持续加速下降的发展趋势，“十二五”期间从 2 328 万 t 缓慢下降到 2 262 万 t；“十三五”期间从 2 262 万 t 加速下降到 1 362 万 t。可见，提高无害化处置率将实现城镇污泥堆放量的加速下降，而非先增长后下降的倒“U”形发展趋势（见图 6-13、图 6-14）。

表 6-5　方案二情景下各种无害化处置量预测　　单位：万 t

参数	2011 年	2013 年	2015 年	2020 年
无害化处置量	998	1 549	2 262	4 087
其中：堆肥量	299	434	588	940
填埋量	449	682	950	1471
焚烧量	150	248	407	858
回收利用量	100	186	362	817
堆放量	2 328	2 324	2 262	1 362

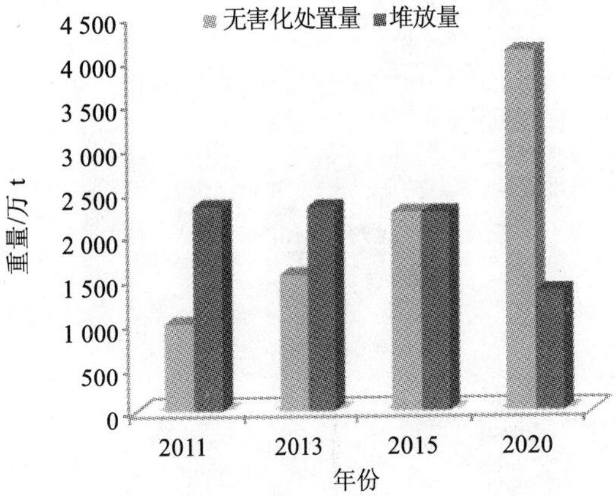

图 6-13　方案二情景下无害化处置和堆放情况

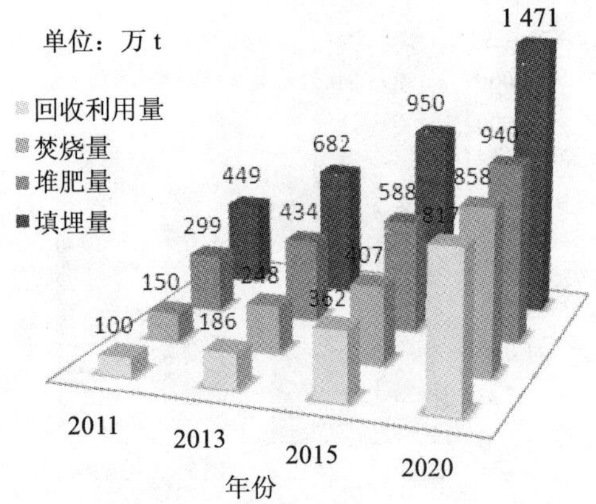

图 6-14　方案二情景下无害化处置和堆放情况

2）各省市

图 6-15 是目标年份及“十二五”期间不同情景方案下各省份城镇污泥堆放量预测结果。在方案一中，“十二五”期间城镇污泥堆放量超过 1 000 万 t 的省份是广东和江苏，分别达 1 744 万 t 和 1 107 万 t；而在方案二中，排放量超过 1 000 万 t 的省份仅有广东，为 1 570 万 t。从各省份城镇污泥堆放量分布情况来看，城镇污泥堆放量较大省份基本都在中东部地区，而且方案一情景下各省市堆放量都将高于方案二情景下。

3）各区域

从“十二五”期间各区域城镇污泥堆放量分布情况来看（图 6-16），东部地区是“十二五”期间城镇污泥堆放量最多的区域，占我国“十二五”期间城镇污泥堆放总量的 55%左右，比其他三个区域污泥堆放总量之和还要多；中、西部地区城镇污泥堆放量占全国比例分别为 21%和 17%；东北地区城镇污泥堆放量最少，仅为全国总量的 7%，东部地区的 13%左右。上述城镇污泥堆放量分布趋势表明，目前我国城镇污泥堆放存在着各区域总量分布严重不均衡状况，这与各区域的城市化发展水平、污水收集处理水平及区域人口规模具有较大相关性。对比两个情景方案可以看出，方案二情景下各区域城镇污泥堆放量都要少于方案一情景下，其中东部地区差距最大，超过 710 万 t；中、西部地区两个方案的差距分别为 264 万 t 和 213 万 t；东北地区两个方案之间差距最小，为 95 万 t，当然这与该地区堆放量较少有较大关系。可见，在方案二情景下，即加大力度提高城镇污泥无害化处理处置水平的情况下，各区域“十二五”期间城镇污泥堆放量要明显低于方案一情景下。

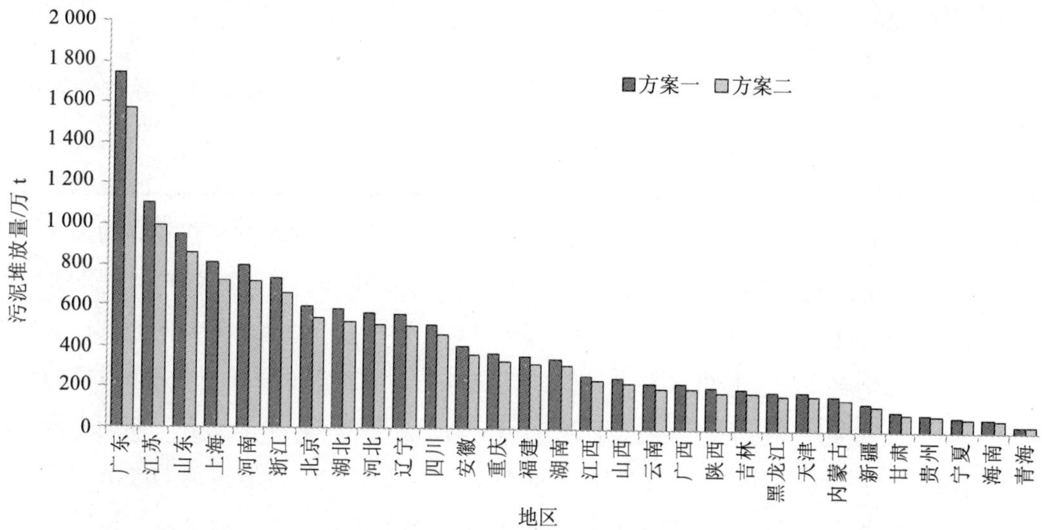

图 6-15　不同情景方案下“十二五”期间城镇污泥堆放量比较

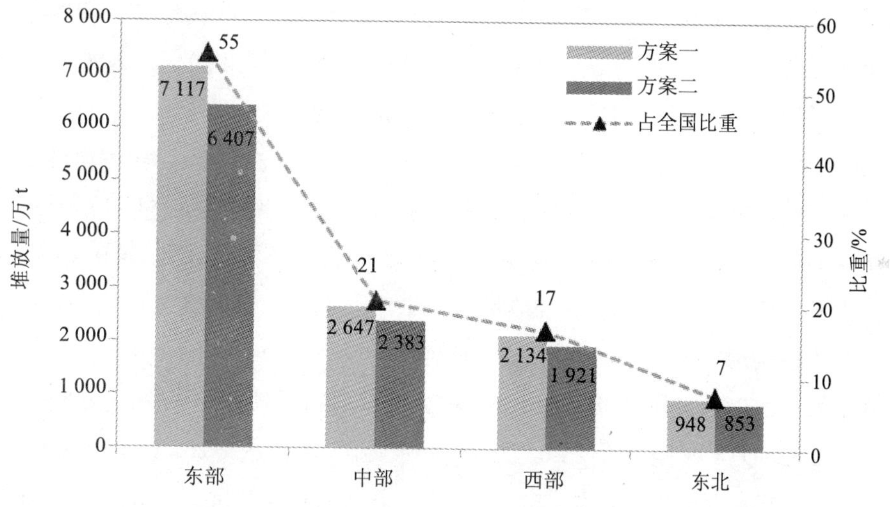

图 6-16　不同情景方案下“十二五”期间各区域城镇污泥堆放量比较

6.5 结论建议

6.5.1 主要结论

（1）从我国城镇污泥的产生量趋势来看，随着城镇污水产生量的快速增长，未来 10 年我国城镇污泥产生总量将快速增长，到 2015 年将达到 4 525 万 t，约为 2009 年的 1.6

倍之多；“十二五”期间增长较快，年均增长率高达 8.2%，而到“十三五”期间，城镇污泥产生量将逐渐减少，年均增长率维持在 3.8%左右。但由于在“十二五”末期城镇污泥产生量基数已十分巨大，因此即使“十三五”期间年均增长速度趋缓，到 2020 年城镇污泥产生量将高达 5 450 万 t，我国未来城镇污泥污染防治形势将十分严峻。

（2）从目标年份及“十二五”期间我国各省份城镇污泥产生量来看，各省份城镇污泥的产生量在未来 10 年内也基本上保持不断增长的趋势。广东、江苏、山东、上海和河南是“十二五”期间总产生量的前 5 个省份，分别为 2 650 万 t、1 683 万 t、1 447 万 t、1 227 万 t、1 215 万 t。这 5 个省份都属于东部沿海地区，是我国城市化较高的地区，也是人口相对聚集的地区，而最低的是青海、海南、宁夏、贵州、甘肃，总产生量分别为 47 万 t、103 万 t、115 万 t、134 万 t 和 148 万 t，这 5 个省份除海南外都属于西部地区，人口较少，城市化率也处于较低水平，同时缺乏足够的污水处理设施。前 5 个省份与后 5 个省份“十二五”期间污泥产生总量比例为 15∶1。可以看出，“十二五”期间，我国城镇生活污泥产生总量主要集中于东、中部地区，这与东、中部地区快速的经济和城镇发展有较为密切关系。而西部和东北地区经济发展和城镇化速度虽然会呈现快速发展的趋势，但是其在经济发展基础、城镇人口、污水处理能力等方面与其他地区相比还都处于较弱的地位，因此污泥产生总量也较少。

（3）从目标年份城镇污泥处置利用情况来看，未来 10 年我国城镇污泥的无害化处置主要以填埋和堆放为主，但随着技术进步、环境保护政策标准提高，未来将污泥代替标准煤焚烧取暖发电以及回收利用等方式所占比例将不断增加。在方案一的情景假设下，2015 年和 2020 年无害化处置量将分别达到 1 810 万 t 和 3 270 万 t。而污泥堆放量分别达到 2 715 万 t 和 2 180 万 t。2011—2020 年城镇污泥堆放量将呈现倒“U”形发展趋势，从 2011 年的 2 428 万 t 逐渐增长到 2015 年的 2 715 万 t，而后持续下降到 2020 年的 2 180 万 t。可见，在方案一情景下，我国污泥堆放量在“十二五”期间仍旧维持增长趋势，而到“十三五”期间才会实现下降趋势。在方案二的情景假设下，我国 2015 年和 2020 年无害化处置量分别为 2 262 万 t 和 4 087 万 t。而污泥堆放量将呈现加速下降的发展趋势，“十二五”期间从 2 328 万 t 缓慢下降 2 262 万 t；“十三五”期间从 2 262 万 t 加速下降到 1 362 万 t。可见，在方案二情景下，加大力度提高无害化处置率情况下，我国污泥堆放量在未来 10 年内将加速实现下降趋势，而非方案一中的先增长后下降的倒“U”形发展趋势。

从“十二五”期间不同情景方案下各省份城镇污泥堆放量情况来看，在方案一中，“十二五”期间城镇污泥堆放量超过 1 000 万 t 的省份分别是广东和江苏，分别达 1 744 万 t 和 1 107 万 t；而在方案二中，排放量超过 1 000 万 t 的省份仅有广东，为 1 570 万 t。城镇污泥堆放量较大的省份基本都在中东部地区，而且方案一情景下各省市堆放量都将高于方案二情景下。

从“十二五”各区域城镇污泥堆放量分布情况来看，东部地区是“十二五”期间城镇污泥堆放量最多的区域，占我国“十二五”期间城镇污泥堆放总量的 55%左右，比其他三个区域电子垃圾堆放总量之和还要多；中、西部地区城镇污泥堆放量占全国比例分别为 21%和 17%；东北地区城镇污泥堆放量最少，仅为全国总量的 7%，东部地区的 13%左右。上述城镇污泥堆放量分布趋势表明，目前我国城镇污泥堆放存在着各区域总量分布严重不均衡状况，这与各区域的城市化发展水平、污水收集处理水平及区域人口规模具有较大相关关系。对比两个情景方案可以看出，方案二情景下各区域城镇污泥堆放量都要少于方案一情景下，其中东部地区差距最大，超过 710 万 t；中、西部地区两个方案的差距分别为 264 万 t 和 213 万 t；东北地区两个方案之间差距最小，为 95 万 t，当然这与该地区堆放量较少有较大关系。可见，在方案二情景下，即加大力度提高城镇污泥无害化处理处置水平的情况下，各区域"十二五"期间城镇污泥堆放量要明显低于方案一情景下。

6.5.2 政策建议

通过上述污泥产生量预测结果可知，伴随我国城市化水平及城镇污水处理水平的不断提高，未来 10 年我国污泥产生量将呈快速增长的趋势。然而，目前我国城市污水处理厂污泥处理处置建设还相对滞后，污水处理厂缺乏足够的污泥处置配套设施，污泥无害化处置比率还比较低，污泥处置主要采用填埋和堆肥等低效处置方式。同时各地区城镇污泥不经压滤处理，随意倾倒堆放，甚至直接排入江、河、湖、海的现象还普遍存在，这样不但占用宝贵的土地资源，危害土壤和农作物的品质，而且对周围环境（河道和地下水源）造成二次污染，对城市生态环境构成极大威胁。如何妥善处置城市污泥，并将其作为一种新的资源加以有效利用，变废为宝，已成为未来我国城镇污泥处理处置的主要问题。因此，必须从无害化着手，从资源化着眼，合理有效地开展污泥处理和处置工作，本研究提出未来污泥处理处置问题的一些建议[163-172]。

1）加强污泥处理和处置的管理力度，积极推进污泥处置设施的建设

从发达国家污水处理厂运行经验来看，污泥处置成本一般占整个污水处理成本的 50%～70%。然而我国早期的污水处理厂，尤其是小型污水处理厂为了追求简单的污水处理达标率，尽可能地简化甚至忽略污泥处理处置单元，其污泥绝大部分未能得到妥善处置，从而导致污泥乱排乱堆，给生态环境带来了极不安全的隐患，使污泥处置成本加大。在未来污水处理厂的规划和建设中，应坚持"泥水并重"的原则，从环境管理的角度加强污泥安全处置的宣传和教育，切实加强具体环节的管理。要做到规划先行，无论是新建污水处理厂，还是改造或扩建现有污水处理厂，均务必将污泥处理和处置作为设计、运行中必须考虑的重要环节，实现城市污水厂污泥处理、处置设施与污水处理设施同步建设、同步投产、同步运行。同时政府应在调整和核拨污水处理费的过程中，将污泥处理和处置的合理成本包括进来，在建设新的污水处理工程中，由国家投入一定的专项资金用于污泥无害化处理设施的建设，适当开征污泥处理费，以推动污泥处置设施的建设。

2）建立完善的污泥资源综合利用法规体系，为污泥管理提供政策保障

一方面，应加快制订系统、科学的污泥排放标准。虽然目前我国与污泥处理处置相

关的标准共有三项，分别是：《农用污泥中污染物控制标准》、《城镇污水处理厂污染物排放标准》、《城市污水处理厂污水污泥排放标准》。但是这三项标准要么时间较早，指标不合理，不适用于当前情况；要么指标不足或者可操作性较差，无法有效对城市污水处理厂污泥排放实行有效管理。因此，应加快完善制订科学的污泥排放标准，使得污泥排放有章可循。另一方面，应尽快制定鼓励污泥资源化利用的相关法规，不断提高污泥资源化利用的比例。应抓紧制定和完善《资源综合利用条例》、《再生资源回收利用管理条例》以及《城市污泥资源化利用的管理办法》等法规，不断完善污泥资源综合利用产品的认定工作，对利用城市污泥的生产行业和产品进行减免税或给予奖励，对从事环保科学技术研究和成果推广进行支持，对单位及个人给予环保的投资、再投资、捐赠予以退税或所得税税前扣除等；对使用掺用城市污泥生产的建材的建筑企业要予以减免税费等。企业研究开发城市污泥资源综合利用所发生的各项费用可以计入管理费用等。

3）加强污泥综合利用技术研究，努力培育城市污泥资源再生产业

污泥资源化是解决污泥处置难题的根本出路。一方面，政府要通过技术引进和自主创新，建立国家级城市污泥资源化利用的循环经济示范基地，推广和示范应用污泥资源化技术，大力提倡污泥综合利用处置技术，加大城市污泥处置技术开发研究的资金投入，进一步完善现有的试点成果。要通过政策引导和市场培育等手段积极探索污泥资源化利用途径，保障污泥资源化产品的推广应用。优先推广污泥焚烧与建材化生产相结合的处置技术、污泥替代燃煤的处置技术、污泥生产复合肥料与土壤改良等综合利用技术等，但也要因地制宜，有的地方污泥可与垃圾处置相结合，有的地方污泥可与发电厂燃煤相结合。对量大面广的小型污水厂的污泥，要总结农用的经验。在污泥干化和加热技术上，还可考虑利用太阳能、微波和湿式氧化等多种方案。另一方面，应尽快出台相关政策，努力培育城市污泥资源处理、处置和再生产业，形成产业规模，拉长城市污泥处置的产业链，也可由政府部门带头，广开融资渠道、组建一批按市场经济规律运转和管理的大型城市污泥处理处置中心，缓解资源紧缺、浪费巨大、污染严重的矛盾，从根本上解决废物在全社会的循环利用问题。

第 7 章　脱硫石膏产排量现状评估分析与趋势预测

7.1 研究背景

改革开放以来，我国工业化和城市化高速发展的同时，工业污染物排放量也十分巨大，SO_2 的排放量日益增多，成为我国大气污染的主要污染物之一。近年来，随着环保要求的日趋严格，SO_2 减排工作已成为当前环境保护的重点。《国家环境保护“十一五”规划》中将“主要污染物（包括 SO_2）排放总量减少 10%的目标”确定为约束性指标，到 2010 年，SO_2 排放量要由 2005 年的 2 549 万 t 减少到 2 295 万 t。自 2006 年后，我国 SO_2 的排放量逐年减少（图 7-1），2009 年全国 SO_2 排放总量为 2 214 万 t，较 2008 年下降了 4.6%，提前完成“十一五”规划任务。

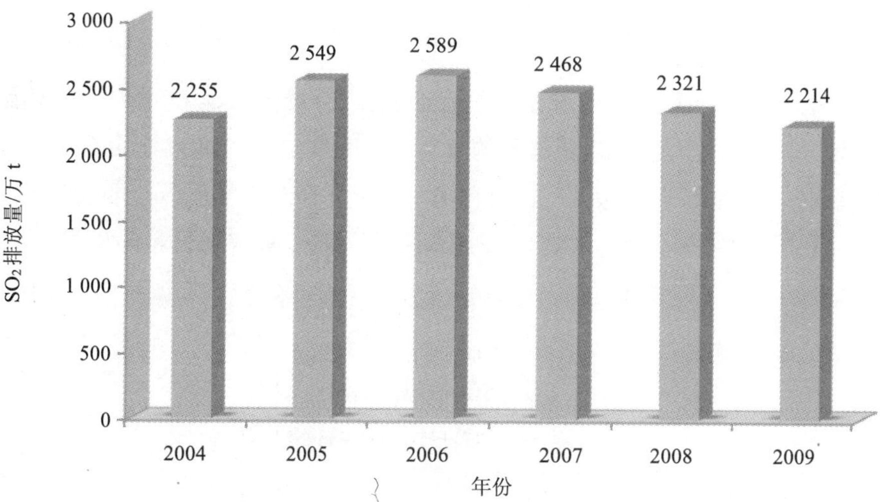

图 7-1　我国历年 SO_2 排放量①

伴随我国 SO_2 排放总量减少的同时，各种脱硫设施在去除工业烟气中的 SO_2 时产生的脱硫副产物不断增多，这其中以脱硫石膏的产生量最多。现阶段我国脱硫石膏的综合利用率还十分低，仅为 30%左右②，远远低于国外发达国家的利用水平，已成为继火电厂粉煤灰后的第二大固体废弃物[173]。大部分地区电厂仍采取抛弃、堆存的方式处理脱硫石

① 数据来源：《2010 年中国统计年鉴》。
② “我国燃煤副产物综合利用待破题”，中国能源报，2010 年 11 月 8 日，第 18 版。

膏，除少数经济发达、石膏矿产资源相对匮乏的地区（如北京、上海、浙江和江苏的南部等）电厂脱硫石膏利用率能够达到 80%以上外，其他大部分地区，如山西、广西、山东、重庆、内蒙古等地，多数电厂脱硫副产物利用率在 50%以下，甚至 100%的脱硫副产物未能利用[174]。大量未经处理的脱硫石膏乱堆乱放，造成严重的二次污染风险。同时，由于缺少政策支持以及脱硫石膏目前品质较天然石膏还较差，因此，其资源化利用难度还比较大。

随着我国未来经济的持续快速发展，对火电和钢铁的需求量将不断上升，从而促使 SO_2 的产生量将不断增加。同时，随着环保要求的日趋严格和 SO_2 减排的继续推进，我国将不断加大对燃煤火电行业和钢铁行业烧结工序以及其他行业所使用的工业锅炉 SO_2 的治理力度，随着烧结矿产量大幅度增加和烧结机的大型化发展，钢铁行业烧结机单机废气量和 SO_2 排放量随之增大，更多的石灰石-石膏湿法脱硫设施将会投入使用，从而将产生更多的脱硫石膏。因此，迫切需要合理地预测脱硫石膏的产生量以及未来脱硫石膏的综合利用量，从而为我国制定脱硫石膏综合利用政策提供决策支持。

7.2 思路方法

7.2.1 产生原理及主要来源

1. 脱硫石膏产生原理

脱硫石膏是使用石灰石-石膏湿法等脱硫工艺①进行烟气 SO_2 去除时产生的副产品，主要成分为二水硫酸钙。该工艺是典型的气体化学吸收过程，通过使用石灰石或石灰的乳浊液吸收烟气中 SO_2，在洗涤烟气的过程中发生了复杂的化学反应，烟气中 SO_2 的脱除在气、液、固三相中进行，发生了气-液反应和液-固反应，最终通过结晶生成二水硫酸钙，即石膏。其主要反应方程式如下：

吸收：

$$SO_2+H_2O \longrightarrow H_2SO_3 \tag{1}$$

$$SO_3+H_2O \longrightarrow H_2SO_4 \tag{2}$$

中和：

$$CaCO_3+H_2SO_3 \longrightarrow CaSO_3+CO_2+H_2O \tag{3}$$

$$CaCO_3+H_2SO_4 \longrightarrow CaSO_4+CO_2+H_2O \tag{4}$$

$$CaCO_3+2HCl \longrightarrow CaCl_2+CO_2+H_2O \tag{5}$$

氧化：

$$2CaSO_3+O_2 \longrightarrow 2CaSO_4 \tag{6}$$

① 双碱法和电石渣-石膏脱硫工艺的脱硫副产物也是脱硫石膏，但由于其是石灰石-石膏湿法的改进工艺，且石膏产生原理大致相同，在本报告中不再分别论述，统称为石灰石-石膏法等脱硫工艺。

结晶：

$$CaSO_4+2H_2O \longrightarrow CaSO_4 \cdot 2H_2O \quad (7)$$

2. 脱硫石膏主要来源

脱硫石膏主要来源于石灰石-石膏湿法烟气脱硫设施。目前，我国 SO_2 排放主要以工业燃料燃烧的 SO_2 排放为主，而这其中燃煤火电行业①和钢铁行业②的烟气 SO_2 排放量占全国 SO_2 总排放量的比重最大，分别为 55%和 10%（图 7-2），石灰石-石膏湿法脱硫设施也主要集中于这两个行业。

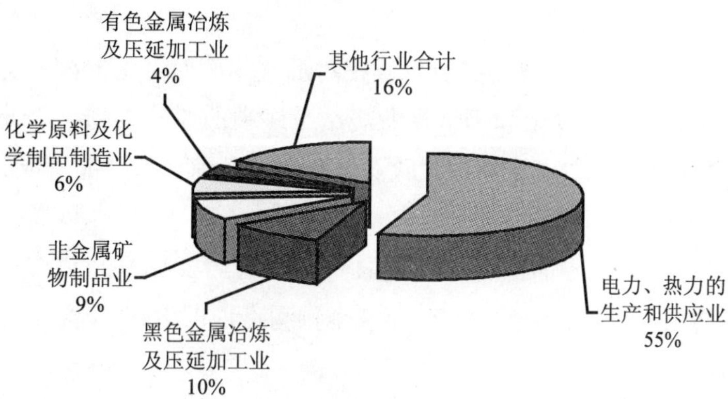

图 7-2 2009 年我国主要工业行业 SO_2 排放比重③

燃煤火电行业是脱硫石膏的主要来源。由于火电燃煤中含有大量的硫，其在燃烧过程中大部分转化为 SO_2 随烟气排放出来，因此燃煤火电行业利用脱硫设施去除烟气中 SO_2，从而完成燃煤发电过程中的 SO_2 减排。截至 2009 年年底，我国 90%的燃煤火电行业都已经安装脱硫设施，现已建成投产的脱硫机组容量达 3.6 亿 kW，其中石灰石-石膏湿法脱硫机组容量为 3.28 亿 kW，占所有脱硫设施脱硫机组容量的 91.2%④。

我国钢铁行业是脱硫石膏产生的第二大来源。钢铁企业也是 SO_2 排放的主要行业，钢铁行业 SO_2 主要来源包括烧结机、炼焦炉、燃煤锅炉、自备电厂等，烧结工序是钢铁冶炼的前道工序，铁矿石、煤及焦粉等原料中的硫在烧结工序的高温条件下被氧化生成 SO_2 并通过烟气排放出来。烧结工序中所产生的 SO_2 占钢铁企业排放总量 70%以上，个别企业达到 90%左右（不含燃煤自备电厂产生的 SO_2）。据统计，2009 年全国重点统计的钢铁企业 SO_2 排放量约 170 万 t，其中烧结 SO_2 排放量约 105 万 t。钢铁行业烧结烟气脱硫成为继火力发电机组烟气脱硫之后 SO_2 排放控制的重点。虽然烧结工序 SO_2 排放严重，但目前为止我国对烧结 SO_2 的治理工作才刚刚起步，截至 2009 年 5 月底，我国 $90m^2$ 以上

① 本研究中所指燃煤火电行业主要指以电力、热力的生产和供应业为统计行业。
② 本研究中所指钢铁行业主要以黑色金属冶炼及压延加工业为统计行业。
③ 数据来源：《2009 年中国环境统计年报》。
④ 数据来源：《2009 年全国投运燃煤机组脱硫设施清单》。

烧结机共有 570 余台，烧结机总面积 53 820 m^2。到 2009 年底，全国已建成并运行的钢铁烧结烟气脱硫设施为 120 台（套），仅占总数的 21%左右。这其中使用石灰石-石膏湿法脱硫设施的占总脱硫设施的 50%左右①。根据“十二五”大气污染联防联控规划指南，“十二五”期间，重点区域（三区六群）内钢铁行业中 90m^2 年产量 100 万 t 以上球团烧结设备要实现全部脱硫，预计这一措施于 2020 年在全国其他区域推行。可以预见未来石灰石-石膏湿法脱硫设施将不断增加，同时随着钢铁产量的不断增长，烟气脱硫所产生的脱硫石膏也将急剧增加。

7.2.2 研究范围

1）对象范围

脱硫石膏是由石灰石-石膏湿法脱硫设施在对烟气脱硫时产生的副产品，目前主要来源为燃煤火电行业烟气脱硫设施和钢铁行业烧结工序中的脱硫设施。因此，本研究所预测的脱硫石膏即为上述两种脱硫设施中脱硫石膏产生量及综合利用量、堆放量等。

2）时间范围

本研究对脱硫石膏产生量的预测包括 2011—2015 年、2016—2020 年两个阶段。其中主要为 2011 年、2013 年、2015 年、2020 年 4 个预测点，以 2009 年为基础年。

3）区域范围

主要包括中国大陆 31 个省、直辖市以及自治区，不包括港、澳、台地区。

7.2.3 技术路线

对脱硫石膏的预测首先通过预测燃煤火电行业和钢铁行业目标年份电力和钢铁的生产需求量计算出 SO_2 的产生量；然后根据国家未来 SO_2 减排目标获得目标年份 SO_2 去除量；进而根据石灰石-石膏湿法脱硫设施脱硫原理计算出目标年份去除这些数量的 SO_2 所产生的脱硫石膏量。预测思路及技术路线见图 7-3：

脱硫石膏预测技术路线和步骤：

（1）确定目标年份 SO_2 的减排目标。根据我国未来的环境保护政策，尤其是“十二五”节能减排规划目标，分别确定目标年份燃煤火电行业和钢铁行业 SO_2 减排目标。

（2）预测燃煤火电行业和钢铁行业目标年份的 SO_2 产生量。通过预测目标年份我国用电量需求和燃煤发电占总发电量的比例计算出目标年份燃煤发电需求量，进而利用单位电煤耗和煤含硫量以及燃煤 SO_2 转化率计算燃煤火电行业 SO_2 产生量；通过预测目标年份我国钢铁需求量以及吨钢烧结工序中 SO_2 产生量计算钢铁行业烧结工序中 SO_2 产生量。

（3）预测湿法石灰石-石膏法脱硫设施去除 SO_2 总量。根据目标年份燃煤火电行业和钢铁行业 SO_2 减排目标和产生量计算出目标年份 SO_2 去除量，即需要脱硫设施去除的 SO_2 总量。利用湿法石灰石-石膏法脱硫设施脱硫能力占燃煤火电行业和钢铁行业脱硫能力的比例确定需采用湿法石灰石-石膏法去除的 SO_2 总量。

① 数据来源：《钢铁行业烧结烟气脱硫实施方案》，工业和信息化部。

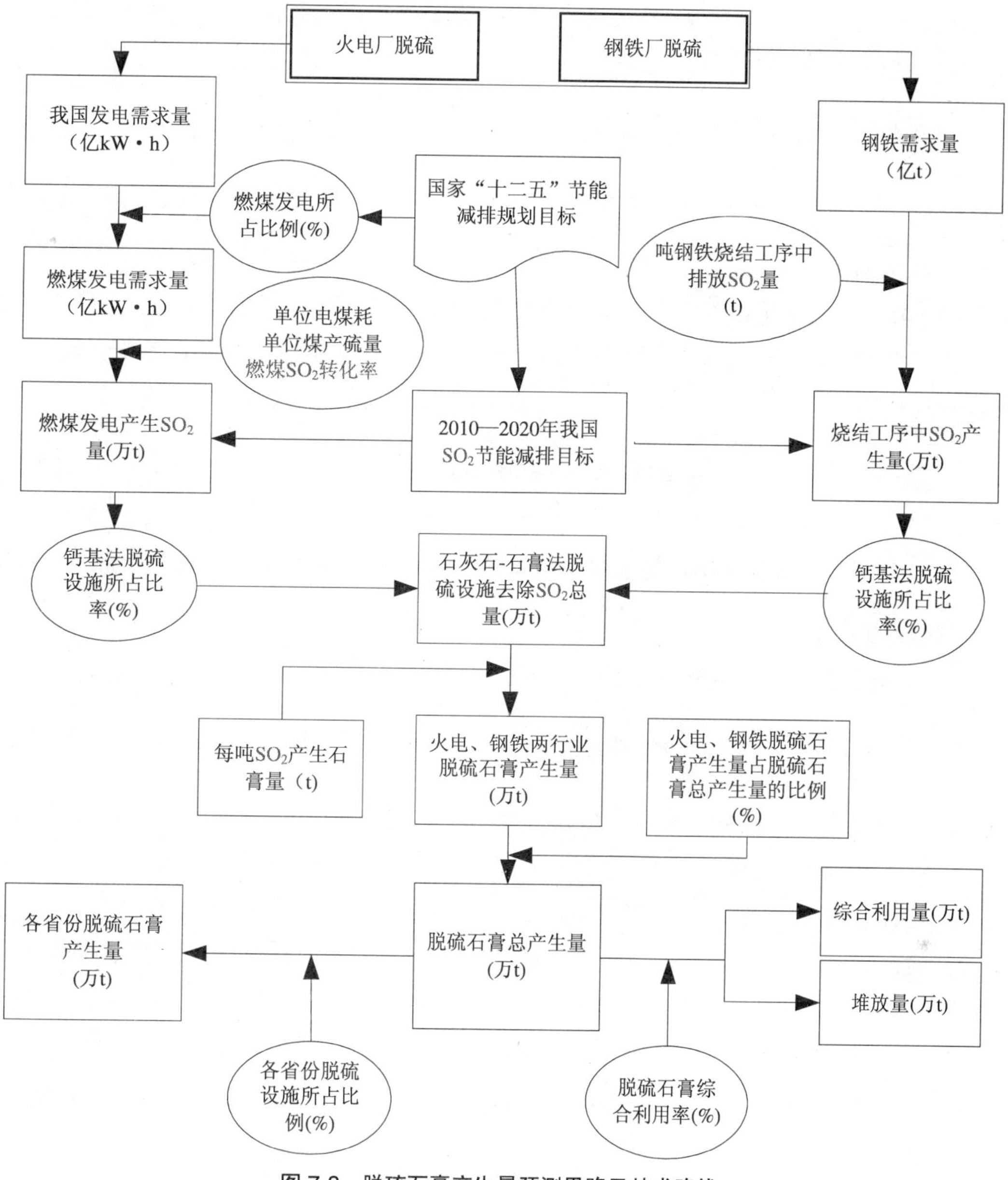

图 7-3 脱硫石膏产生量预测思路及技术路线

（4）预测脱硫石膏产生总量。根据脱硫设施去除每吨 SO_2 产生脱硫石膏量系数，可以计算出目标年份燃煤火电、钢铁行业脱硫石膏产生量，再与这两个行业脱硫石膏产生量占总产生量的比例相乘，即可计算出目标年份脱硫石膏总产生量。

（5）预测各省份脱硫石膏产生量。利用目标年份各省份脱硫设施脱硫能力占全国总脱硫能力比例计算各省份目标年份脱硫石膏产生量。根据《2009 年全国投运脱硫机组清单》中各省份脱硫设施装机容量数据计算各省份脱硫设施脱硫能力占全国总脱硫能力比例，并假设预测年份中该比例保持不变。

（6）预测脱硫石膏综合利用量和堆放量。利用脱硫石膏综合利用率计算脱硫石膏目标年份综合利用量和堆放量。

7.2.4 模型与方法

1）SO_2 产生量的模型方程式

$$\overset{\text{plant}}{S_i} = E_i \times \varepsilon_i \times \gamma \times \lambda\ ;\quad i = 2011, 2012, \cdots, 2020\ ; \tag{7-1}$$

式中，$\overset{\text{plant}}{S_i}$ 为燃煤火电行业第 i 年 SO_2 产生量，万 t；E_i 为第 i 年我国火电需求量，万 kW·h；ε_i 为第 i 年火电需求量占总电力需求量的比例，%；γ 为每度电所需燃煤量，取常数（按 2009 年全国平均值：339g/kW·h①）；λ 为每千克燃煤产生 SO_2 量，等于 2 倍含硫量②，燃煤含硫量取 1.23%。

$$\overset{\text{steel}}{S_i} = T_i \times \delta\ ;\quad i = 2011, 2012, \cdots, 2020\ ; \tag{7-2}$$

式中，$\overset{\text{steel}}{S_i}$ 为钢铁行业第 i 年烧结工序中 SO_2 产生量，t；T_i 为第 i 年钢铁生产量，t；δ 为生产每吨粗钢在烧结工序中 SO_2 产生量。

2）脱硫石膏产生量的模型方程式

$$\text{GYP}_i = (\overset{\text{plant}}{S_i} \times \overset{\text{plant}}{\eta_i} \times \overset{\text{plant}}{\mu_i} + \overset{\text{steel}}{S_i} \times \overset{\text{steel}}{\eta_i} \times \overset{\text{steel}}{\mu_i}) \times \frac{M}{N}\ ;\quad i = 2011, 2012, \cdots, 2020\ ; \tag{7-3}$$

式中，GYP_i 为第 i 年的脱硫石膏产生量，万 t；$\overset{\text{plant}}{S_i}$ 为燃煤火电行业第 i 年 SO_2 产生量，万 t；$\overset{\text{steel}}{S_i}$ 为钢铁行业第 i 年 SO_2 产生量，万 t；$\overset{\text{plant}}{\eta_i}$ 为燃煤火电行业第 i 年 SO_2 去除率，%；$\overset{\text{steel}}{\eta_i}$ 为钢铁行业第 i 年 SO_2 去除率，%；$\overset{\text{plant}}{\mu_i}$ 为火电行业第 i 年石膏湿法脱硫能力占脱硫能力总量的比例，%；$\overset{\text{steel}}{\mu_i}$ 为钢铁行业第 i 年石膏湿法脱硫能力占脱硫能力总量的比例，%；M/N 为湿法石灰石-石膏法脱硫法去除每吨 SO_2 脱硫石膏产生量系数，M 和 N 分别为 $CaSO_4 \cdot 2H_2O$ 和 SO_2 的摩尔质量。

3）各省份脱硫石膏产生量的模型方程式

$$\overset{\text{provi}}{\text{GYP}_i} = \overset{\text{plant}}{\text{GYP}_i} \times R_{pi} + \overset{\text{steel}}{\text{GYP}_i} \times r_{pi}\ ;\quad i = 2011, 2012, \cdots, 2020\ ; \tag{7-4}$$

式中，$\overset{\text{provi}}{\text{GYP}_i}$ 为 p 省第 i 年脱硫石膏产生量，万 t；$\overset{\text{plant}}{\text{GYP}_i}$ 为火电行业脱硫石膏产生总量，万 t；$\overset{\text{steel}}{\text{GYP}_i}$ 为钢铁行业脱硫石膏产生总量，万 t；R_{pi} 为 p 省石膏湿法脱硫设施脱硫能力占全国的比例，%；r_{pi} 为 p 省粗钢产量占全国粗钢总产量比例，%。

4）脱硫石膏综合利用量和堆放量的模型方程式

$$\overset{\text{utiliz}}{\text{GYP}_i} = \text{GYP}_i \times \overset{\text{utiliz}}{R_i}\ ;\quad i = 2011, 2012, \cdots, 2020\ ; \tag{7-5}$$

① 数据来源：《2009 年全国电力工业统计年报》。
② 根据燃烧反应方程式：$S+O_2=SO_2$ 可以知道反应的 S 和生成的 SO_2 的质量之比为 16:32=1:2，所以生成的 SO_2 的质量为 S 质量的 2 倍。

$$\overset{\text{stack}}{GYP_i} = GYP_i - \overset{\text{utiliz}}{GYP_i}\text{；}\quad i = 2011, 2012, \cdots, 2020 \tag{7-6}$$

式中，$\overset{\text{utiliz}}{GYP_i}$ 为第 i 年脱硫石膏综合利用量，万 t；$\overset{\text{stack}}{GYP_i}$ 为第 i 年脱硫石膏堆放量，万 t；$\overset{\text{utiliz}}{R_i}$ 为第 i 年脱硫石膏的综合利用率，%。

7.2.5 相关参数系数

上述模型方法计算中所要用到的相关参数系数说明如下：

（1）火力发电标准煤耗

指火力发电企业每生产 1 kW・h 的用电需要消耗的标准煤量，其计算公式为：发电标准煤耗（g/kW・h）=用于发电的标准煤耗量（g）÷发电量（kW・h）。本研究采用中国电力企业联合会的 2009 年 1～11 月统计数据，可以看出我国火力发电标准煤耗已接近世界发达国家的平均水平（330 g/kW・h），因此本研究假设目标年份该火力发电标准煤耗暂不再变化。

（2）S（硫）和 SO_2（二氧化硫）的转化比例

根据燃烧反应方程式：$S+O_2=SO_2$ 可以知道反应的 S 和生成的 SO_2 的质量之比为 16∶32=1∶2，所以生成的 SO_2 的质量为 S 质量的 2 倍。

（3）燃煤平均含硫率

根据文献[175]以及经验值设定我国火电行业所使用燃煤平均含硫率为 1.23%。随着时间的推移，燃煤含硫量会有进一步增加的趋势，因此，未来脱硫石膏的产生量会更多，防治压力也将更大。但由于对未来燃煤含硫率的定量化估算存在一定的困难，因此，本研究暂且假设未来燃煤含硫率在现阶段基础上保持不变。

（4）燃煤中硫转化为烟气中 SO_2 的转化率

根据文献[176]中的实测数据以及经验值设定我国火电行业中燃煤中的硫转化为烟气中的 SO_2 的转化率为 90%。

（5）烧结工序生产的吨钢 SO_2 产生量

烧结工序生产吨钢 SO_2 产生量是利用基年钢铁行业生产工艺过程①中 SO_2 产生量（去除量+排放量）除以基年粗钢产生总量得到。《2008 年环境统计年报》中钢铁行业②SO_2 总产生量为 219 万 t（其中燃料燃烧为 87 万 t，生产工艺过程为 132 万 t）。假设燃料燃烧和产生工艺 SO_2 产生量比例不变，则根据 2009 年 SO_2 产生总量（296 万 t）③获得 2009 年生产工艺中 SO_2 排放量为 178 万 t，除以 2009 年粗钢总产量（5.7 亿 t）则可以计算出基准年（2009 年）生产每吨粗钢烧结工序中产生量 SO_2 为 2.72 kg。

（6）湿法石灰石-石膏法脱硫设施去除每吨 SO_2 的石膏产生量

根据脱硫石膏反应方程式可知反应的 SO_2 与生成的 $CaSO_4 \cdot 2H_2O$（脱硫石膏）的质量之比为 32∶88=1∶2.75，所以生成的脱硫石膏的质量为产生 SO_2 质量的 2.75 倍。

① 烧结工序中的 SO_2 产生量是钢铁生产工艺过程中 SO_2 产生最主要来源之一。
② 即环境统计年报中的黑色金属冶炼及压延加工业。
③ 数据来源：《2010 年中国统计年鉴》。

（7）湿法石灰石-石膏法脱硫设施占火电行业和钢铁行业脱硫的比例

由于燃煤火电行业脱硫基本采用湿法石灰石-石膏法，目前已达到 90%左右，因此，预测目标这一比例在 2015 年将达到 95%，并一直保持到 2020 年。钢铁行业烧结工序中的烟气与火电行业稍许不同，其所采用的脱硫工艺也较火电行业更加多样。目前主要采用的脱硫工艺有干/半干法和湿法之分，干/半干法烟气脱硫技术主要包括喷雾旋转干燥吸收工艺（SDA）、循环流化床烟气脱硫工艺（CFB）等；湿法主要包括：石灰石-石膏湿法工艺、氨法烟气脱硫工艺、氧化镁湿法工艺等。这些方法中由于石灰石-石膏湿法具有造价低、占地面积小、使用动力小、脱硫效率高等特点，目前相对于其他脱硫工艺更具有优势，由此预计石灰石-石膏湿法脱硫设施目标年份可以占总脱硫设施的 50%，并预计这一比例到 2020 年将保持不变。

（8）各省份脱硫设施脱硫能力占全国比例

根据《2009 年全国投运脱硫机组清单》中 2009 年各省份火电厂石膏湿法脱硫设施脱硫装机容量占全国脱硫装机容量的比例，并假设该比例不变，则可得目标年份由电厂产生的脱硫石膏量在各省份的分布情况。而由于暂时没有钢铁行业脱硫设施的数量，则按照 2009 年各省份粗钢产量作为权重将钢铁行业脱硫石膏产生量分配到各省份，最终将火电行业和钢铁行业计算所得各省份脱硫石膏产生量加和，获得各省份的脱硫石膏总产生量。

（9）脱硫石膏的综合利用情景方案

我国目前脱硫石膏的综合利用率仅为 30%左右[177]，远远低于国外发达国家的利用水平。随着我国未来对脱硫石膏的环保政策支持以及石灰石-石膏法脱硫技术的不断改进，预测未来我国脱硫石膏的综合利用率将不断提高。本报告中设置了两个高低不同的情景方案，方案一（低方案）情景是指石灰石-石膏法脱硫技术在现有基础上稳步提升，针对脱硫石膏综合利用的环保政策及法律法规稳步完善的发展情况，预测在低方案情景下 2011、2013、2015、2020 年脱硫石膏的综合利用率将分别达到 32%、40%、45%、60%；方案二（高方案）是指石灰石-石膏法脱硫技术在现有基础上快速提升，在脱硫石膏综合利用方面采取更加严格、更加完善的环保政策及法律法规，不断加大脱硫石膏综合治理和利用力度的发展情况，预测高方案下 2011、2013、2015、2020 年脱硫石膏的综合利用率将分别达到 35%、45%、55%、70%。

7.3 产排量现状

7.3.1 脱硫石膏产生总量分析

表 7-1 是我国 2006—2009 年脱硫石膏产生量计算结果。可以看出，我国 2006—2009 年脱硫石膏呈现稳步持续快速增长的趋势，从 2006 年的 1 154 万 t 快速增长到 2009 年的 3 571 万 t，年均增长率达到 46%，4 年间增加了 2 倍多，其中 2006—2007 年增长速度最

快，增长率达到 71%，增长了近 0.7 倍。

火电行业脱硫石膏产生量从 2006 年的 1 119 万 t 持续快速增长到 2009 年的 3 489 万 t，年均增长率为 46%，4 年间增加了 2 倍，略高于总产生量的年均增长速度。其中 2007 年增长速度最快，增长率达到 72%，而后两年下降到 45%和 25%，其原因主要与火电行业 SO_2 去除率的快速提高有较大关系（见图 7-4）。

钢铁行业脱硫石膏产生量从 2006 年的 35 万 t 增长到 2009 年的 82 万 t，大致呈现先慢后快的波动增长趋势，年均增长率为 32%，4 年间增长了 1.3 倍。其中 2009 年增长速度最快，达到 93%，几乎增长了 1 倍，而 2008 年的产生量较 2007 略微下降，下降了 7%。可以看出钢铁行业脱硫石膏的产生量与钢铁行业 SO_2 去除率的变化趋势大体一致（见图 7-4）。

表 7-1 2006—2009 年我国脱硫石膏产生量现状 单位：万 t

指标	2006 年	2007 年	2008 年	2009 年	年均增长率
火电行业脱硫石膏产生量	1 119	1 929	2 790	3 489	46%
钢铁行业脱硫石膏产生量	35	45	42	82	32%
脱硫石膏产生总量	1 154	1 975	2 833	3 571	46%

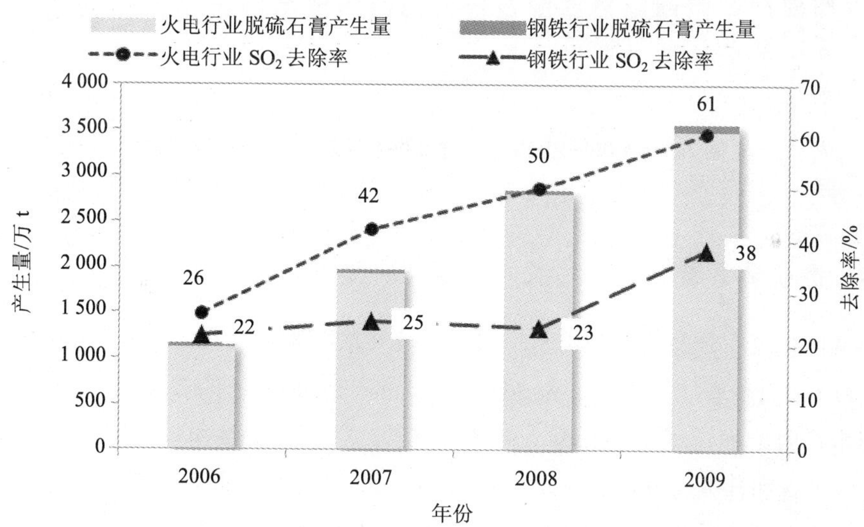

图 7-4 2006—2009 年脱硫石膏产生量现状

7.3.2 各省份脱硫石膏产生量

从各省份脱硫石膏产生量分布情况来看（图 7-5），我国各省份脱硫石膏产生量也相应呈快速增长趋势，2006 年脱硫石膏产生总量超过 200 万 t 的省份仅有江苏省 1 个，为 202 万 t。超过 100 万 t 的省份共有 3 个，除江苏外还有广东、浙江，分别为 117 万 t 和 107 万 t。而产生量少于 25 万 t 的省份有 17 个，其中西藏几乎为零，其次是新疆和宁夏，分别仅为 0.3 万 t 和 2.7 万 t。其中产生数量最多的 3 个省份与最少的 3 个省份比例为 143∶1。

到 2009 年，脱硫石膏产生总量超过 250 万 t 的省份已经有 3 个，江苏依然最多，达到 292 万 t，此外依次是河南和内蒙古，分别为 278 万 t 和 264 万 t。产生量超过 200 万 t 的省份还有 5 个，依次是河北、山西、山东、浙江、广东，产生量超过 100 万 t 的省份共有 13 个，几乎全都位于中东部地区。而产生量少于 25 万 t 的省份仅剩下西藏、青海和海南 3 个省份，分别为 0 万 t、10 万 t 和 16 万 t。产生数量最多的 3 个省份与最少的 3 个省份比例为 32∶1。

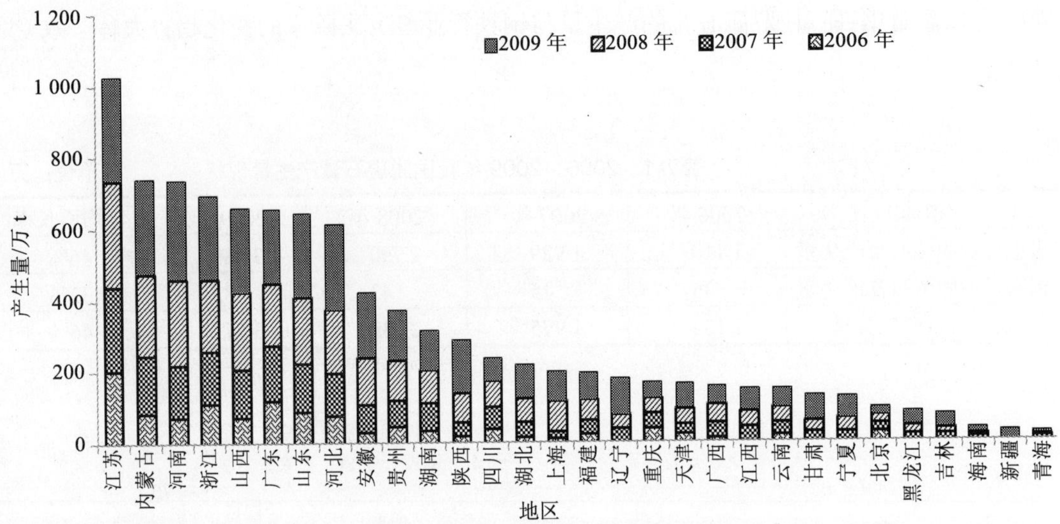

图 7-5　2006—2009 年各省份脱硫石膏产生量现状分布

7.3.3 各省份脱硫石膏综合利用及堆放现状

从各省份脱硫石膏的处置利用及堆放现状分布情况来看（图 7-6），脱硫石膏堆放量超过 200 万 t 的省份有江苏 1 个，为 205 万 t。而超过 100 万 t 的省份共 10 个，除江苏外还包括河南、内蒙古、河北、山西、山东、浙江、广东、安徽和陕西。基本上是中东部地区的工业大省和耗电大省。堆放量少于 20 万 t 的是西藏、青海、海南、北京和新疆，除北京外基本都属于欠发达地区，而北京电力需求主要是“西电东送”由山西和内蒙古输送过来，因此北京火力发电量也较少，因而堆放的脱硫石膏也非常少，仅为 16 万 t。

7.4 预测结果

7.4.1 基础数据预测

1．未来发电需求量预测

电力是一个国家经济发展的最重要的物质基础。经济增长与电力需求往往存在较强的相关性。自改革开放以来，我国经济不断增长的同时对电力的需求量也不断增长。2002 年电力体制改革后，我国发电装机增长速度明显加快，2004 年以后均保持了两位数的快速增长。截至 2009 年底，全国发电装机容量达到 8.74 亿 kW（其中煤电 5.99 亿 kW），发电总量达到 3.65 万亿 kW·h[①]，电力需求及供应能力都进一步增强。

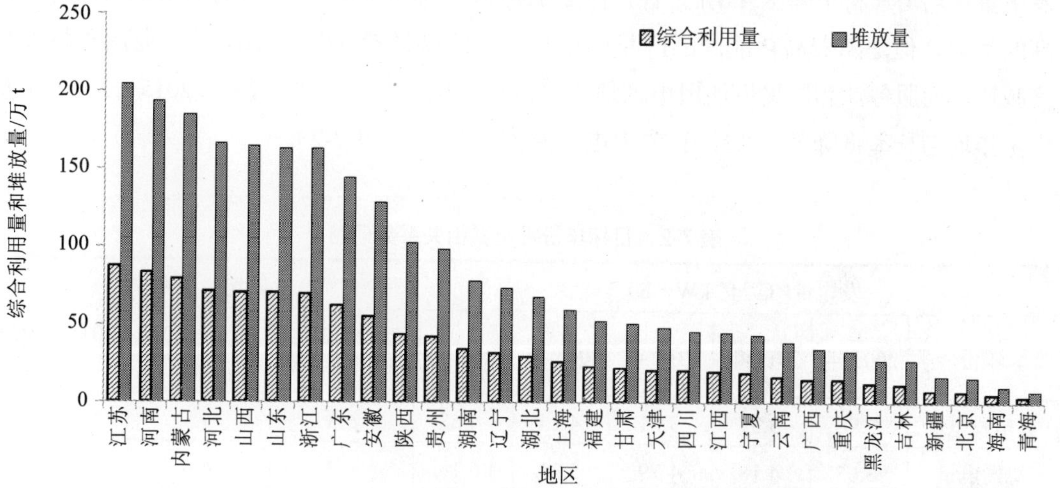

图 7-6　2009 年各省市脱硫石膏综合利用量和堆放量

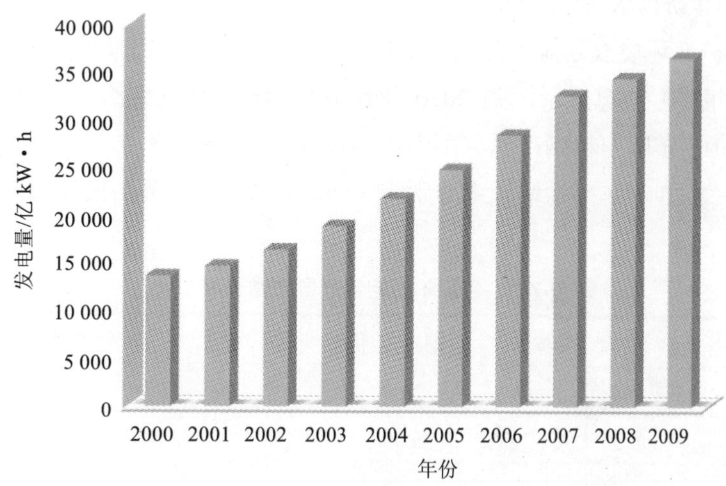

图 7-7　2000—2009 年我国电力发电总量

从发电结构上来看，2009 年火电发电占比仍高达 81.7%[②]，这就决定了目前很长一段时期内，我国能源结构以煤为主的火电结构不会改变，火电仍将是我国主要的发电方式。但考虑到环境容量和煤炭资源开发速度的限制，火电比例将有所降低，预计到 2020 年火电发电比例有可能控制在 76%左右[③]。

① 数据来源：中华人民共和国国家统计局网站，http://www.stats.gov.cn/。
② 数据来源：《2009 年国民经济统计年报》，国家统计局。
③ 数据来源：《2009—2020 年中国节能减排重点行业环境经济形势分析与预测报告》，中国环境规划院。

从图 7-7 中可知，2009 年我国发电量达到 3.65 万亿 kW • h[①]，根据环境保护部环境规划院发布的《2009—2020 年中国节能减排重点行业环境经济形势分析与预测报告》显示，到 2020 年，我国发电量将达到 6.16 万亿 kW • h，年均增长率为 4.9%。电力需求在 2011—2013 年出现较快增长，发电量年均增速将升至 7%左右。在 2013—2015 年期间，发电量年均增速将下降至 4.6%左右。在 2015—2020 年期间，虽然电力需求仍将保持比较高的增速，但是随着高耗能产品产量的饱和，占终端消费 60%～70%的工业用电将大幅度减速，而服务业和居民生活用电增速仍将保持在相当高的水平，预计 2015—2020 年发电量年均增长率将降至 3.3%，其中火电下降为 2.5%（见表 7-2）。

表 7-2　目标年份发电量相关系数预测

年份	发电量/（万亿 kW • h）					年均增长率/%		
	2009 年	2011 年	2013 年	2015 年	2020 年	2011—2013 年	2013—2015 年	2015—2020 年
火电发电量	2.98	3.37	3.81	4.14	4.68	6.3	4.3	2.5
总发电量	3.65	4.18	4.79	5.24	6.16	7	4.6	3.3
火电构成/%	81.7	80.7	79.6	79.1	76.0	—	—	—

2. 粗钢目标年份需求量预测

根据环境保护部环境规划院发布的《2009—2020 年中国节能减排重点行业环境经济形势分析与预测报告》测算显示，到 2020 年国内粗钢产量将达到约 8 亿 t。其中，2011 年、2013 年和 2015 年国内粗钢产量分别为 6.09 亿 t、6.53 亿 t 和 7 亿 t，相应地，2011—2015 年和 2015—2020 年年平均增长率分别为 3.5%和 2.7%，预测结果如表 7-3 所示。

表 7-3　目标年份粗钢产量和增长率

年份	粗钢产量/亿 t	年平均增长率/%
2009	5.68	3.5
2011	6.09	
2013	6.53	
2015	7	2.7
2020	8	

3. 火电行业 SO_2 产生量、排放量及去除量预测

我国“十一五”环境保护规划中指出 SO_2 的减排目标是在 2005 年 SO_2 排放量（1 980 万 t）基础上减少 10%，即到 2010 年我国 SO_2 排放量控制在 1 780 万 t，电力行业 SO_2 排放量控制在 1 050 万 t；2009 我国 SO_2 排放总量为 1 694 万 t，电力行业 SO_2 排放量为 933

① 数据来源：《2009 年国民经济统计年报》，国家统计局。

万 t[①]，已经提前完成“十一五”减排目标。假设 2010 年我国 SO_2 排放量减排力度与前 4 年相同，为 1 620 万 t，电力行业 SO_2 排放量为 900 万 t。

根据国家“十二五”环境保护规划设定的污染物减排目标，我国 2015 年 SO_2 排放总量将在 2010 年基础上减少 8%，2020 年 SO_2 排放总量将在 2015 年基础上再减少 5%。那么到 2015 年和 2020 年我国 SO_2 排放量需分别控制在 1 490 万 t 和 1 416 万 t。假设电力行业 SO_2 排放量占 SO_2 排放总量的比例与 2009 年（56%）大致相同，那么电力行业 2015 年和 2020 年 SO_2 排放量需分别控制在 835 万 t 和 793 万 t。

通过计算 SO_2 总产生量可得出目标年份 SO_2 总去除量分别为 1 636 万 t、1 996 万 t、2 272 万 t 和 2 720 万 t。同时，火电行业需要使用脱硫设施完成 SO_2 减排的是工程减排和监管减排，未来 10 年两者所占火电行业减排份额基本将保持在 90%，因此可知工程、监管减排目标年份 SO_2 去除量分别是 1 472 万 t、1 796 万 t、2 045 万 t 和 2 448 万 t。而这正是核算脱硫石膏产生量需要计算的 SO_2 去除量。具体如表 7-4 所示。

表 7-4　火电行业目标年份 SO_2 去除量　　单位：万 t

指标＼年份	2011	2013	2015	2020
SO_2 总产生量	2 529	2 860	3 107	3 513
SO_2 总排放量	893	864	835	793
SO_2 总去除量	1 636	1 996	2 272	2 720
工程、监管减排去除量	1 472	1 796	2 045	2 448

备注：目标年份 SO_2 总产生量是根据火力发电量以及相关系数计算而得；去除量=产生量－排放量

4．钢铁行业 SO_2 产生量、排放量及去除量预测

目前，钢铁行业还具有较大的 SO_2 减排空间。钢铁行业 SO_2 脱硫能力还较为薄弱，“十一五”期间，钢铁行业 SO_2 排放量反而呈不断增长的趋势，从 2005 年的 142.2 万 t 增长到 2009 年的 170.18 万 t，并且 2009 年 SO_2 去除率仅为 42.6%，远远低于其他行业。因此，在“十二五”、“十三五”期间应加大钢铁行业节能减排力度，采取更为严格的措施。根据“十二五”我国重点区域大气污染联防联控指导意见，“十二五”期间，重点区域内（三区六群）钢铁行业中 $90m^2$ 以上或年产量 100 万 t 以上球团烧结设备要实现全部脱硫，预计“十三五”期间这一政策将在全国实施。因此假设钢铁行业 2010 年 SO_2 排放量与 2009 年相同，则合理设定 2015 年钢铁行业 SO_2 排放量需要在 2010 年基础上减少 15%，2020 年 SO_2 排放量在 2015 年基础上减少 10%，则钢铁行业 2015 年、2020 年 SO_2 排放量分别为 144.7 万 t 和 130.2 万 t。预计在钢铁行业的 SO_2 的排放中，烧结工序大概占 75%[②]。据此可以推算出 2015 年和 2020 年我国钢铁行业烧结工序 SO_2 排放量分别为 109 万 t 和 98

① 数据来源：《2009 年中国统计年鉴》。
② 数据来源：《钢铁行业烧结烟气脱硫实施方案》，工业和信息化部。

万 t，SO_2 去除量分别为 82 万 t 和 120 万 t，即需要通过脱硫设施去除 SO_2 的量，具体如表 7-5 所示。

表 7-5 钢铁行业目标年份烧结工序 SO_2 产生、排放、去除量　　单位：万 t

指标＼年份	2011	2013	2015	2020
SO_2 产生量	166	178	190	218
SO_2 排放量	124	116	109	98
SO_2 去除量	42	61	82	120

7.4.2 脱硫石膏预测

按照上述的预测思路和方法，使用相关基础数据和技术参数，对脱硫石膏的产生量、综合利用量、堆放量以及各省份的产生、综合利用和堆放情况进行预测分析。

1. 总产生量预测

目标年份我国脱硫石膏产生量预测结果见表 7-6。

表 7-6 目标年份我国脱硫石膏产生量预测　　单位：万 t

参数	2011 年	2013 年	2015 年	2020 年	年均增长率
火电行业脱硫石膏产生量	3 726	4 544	5 343	6 394	6.2%
钢铁行业脱硫石膏产生量	58	84	113	165	12.4%
脱硫石膏总产生量	3 783	4 628	5 455	6 559	6.3%

从预测结果看，我国脱硫石膏总产生量将呈现快速增加趋势，脱硫石膏总产生量从 2011 年的 3 783 万 t 快速增加到 2015 年的 5 455 万 t，“十二五”期间年均增长率高达 9.6%；到 2020 年将增长到 6 559 万 t，“十三五”期间增长速度有所趋缓，年均增长率下降为 3.8%，2010—2020 年 10 年间年均增长率为 6.2%，增加了近 1 倍。可以看出我国在加大 SO_2 减排的同时引起脱硫副产物——脱硫石膏的快速增长。

从行业来看（见图 7-8），火电行业从 2011 年的 3 726 万 t 快速增加到 2015 年 5 343 万 t，“十二五”期间年均增长率为 9.4%；到 2020 年增长到 6 394 万 t，“十三五”期间年均增长率下降为 3.7%，增长速度虽低于钢铁行业，但总量十分巨大，是脱硫石膏主要的产生来源。钢铁行业脱硫石膏从 2011 年的 58 万 t 增长到 2015 年 113 万 t，“十二五”年均增长率高达 18.3%；到 2020 年为 165 万 t，“十三五”期间增长速度也出现下降趋势，年均增长速度下降为 7.9%，但从总量来看依旧较少。

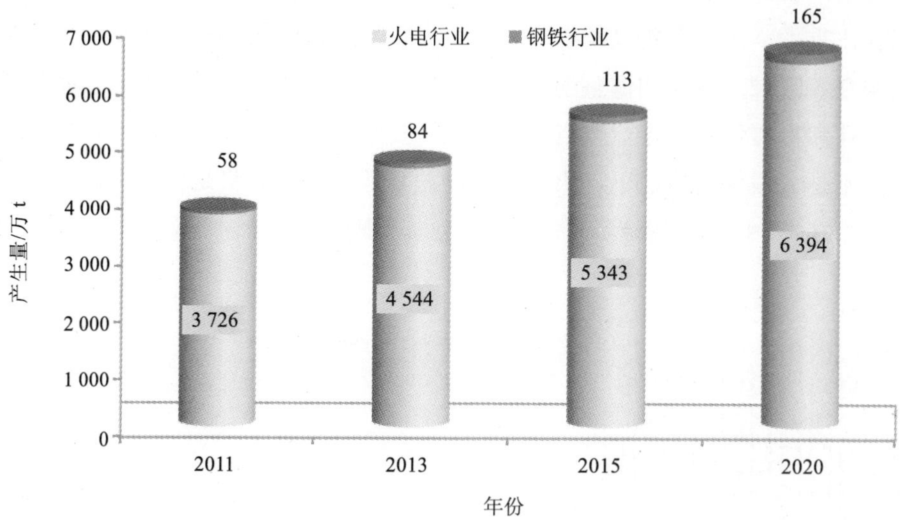

图 7-8 我国目标年份两大行业脱硫石膏产生量

2. 各省份产生量预测

目标年份我国各省份脱硫石膏产生量预测结果如图 7-9、图 7-10 所示。计算结果显示，随着我国未来不断加大工业 SO_2 减排力度，脱硫石膏作为最主要的脱硫副产物将不断增加，各省份脱硫石膏的产生量在未来 10 年内也基本保持不断增长的趋势。从“十二五”期间各省份来看，脱硫石膏产生量超过 1 500 万 t 的省份有 7 个。前 3 个依次是江苏、河南、内蒙古，总产生量分别为 1 892 万 t、1 801 万 t、1 717 万 t。其中江苏、河南属于工业大省、人口大省，生产、生活需大量火电消费，且石灰石-石膏法脱硫设施普及率较高，因此脱硫石膏产生量较大；内蒙古则属于煤炭能源大省，随着西部大开发“西电东送”工程的不断推进，内蒙古将建立大量火力发电企业向河北、北京、天津等地区输送电力，这些火电企业的生产将促使内蒙古脱硫石膏产生量快速增多。脱硫石膏产生量少于 150 万 t 的省份有 4 个，分别是西藏、青海、海南和北京。西藏和青海作为西部地区省份，人口稀少，工业发展也较为缓慢，因此脱硫石膏总产生量也最少；海南作为我国最南端省份，主要以休闲旅游业为主，居民和工业用电较少，因此脱硫石膏总产生量也较少；北京作为现代化大都市，未来重点发展现代服务业，工业尤其是重工业已经转移到周边地区，且北京部分用电量可以从内蒙古和山西等地输送过来，因此其脱硫石膏产生量也比较少。

对比东、中、西及东北地区“十二五”期间脱硫石膏区域产生强度（见图 7-11）可知，“十二五”期间，东、中、西、东北地区脱硫石膏区域产生强度分别为 952 万 t、1 049 万 t、510 万 t 和 395 万 t，其中中部地区最多、东部地区略低于中部地区，西部地区仅为中部地区的 1/2，东北地区最少，仅为中部地区的 1/3。将各区域脱硫石膏产生总量省平均值与全国省平均值（746 万 t）进行比较，东、中部地区都超过了全国平均水平，分别为全国平均水平的 1.3 倍、1.4 倍；而西部、东北地区都要低于全国平均水平，分别为全国平均水平的 0.7 倍、0.5 倍。

可以看出，目标年份我国脱硫石膏产生总量主要集中于东、中部地区，这与东、中部地区工业比重大，人口密集以及以火力发电为主的能源结构有较为密切关系。同时，随着我国未来各区域产业结构调整的进一步推进，中部地区作为未来我国包括钢铁行业在内的重工业和机械装备制造业重点发展区域，其电力需求将进一步加大，在其他形式能源发展还不是太成熟的情况下，火力发电，尤其是煤电行业将是中部地区解决电力需求的主要能源方式，因此，脱硫石膏的产生量也将不断增加。

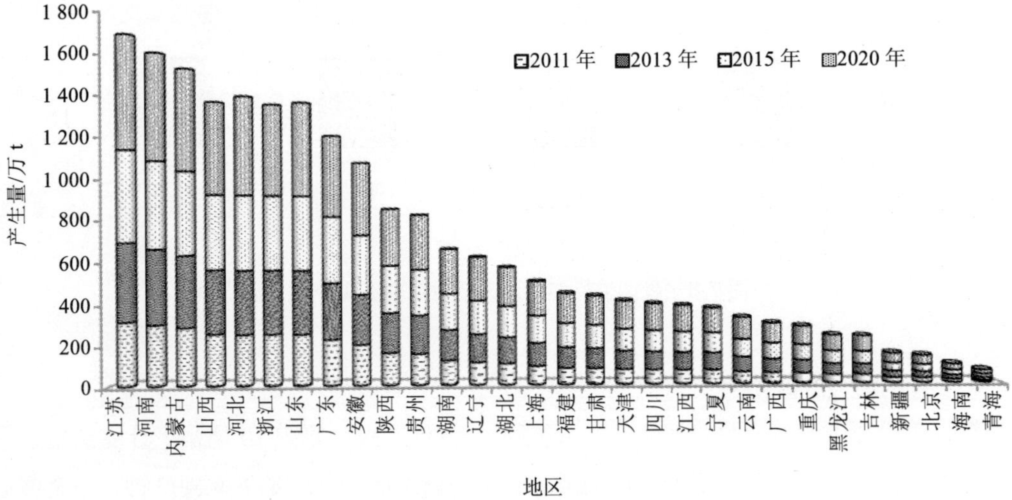

图 7-9　各省市目标年份脱硫石膏产生量

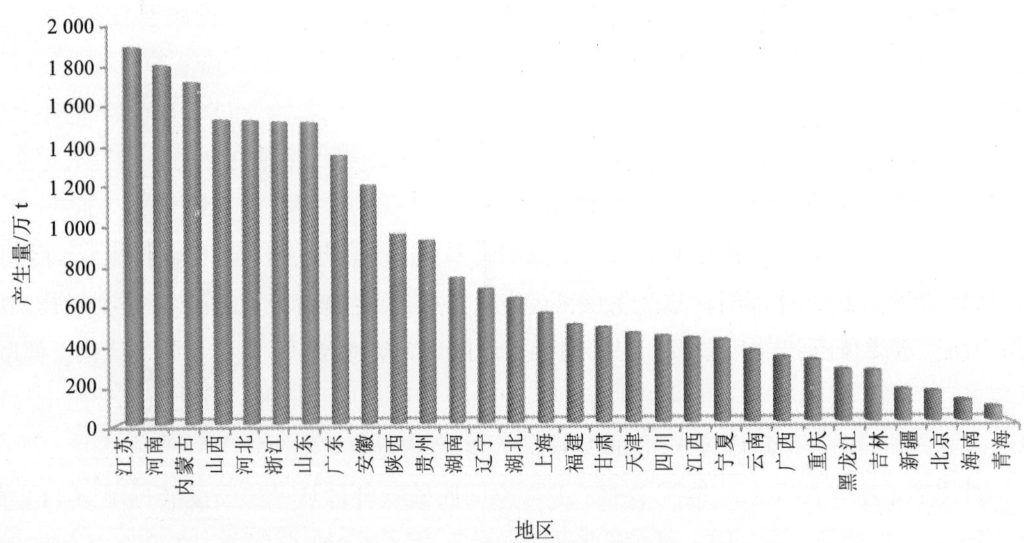

图 7-10　“十二五”期间脱硫石膏产生量分布

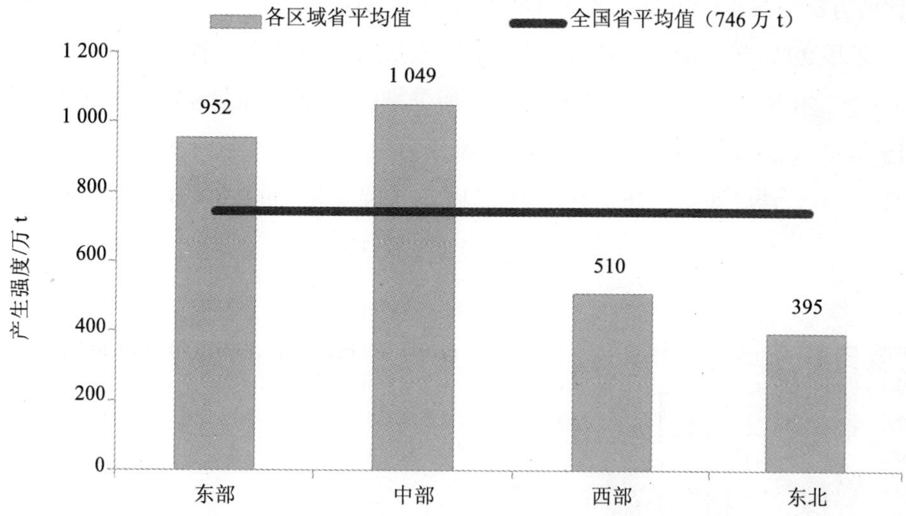

图 7-11　各区域脱硫石膏区域产生强度比较

而西部地区工业和城镇化速度虽然呈现快速发展的趋势，但是由于城镇人口较少、脆弱的生态系统不允许过多发展重工业从而导致西部地区未来电力需求增长将较为缓慢；并且西部地区太阳能、风能、水能等绿色能源潜力十分巨大，随着未来我国加大节能减排的力度，加快发展西部绿色能源，西部地区未来将逐渐转向绿色能源发电为主的能源结构，脱硫石膏作为煤炭发电的副产物将随之逐渐减少。

东北地区虽是我国老工业基地，但是一来工业发展受阻，未来将逐渐转变产业结构，向高科技产业和现代服务业转变，从而导致电力需求减少；二来东北地区火力发电脱硫设施装机能力较低，火力发电企业相对其他省份也较少，因此东北地区目标年份脱硫石膏产生量增长速度较缓，总产生量较少。

3. 综合利用与堆放量预测

1）全国

通过设置高低两种不同的情景方案对目标年份我国脱硫石膏处理处置情况进行情景模拟，从而获得目标年份我国脱硫石膏的综合利用量和堆放量。结果如表 7-7 所示。

表 7-7　我国脱硫石膏综合利用量和堆放量情景模拟

参数	情景	2011 年	2013 年	2015 年	2020 年
脱硫石膏综合利用率/%	方案一	32	40	45	60
	方案二	35	45	55	70
脱硫石膏综合利用量/万 t	方案一	1 211	1 851	2 455	3 936
	方案二	1 324	2 083	3 000	4 592
脱硫石膏堆放量/万 t	方案一	2 573	2 777	3 000	2 624
	方案二	2 459	2 546	2 455	1 968

对比两方案目标年份脱硫石膏综合利用和堆放情况（图 7-12），在高方案（方案二）中，2015 年和 2020 年脱硫石膏的综合利用量分别达到 3 000 万 t 和 4 592 万 t，呈快速增长趋势，“十二五”、“十三五”期间年均增长率分别达到 23%和 9%。在低方案（方案一）中，2015 年和 2020 年脱硫石膏的综合利用量分别为 2 455 万 t 和 3 936 万 t，虽也呈不断增长趋势，但增长速度要低于高方案，“十二五”、“十三五”期间年均增长率分别仅为 19%和 10%。

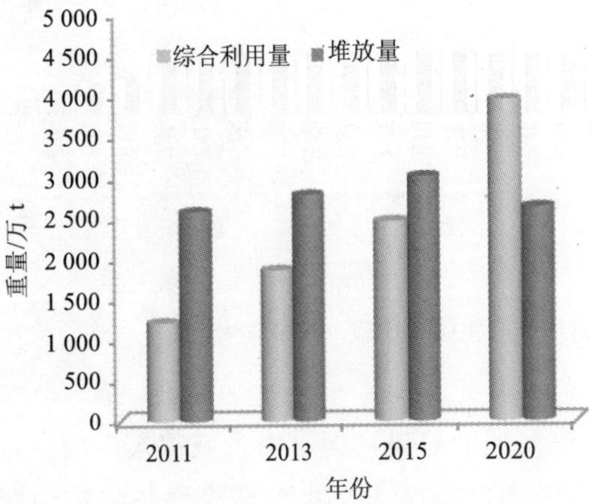

(a) 方案一

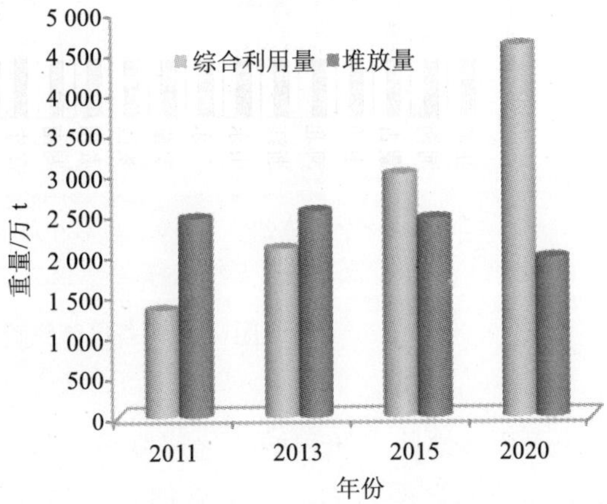

(b) 方案二

图 7-12　脱硫石膏综合利用量情景方案比较

在高方案（方案二）中，目标年份脱硫石膏堆放量呈倒“U”形发展趋势，从 2011 年的 2 459 万 t 缓慢增长到 2013 年的 2 546 万 t，而后分别下降到 2015 年、2020 年的 2 455 万 t、1 968 万 t。在低方案（方案一）中，脱硫石膏的堆放量虽也呈倒“U”形发展趋势，但倒“U”形的拐点要晚于方案一，从 2011 年的 2 573 万 t 快速增长到 2015 年的 3 000 万 t，而后又缓慢下降到 2020 年的 2 624 万 t。可以看出高方案情景下脱硫石膏的堆放量整体要低于低方案堆放量，且下降趋势要更早，下降的速率更快。然而，无论是高方案还是低方案，目标年份的脱硫石膏堆放量还是十分巨大，每年还将有 2 000 多万 t 脱硫石膏无法得到利用，这不但不能增加企业收益，反而会对企业造成负担，对环境造成巨大污染危害。

2）各省份

对比两种方案下，“十二五”期间各省份脱硫石膏堆放量的分布情况（见图 7-13），在方案一中，“十二五”期间脱硫石膏堆放量超过 1 000 万 t 的省份有 3 个，江苏最高为 1 141 万 t，超过 800 万 t 的省份共有 8 个，除江苏外还有 7 个，基本上都是位于中部和东部地区。在方案二中，“十二五”期间脱硫石膏堆放量超过 1 000 万 t 的省份仅江苏省，为 1 023 万 t。超过 800 万 t 的共有 7 个，除江苏外还有河南、内蒙古、山西、河北、浙江和山东。

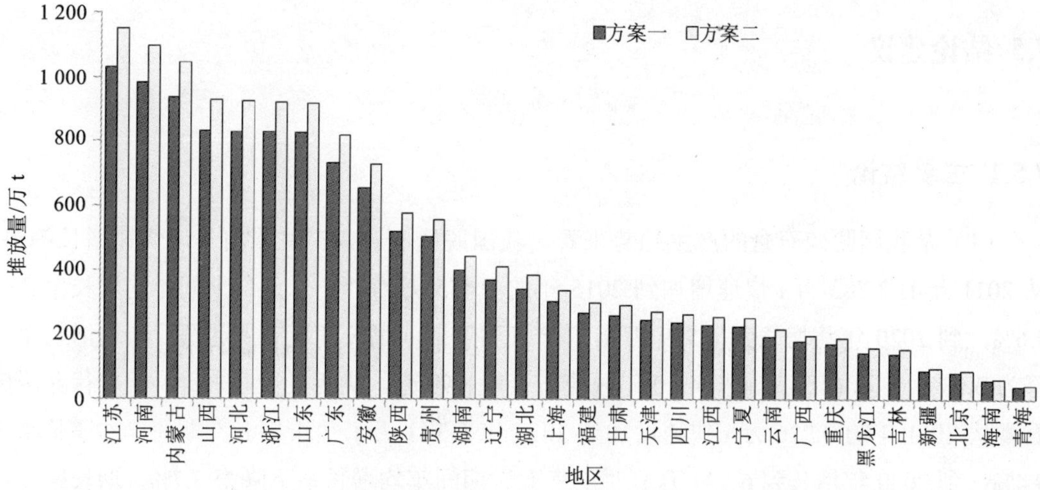

图 7-13　不同情景方案下“十二五”期间脱硫石膏堆放量比较

（3）各区域

从“十二五”各区域脱硫石膏堆放量分布情况来看（见图 7-14），东部地区是“十二五”期间脱硫石膏堆放量最多的区域，占我国“十二五”期间脱硫石膏堆放总量的 41%左右；中、西部地区脱硫石膏堆放量占全国比例分别为 27%和 26%，略低于东部地区；东北地区脱硫石膏堆放量最少，仅为全国总量的 5%。上述脱硫石膏堆放量分布趋势表明，目前我国脱硫石膏堆放存在着各区域总量分布不均衡状况，这与各区域的产业结构、能源结构、电力需求、人口规模及经济发展水平具有较大关系。

对比两个情景方案可以看出，方案一情景下各区域脱硫石膏堆放量都要略高于方案二情景下，其中东部地区差距最大，达 592 万 t；中、西部地区两个方案的差距分别为 391 万 t 和 380 万 t；东北地区两个方案之间差距最小，为 74 万 t。由此可见，大力提高脱硫石膏综合利用率情况下（方案二）各区域“十二五”期间脱硫石膏堆放量要明显低于方案一情景下。

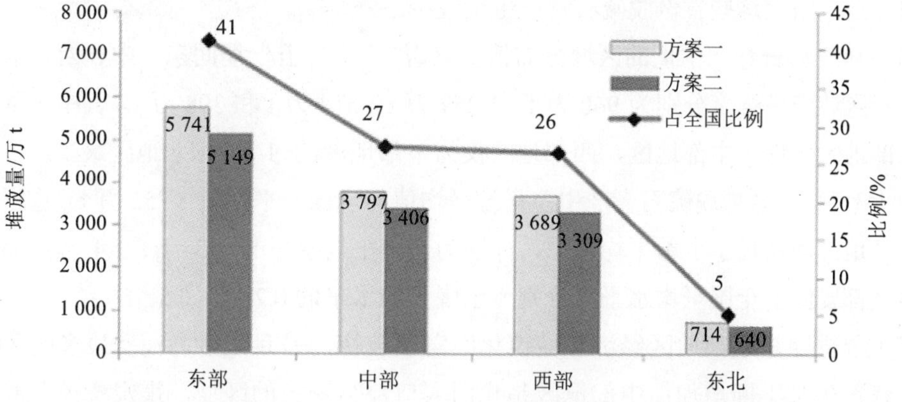

图 7-14　不同情景方案下“十二五”期间各区域脱硫石膏堆放量比较

7.5 结论建议

7.5.1 主要结论

（1）从我国脱硫石膏的产生趋势来看，我国脱硫石膏总产生量将呈现快速增长趋势，从 2011 年的 3 783 万 t 快速增加到 2015 年的 5 455 万 t，“十二五”期间年均增长率高达 9.6%；到 2020 年将增长到 6 559 万 t，“十三五”期间增长速度有所趋缓，年均增长率下降为 3.8%。可以看出我国未来 10 年脱硫石膏增长迅速。从两大行业来看，火电行业脱硫石膏从 2011 年的 3 726 万 t 快速增加到 2015 年 5 343 万 t，“十二五”期间年均增长率为 9.4%；到 2020 年增长到 6 394 万 t，“十三五”期间年均增长率下降为 3.7%，增长速度虽低于钢铁行业，但总量十分巨大，是脱硫石膏主要的产生来源。钢铁行业脱硫石膏从 2011 年的 58 万 t 增长到 2015 年 113 万 t，“十二五”年均增长率高达 18.3%；到 2020 年为 165 万 t，“十三五”期间增长速度也出现下降趋势，年均增长速度下降为 7.9%，但从总量来看依旧较少。

（2）从目标年份我国各省份脱硫石膏产生量来看，各省份在未来 10 年内也基本保持不断增长的趋势。从“十二五”期间各省份来看，脱硫石膏产生量超过 1 500 万 t 的省份有 7 个，前 3 个依次是江苏、河南、内蒙古，总产生量分别为 1 892 万 t、1 801 万 t、1 717 万 t。其中江苏、河南属于工业大省、人口大省，生产、生活需大量火电消费，且石灰石-石膏法脱硫设施普及率较高，因此脱硫石膏产生量较大；内蒙古则属于煤炭能源大省，随着西部大开发“西电东送”工程的不断推进，内蒙古将建立大量火力发电企业向河北、北京、天津等地区输送电力，这些火电企业的生产将促使内蒙古脱硫石膏产生量快速增多。脱硫石膏产生量少于 150 万 t 的省份有 4 个，分别是西藏、青海、海南和北京。西藏和青海作为西部地区省份，人口稀少，工业发展也较为缓慢；海南作为我国最南端省份，主要以休闲旅游业为主，居民和工业用电较少；北京作为现代化大都市，未来重点发展现代服务业，因此这些省份脱硫石膏产生量较少。

（3）从脱硫石膏产生量的区域分布情况来看，“十二五”期间东、中、西、东北地区脱硫石膏区域产生强度分别为 960 万 t、1 059 万 t、514 万 t 和 398 万 t，其中中部地区最多、东部地区略低于中部地区，西部地区仅为中部地区的 1/2，东北地区最少，仅为中部地区的 1/3。将各区域脱硫石膏产生总量省平均值与全国省平均值（752 万 t）进行比较，东、中部地区都超过了全国平均水平，分别为全国平均水平的 1.3 倍、1.4 倍；而西部、东北地区都要低于全国平均水平，分别为全国平均水平的 0.7 倍、0.5 倍。

其主要原因是东部地区经济和城镇化率发展较快，是我国电力消费最多的区域，使脱硫石膏产生量不断增加；中部地区是我国人口最为密集的区域，煤炭资源丰富，且是工业尤其是重工业集中地区域，多数钢铁企业集中在中部地区，未来随着东部地区的重工业和高耗能企业逐渐向中西部地区转移，中部地区的电力需求将会呈现快速增长的趋势，进而产生更多的脱硫石膏。而西部地区工业和城镇化速度虽然呈现快速发展的趋势，但是由于城镇人口较少、脆弱的生态系统不允许过多发展重工业从而导致西部地区未来电力需求增长将较为缓慢；并且西部地区太阳能、风能、水能等清洁能源发展潜力十分巨大，随着未来我国加大节能减排的力度，加快发展西部绿色能源，西部地区未来将逐渐转向以绿色能源发电为主的能源结构，脱硫石膏作为煤炭发电的副产物将随之逐渐减少。东北地区虽是我国老工业基地，但是未来将逐渐转变产业结构，向高科技产业和现代服务业转变，从而导致电力需求减少，未来脱硫石膏产生量增长速度较缓，总产生量较少。

（4）从目标年份脱硫石膏处置和综合利用情况来看，在高方案中，2015 年和 2020 年脱硫石膏的综合利用量分别达到 3 033 万 t 和 4 695 万 t，呈快速增长趋势，“十二五”、“十三五”期间年均增长率分别达到 22.8%和 9.1%。在低方案中，2015 年和 2020 年脱硫石膏的综合利用量分别为 2 481 万 t 和 4 024 万 t，虽也呈不断增长趋势，但增长速度要低于高方案，“十二五”、“十三五”期间年均增长率分别仅为 19.5%和 10.2%。在高方案（方案一）中，目标年份脱硫石膏堆放量呈倒“U”形发展趋势，从 2011 年的 2 476 万 t 缓慢增长到 2013 年的 2 568 万 t，而后分别下降到 2015 年、2020 年的 2 481 万 t、2 012 万 t。在低方案（方案二）中，脱硫石膏的堆放量也呈倒“U”形发展趋势，但倒“U”形的拐点要晚于方案一，从 2011 年的 2 590 万 t 快速增长到 2015 年的 3 033 万 t，而后又缓慢下降到 2020 年的 2 683 万 t。可以看出高方案情景下脱硫石膏的堆放量与低方案相比下降趋势要早，并且下降的速率要高于低方案。然而，无论是高方案还是低方案，目标年份的脱硫石膏堆放量还是十分巨大，每年还将有 2 000 多万 t 脱硫石膏无法得到利用，这不但不能增加企业收益，反而会对企业造成负担，对环境造成巨大危害。

对比两方案“十二五”期间各省份脱硫石膏堆放量分布，在方案一中，“十二五”期间脱硫石膏堆放量超过 1 000 万 t 的省份仅江苏省，为 1 032 万 t。超过 800 万 t 的共有 7 个省份，除江苏外还有河南、内蒙古、山西、河北、浙江和山东；在方案二中，“十二五”期间脱硫石膏堆放量超过 1 000 万 t 的省份有 3 个，江苏最高为 1 151 万 t，超过 800 万 t 的省份共有 8 个，除江苏外还有 7 个，基本上都是位于中部和东部地区。从各省份脱硫石膏堆放量分布情况来看，方案一情景下各省市堆放量基本将低于方案二情景下。

从“十二五”期间各区域脱硫石膏堆放量分布情况来看，东部地区是“十二五”期间脱硫石膏堆放量最多的区域，占我国“十二五”期间脱硫石膏堆放总量的 41%左右；中、西部地区脱硫石膏堆放量占全国比例分别为 27%和 26%，略低于东部地区；东北地区脱硫石膏堆放量最少，仅为全国总量的 5%。上述脱硫石膏堆放量分布趋势表明，目前我国脱硫石膏堆放存在着各区域总量分布不均衡状况，这与各区域的产业结构、能源结构、电力需求、人口规模及经济发展水平具有较大关系。对比两个情景方案可以看出，方案二情景下各区域脱硫石膏堆放量都要略高于方案一情景下，其中东部地区差距最大，达 597 万 t；中、西部地区两个方案的差距分别为 395 万 t 和 384 万 t；东北地区两个方案之间差距最小，为 74 万 t，当然这与该地区堆放量较少有较大关系。可见，在方案二情景下，即加大力度提高脱硫石膏综合利用率情况下，各区域“十二五”期间脱硫石膏堆放量要明显低于方案一情景。

7.5.2 政策建议

通过上述分析可知，未来 10 年我国脱硫石膏产生量呈快速增长的趋势。我们在解决大气中的 SO_2 污染的同时需要解决好脱硫石膏综合利用的问题。国内外的研究和应用情况表明，脱硫石膏是天然石膏的良好替代品，可广泛用于建材、土壤改良剂或工业原料。目前，欧美等发达国家已形成较为完善的研究、开发和应用体系。日本脱硫石膏利用率接近 100%，德国几乎所有的石膏建材企业均以脱硫石膏为原料，美国脱硫石膏年产量约 1 200 万 t，综合利用率为也达到了 75%。然而，我国由于天然石膏资源比较丰富低廉，而脱硫石膏受技术和脱硫剂（石灰石）的因素，与天然石膏相比并没有太大优势，因此目前综合利用率比较低，仅为 30%。大量脱硫石膏被堆放或填海，这不仅占用大量土地，而且脱硫石膏中的硫经过化学反应又回到自然环境中，有可能造成生态环境的二次污染。

如何妥善处置脱硫石膏，并将其作为一种新的资源加以有效利用，变废为宝，已成为未来我国脱硫石膏处置和综合利用的主要问题。因此，必须从无害化着手，从资源化着眼，充分利用脱硫石膏的物理、化学特性与天然石膏非常接近的特点，积极拓展脱硫石膏应用领域，这样既可变废为宝，又可达到保护环境的目的，实现脱硫石膏排放与利用的良性循环，保护环境、造福人类，最终提高人民的生活质量。针对脱硫石膏无害化处置及综合利用提出以下建议[173, 175, 178-182]：

（1）采用各种政策方法和措施，实现脱硫石膏产量下降

由于脱硫石膏是工业 SO_2 去除时的副产品，因此减少脱硫石膏产生量的根本在于减少 SO_2 的产生量。这主要可以通过几个方面来解决，一是可以通过调整两大行业的生产结构，关停小火电机组、小钢铁厂，以及工业行业节能降耗减少电力和钢铁消耗量间接实现 SO_2 产生量减少。二是可以通过大力发展风力发电、水力发电、太阳能发电以及核电等清洁能源，不断降低燃煤火电机组占我国发电机组的比例达到减少 SO_2 产生量的目的。三是积极研发适用于火电行业和钢铁行业烧结工序的新型清洁脱硫工艺，减少石灰石-石膏法脱硫工艺的使用比例，从而减少脱硫石膏的产生量。

（2）不断提高脱硫石膏品质，达到脱硫石膏资源化利用标准

需要不断提高脱硫工艺的创新工艺，提高脱硫石膏品质。虽然脱硫石膏物化性能与天然石膏基本一致，但由于我国脱硫技术起步较晚，脱硫工艺操作水平参差不齐，导致生产的脱硫石膏质量与欧洲标准要求相差较远，其品质还差于天然石膏，从而给下游应用带来诸如“开裂”、“泛霜”等质量问题。因此，需要从根源上入手，制定较为严格合理的工艺标准，进一步加强对脱硫工程建设和运行的监管，提高脱硫设备质量和脱硫设备的运行效率，从而保证脱硫石膏的质量达到资源化利用标准。为下游企业提供合格的原材料。

（3）积极拓展脱硫石膏综合利用途径，加强脱硫石膏综合利用技术创新能力

国内外的研究和应用情况表明，脱硫石膏是天然石膏的良好替代品，可广泛用于建材、土壤改良剂或工业原料（水泥缓释剂）等方面。目前，我国建材行业对石膏的消耗非常巨大，每年仅隔墙面使用的石膏板就需要 3 000 万 t 左右。如目前采用脱硫石膏制造的粉刷石膏、腻子石膏、石膏砌块等都是非常好的新型建材产品。同时，脱硫石膏还可用于水泥缓释剂，其可以替代天然石膏用于水泥生产。我国是水泥生产大国，2008 年水泥产量达到了 13.88 亿 t。因此，用于水泥缓释剂消耗脱硫石膏的量将相当可观。脱硫石膏还可以用于盐碱地改良等利用。

因此，可以考虑建立脱硫石膏综合利用示范工程。针对脱硫石膏生产建材、土壤改良等大宗利用及高附加值改性技术，重点研发拥有自主知识产权的新技术，提升脱硫石膏产业整体技术水平。环保专项资金应对脱硫石膏综合利用及其配套工程给予支持，近期重点扶持大宗利用脱硫石膏生产水泥调凝剂和建筑石膏的示范项目，以点带面，促进脱硫石膏综合利用产业快速健康发展。

（4）加大对脱硫石膏利用的政策支持力度，尽快建立脱硫石膏管理体系

需要加大对脱硫石膏利用的政策支持力度，进一步完善和落实税收、价格等资源综合利用优惠政策。首先，可以因地制宜，确定可行的资源化政策引导方案，如在经济发达、缺乏石膏资源的地区，优先考虑生产纸面石膏板、石膏切块、粉刷石膏等石膏建材制品；在水泥工业较发达地区，优先考虑以脱硫石膏代替天然石膏作水泥调凝剂；在土地盐碱化严重的农业区，优先考虑用脱硫石膏改良土壤。其次，可以在增值税、所得税、贴息贷款等税收方面对利用脱硫石膏作生产原料的水泥、建材等相关企业给予一定的优惠。第三，可以较大幅度提高天然石膏资源税，加大开采成本，运用经济杠杆促使企业加强脱硫石膏综合利用，提高脱硫石膏市场竞争力。最后，可以建立脱硫石膏综合利用的行业技术标准管理体系和循环利用产业规范，对脱硫石膏资源化利用实现科学化管理，实现脱硫石膏循环利用市场的稳定和发展。

参考文献

[1] 曹斌，何松洁，夏建新. 重金属污染现状分析及其对策研究[J]. 中央民族大学学报：自然科学版，2009，18（1）：29-33.

[2] 温飞，陶华旸，李丽群. 重金属污染的研究进展[J]. 甘肃科技，2008，24（24）：118-121.

[3] 杨定清. 环境重金属污染及其应对措施[C]. 成都：四川省第十一次环境监测学术交流会论文集，2010：148-152.

[4] 王起超，沈文国，麻壮伟. 中国燃煤汞排放量估算[J]. 中国环境科学，1999，19（4）：318-321.

[5] Pacyna E，Pacyna J. Global emission of mercury from anthropogenic sources in 1995[J]. Water，Air，& Soil Pollution，2002，137（1）：149-165.

[6] 张军营，任德贻，许德伟，等. 煤中汞及其对环境的影响[J]. 环境科学进展，1999，7（3）：100-104.

[7] 张乐. 燃煤过程汞排放测试及汞排放量估算研究[D]. 杭州：浙江大学，2007.

[8] 郑刘根. 煤中汞的环境地球化学研究[D]. 合肥：中国科学技术大学，2008.

[9] 李文君，刘彩霞，王莉. 汽油无铅化与环境空气中铅污染的变化趋势[J]. 城市环境与城市生态，2000，13（3）：61-62.

[10] Linde M，Bengtsson H，Born I. Concentrations and pools of heavy metals in urban soils in Stockholm，Sweden[J]. Water，Air，& Soil Pollution：Focus，2001，1（3）：83-101.

[11] 张毅. 北京北郊安立公路两侧的土壤、蔬菜及公路灰尘的铅污染研究[J]. 环境导报，1991（2）：5-8.

[12] 张军营. 煤中潜在毒害微量元素富集规律及其污染性抑制研究[D]. 北京：中国矿业大学，1999.

[13] 周劲松，骆仲泱，任建莉，等. 燃煤汞排放的测量及其控制技术[J]. 动力工程，2002，22（6）：2099-2105.

[14] Chemicals U，Chemicals I-OPftSMo. Global mercury assessment[M]. Switzerland：UNEP Chemicals，2002.

[15] 国家统计局工业交通统计司，国家发展和改革委员会能源局. 中国能源统计年鉴（2000—2002 年）[M]. 北京：中国统计出版社，2004.

[16] 国家统计局工业交通统计司，国家发展和改革委员会能源局. 中国能源统计年鉴 2004[M]. 北京：中国统计出版社，2005.

[17] 国家统计局工业交通统计司，国家发展和改革委员会能源局. 中国能源统计年鉴 2005[M]. 北京：中国统计出版社，2006.

[18] 国家统计局工业交通统计司，国家发展和改革委员会能源局. 中国能源统计年鉴 2006[M]. 北京：中国统计出版社，2007.

[19] 国家统计局工业交通统计司，国家发展和改革委员会能源局. 中国能源统计年鉴 2007[M]. 北京：

中国统计出版社，2008.

[20] 国家统计局能源统计司，国家能源局综合司．中国能源统计年鉴 2008[M]．北京：中国统计出版社，2009.

[21] 国家统计局能源统计司．中国能源统计年鉴 2009[M]．北京：中国统计出版社，2010.

[22] Munthe J. The aqueous oxidation of elemental mercury by ozone[J]. Atmospheric Environment Part A General Topics，1992，26（8）：1461-1468.

[23] 任德贻，赵峰华，代世峰，等．煤的微量元素地球化学[M]．北京：科学出版社，2006.

[24] 王起超，马如龙．煤及其灰渣中的汞[J]．中国环境科学，1997，17（1）：76-78.

[25] 冯新斌，洪业汤．中国燃煤向大气排放汞量的估算[J]．煤矿环境保护，1996，10（3）：10-13，24.

[26] 李志深．燃煤汞排放研究进展[J]．能源与环境，2005（3）：69-70.

[27] 孙瑛，程学丰．煤中汞及其对环境的危害[J]．安徽理工大学学报（自然科学版），2007（27）：44-45，53.

[28] 田贺忠，曲益萍．2005 年中国燃煤大气砷排放清单[J]．环境科学，2009，30（4）：956-962.

[29] 王明仕，杨娜娜，朱建明，等．中国燃煤砷排放量估算[J]．煤炭转化，2008，31（2）：1-3，7.

[30] 雒昆利，张新民，陈昌和，等．我国燃煤电厂砷的大气排放量初步估算[J]．科学通报，2004，49（19）：2014-2019.

[31] 郑刘根，刘桂建，高连芬，等．中国煤中砷的含量分布、赋存状态、富集及环境意义[J]．地球学报，2006，27（4）：355-366.

[32] 崔凤海，陈怀珍．我国煤中砷的分布及赋存特征[J]．煤炭科学技术，1998，26（12）：44-46.

[33] 陈冰如，杨绍晋，钱琴芳，等．中国煤矿样中砷、硒、铬、铀、钍元素的含量分布[J]．环境科学，1989，10（6）：23-26.

[34] 王志轩．我国电力环保现状与发展趋势[J]．科技与环保，2003（6）：24-25.

[35] 邓可蕴．中国农村能源综合建设理论与实践[M]．北京：中国环境科学出版社，2001.

[36] 张百良．农村能源工程学[M]．北京：中国农业出版社，1999.

[37] 周大地，戴彦德，郁聪，等．2020 中国可持续能源情景[M]．北京：中国环境科学出版社，2003.

[38] Agency UEP. Mercury study report to congress. EPA-452/R-97-003. Washington DC：USEPA，1997.

[39] C.B.吉尔著，陈远望，等译．有色金属提取冶金[M]．北京：冶金工业出版社，1988.

[40] 屠海令，赵国权，郭青蔚．有色金属冶金、材料、再生与环保[M]．北京：化学工业出版社，2003.

[41] Agency. UEP. Compilation of Air Pollutant Emission Factors，AP-42，Fifth Edition，Volume I：Stationary Point and Area Sources[M]，1995.

[42] 建设部综合财务司．中国城市建设统计年报 2003[M]．北京：中国建筑工业出版社，2004.

[43] 建设部综合财务司．中国城市建设统计年报 2004[M]．北京：中国建筑工业出版社，2005.

[44] 建设部综合财务司．中国城市建设统计年报 2005[M]．北京：中国建筑工业出版社，2006.

[45] 建设部综合财务司．中国城市建设统计年报 2006[M]．北京：中国建筑工业出版社，2007.

[46] 建设部综合财务司．中国城市建设统计年报 2007[M]．北京：中国建筑工业出版社，2008.

[47] 建设部综合财务司．中国城市建设统计年报 2008[M]．北京：中国建筑工业出版社，2009.

[48] 金宜英. 垃圾焚烧二噁英类的分析方法和控制技术研究[D]. 北京：清华大学环境科学与工程系，2002.

[49] 韩仲琦. 中国水泥工业的历史和发展[J]. 中国水泥，2002（8）：8-12.

[50] 中华人民共和国国家统计局. 中国统计年鉴 2009[M]. 北京：中国统计出版社，2009.

[51] 王春燕. 水泥生产工艺污染物排放现状及防治措施[J]. 科技情报开发与经济，1997，7（6）：42-43.

[52] 冯福建，王兰，虞江萍，等. 我国铅污染的时空走势[J]. 辽宁工程技术大学学报（自然科学版），2001，20（6）：840-843.

[53] 王金达，刘景双，于君宝，等. 沈阳市城区土壤和灰尘中铅的分布特征[J]. 中国环境科学，2003，23（3）：300-304.

[54] Turer DG，Maynard BJ. Heavy metal contamination in highway soils. Comparison of Corpus Christi，Texas and Cincinnati，Ohio shows organic matter is key to mobility[J]. Clean Technologies and Environmental Policy，2003，4（4）：235-245.

[55] Chon HT，Kim KW，Kim JY. Metal contamination of soils and dusts in Seoul metropolitan city，Korea[J]. Environmental Geochemistry and Health，1995，17（3）：139-146.

[56] Olajire A，Ayodele E. Contamination of roadside soil and grass with heavy metals[J]. Environment International，1997，23（1）：91-101.

[57] Othman I，Al-Oudat M，Al-Masri M. Lead levels in roadside soils and vegetation of Damascus City[J]. Science of the Total Environment，1997，207（1）：43-48.

[58] Zupancic N. Lead contamination in the roadside soils of Slovenia[J]. Environmental Geochemistry and Health，1999，21（1）：37-50.

[59] Ho Y，Tai K. Elevated levels of lead and other metals in roadside soil and grass and their use to monitor aerial metal depositions in Hong Kong[J]. Environmental Pollution，1988，49（1）：37-51.

[60] Chen T，Wong J，Zhou H，et al. Assessment of trace metal distribution and contamination in surface soils of Hong Kong[J]. Environmental Pollution，1997，96（1）：61-68.

[61] 李其林，刘光德，郭义. 公路两侧土壤和蔬菜中重金属的含量特征[J]. 环境科学与技术，2004，27（6）：35-36.

[62] 曹立新，李惕川，刘莹，等. 公路边土壤和水稻中铅的分布、累积及临界含量[J]. 环境科学，1995，16（006）：66-68.

[63] 兰天水，林健. 公路旁土壤中重金属污染分布及潜在生态危害的研究[J]. 海峡预防医学杂志，2003，9（1）：4-6.

[64] 林健，邱卿如. 公路旁土壤中重金属和类金属污染评价[J]. 环境与健康杂志，2000，17（5）：284-286.

[65] 秦俊法，李增禧，楼蔓藤. 2001—2005 年中国各省（市）燃煤大气铅排放量估算[J]. 广东微量元素科学，2010，17（5）：31-38.

[66] 中华人民共和国国家统计局. 中国统计年鉴 2010[M]. 北京：中国统计出版社，2010.

[67] 中华人民共和国国家统计局. 中国经济普查年鉴 2004[M]. 北京：中国统计出版社，2004.

[68] 王云，徐启新，袁建新. 再生铅冶炼对土壤环境影响及其评价和环境管理[J]. 上海环境科学，2001，

20（4）：192-194.

[69] 金开生. 中国的再生铅工业[J]. 世界有色金属，1998（3）：18-22.

[70] 蒋靖坤，郝吉明，吴烨，等. 中国燃煤汞排放清单的初步建立[J]. 环境科学，2005，26（2）：34-39.

[71] 郭广慧，陈同斌，宋波，等. 中国公路交通的重金属排放及其对土地污染的初步估算[J]. 地理研究，2007，26（5）：922-930.

[72] 中国有色金属工业协会，中国有色金属工业年鉴编辑委员会. 中国有色金属工业年鉴 2005[M]. 北京：中国有色金属工业年鉴编辑部，2005.

[73] 中国有色金属工业协会，中国有色金属工业年鉴编辑委员会. 中国有色金属工业年鉴 2006[M]. 北京：中国有色金属工业年鉴编辑部，2006.

[74] 中国有色金属工业协会，中国有色金属工业年鉴编辑委员会. 中国有色金属工业年鉴 2007[M]. 北京：中国有色金属工业年鉴编辑部，2007.

[75] 中国有色金属工业协会，中国有色金属工业年鉴编辑委员会. 中国有色金属工业年鉴 2008[M]. 北京：中国有色金属工业年鉴编辑部，2008.

[76] 中国有色金属工业协会，中国有色金属工业年鉴编辑委员会. 中国有色金属工业年鉴 2009[M]. 北京：中国有色金属工业年鉴编辑部，2009.

[77] 中华人民共和国国家统计局. 中国统计年鉴 2001[M]. 北京：中国统计出版社，2001.

[78] 中华人民共和国国家统计局. 中国统计年鉴 2002[M]. 北京：中国统计出版社，2002.

[79] 中华人民共和国国家统计局. 中国统计年鉴 2003[M]. 北京：中国统计出版社，2003.

[80] 中华人民共和国国家统计局. 中国统计年鉴 2004[M]. 北京：中国统计出版社，2004.

[81] 中华人民共和国国家统计局. 中国统计年鉴 2005[M]. 北京：中国统计出版社，2005.

[82] 中华人民共和国国家统计局. 中国统计年鉴 2006[M]. 北京：中国统计出版社，2006.

[83] 中华人民共和国国家统计局. 中国统计年鉴 2007[M]. 北京：中国统计出版社，2007.

[84] 中华人民共和国国家统计局. 中国统计年鉴 2008[M]. 北京：中国统计出版社，2008.

[85] Maroni M SB，Lindvall T. Indoorairquality-a comprehensive refrence book[M]：Elsevier：Amster-dam，1995.

[86] 丁会请，张兴文，杨凤林，等. 城市空气中挥发性有机物的来源分析[J]. 辽宁化工，2007，36（002）：136-139.

[87] Suzuki S. Simultaneous Determination of Halogenated Volatile Organic Compounds in Air by Thermal Desorption and Cold Trap GC/MS[J]. Analytical Sciences，1995，11（6）：953-960.

[88] 钟天翔，刘谡帆，刘刚，等. 杭州市居室空气中挥发性有机物污染研究[J]. 环境科学与技术，2005，28（006）：45-47.

[89] 刘金凤，赵静，李湉湉，等. 我国人为源挥发性有机物排放清单的建立[J]. 中国环境科学，2008，28（006）：496-500.

[90] 毛婷，王跃思，姜洁，等. 2004 年国庆假期北京大气挥发性有机物浓度监测及气象条件对其浓度变化影响研究[J]. 分析测试学报，2006，25（002）：47-51.

[91] 刘刚，盛国英. 茂名市大气中挥发性有机物研究[J]. 环境科学研究，2000，13（4）：10-13.

[92] 谢成屏. 等离子体法处理挥发性有机物（VOCs）的应用研究[D]. 北京工业大学硕士学位论文，2001.

[93] 吴方堃，王跃思，安俊琳，等. 北京奥运时段 VOCs 浓度变化，臭氧产生潜势及来源分析研究[J]. 环境科学，2010，(1)：10-16.

[94] 黎维彬，龚浩. 催化燃烧去除 VOCs 污染物的最新进展[J]. 物理化学学报，2010，26（4）：885-894.

[95] 郑君瑜，郑卓云，王兆礼，等. 珠江三角洲天然源 VOCs 排放量估算及时空分布特征[J]. 中国环境科学，2009（4）：345-350.

[96] 王珊，王跃思，张俊刚，等. 长白山地区大气 VOCs 的观测研究[J]. 中国环境科学，2008，28（006）：491-495.

[97] 雷国强，郑君瑜，张金兴，等. VOCs 组分监测数据在改进香港 PATH 模型中的作用[J]. 中国环境科学，2008，28（4）：304-308.

[98] 李锦菊，伏晴艳，吴迓名，等. 上海大气面源 VOCs 排放特征及其对 O_3 的影响[J]. 环境监测管理与技术，2009，(5)：54-57.

[99] 蔡长杰，耿福海，俞琼，等. 上海中心城区夏季挥发性有机物（VOCs）的源解析[J]. 环境科学学报，2010（005）：926-934.

[100] 中华人民共和国国家统计局. 中国统计年鉴 2010[M]. 北京：中国统计出版社，2010.

[101] 车汶蔚，郑君瑜，钟流举. 珠江三角洲机动车污染物排放特征及分担率[J]. 环境科学研究，2009（4）：456-461.

[102]《中国化学工业年鉴》编辑部. 中国化学工业年鉴[M]. 北京：中国化工信息中心出版社，2002.

[103]《中国化学工业年鉴》编辑部. 中国化学工业年鉴[M]. 北京：中国化工信息中心出版社，2003.

[104]《中国化学工业年鉴》编辑部. 中国化学工业年鉴[M]. 北京：中国化工信息中心出版社，2004.

[105]《中国化学工业年鉴》编辑部. 中国化学工业年鉴[M]. 北京：中国化工信息中心出版，2005.

[106]《中国化学工业年鉴》编辑部. 中国化学工业年鉴[M]. 北京：中国化工信息中心出版社，2006.

[107]《中国化学工业年鉴》编辑部. 中国化学工业年鉴[M]. 北京：中国化工信息中心出版社，2007.

[108]《中国化学工业年鉴》编辑部. 中国化学工业年鉴[M]. 北京：中国化工信息中心出版社，2008.

[109]《中国化学工业年鉴》编辑部. 中国化学工业年鉴[M]. 北京：中国化工信息中心出版社，2009.

[110] 国家统计局工业交通统计司. 中国工业经济统计年鉴 2009[M]. 北京：中国统计出版社，2009.

[111] 国家统计局能源统计司. 中国能源统计年鉴[M]. 北京：中国统计出版社，2009.

[112] 段琼. 可吸入颗粒物 PM_{10} 与 $PM_{2.5}$ 的测量与研究[D]. 太原：太原理工大学，2006.

[113] 董雪玲. 大气可吸入颗粒物对环境和人体健康的危害[J]. 资源产业，2004，10（5）.

[114] Beurbeka. Electron microscopy of urban airborne particulate matter[J]. Microscopy Anal，1997.

[115] DL C. Particulate matter and cardio pulmonary health：aper spective[J]. In halation Toxicol，2000，12.

[116] Zanobetti A，Schwartz J，Gold D. Are there sensitive subgroups for the effects of airborne particles？[J]. Environmental health perspectives，2000，108（9）：841.

[117] 秦传高. 徐州市区可吸入颗粒物的源解析及街道扩散模拟[D]：南京：南京理工大学，2008.

[118] 黄海燕. 福州市 5 区大气 TSP 与 PM_{10} 的调查分析[J]. 职业与健康，2004，20（11）.

[119] Okajima S，Matsuda T，Cho K，et al. Antenatal dexamethasone administration impairs normal postnatal

lung growth in rats[J]. Pediatric research，2001，49（6）：777.

[120] Albalak R，Keeler GJ，Frisancho AR，et al. Assessment of PM_{10} concentrations from domestic biomass fuel combustion in two rural Bolivian highland villages[J]. Environ Sci Technol，1999，33（15）：2505-2509.

[121] 中国自然科学基金委员会，中国科学院. 2011—2020 年我国能源科学学科发展战略报告. 2010.

[122] 高竹，郭新彪. 大气 PM_{10} 与 $PM_{2.5}$ 的健康效应比较[J]. 中国卫生工程学，2006，5（1）：52-55.

[123] 刘阳生，陈睿，沈兴兴，等. 北京冬季室内空气中 TSP、PM_{10}、$PM_{2.5}$ 和 PM_1 污染研究[J]. 应用基础与工程科学学报，2003，11（3）：255-265.

[124] 崔蓉，郭新彪，邓芙蓉，等. 北京市采暖期 $PM_{2.5}$ 与 PM_{10} 污染特征分析[J]. 中国卫生检验杂志，2008，18（8）.

[125] 彭希珑. 南昌市大气 PM_{10}、$PM_{2.5}$ 的污染特征及来源解析[D]. 南昌：南昌大学，2009.

[126] 黄辉军，刘红年，蒋维楣，等. 南京市 $PM_{2.5}$ 物理化学特性及来源解析[J]. 气候与环境研究，2006，11（6）.

[127] 陈圆. 北京林业大学校区大气 PM_{10}、$PM_{2.5}$ 的理化特性与分形分析[D]. 北京：北京林业大学，2008.

[128] 李杨. 2000—2007 年中国重点城市 PM_{10} 的时空变化特征[J]. 干旱区资源与环境，2009，23（9）：51-54.

[129] 王灿星，侯树强. 杭州市区大气中 PM_{10} 等污染物的预测研究[J]. 仪器仪表学报，2004，25（z1）.

[130] 马廷. 可吸入颗粒物（PM_{10}）浓度时空变异性及影响因素分析[J]. 地理科学进展，2006，25（1）：72-81.

[131] 苏国平. 燃烧源可吸入颗粒物的研究进展[J]. 环境科学导刊，2009，28（6）：10-14.

[132] 包贞，冯银厂，焦荔，等. 杭州市大气 $PM_{2.5}$ 和 PM_{10} 污染特征及来源解析[J]. 中国环境监测，2010（002）：44-48.

[133] 孙业乐，庄国顺. 正矩阵因子分解法解析北京 PM_{10} 和 $PM_{2.5}$ 气溶胶的来源[C]. 第二届全国环境化学学术报告会论文集，2004.

[134] 温新欣. 济南市环境空气细颗粒物（PM_{10} 和 $PM_{2.5}$）污染特征研究[D]. 济南：山东大学，2009.

[135] 徐敬. 北京城区单点气溶胶细粒子（$PM_{2.5}$）观测分析与研究[D]. 中国气象科学研究院，2003.

[136] 刘金凤，赵静，李湉湉，等. 我国人为源挥发性有机物排放清单的建立[J]. 中国环境科学，2008，28（6）.

[137] 张楚莹，王书肖，赵瑜，等. 中国人为源颗粒物排放现状与趋势分析[J]. 环境科学，2009，30（7）：1881-1887.

[138] 贺克斌，郝吉明. 我国汽车排气污染现状与发展[J]. 环境科学，1996，17（4）：80-83.

[139] 黄嫣旻，束炯，魏海萍，等. GIS 辅助的吴淞工业区铺设道路扬尘估算[J]. 测绘科学，2006，31（6）：133-136.

[140] 黄嫣旻，束炯，魏海萍，等. 工业区铺设道路的扬尘估算与地理信息系统[J]. Environmental Science and Management，2006，31（4）.

[141] 张雯婷，王雪松，刘兆荣，等. 贵阳建筑扬尘 PM_{10} 排放及环境影响的模拟研究[J]. 北京大学学报（自然科学版），2010，46（2）：258-264.

[142] 赵普生，冯银厂，张裕芬，等. 建筑施工扬尘排放因子定量模型研究及应用[J]. 中国环境科学，2009，（6）：567-573.

[143] 权进香. 城市建设引起的扬尘污染的防治对策[J]. 太原科技，2008，169（2）.

[144] Schluep M，Hagelueken C，Kuehr R，et al. Recycling–from e-waste to resources[J]. Sustainable innovation & technology transfer industrial sector studies Final report，United Nations Environment Programme（UNEP），STEP–Solving the e-Waste Problem，Paris/France and Bonn/Germany，2009.

[145] Wilkinson S，Duffy N，Crowe M. Waste from electrical and electronic equipment in Ireland：astatus report. EPA topic report，2001：68-75.

[146] IMS. Entsorgung von Elektro- und Elektronikgeraten aus Haushalten Ingenieurgesellschaft MbH. Hamburg，1991.

[147] Council NS. Electronic Product Recovery and Recycling Baseline Report： Recycling of Selected Electronic Products in the United States. 1999.

[148] 张友良，田晖，朱焰. 废旧家电回收处理三人谈 [J]. 家用电器，2002，（5）：10-15.

[149] 郭廷杰. 日本《 家电再生法》实施状况简介[J]. 再生资源研究，2002，3（3）：7-9.

[150] 刘小丽，杨建新，王如松. 中国主要电子废物产生量估算[J]. 中国人口 • 资源与环境，2005，15（005）：113-117.

[151] 中华人民共和国海关总署. 中国海关统计年鉴[M]. 北京：中国海关出版社，1996—2008.

[152] 中华人民共和国统计局. 中国统计年鉴[M]. 北京：中国统计出版社，1996—2010.

[153] 中华人民共和国信息产业部. 中国电子工业年鉴[M]. 北京：电子工业出版社，2000—2003.

[154] 信息产业部经济体制改革与经济运行司. 中国电子信息产业统计年鉴[M]. 北京：电子工业出版社，2004—2009.

[155] 查建宁. 电子废弃物的环境污染及防治对策[J]. 污染防治技术，2002，15（3）：35-37.

[156] 董锁成，范振军. 中国电子废弃物循环利用产业化问题及其对策[J]. 资源科学，2005，27（1）：39-45.

[157] 贾新刚，李东亮，徐威. 电子废弃物回收利用体系建设初探[J]. 再生资源与循环经济，2008，1（3）：22-25.

[158] 马坚，刘振宇，周晓东，等. 青岛市废旧家电及电子产品回收处理情况调查[J]. 环境工程，2009，27：397-402.

[159] 魏金秀，汪永辉，李登新. 国内外电子废弃物现状及其资源化技术[J]. 东华大学学报（自然科学版），2005，31（3）：133-138.

[160] 朱培武，蒋建平. 废弃电器电子产品处理：挑战与对策[J]. 统计科学与实践，2010，2：25-28.

[161] 代健，罗慧，赵永昌. 城市污水处理厂污泥处置的现状和发展趋势[J]. 四川省循环经济发展模式（Ⅰ）——污泥再生利用，2005.

[162] 付融冰，杨海真，甘明强. 中国城市污水厂污泥处理现状及其进展[J]. 环境科学与技术，2004，27（5）：108-110.

[163] 杭世珺，刘旭东，梁鹏. 污泥处理处置的认识误区与控制对策[J]. 中国给水排水，2004，20（12）：

89-92.

[164] 马娜，陈玲，熊飞. 我国城市污泥的处置与利用[J]. 生态环境，2003，12（1）：92-95.

[165] 蒲济生. 城市污水处理厂污泥处置及资源化利用研究[D]. 西安：长安大学，2006.

[166] 沈光范. 城市污水处理厂的污泥处理和处置[J]. 中国环保产业，2003（004）：10-12.

[167] 隋军，汪传新，牛樱，等. 污水处理厂污泥处理、处置、综合利用现状及发展趋势[C]. 全国小城镇污水处理技术（设备）交流与工程咨询研讨会论文集，2003.

[168] 田宁宁，王凯军. 污水处理厂污泥处置及利用途径研究[J]. 环境保护，2000（2）：18-20.

[169] 余杰，田宁宁，王凯军. 我国污泥处理、处置技术政策探讨[J]. 中国给水排水，2005，21（8）：84-87.

[170] 余杰，田宁宁，王凯军，等. 中国城市污水处理厂污泥处理、处置问题探讨分析[J]. 环境工程学报，2007，1（1）：82-86.

[171] 田贺忠，郝吉明，赵喆，等. 燃煤电厂烟气脱硫石膏综合利用途径及潜力分析[J]. 中国电力，2006，39（2）：64-69.

[172] 潘利祥. 燃煤电厂脱硫石膏品质影响因素及其对石膏制品的影响[C]. 第二届脱硫技术及脱硫石膏、脱硫灰（渣）处理与利用大会论文集，2008.

[173] 金晶，罗庆明，胡华龙. 燃煤电厂脱硫石膏产生量分析研究[J]. 环境与可持续发展，2008（5）：21-23.

[174] 吴忠标，应洪仓. 电厂煤粉炉燃煤二氧化硫转化率研究[J]. 重庆环境科学，2001，23（1）：35-36.

[175] 朱学蕊. 我国燃煤副产物综合利用待破题[N]. 中国能源报，2010-11-08.

[176] 高云峰. 我国火电厂烟气脱硫存在的问题及对策[J]. 电力环境保护，2004，20（2）：3-4.

[177] 胡健民. 脱硫石膏的综合利用[J]. 上海电力，2006，19（5）：480-483.

[178] 胡术刚，李云娣，吕宪俊. 烟气脱硫石膏综合利用技术研究与展望[J]. 有色矿冶，2006（22）：46-48.

[179] 王方群，原永涛，齐立强. 脱硫石膏性能及其综合利用[J]. 粉煤灰综合利用，2004（1）：41-44.

[180] 张静萍. 燃煤电厂烟气脱硫石膏综合利用现状和前景[J]. 上海建设科技，2010（4）：70-71.